KB176255

한권으로 완성하는

드론

무인멀티콥터 조종자 자격시험

초판 1쇄 인쇄 | 2018년 7월 13일
초판 1쇄 발행 | 2018년 7월 13일

지은이 | 김종복, 이정대, 김창수
발행인 | 김태웅
편집장 | 강석기
책임편집 | 백혜림
디자인 | 류은경
마케팅 총괄 | 나재승
마케팅 | 서재욱, 김귀찬, 오승수, 조경현, 양수아
온라인 마케팅 | 김철영, 양윤모
제 작 | 현대순
총 무 | 한경숙, 안서현, 최여진, 강아담
관 리 | 김훈희, 이국희, 김승훈

발행처 | (주)동양북스
등 록 | 제 2014-000055호
주 소 | 서울시 마포구 동교로 22길 12 (04030)
전 화 | (02)337-1737
팩 스 | (02)334-6624

http://www.dongyangbooks.com
m.dongyangbooks.com(모바일)

ISBN 979-11-5768-411-3 13550

이 도서의 국립중앙도서관 출판예정도서목록(CIP)은 서지정보유통지원시스템 홈페이지(http://seoji.nl.go.kr)와
국가자료공동목록시스템(http://www.nl.go.kr/kolisnet)에서 이용하실 수 있습니다.
(CIP제어번호: CIP2018020546)

초경량비행장치 조종자 자격증

한권으로 완성하는

드론

무인멀티콥터 조종자 자격시험

|(사) 한국무인기안전협회 지음|

동양북스

머리말

오늘날 인류는 “모든 것이 연결되고 보다 지능적인 사회로의 진화”라고 명명되는 제4차 산업혁명이라는 새로운 패러다임에서 살고 있다. 즉, 인공 지능과 기술 정보의 기반하에서 초지능, 초연결 및 융합을 통한 초거대 디지털 생태계의 환경을 창출하고 있다. 그 가운데 우리가 관심을 갖고 있는 ‘드론(Drone)’은 최일선 내지 최첨단 현장에서 초연결 및 융합을 실현할 수 있는 장치로 무한 진화하고 있다.

우리가 흔히 드론이라고 부르는 무인멀티콥터는 넓은 의미로는 무인항공기(UAV, 조종사가 비행체에 직접 탑승하지 않고 지상에서 원격 조종하거나 사전 프로그램된 경로에 따라 자동 또는 반자동 형식으로 자율 비행하는 비행체)에 포함되며, 여러 개의 프로펠러로 하늘을 나는 비행체로서 초기에는 정찰, 공격, 기만 등의 군사적 목적으로 개발되었으며 조종사가 탑승하여 수행하기에는 위험하거나 부적합한 3D(Dull, Dirty, Dangerous)임무를 수행하는 데 쓰였다.

드론은 과학 기술의 진화로 센서나 GPS의 사용, 소형 경량의 동력원과 제어 장치 및 탑재 임무 장비의 개발, 그리고 스마트폰으로 모니터링하면서 비행하는 FPV(First Person View)가 가능해지면서 일반인들도 손쉽게 접근 및 비행이 가능해지고 레저, 농약살포, 항공촬영, 조종교육 등에 급속히 대중화되었다. 지금은 사람의 접근이 어려운 고층 건물의 감시, 토지 측량 및 매핑, 택배, 기상 및 환경 관측, 수중 관측 등의 산업용뿐만 아니라 평창올림픽에서의 드론 쇼 등 문화예술 분야, 나아가 산불 감시 및 진화, 재난, 치안, 하천 감시 등 공공분야까지 점점 쓰임이 확산되고 있다.

이러한 드론 산업의 글로벌 경쟁력을 갖추고자 정부에서는 26년까지 국내 드론 시장 규모의 4.4조 원으로의 신장, 기술 경쟁력 세계 5위권, 사업용 드론 5.3만 대 상용화, 일자리 17만여 개 창출 등을 목표로 '드론산업발전 기본계획'을 추진하고 있다. 이에 따라 우선적으로 3,700여 대의 드론을 공공기관에서 사용토록 수요를 창출하고 있다.

드론은 제4차 산업혁명의 선두주자로 산업체, 학교 및 연구소의 핵심 요인으로 인식되고 있다. 드론의 비행으로 수집되는 빅데이터를 분석 · 활용함으로써 현 상태의 진단, 단기 및 장기 미래 예측과 대응 조치를 가능하게 하며, 인공 지능 또는 사물 인터넷과 결합하여 새로운 산업 생태계를 가져다줄 것으로 전망되고 있다.

본 드론 수험서는 평소 항공과 드론에 관심을 가지고 입문하려는 사람뿐만 아니라 드론 조종자, 나아가 제4차 산업혁명의 핵심 기술로 구현될 새로운 미래 플랫폼을 꿈꾸는 사람들에게 드론에 대한 기초 지식 및 항공기의 기본 지식을 제공하고 있다. 항공기 및 드론의 비행 원리를 쉽게 이해하도록 이론적인 내용을 간결하고도 내실 있게 설명하고 있으며, 수험서 본래의 역할을 다하기 위해 장별로 풍부한 기출문제와 적중 예상문제를 구비하여 연습과 복습에 충실하도록 함으로써 필기시험에 대한 완벽한 대비는 물론 실기시험에도 대처하도록 하였다. 향후 독자들의 의견과 최신 정보를 지속 반영하여 드론의 입문서이자 수험서로서의 역할을 충실히 해 나갈 것이다.

끝으로 이 수험서가 나오기까지 수고해 주신 동양북스 편집진들에게 진심으로 감사의 마음을 전한다.

– 대표 저자 김종복, 이정대, 김창수

조종자 자격증 시험 정보

초경량비행장치 조종자 자격시험이란

초경량비행장치 조종자의 전문성을 확보하여 안전한 비행, 항공레저스포츠사업 및 초경량비행장치사용사업의 건전한 육성을 도모하기 위해 시행하는 자격시험이다.

자격 종류	초경량비행장치 조종자
조종 기체	초경량비행장치
기체 종류	동력비행장치, 회전익비행장치, 유인자유기구, 동력패러글라이더, 무인비행기, 무인헬리콥터, 무인멀티콥터, 무인비행선, 패러글라이더, 행글라이더, 낙하산류

초경량비행장치(무인멀티콥터, 무인헬리콥터) 조종자 응시 자격

응시 연령 : 만 14세 이상

종류	업무 범위		응시 기준
무인멀티콥터	조종자	무인멀티콥터의 조종	다음의 어느 하나에 해당하는 사람 1. 무인멀티콥터를 조종한 시간이 총 20시간 이상인 사람 2. 무인헬리콥터 조종자 증명을 받은 사람으로서 무인멀티콥터를 조종한 시간이 총 10시간 이상인 사람
무인헬리콥터	조종자	무인헬리콥터의 조종	다음의 어느 하나에 해당하는 사람 1. 무인헬리콥터를 조종한 시간이 총 20시간 이상인 사람 2. 무인멀티콥터 조종자 증명을 받은 사람으로서 무인헬리콥터를 조종한 시간이 총 10시간 이상인 사람

초경량비행장치(무인멀티콥터) 시험 과목

학과시험

과목	범위
항공법규	당해 업무에 필요한 항공법규
항공기상	1. 항공기상의 기초 지식 2. 항공에 활용되는 일반기상의 이해
비행 이론 및 운용	1. 항공기 일반(항공기 구조, 비행원리, 비행성능, 항공역학 기초 등) 2. 무인멀티콥터의 비행 기초원리, 구조, 구성품의 기능에 관한 사항 3. 무인멀티콥터의 지상조작, 이착륙, 공중조작, 비정상 절차에 관한 사항 4. 무인멀티콥터의 안전관리에 관한 사항 5. 공역 및 인적요소에 관한 사항

• 객관식 4지 택일형, 통합 1과목 40문제(50분)
• 합격 기준: 100점 만점에 70점 이상 취득 시 합격
• 학과시험 세부 내용은 '조종자증명시험 종합안내서' 참조

실기시험

구분	범위
구술시험	1. 무인멀티콥터의 기초 원리에 관한 사항 2. 기상·공역 및 비행 장소에 관한 사항 3. 일반 지식 및 비정상 절차에 관한 사항
실비행시험	1. 비행 계획 및 비행 전 점검 2. 이착륙조작 및 공중조작 3. 비행 후 점검 4. 비정상 절차 및 응급조치 등

• 합격 기준: 총 23개 항목(구술시험 5항목, 실기시험 18항목) 전부 만족하여야 합격
• 채점표는 '조종자증명시험 종합안내서' 참조
• 전체 코스 진행 중 기준 고도, 기준 위치, 기수 방향 및 경로 유지가 평가의 핵심

초경량비행장치(무인멀티콥터) 학과시험 원서접수

공단 홈페이지 또는 항공시험처 사무실 방문을 통해 접수하여야 한다.

접수 일자	접수 시작일~시험시행일 기준 2일 전까지
접수 시간	접수 시작일자: 20:00~접수 마감일자 23:59 (방문 접수: 평일 09:00~18:00)
접수 제한	시행일 2주 전 수요일~시험시행일 전주 월요일 24시까지 원하는 시험일자 및 시험장소를 지정하여 접수한다.
결과 발표	시험 종료 즉시 시험 컴퓨터에서 확인 가능

• 응시수수료: 48,400원
• 주소: 서울 마포구 구룡길 15(상암동 1733번지) 상암자동차검사소 3층

초경량비행장치(무인멀티콥터) 실기시험 원서접수

공단 홈페이지 또는 항공시험처 사무실 방문을 톤해 접수하여야 한다.

접수 일자	접수 시작일~시험시행일 기준 2일 전까지
접수 시간	접수 시작일자: 20:00~접수 마감일자 23:59 (방문 접수: 평일 09:00~18:00)
접수 제한	시행일 2주 전 수요일~시험시행일 전주 월요일 24시까지 원하는 시험일자 및 시험장소를 지정하여 접수한다.
결과 발표	시험 종료 즉시 시험 컴퓨터에서 확인 가능

• 응시수수료: 72,600원
• 주소: 서울 마포구 구룡길 15(상암동 1733번지) 상암자동차검사소 3층

초경량비행장치(무인멀티콥터) 응시 자격 신청방법

공단 홈페이지 **[응시자격신청]** 메뉴를 이용하여 신청 가능하다.

제출 기간	·학과시험 접수 전부터(학과시험 합격 무관)~실기시험 접수 전까지 ·신청일 기준 3~4일 정도 소요(실기시험 접수 전까지 미리 신청)
제출 서류	·(필수) 비행경력증명서 1부, (필수) 보통2종 이상 운전면허 사본 1부 ＊보통2종 이상 운전면허 신체검사증명서 또는 항공신체검사증명서도 가능 ·(추가) 전문교육기관 이수증명서 1부(전문교육기관 이수자에 한함)
대상	·자격 종류, 기체 종류가 다른 때마다 신청 ·대상이 같은 경우 한 번만 신청 가능하며 한 번 신청된 것은 취소 불가
제출 서류	·최종합격 전까지 한 번만 신청하면 유효 ＊학과시험 유효기간 2년이 지난 경우 제출서류가 미비하면 다시 제출 ＊제출 서류에 문제가 있는 경우 합격하였더라도 취소 및 민형사상 처벌 가능

자격시험 시행 절차

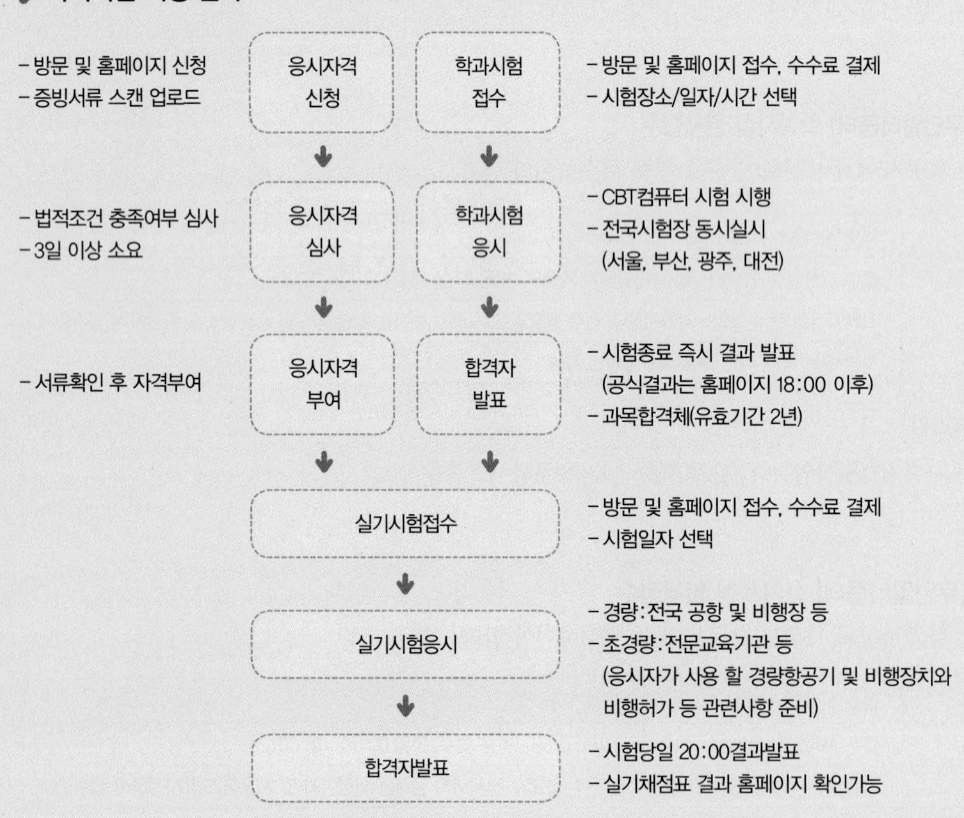

* 자격시험 종합 안내 파일: https://goo.gl/ZMcks8

교통안전공단 홈페이지 사용방법

응시자격 신청 관련 홈페이지 사용방법

• 홈페이지 로그인

• 항공종사자 자격시험 페이지

• 응시자격 신청 메뉴(증명서 추가 등록, 응시자격 신청)

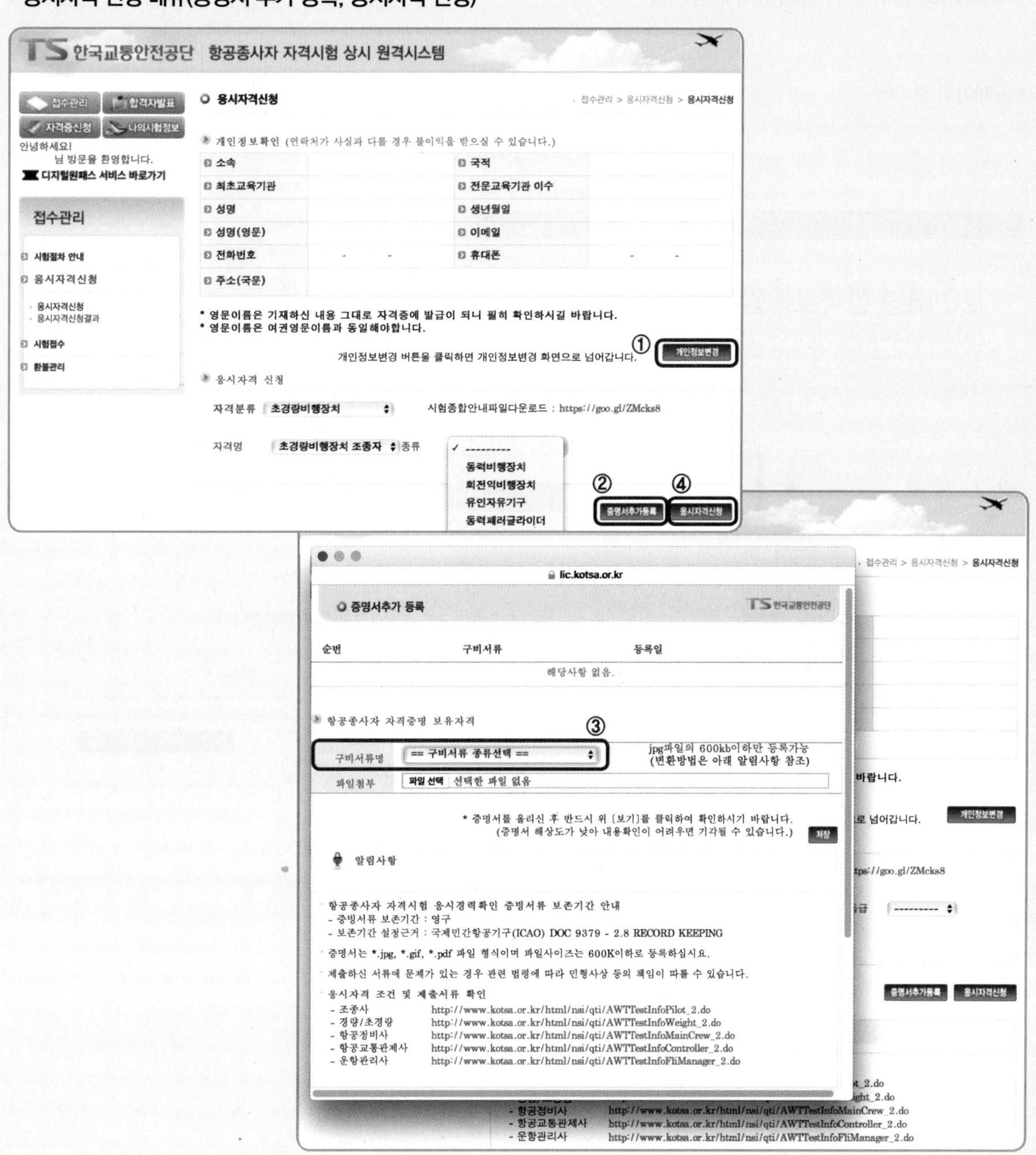

학괴시험 접수 관련 홈페이지 사용방빕

- 홈페이지 로그인

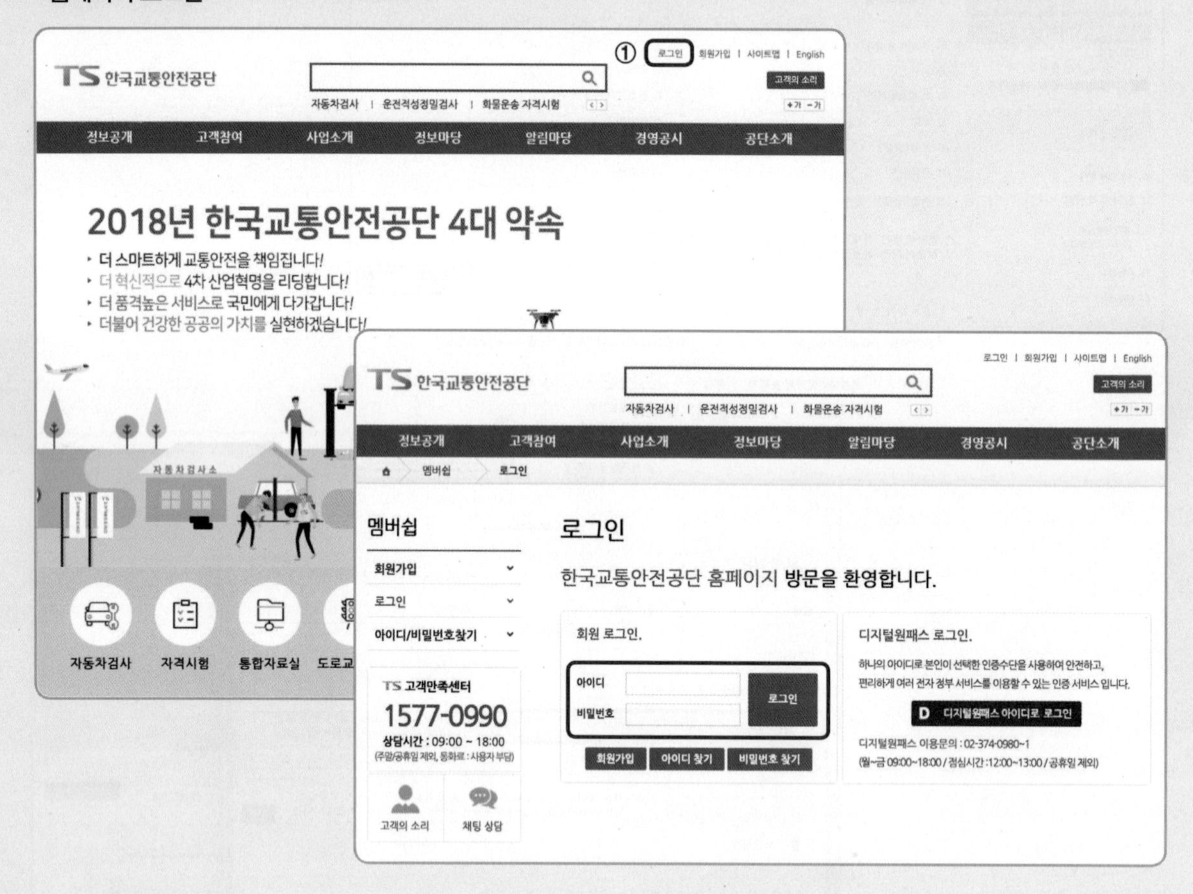

- 항공종사자 자격시험 페이지

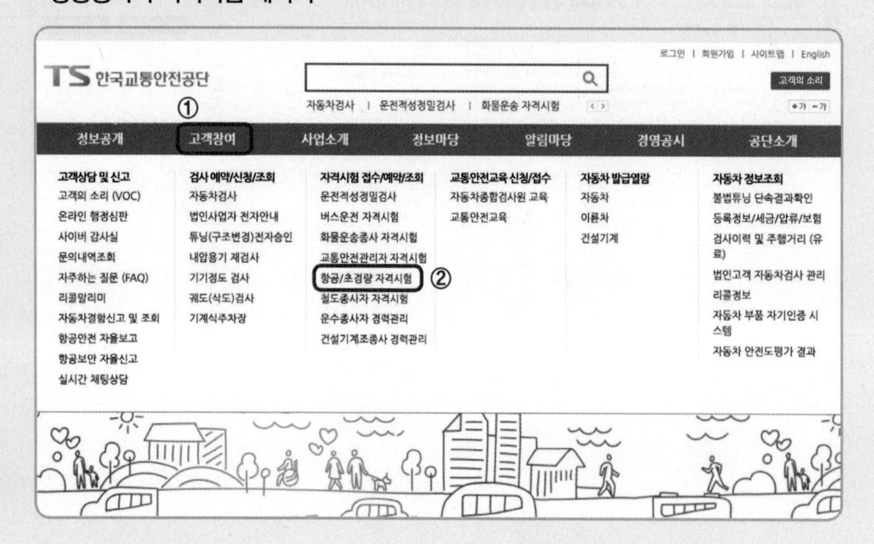

• 원서접수 메뉴(학과시험 접수)

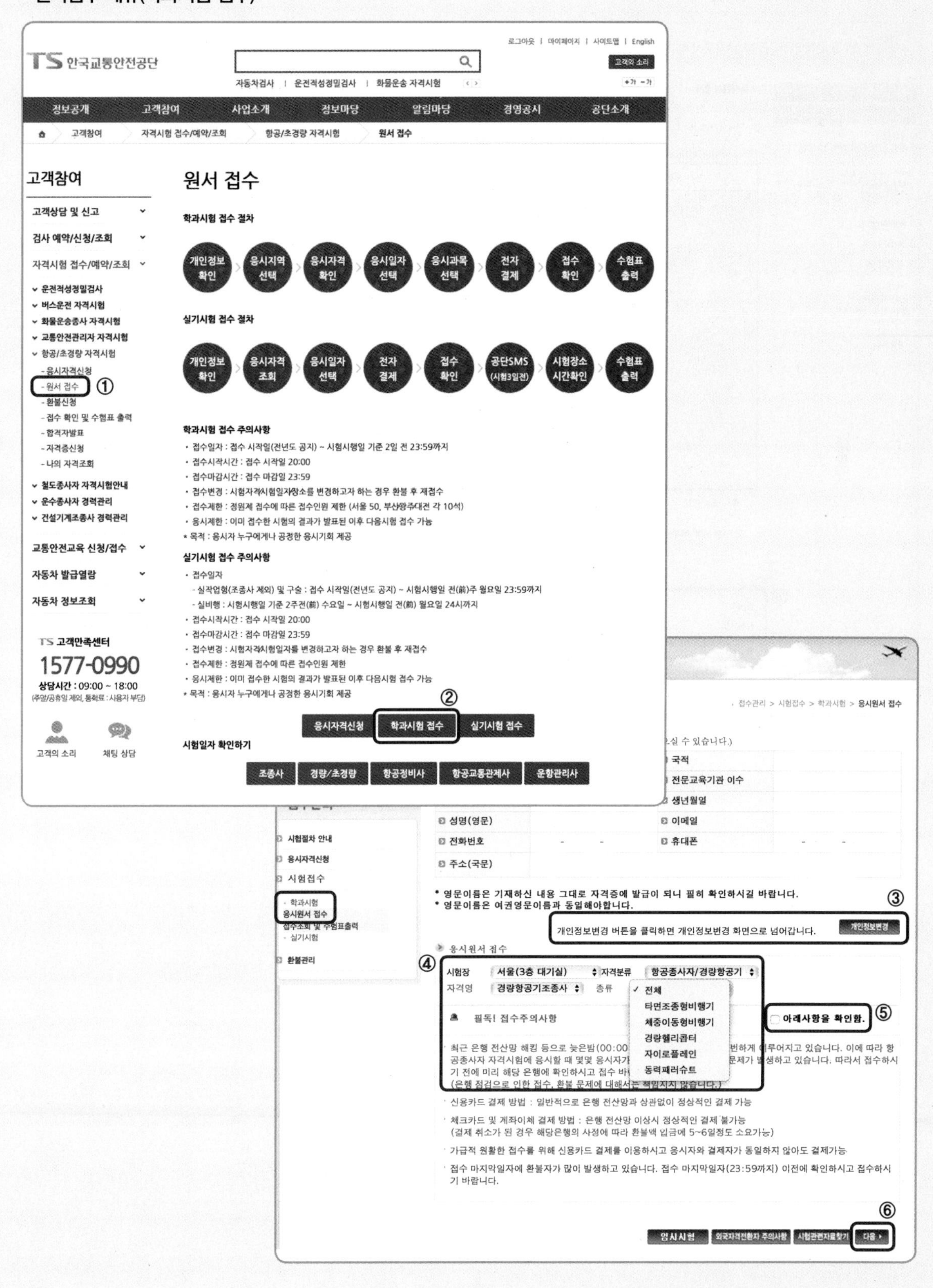

• 응시원서 접수(학과시험 접수)

실기시험 접수 관련 홈페이지 사용방법

- **홈페이지 로그인**

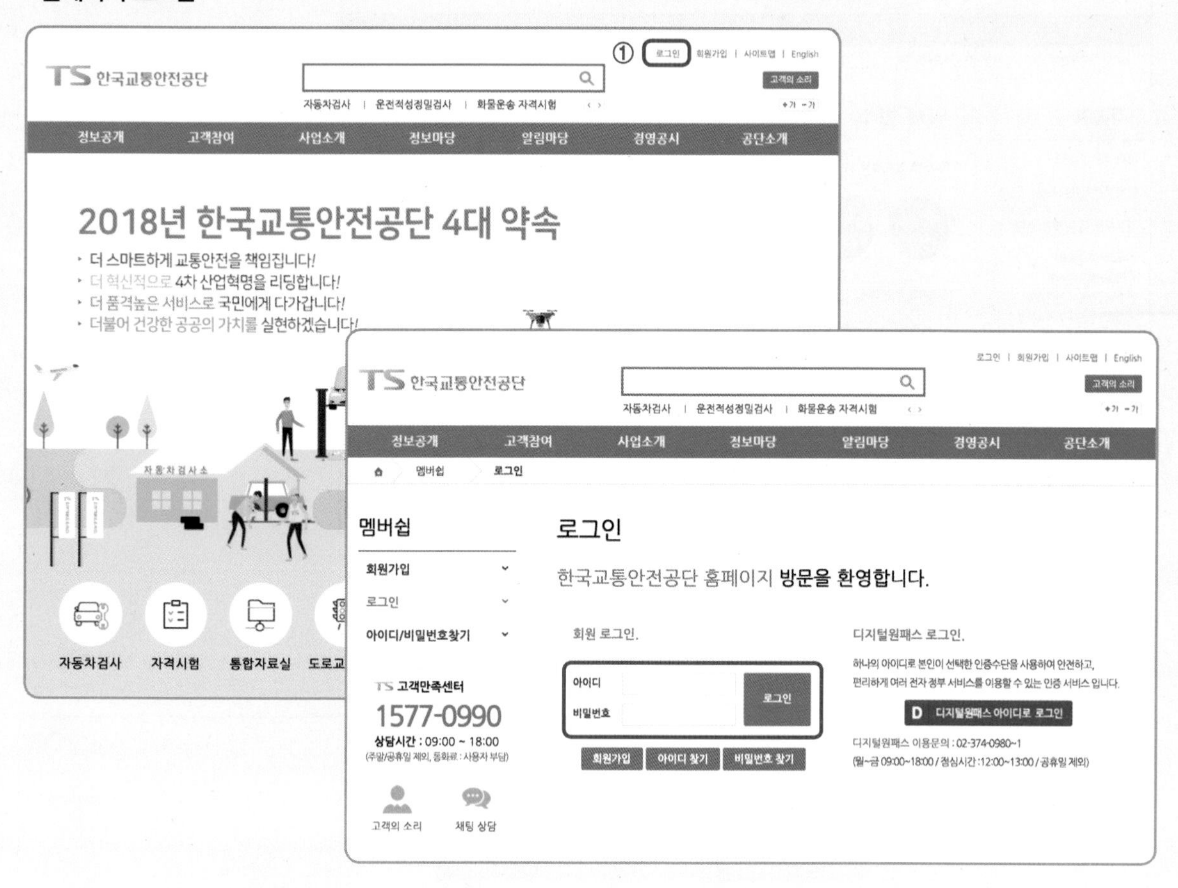

- **항공종사자 자격시험 페이지**

• 원서접수 메뉴(실기시험 접수)

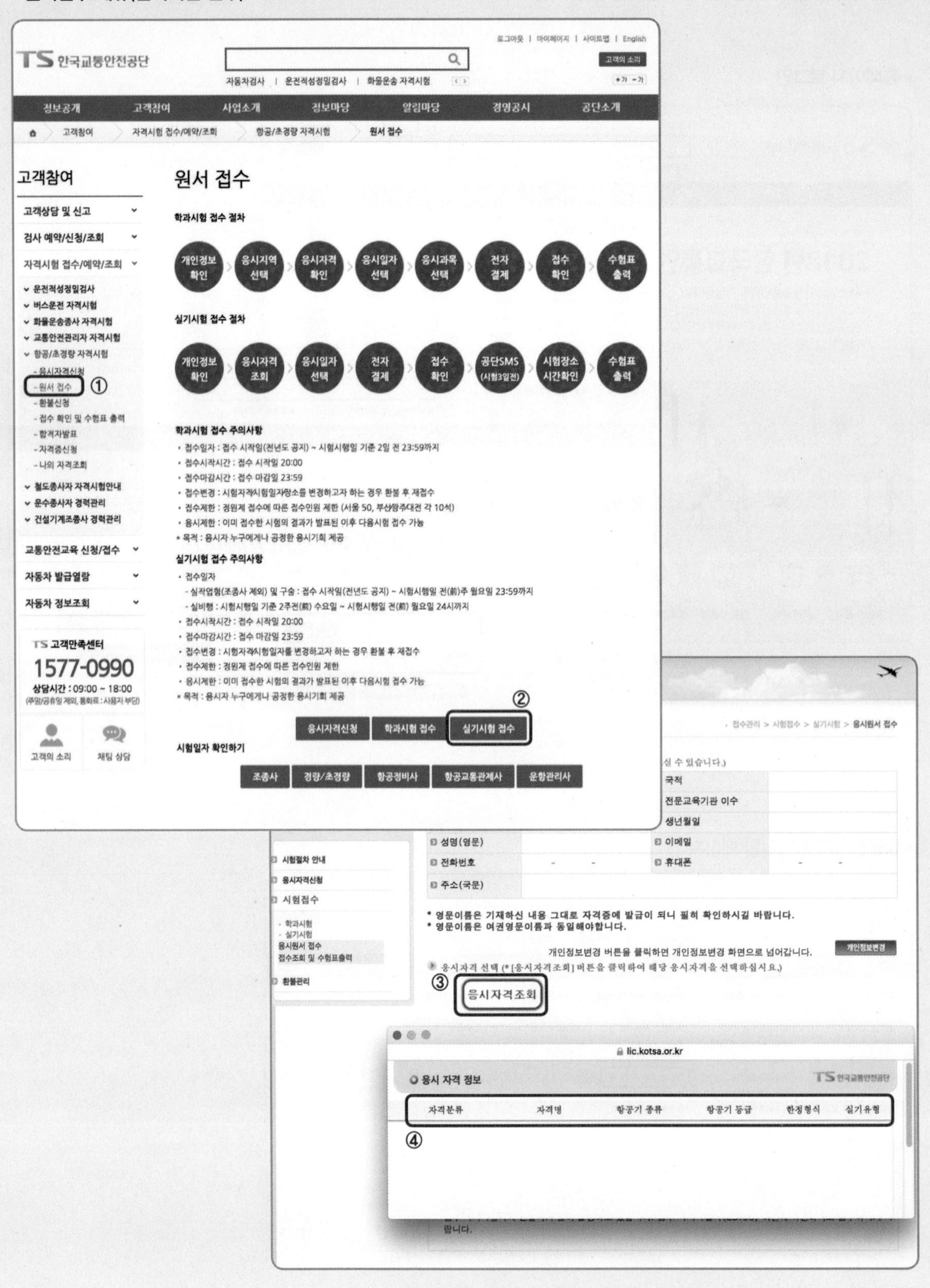

• 응시원서 접수(실기시험 접수)

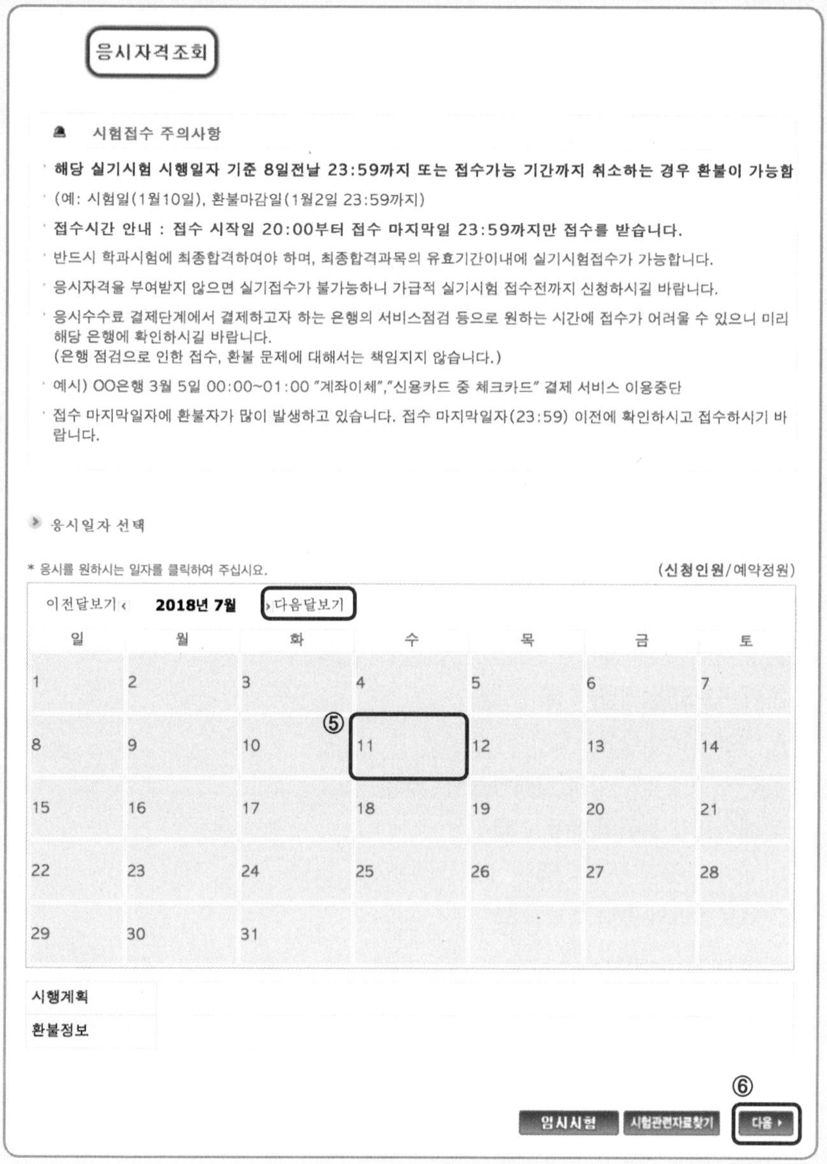

응시자격조회

시험접수 주의사항

- **해당 실기시험 시행일자 기준 8일전날 23:59까지 또는 접수가능 기간까지 취소하는 경우 환불이 가능함**
- (예: 시험일(1월10일), 환불마감일(1월2일 23:59까지)
- **접수시간 안내 : 접수 시작일 20:00부터 접수 마지막일 23:59까지만 접수를 받습니다.**
- 반드시 학과시험에 최종합격하여야 하며, 최종합격과목의 유효기간이내에 실기시험접수가 가능합니다.
- 응시자격을 부여받지 않으면 실기접수가 불가능하니 가급적 실기시험 접수전까지 신청하시길 바랍니다.
- 응시수수료 결제단계에서 결제하고자 하는 은행의 서비스점검 등으로 원하는 시간에 접수가 어려울 수 있으니 미리 해당 은행에 확인하시길 바랍니다.
(은행 점검으로 인한 접수, 환불 문제에 대해서는 책임지지 않습니다.)
- 예시) OO은행 3월 5일 00:00~01:00 "계좌이체","신용카드 중 체크카드" 결제 서비스 이용중단
- 접수 마지막일자에 환불자가 많이 발생하고 있습니다. 접수 마지막일자(23:59) 이전에 확인하시고 접수하시기 바랍니다.

응시일자 선택

* 응시를 원하시는 일자를 클릭하여 주십시요. (**신청인원**/예약정원)

이전달보기 ‹ **2018년 7월** › 다음달보기

일	월	화	수	목	금	토
1	2	3	4	5	6	7
8	9	10	⑤ 11	12	13	14
15	16	17	18	19	20	21
22	23	24	25	26	27	28
29	30	31				

시행계획	
환불정보	

임시시험 시험관련자료찾기 ⑥ 다음 ›

목차

DRONE

PART 4 항공법규

PART

1

비행 원리

Chapter 1 항공기 일반

1 항공기 개요

인간은 공간과 시간을 확보하기 위해 운반체(vehicle)를 사용하여 왔다. 지상에서는 신발을 활용하여 활동함으로써 이동 시간을 줄이고 보다 넓은 공간을 확보하였다. 점차 동물의 힘을 이용하는 마차에서 자체 동력으로 움직이는 자동차, 기차 등으로 발전하면서 인간은 육지를 정복하기에 이른다. 바다에서는 뗏목, 배 등을 이용하여 바다를 항해하였는데 19세기까지의 대항해 시대에는 바다를 정복한 자가 세계를 지배하여 왔다.

인간이 새처럼 하늘을 나는 것은 동경의 대상이었을 뿐 그 꿈을 실현하기란 너무도 어려웠다. 항공(aviation)의 사전적 의미를 살펴보면 "대기권 내에서 공기를 이용하여 새처럼 하늘을 날아다님"이다. 'aviation'의 어원은 aves(조류)로 여기에서 aviator(비행사), aviate(항공기를 조종하다) 등이 파생되었다. 20세기 초 라이트 형제(Orville and Wilbur Wright)에 의해 인류 최초의 동력 비행이 성공함으로써 인간의 활동 영역은 지상, 바다의 2차원에서 지상, 바다, 하늘의 3차원으로 확장되었다. 이로써 인간의 사고 영역도 대기권에서 우주로, 우주를 넘어 태양계로 확장되었다. 더불어 전쟁의 영역도 확장되었으며 그만큼 인류에 대한 위협도 크게 확장되는 결과를 초래하였다.

2 항공기의 항공역학적 분류 [1)]

항공기의 항공역학적 분류의 기준은 "공기보다 가벼운 항공기이냐, 아니면 공기보다 무거운 항공기이냐"이다. 먼저 공기보다 가벼운 항공기란 자신의 부력(buoyancy force)을 이용하여 공중에 뜨는 비행체를 말한다. 항공기의 무게가 항공기의 부피에 해당하는 공기의 무게보다 가벼워 공중에 뜰 수 있는 것이다. 다음으로 공기보다 무거운 항공기란 날개에서 발생되는 양력(lift force)을 이용하여 공중에 뜨는 비행체를 말한다. 항공기의 무게가 항공기의 부피에 해당하는 공기의 무게보다 무겁지만 항공기의 날개와 공기 사이의 상대속도로부터 양력을 얻어 공중에 뜰 수 있는 것이다. 고정익과 회전익은 양력을 발생시키는 날개의 형태에 따른 구분이며, 비행기와 활공기의 구분은 동력의 유무에 따른 구분이라고 할 수 있다.

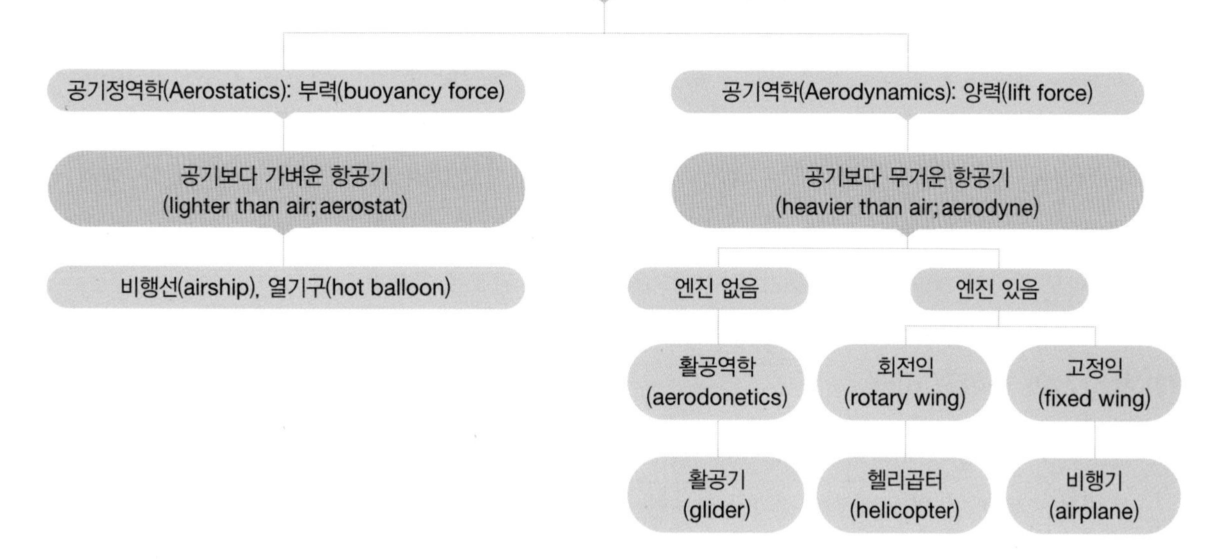

항공기의 항공역학적 분류

3 항공기의 역사

(1) 신화 속의 비행 [2)]

다이달로스와 이카로스 출처 www.google.co.kr

항공(aviation)의 역사는 새(avian)처럼 날고 싶다는 인간의 욕망을 담은 신화에서 찾아볼 수 있다. 아테네인 다이달로스는 천재적인 인물로 유명한 건축가이자 발명가였다. 그는 아들 이카로스를 데리고 지중해 가운데 있는 크레타 섬에서 살게 되는데 그곳에서 기술력을 인정받았으나 미노스 왕의 미움을 사게 되어 이카로스와 함께 미궁에 갇히고 만다. 다이달로스는 천부적인 재능을 발휘하여 미궁에서의 탈출을 시도하고, 갈매기의 깃털과 밀납으로 날개를 만든다. 날기 전 다이달로스는 이카로스에게 "아들아, 너무 낮게 날면 날개가 무거워져 떨어지고, 너무 높이 날면 밀랍이 태양에 녹을 것이니 나만 따라 오너라"라고 말하였다. 다이달로스는 탈출에 성공하였으나 아들 이카로스는 자신이 난다는 사실에 도취되어 아버지의 당부를 잊은 채 하늘 높이 날아오르다 태양열에 밀랍이 녹아 깊은 바다에 추락하고 말았다. 이카로스의 추락의 원인은 더 높은 곳으로 오르기 위한 인간의 욕망 때문이라고도 한다.

북유럽 신화에서 웨이랜드는 날개옷을 만들어 동생 에질에게 입혀 하늘을 날게 하였다고 전한다. 웨이랜드는 에질에게 "이륙할 때는 바람이 불어오는 쪽을 향하고 내려올 때는 바람을 등지고 내려오라"고 하였다. 에질은 날개옷을 입고 이륙은 잘하였으나 착륙을 할 때 속도가 너무 빨라 부상을 당할 뻔하였다. 에질이 이유를 묻자 웨이랜드는 "내가 너에게 바람을 등지고 내려오라고 한 건 잘못되었다. 다시 생각해보니 모든 새는 바람을 향해 날아오르고 또 그렇게 내려온다"고 하였다.

아마도 항공기 개발자들은 항공기의 이착륙 원리를 새의 관찰을 통해 파악한 것으로 보인다.

(2) 초창기의 과학적 비행

초창기 비행은 레오나르도 다 빈치(Leonardo da Vinci, 1452~1519)에 의해 시작되었다. 레오나르도 다 빈치는 1505년 새를 해부한 결과를 발표한 논문에서 "새는 수학적 법칙에 따라 작동하는 기계이며 새의 모든 운동을 인간 능력으로 구체화시킬 수 있다"고 하였다. 그는 새의 날개처럼 인간의 팔과 다리를 이용해 상하로 움직여서 나는 비행체인 오니솝터(ornithopter)를 설계하였는데, 인력을 이용한 오니솝터의 개발에는 결국 실패하였다.

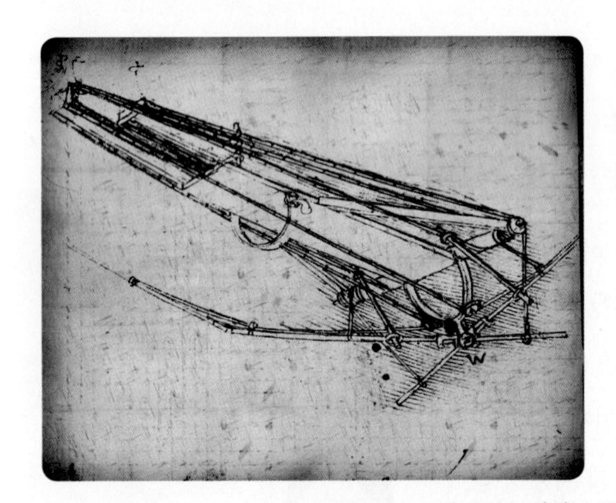

1486~1490년 오니솝터(좌)와 헬리콥터 스케치(우)

1783년 몽골피에 형제(Joseph and Etienne Montgolfier)는 공기보다 가벼운 항공기로 분류되는 최초의 열기구로 비행에 성공하였다. 2명이 탑승한 이 열기구는 프랑스 파리를 가로질러 25분 동안 약 5마일을 비행하였다. 인류 최초로 '지속적인' 비행에 성공한 사건이었으며, 부력을 사용하여 비행에 성공하였으므로 동력 비행의 발전에 기여를 한 바는 없으나 대중들의 하늘을 나는 것에 대한 관심을 촉발시키는 데 큰 역할을 하였다.

몽골피에 형제의 열기구 출처 www.google.co.kr

영국의 조지 케일리(George Cayley, 1773~1857)는 현대 항공공학의 아버지로 진정한 최초의 비행기 발명가로 불린다. 이전까지는 오니솝터 개념으로 비행을 시도하였으나 조지 케일리는 처음으로 양력과 추력을 분리하여 생각하였으며, 날개를 상하로 움직여서 양력과 추력을 동시에 발생시키고자 하였다.

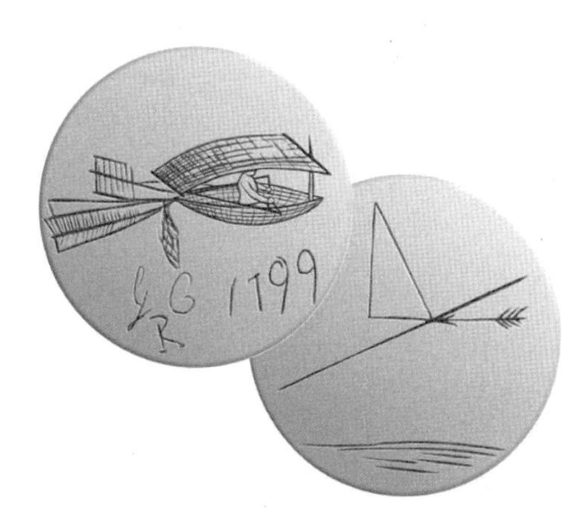

1799년 조지 케일리가 은판에 새긴 고정익 항공기의 개념(좌)과 양력과 항력의 개념(우) 출처 www.google.co.kr

조지 케일리는 라이트 형제가 인류 최초의 동력 비행을 성공하기 약 100년 전인 1809년에 〈공중 비행에 대하여(On Aerial Navigation)〉라는 논문을 발표하였다.

공중 비행에 대하여(On Aerial Navigation)

비행기의 뜨는 원리, 즉 양력 이론은 연을 공중에 날리는 것과 같으며 실로 맨 연이 알맞은 각도에서 맞바람을 받으면 공중에 떠오른다. 바람이 약할 때는 바람을 향해서 띄우면 바람을 많이 받게 되어 더 잘 날게 된다. 바람과 연이 받음각을 이루고 상대속도를 가지면 연에 공기력이 발생한다. 이 공기력은 바람 방향과 평행인 힘을 항력, 수직인 힘을 양력으로 나누어 생각한다. 만약 알맞은 동력을 써서 항력을 이기면 양력으로서 중력을 이길 수 있다.

1849년에는 연의 원리를 이용한 글라이더를 제작하였다. 비행에는 실패하였으나 활공기(glider, 무동력 고정익 항공기)에 대한 연구를 촉발시켰으며 동력 고정익 항공기 개발의 초석이 되었다.

영국의 발명가인 윌리엄 새뮤얼 헨슨(William Samuel Henson, 1812~1888)은 1842년 조지 케일리의 연구 결과에 영향을 받아 "하늘을 나는 증기차(Aerial Steam Carriage)"를 고안해서 발표하였다. 실제로 만들어지지는 못하였지만 동시대의 사진, 인쇄 기술 등의 발달에 힘입어 잊혀 가던 조지 케일리의 성과를 대중에게 널리 전파하는 역할을 하였다.

하늘을 나는 증기차 출처 www.google.co.kr

프랑스의 해군장교 펠릭스 드 템플(Felix du Temple)은 1874년에 세계 최초의 동력 유인 항공기의 이륙에 성공하였다. 그러나 경사면을 이용한 '보조' 이륙이었으며 '지속적인' 비행에는 실패하였다.

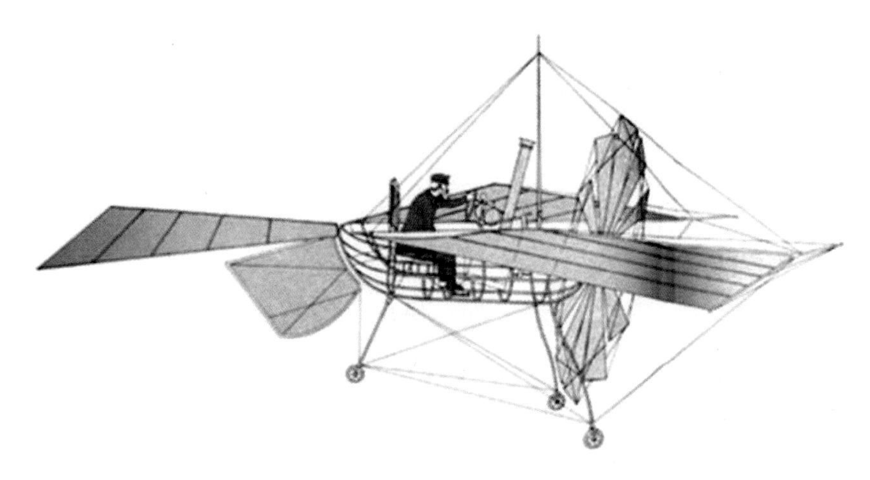

펠릭스 드 템플의 항공기 출처 www.google.co.kr

러시아의 알렉산더 모자이스키(Alexander F. Mozhaiski)는 1884년 세계에서 두 번째로 증기기관을 이용한 단엽기의 동력 '보조' 이륙에 성공하였다. 그러나 드 템플과 마찬가지로 '지속적인' 비행에는 실패하였다.

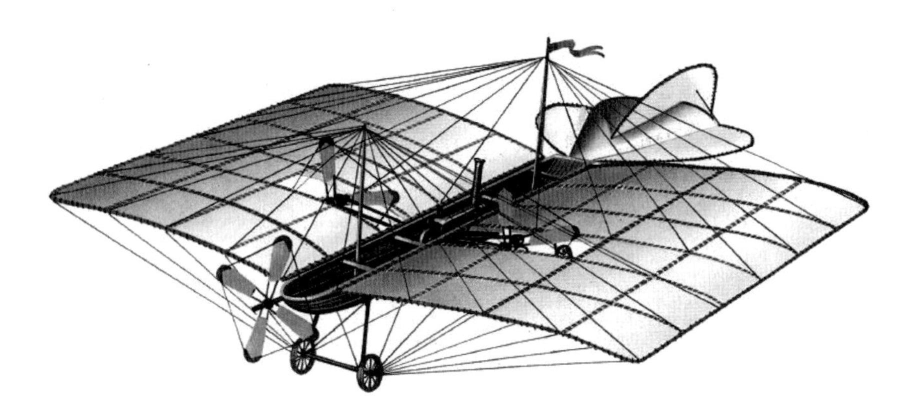

알렉산더 모자이스키의 단엽기 출처 www.google.co.kr

독일의 오토 릴리엔탈(Otto Lilienthal, 1848~1896)은 항공 역사에서 조지 케일리, 라이트 형제에 비견될 만한 인물로서 1889년 《항공의 기초로서의 새의 비행(Bird Flight as the Basis of Aviation)》을 출판하였는데 그 당시 구할 수 있는 가장 상세한 항공역학 데이터를 수록하였다. 이 책은 라이트 형제가 비행에 관심을 갖는 데 결정적인 역할을 하기도 하였다.

1891년에는 단엽 활공기로 세계 최초의 유인 활공 비행에 성공하였다. 이전까지는 주로 '이륙'에 중점을 두고 비행이 시도되었는데 유인 활공으로 '안정성과 조종'에 대한 중요성을 널리 알리는 계기가 되었으며, 이후 2,000회 이상의 활공 비행에 성공하였다. 릴리엔탈은 1896년 8월 활공 비행 중 추락하여 다음 날 사망하였다. 만약 사고가 일어나지 않았다면 라이트 형제보다 먼저 동력 비행에 성공하였을 것이라고 한다.

오토 릴리엔탈의 활공기 출처 www.google.co.kr

프랑스 출생의 미국인 옥타브 샤누트(Octave Chanute, 1832~1910)는 1894년 《비행 기계의 발전 현황(Progress in Flying Machines)》이란 책을 출판하였다. 여기에는 당시까지의 항공공학에 대한 모든 중요한 기술적 성과의 정리 및 발전 방향이 제시되어 있다. 라이트 형제는 1900년 이 책을 읽은 후 샤누트가 사망할 때까지 친교를 맺고 우정을 나누었다고 한다. 샤누트는 1896년 트러스 구조를 사용한 복엽 활공기 비행에 성공하였다. 이 활공기는 라이트 형제의 비행기에 그대로 적용될 정도로 성공적이었다고 한다.

옥타브 샤누트의 행글라이더 출처 www.google.co.kr

인류 최초의 동력 비행에 성공한 윌버 라이트(Wilbur Wright, 1867~1912)와 오빌 라이트(Orville Wright, 1871~1948), 즉 라이트 형제는 목사인 아버지와 수학을 전공한 어머니 사이에서 출생하였다. 형제는 고등학교 교육을 채 마치지 않은 1892년에 자전거 가게를 시작하였는데 이는 이후 항공 관련 작업에 경제적 뒷받침이 된다. 형 윌버는 1894년에 릴리엔탈의 사망 소식을 접하고 항공에 대해 관심을 갖기 시작하고 1899년에는 샤누트의 《비행 기계의 발전 현황》을 읽고 깊은 인상을 받았는데, 동생 오빌도 형과 함께 비행에 관심을 가지게 되었다. 1900년 샤누트와 친교를 맺은 이후 직접 활공기를 타 보고 이를 바탕으로 항공기를 설계 · 제작하는 샤누트의 철학에 동감하여 활공기 비행 시험에 착수하였다.

라이트 형제는 기상청에 문의하여 '세고 일정한 바람이 부는 장소'를 물색한 후 노스캐롤라이나 주의 키티호크를 시험장으로 정하고 그해 9월에 활공기 1호로 명명한 복엽 활공기를 제작하여 10월부터 시험 비행을 시작하였다. 활공기 1호는 날개폭이 17ft이고 수평안정판을 장착한 것으로 연처럼 비행하였다.

1900년 활공기 1호 출처 www.google.co.kr

1901년 7월에는 날개폭이 22ft인 활공기 2호를 제작, 시험 비행을 하였다. 1901년 9월부터 1902년 8월까지는 기존에 참고해 오던 릴리엔탈과 새뮤얼 랭글리(Samuel P. Langley, 1834~1906)의 항공역학 자료에 오류가 있다고 생각하여 풍동을 직접 만들어 200여 개의 에어포일에 대해 직접 실험을 하였다(사실 기존의 자료들은 틀리지 않았으나 라이트 형제가 데이터를 잘못 적용하여 착오가 있었던 것임).

1901년 활공기 2호 출처 www.google.co.kr

1902년 9월에는 날개폭이 32ft나 되는 활공기 3호를 제작하여 비행 시험에 성공하였다. 이후 수직 방향타를 장착함으로써 부드러운 선회가 가능해졌으며 1,000회 이상의 비행에 성공하였다. 최고 기록은 26초간 622.5ft를 비행한 것이다.

1902년 활공기 3호 출처 www.google.co.kr

1903년 초반에는 '추진' 문제 해결을 위해 연구한 결과, 상용 기관으로는 불가하다고 판단하고 프로펠러를 자체 생산하여 라이트 플라이어 1호(Wright Flyer I) 항공기를 제작하였다. 라이트 플라이어 1호 항공기는 활공기 3호와 비슷하나 날개폭이 40ft이고 2개의 러더(rudder), 2개의 엘리베이터(elevator), 자체 개발한 가솔린 엔진, 2개의 프로펠러를 장착한 것이다. 9월에 기체를 옮기고 나서 몇 달간 자체 연습한 이후 12월 17일에 동생 오빌이 최초의 비행에 성공하였다. 총 4번의 비행에 모두 성공하였으며 최고 기록은 59초간 852ft를 비행한 것이다.

1903년 라이트 플라이어 1호 출처 www.google.co.kr

SUCCESS FOUR FLIGHTS THURSDAY MORNING ALL AGAINST TWENTY ONE MILE WIND STARTED FROM LEVEL WITH ENGINE POWER ALONE AVERAGE SPEED THROUGH AIR THIRTY ONE MILES LONGEST 57 SECONDS INFORM PRESS HOME CHRISTMAS

ORVELLE WRIGHT

네 번 비행 성공 목요일 오전 모두 21마일 맞바람 평지 출발 엔진 동력만으로 평균 속력 중 31마일 최장 51초 신문사에 알려요 크리스마스에 귀가

오빌 라이트

오빌 라이트가 비행 시험 후 아버지에게 보낸 전보

1904년에는 캠버(camber)를 줄이고 더 강력하고 효율적인 엔진을 장착한 라이트 플라이어 2호(Wright Flyer II)를 개발하여 80회 이상 비행에 성공하였다. 최고 기록은 5분 4초간 2.75마일을 비행한 것이다.

이후 1905년 캠버를 증가시키고 방향타와 승강타를 보강한 최초의 실용적 비행기인 라이트 플라이어 3호(Wright Flyer III)를 개발하여 40회 이상 비행에 성공하였다. 최고 기록은 38분 3초간 24마일을 비행한 것이다. 1905~1908년 사이에는 현대 비행기의 원형인 표준 라이트(Wright) A형을 제작하였다.

표준 라이트 A형은 미국 육군 및 프랑스 회사와의 판매 계약이 성사됨에 따라 항공기로서는 최초의 상품이 되었다.

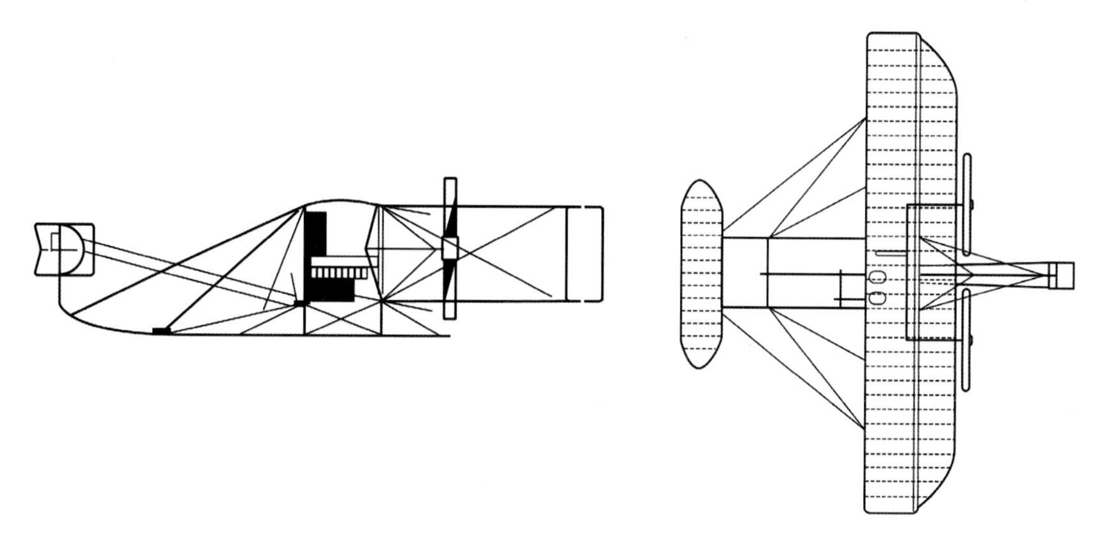

표준 라이트 A형

(3) 라이트 형제 이후의 과학적 비행

라이트 형제 이후의 비행은 라이트 형제 이후~제1차 세계대전 발발(1914년) 이전, 제1차 세계대전(1914~1918년), 제1차 세계대전 종료 직후~1933년, 제2차 세계대전(1939~1945년), 제2차 세계대전 이후~현재로 구분하여 살펴볼 수 있다.

① 라이트 형제 이후~제1차 세계대전 발발(1914년) 이전

약 10년간 명확한 기준이나 경험 없이 독자적인 방법으로 비행기를 제작하여 시험 비행을 하였던 시기로 형태나 구조 등이 가지각색이었다. 이 시기의 시험 비행은 대부분 항속 거리와 항속 시간의 경쟁이었다.

② 제1차 세계대전(1914~1918년)

제1차 세계대전 발발 전까지 비행기는 곡예나 스포츠용으로만 생각하였을 뿐 무기로서의 사용은 대두되지 않았다. 그러나 제1차 세계대전이 계속된 4년 동안 항공기가 정찰, 전투임무 수행에 필수적 무기가 됨에 따라 항공기의 성능이 전반적으로 향상되고 용도에 따라 전투기, 폭격기, 정찰기 등으로 분류되었다. 비행기의 생산기술이 대형화 · 다양화됨에 따라 공업 수준의 향상을 가져왔으며, 항공기 운용이 지상군에 대한 협동 개념에서 항공 전력의 자체 운용을 위해 바뀌면서 1918년에 프랑스 항공군단 창설, 영국 공군 창설 등 공군의 독립을 탄생시켰다. 또한 개인의 흥미와 능력에 의존하던 비행기 개발이 국가적인 대규모 연구과제로 발전하게 되었다. 이 시기에 미국의 국립항공자문위원회(NACA; National Advisory Committee for Aeronautics)와 NACA 산하 랭글리 연구센터(Langley Research Center)가 설립되었다.[3)]

③ 제1차 세계대전 종료 직후~1933년

제1차 세계대전 종료 후 1920년대 전반에는 항공기술이 침체 상태에 있었으나 1920년대 후반부터 미국의 록히드 마틴(Lockheed Martin)사, 노스럽 그러먼(Northrop Grumman)사에서 고성능 비행기를 개발하기 시작하였다. 1930년대에는 비행기가 복엽기에서 단엽기, 저익형, 응력 외피 구조로 발전되었다.

1920~1930년대 항공기술 발달의 특징으로는 먼저 금속제 비행기의 출현이다. 기존의 목재보다 강도가 크고 중량이 가벼운 금속재를 사용하고, 외피와 골조가 일체인 모노코크(monocoque) 구조가 개발되어 항공기 외형을 유선형으로 만들고 내부 공간을 활용할 수 있게 되었다. 둘째로 유압 장치로 작동하는 플랩(flap)을 사용함으로써 고양력 장치에 의한 순항속도가 증가되고, 셋째로 가변피치 프로펠러(controllable pitch propellers)를 사용함으로써 엔진 출력의 효율을 높였으며, 마지막으로 군용기 제작기술에 힘입어 대형 여객기의 등장을 가져왔다.

④ 제2차 세계대전(1939~1945년)

이 시기의 항공기술 발달의 특징은 극히 짧은 기간에 고도로 발전되어 완전히 실용화되었다는 것이다. 제1차 세계대전 때의 수류탄 투하 등 전술적 용도에서 제2차 세계대전 때는 전략 공군으로 무기로서의 중요성이 확고해졌으며, 아음속 및 천음속 영역의 모든 기술요소가 확립되었다. 특히 프로펠러로는 비행 속도를 음속까지 향상시킬 수 없는 한계를 제트기관의 발명으로 넘어서게 되었으며, 레이더는 전천후 비행의 기본 장비가 되어 항공기 운항에 크게 기여하게 되었다.

⑤ 제2차 세계대전 이후~현재

이 시기는 영국과 독일이 제트기관으로 음속의 벽을 돌파하려는 노력이 계속되었으나 전쟁 종료와 함께 경쟁이 끝나고, 종전 후 독일의 항공기술자들이 각각 미국과 소련으로 이주하면서 냉전시대 군비경쟁의 틀을 구축하게 되었다. 한편 로켓기관을 장착한 항공기의 개발로 1947년에 성층권에서 최초로 음속의 벽을 돌파함으로써 초음속 비행기 개발이 시작되었으며, 제2차 세계대전 중 급속히 발전한 폭격기, 수송기 설계 및 제작기술이 직접적으로 응용되어 속도, 항속 거리 등의 성능에서 전쟁 중의 기록을 훨씬 능가하는 장거리 수송기가 개발되었다. 군용기의 경우 프로펠러기에서 제트기로 전환됨에 따라 고속화, 고기동성, 장거리 전투기 및 폭격기 등이 기종별로 다양하게 개발되었다. 그리고 한국전쟁 중 F-86, Mig-15, Mig-17 등 제트 전투기들의 참전으로 제트 전투기 시대가 개막되었다.

현대의 군용기는 컴퓨터 기술, 엔진, 항공전자, 소재 기술 등의 발달로 조종실의 단순화 · 높은 기동성 · 저인식성을 통한 쉽고 안전한 비행이 가능해졌으며, 전방상향 시현기(HUD; Head Up Display), 헬멧장착 영상장비(HMD; Helmet Mounted Display), 다기능 시현기(MFD; Multi-Function Display) 등은 조종사의 편의 증가 및 신속한 인식을 가능케 하였다. 엔진의 경우 후기연소기를 사용하지 않고도 초음속 순항이 가능해졌고, 추력 편향 기술로 기동성이 향상되었다. 획기적인 외형 설계와 소재 사용, 레이더파 흡수와 반사량 감소로 상대방으로 하여금 저인식하게 하는 스텔스(stealth) 기법과 과거의 유압 계통에 의한 제어에 비해 컴퓨터 제어 개념인 플라이 바이 와이어(fly by wire) 제어시스템 또한 점점 확대되고 있다.

1970년대 이후의 군용기는 저속에서의 기동성, 상용기로서의 경제성, 초음속에서의 공력가열 현상 등 속도 외의 다른 성능이 요구됨에 따라 더 이상의 고속화는 이루어지지 않고 있다. 즉, 20세기 대부분의 시간 동안 '더 빠르게, 더 높이'를 기치로 항공기의 개발이 이루어져왔다면, 20세기 후반부터 21세기에 이르는 현재에는 '안전, 경제성, 신뢰도, 소음, 친환경' 등이 중시되고 있다. 물론 마하수 5 이상의 극초음속 영역의 정복 노력은 지속되고 있다.

4 항공기의 분류

항공기의 분류는 항공기 유형, 날개 형태, 동력장치, 크기 · 항속 거리 · 속도, 용도에 따라 분류할 수 있다.[4)]

(1) 항공기 유형에 따른 분류

① 비행기: 곡예(acrobatic), 실용(utility), 보통(normal), 커뮤터(commuter), 수송(transport)

② 회전익 항공기: 보통용, 수송용

③ 활공기: 제1종, 제2종, 제3종

④ 동력 활공기: 동력장치를 가진 활공기

⑤ 특수 항공기: 위의 감항 분류에 속하지 아니한 것

(2) 날개 형태에 따른 분류

① 날개의 수: 단엽기, 복엽기

② 날개의 장착 위치: 고익기, 중익기, 저익기

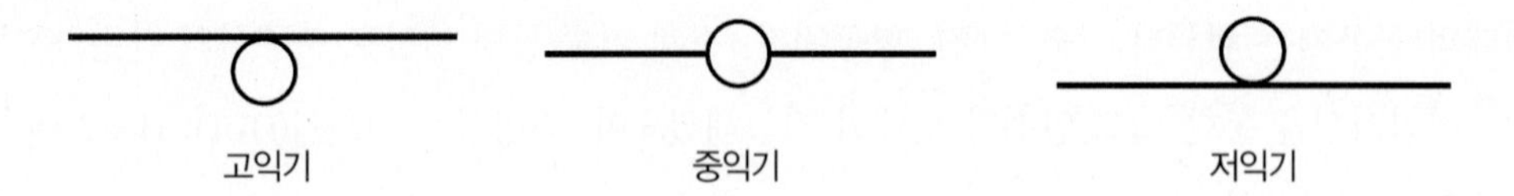

③ 날개의 접힌 형태: 일반형, 갈매기형, 뒤집힌 갈매기형

④ 날개의 평면 모양: 직사각형, 테이퍼형, 타원형, (가변)후퇴형, 전진형, 삼각형

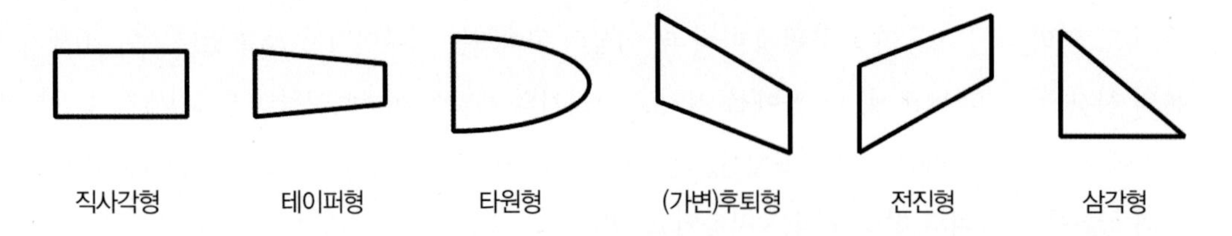

⑤ 수평꼬리날개의 위치: 일반형, 카나드형(선미익, 꼬리날개가 기체의 앞쪽에 위치)

일반형 출처 www.google.co.kr

카나드형 출처 www.google.co.kr

(3) 동력장치에 따른 분류

① 동력장치의 종류: 프로펠러기, 제트기

② 동력장치의 수: 단발기, 쌍발기, 다발기

	프로펠러기(Propeller)	제트기(Jet)
단발기 (Single Engine)	Spitfire(스피트파이어)	F-104 Starfighter(F-104 스타파이터)
쌍발기 (Twin Engine)	P-38	F-4 Phantom(F-4 팬텀)
3발기 (Three Engines)	SM-79	HS Trident(HS 트라이던트)

4발기 (Four Engines)	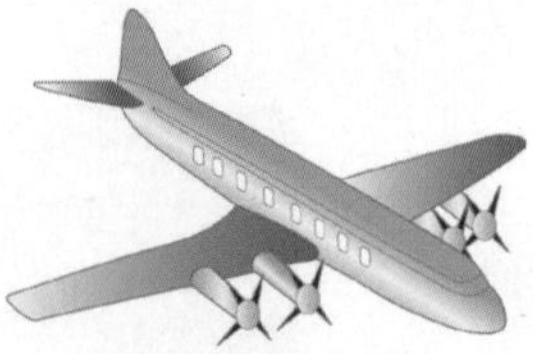 Viscount(바이카운트)	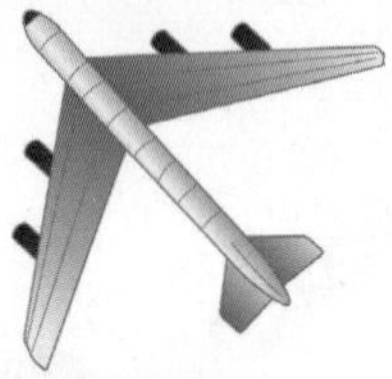 Boeing 707(보잉 707)
다발기 (Multi Engine)	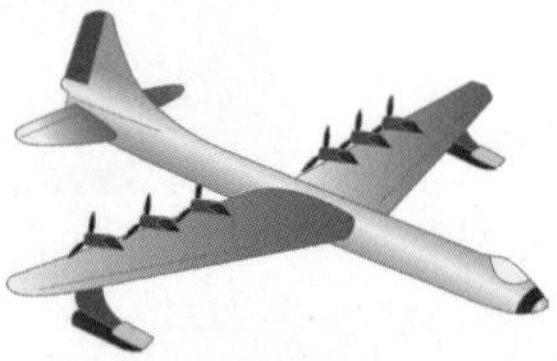 B-36	 B-52

(4) 크기 · 항속 거리 · 속도에 따른 분류

① 크기: 소형기, 중형기, 대형기

② 항속 거리: 단거리기, 중거리기, 장거리기

③ 속도: 아음속기, 천음속기, 초음속기, 극초음속기

(5) 용도에 따른 분류

① 민용기: 상용여객기, 헬리콥터

② 군용기

대분류	세분류	공군 항공기
전투임무기	전투기, 공격기, 폭격기, 전자전기	F-15K, KF-16, F-16, F-4, F-5, FA-50
공중기동기	수송기, 지휘기, 탐색구조헬기, 지휘헬기, 기동헬기, 공중급유기	C-130, CN-235, HS-748, B-737, L-2, AS-332, HH-60, B-412, VH-60
감시통제기	정찰기, 정보수집기, 공중통제공격기, 지휘통제기, 공중조기경보통제기	RF-4C, RF-16, RC-800, KA-1, E-737
훈련기	학생실습기, 기본훈련기, 고등훈련기, 전환훈련기	T-103, KT-1, T-38, T-59, T-50, CAP-10B, TC-800

Chapter 2

항공기에 작용하는 힘

1 내력

내력이란 항공기에 외력이 가해질 때 항공기 내부에서 발생하는 반력(reaction force)이다. 고체를 구성하는 분자들이 움직이면서 외력과 평형을 이루는 힘으로 설명할 수 있다.

(1) 인장력(Tension)

보를 길이 방향으로 잡아당길 때 보가 받는 내력이다.

(2) 압축력(Compression)

인장력과 반대인 경우에 보가 받는 힘이다.

(3) 전단력(Shear)

인접한 단면을 옆으로 평행하게 서로 반대쪽으로 미는 힘이다.

(4) 굽힘 모멘트(Bending Moment)

보의 축을 굽히는 모멘트이다.

(5) 비틀림 모멘트(Twisting Moment)

보의 축을 돌리는 모멘트이다.

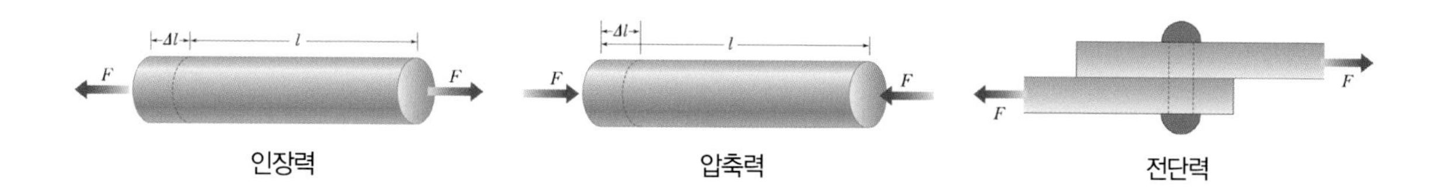

인장력 압축력 전단력

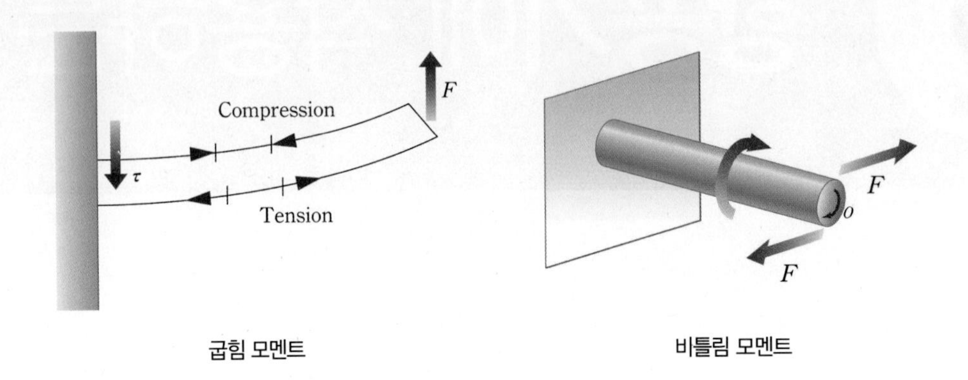

굽힘 모멘트　　비틀림 모멘트

2 외력

외력은 외부로부터 항공기에 작용하는 힘으로 양력, 항력, 추력 및 중력이 있다.

(1) 양력(Lift)

추력에 의해 항공기를 뜨게 하는 힘으로 상대풍에 수직인 공기역학적 힘의 성분이다.

(2) 항력(Drag)

항공기가 앞으로 나아가는 데 방해가 되는 힘으로 상대풍에 평행한 공기역학적 힘의 성분이다.

(3) 추력(Thrust)

엔진에 의해 항공기가 앞으로 나아가는 힘이다.

(4) 중력(Weight)

지구가 물체를 끌어당기는 힘이다.

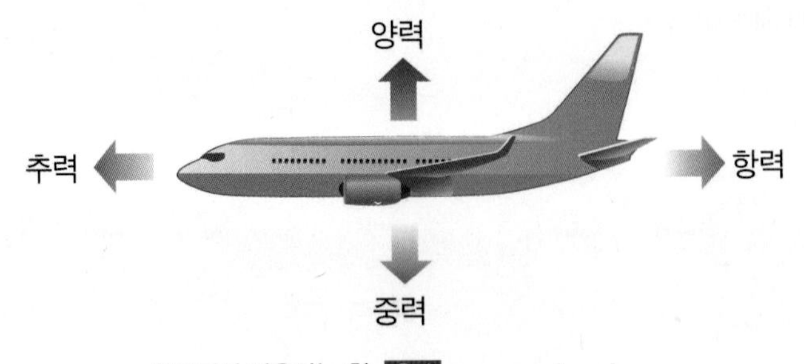

항공기에 작용하는 힘 출처 www.google.co.kr

항공기에 작용하는 이 힘들은 서로 상호작용을 통해서 비행을 가능하게 한다. 정지해 있는 항공기를 움직이게 하는 힘, 즉 추력은 엔진에 의해 앞으로 나아가는 힘이기 때문에 추력이 없으면 항공기의 운동이 이루어지지 않으며, 항공기가 움직이지 않으면 양력도 항력도 발생하지 않는다. 엔진이 작동하면 추력이 발생하고 이에 따라 양력과 항력이 발생하는데 추력이 항력보다 커지면 항공기가 가속되면서 양력이 증가할 때 중력을 이기고 뜰 수 있다.

추력 〉 항력 : 가속비행
추력 = 항력 : 등속(균형)비행
추력 〈 항력 : 감속비행

양력 〉 중력 : 상승비행
양력 = 중력 : 수평비행
양력 〈 중력 : 하강비행

비행 중인 항공기에 작용하는 힘을 살펴보면 날개 위에는 압축력이, 날개 아래에는 인장력이, 날개 단면에는 전단력이 작용한다. 그리고 동체에는 압축력, 인장력, 전단력, 비틀림 및 굽힘 모멘트의 복합력이 작용한다.

3 안정성과 조종

(1) **조종계통**(Control System)

① 항공기의 기체축

㉠ 세로축(x축, longitudinal axis): 항공기 동체의 기수와 꼬리를 연결한 축이다.

㉡ 가로축(y축, lateral axis): 한쪽 날개 끝에서 다른 쪽 날개 끝을 연결한 축이다.

㉢ 수직축(z축, vertical axis): 세로축과 가로축이 만드는 평면에 수직인 축이다.

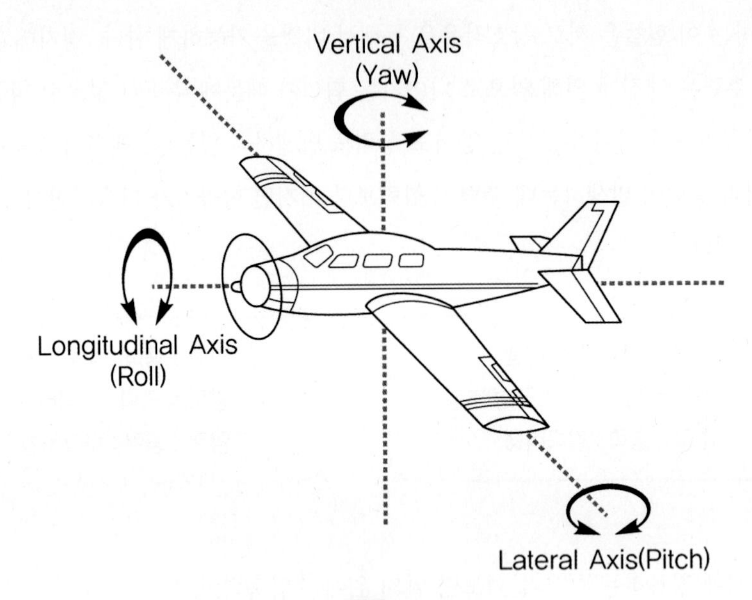

항공기의 기체축 출처 www.google.co.kr

② 기체축과 운동

㉠ 세로축을 중심으로 하는 운동: 롤링(rolling, 항공기의 좌우 경사회전 비행)

㉡ 가로축을 중심으로 하는 운동: 피칭(pitching, 항공기의 상승 · 하강 비행)

㉢ 수직축을 중심으로 하는 운동: 요잉(yawing, 항공기 기수의 좌우 회전 비행)

③ 운동을 일으키는 비행조종면

㉠ 롤링을 조종하는 비행조종면: 에어론(aileron, 도움날개로 좌우날개 바깥쪽에 위치)

㉡ 피칭을 조종하는 비행조종면: 엘리베이터(elevator, 승강타로 꼬리날개 수평안정판에 위치)

㉢ 요잉을 조종하는 비행조종면: 러더(rudder, 방향타로 꼬리날개 수직안정판에 위치)

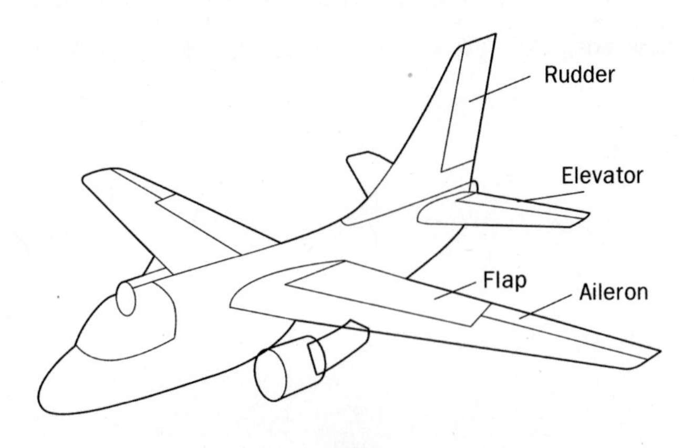

항공기의 비행조종면 출처 www.google.co.kr

(2) 안정성(Stability)

① 안정성이란 조종계통을 작동하거나 돌풍과 같은 기류의 교란(disturbance)에 의해서 비행 자세가 변화되었을 때, 즉 무게중심(CG; Center of Gravity)에서 벗어났을 때 원래의 평형 상태를 회복하려는 경향성이다. 항공기는 비행 임무에 따른 비행 성능을 발휘할 수 있어야 하며 동시에 안정된 비행 자세를 유지하면서 조종해야 한다.

② **정적 안정:** 평형 상태에서 벗어났을 때 원래의 평형 상태로 돌아가려고 하는 초기 경향성이다.

㉠ **정적 안정:** 공을 평형 상태에서 벗어나게 하면 공은 원래의 평형 상태로 돌아가려고 하는 초기 경향성을 가지므로 정적으로 안정이다.

㉡ **정적 불안정:** 공을 평형 상태에서 벗어나게 하면 공은 계속 평형 상태로부터 벗어나려고 하는 경향을 가지므로 정적으로 불안정이다.

㉢ **정적 중립 안정:** 공을 처음의 평형 상태에서 벗어나게 해도 계속 평형 상태를 유지하므로 정적으로 중립 안정이다.

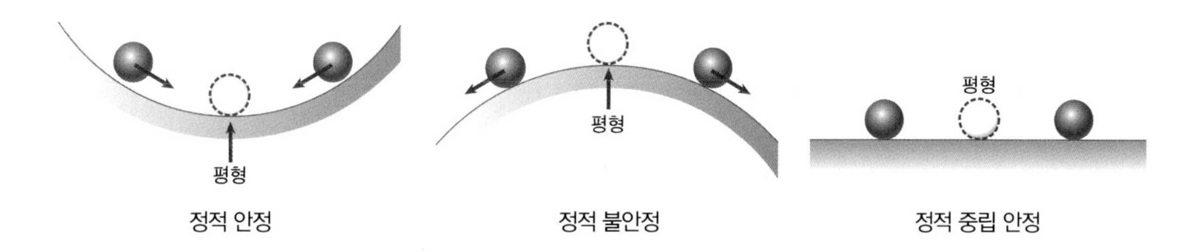

정적 안정 / 정적 불안정 / 정적 중립 안정

③ **동적 안정:** 평형 상태로부터 벗어났을 때 시간 경과에 따라 평형 상태로 돌아가는 경향성이다. '정적 안정'하다고 해서 반드시 '동적 안정'하지는 않다. 그러나 '동적 안정'하기 위해서는 반드시 '정적 안정'해야 한다.

㉠ 정적 안정

동적 안정	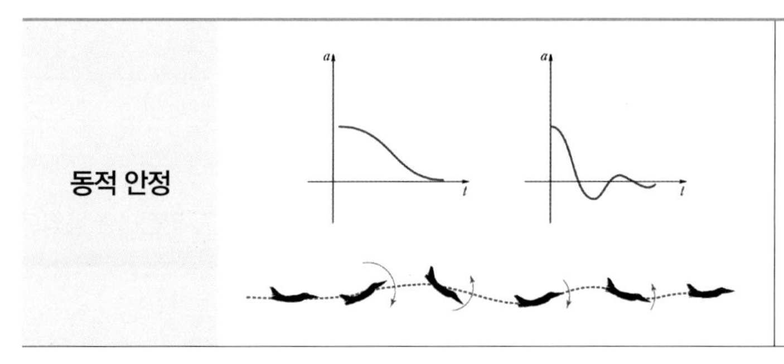	정적으로 안정하여 계속 평형 상태로 돌아가려는 경향성이 있으면서 운동의 크기가 감소하여 동적으로도 안정한 경우이다. ※ 운동의 크기가 진동 없이 감소하는 경우(왼쪽 그림)와 진동하면서 감소하는 경우(오른쪽 그림)가 있다.

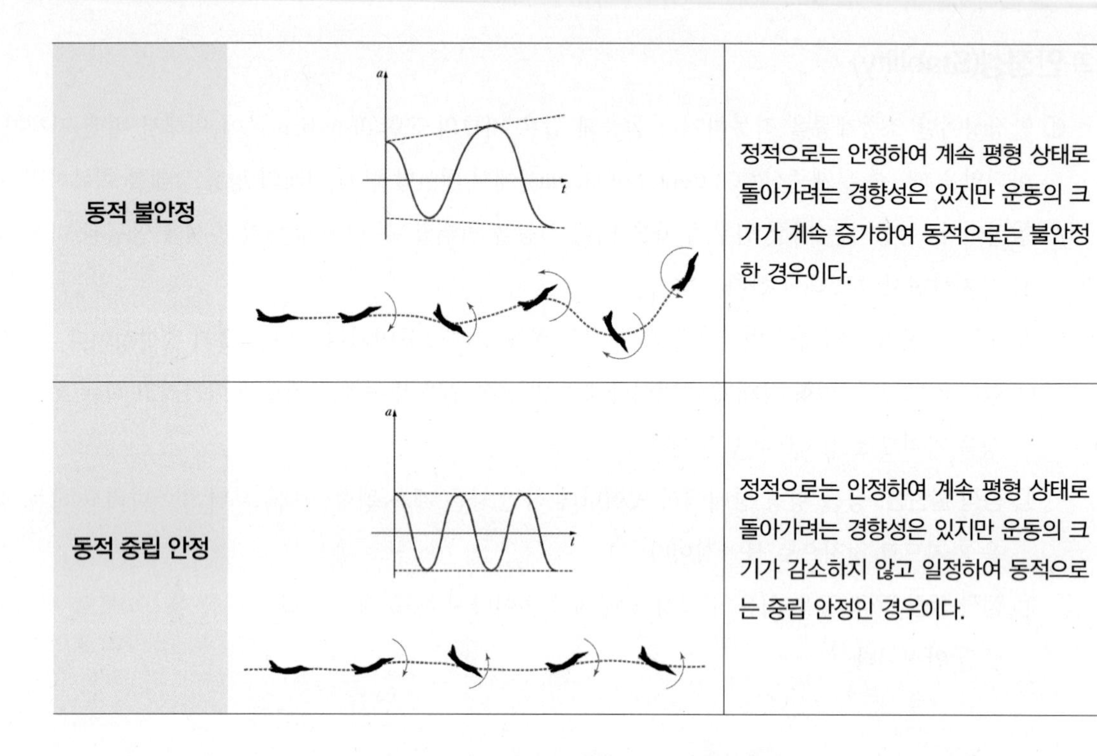

동적 불안정		정적으로는 안정하여 계속 평형 상태로 돌아가려는 경향성은 있지만 운동의 크기가 계속 증가하여 동적으로는 불안정한 경우이다.
동적 중립 안정		정적으로는 안정하여 계속 평형 상태로 돌아가려는 경향성은 있지만 운동의 크기가 감소하지 않고 일정하여 동적으로는 중립 안정인 경우이다.

㉡ 정적 불안정

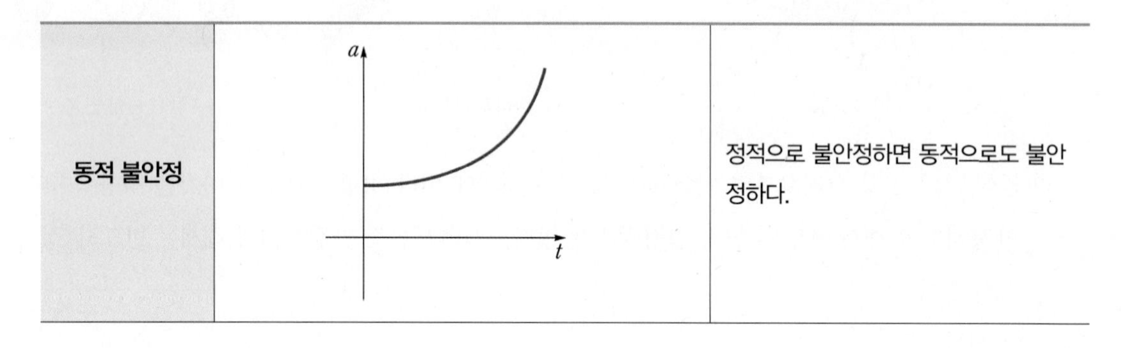

동적 불안정		정적으로 불안정하면 동적으로도 불안정하다.

㉢ 정적 중립 안정

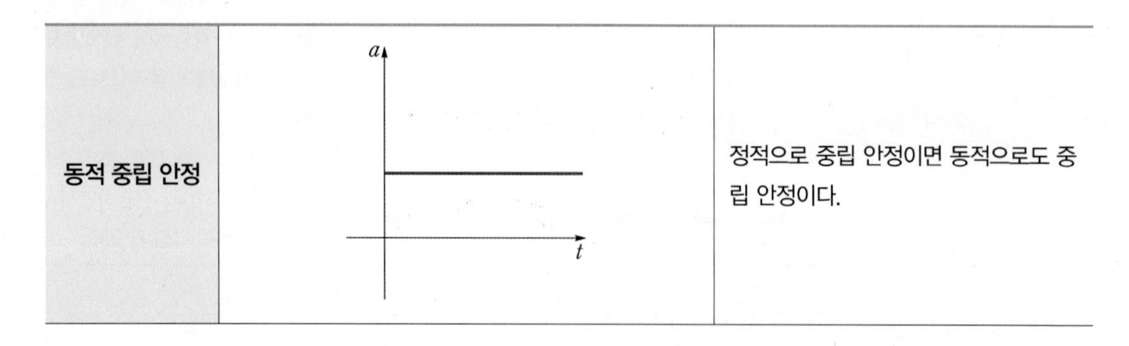

동적 중립 안정		정적으로 중립 안정이면 동적으로도 중립 안정이다.

(3) 조종(Control)

조종이란 조종사가 항공기의 조종계통을 작동시켜 원하는 비행 자세가 되도록 변화시킬 수 있는 능력이다. 다시 말해 항공기의 자세 변화, 비행 속도나 고도 변화, 항공기의 균형 유지, 그리고 교란에 의한 비행 자세의 안정을 위해서 조종사가 조종계통을 조작하는 일련의 행동이다. 항공기에 장착된 조종면(에일러론, 엘리베이터, 러더)으로 비행기의 자세를 조종한다.

안정성이 대단히 크다면 다른 평형 상태로 바뀌는 것을 저지하려는 경향이 크게 작용하기 때문에 조종성을 확보하기가 어려워지는 반면, 안정성이 적은 경우에는 쉽게 다른 평형 상태로 바뀔 수 있으므로 조종성은 커진다. 따라서 안정성과 조종성은 서로 상반된 성질을 가진다.

4 비행 성능 5)

아래 그림에서 비행 중인 항공기의 운동방정식은 접선 방향의 힘과 법선 방향의 힘으로 해석된다.

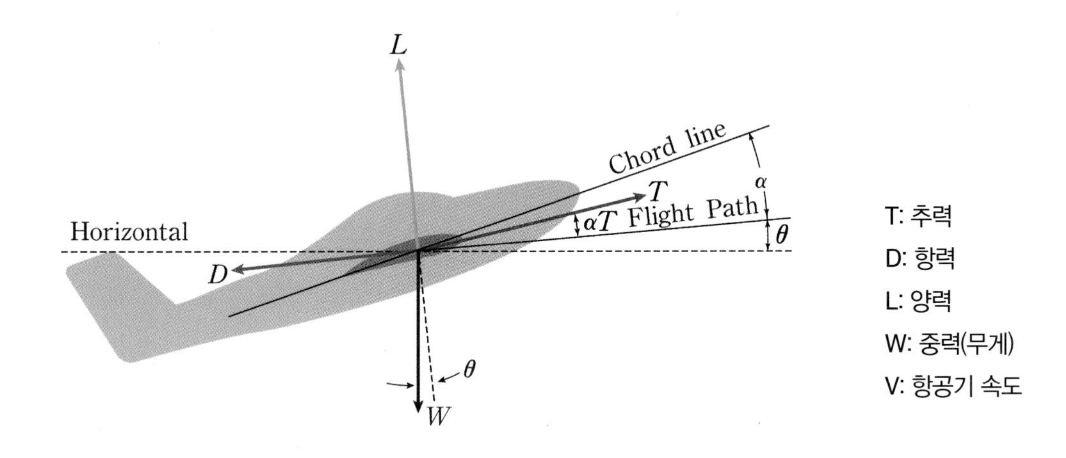

◦ 비행 경로각(θ): 비행 경로(공기의 상대속도)와 수평선(horizontal) 사이의 각도

◦ 받음각(α): 시위선(chord line)과 비행 경로(flight path) 사이의 각도

뉴턴의 제2법칙 $F = ma$에서

– 접선 방향의 힘: $T - D - Wsin\theta = m\frac{dV}{dt}$

– 법선 방향의 힘: $L - Wcos\theta = m\frac{V^2}{r}$

(1) 등속수평비행

등속수평비행은 가장 간단한 비행 형태로서 일정한 고도와 속도로 비행하는 것이다.

등속비행 조건은 가속도, 즉 $\frac{dV}{dt}=0$이다. 수평비행 조건은 비행 경로각 $\theta=0$이다.

접선 방향은 $T-D-Wsin\theta=m\frac{dV}{dt}$에서 $T-D=0$, $T=D$이다. 즉, 추력=항력이다.

법선 방향은 $L-Wcos\theta=m\frac{V^2}{r}$에서 $L-W=0$, $L=W$이다. 즉, 양력=중력이다.

따라서 등속수평비행 상태에서는 추력과 항력은 같으며, 양력과 중력은 같게 된다.

(2) 등속상승비행

등속비행 조건은 가속도, 즉 $\frac{dV}{dt}=0$이다. 상승비행 조건은 비행 경로각 $\theta\rangle$ 0이다.

접선 방향은 $T-D-Wsin\theta=m\frac{dV}{dt}$에서 $T-D-Wsin\theta=0$, $T=D+Wsin\theta$이다.

법선 방향은 $L-Wcos\theta=m\frac{V^2}{r}$에서 $L-W\cos\theta=0$, $L=W\cos\theta$이다.

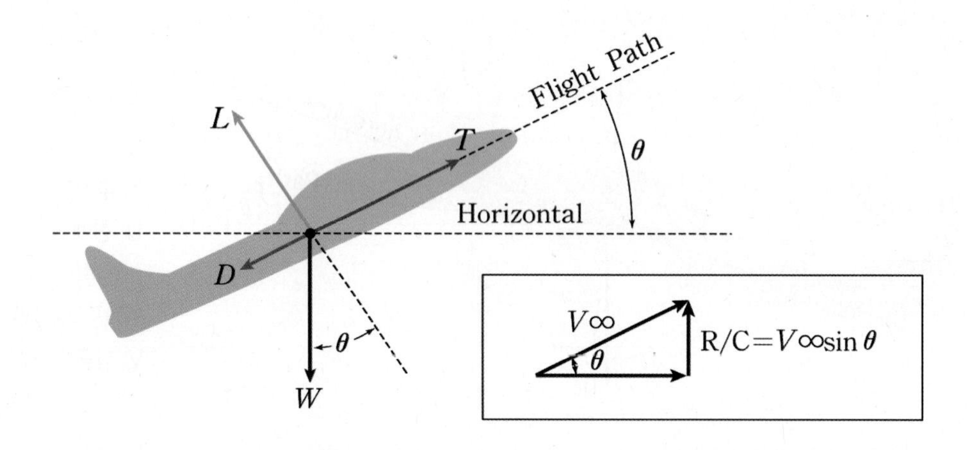

- 상승률(Rate of Climb, R/C): 단위시간당 고도 증가량

$$R/C=V_\infty\sin\theta$$

- 이륙 거리=지상 활주 거리+상승 거리
  - 지상 활주 거리: 항공기가 정지하고 있는 지점에서부터 랜딩기어가 활주로에서 떨어진 지점까지의 지상 거리
  - 상승 거리: 랜딩기어가 활주로에서 떨어진 지점부터 장애물 고도(15m)까지 상승하였을 때까지의 지상 거리

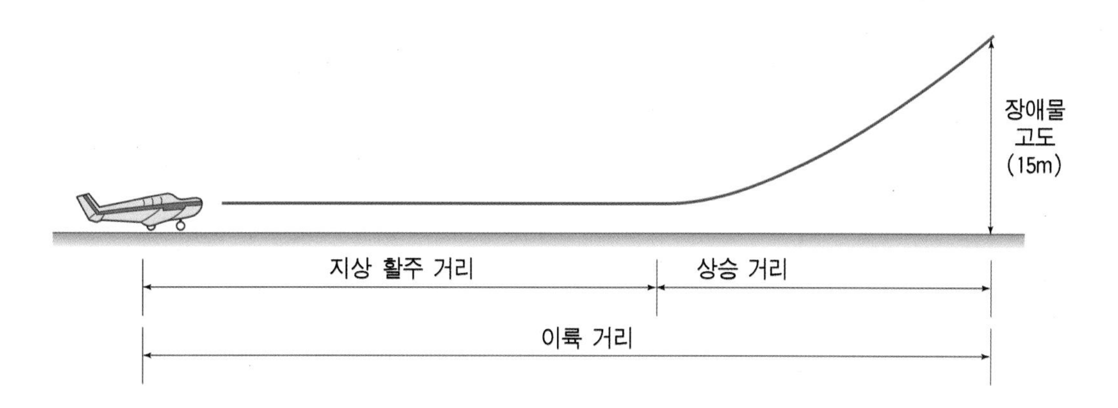

- **착륙 거리**=착륙 진입 거리+제동 거리(지상 활주 거리)
  - **착륙 진입 거리**: 장애물 고도에 접근하였을 때의 지점부터 활주로에 랜딩기어가 접지한 지점까지의 지상 거리
  - **제동 거리**: 랜딩기어가 활주로에서 접지한 지점부터 항공기가 정지한 지점까지의 지상 거리

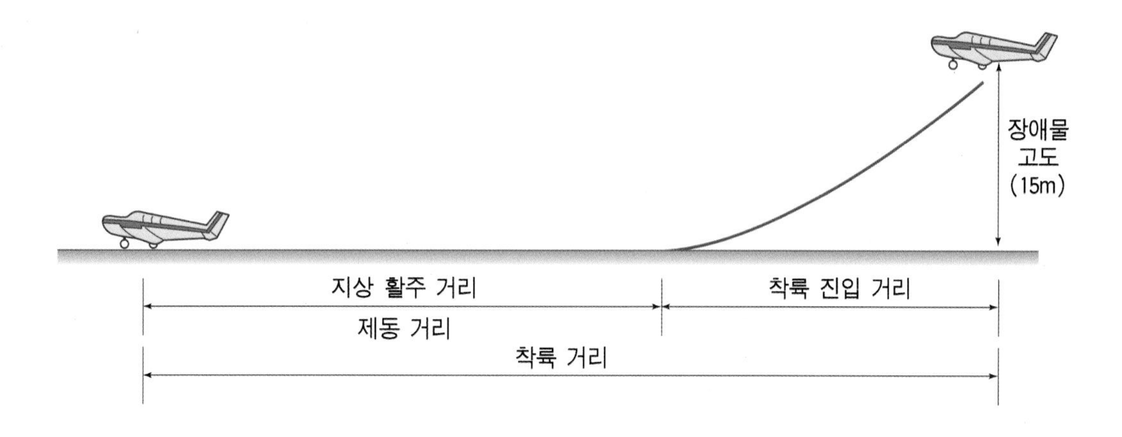

(3) 등속하강비행(무동력)=활공 비행

무동력 비행 조건: T=0

등속비행 조건은 가속도, 즉 $\frac{dV}{dt}=0$이다. 하강비행 조건은 비행 경로각 $\theta > 0$이다.

접선 방향은 $T-D-Wsin\theta=m\frac{dV}{dt}$에서 $-D-Wsin\theta=0$, $D=Wsin\theta$이다.

법선 방향은 $L-Wcos\theta=m\frac{V^2}{r}$에서 $L-W\cos\theta=0$, $L=W\cos\theta$이다.

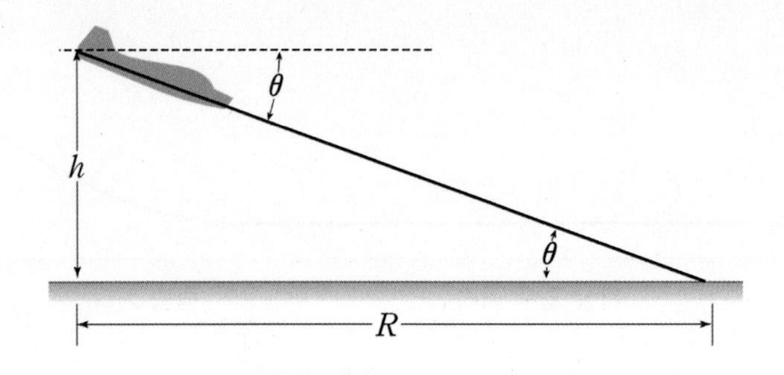

- **활공 거리(R):** 고도 h에서 활공 각도로 활공하여 지면에 도달할 때까지 이동한 지면에서의 거리

$$\tan\theta = \frac{h}{R},\ \tan\theta = \frac{1}{\frac{L}{D}}\ (\frac{L}{D} = \text{양항비})$$

따라서 $R = h\frac{L}{D}$(고도×양항비)

- **활공비(Glide Ratio)**

$$\text{활공비} = \frac{\text{활공거리}}{\text{고도}} = \frac{R}{h}\ (\text{즉, 활공비는 양항비와 같다})$$

(4) 등속선회비행

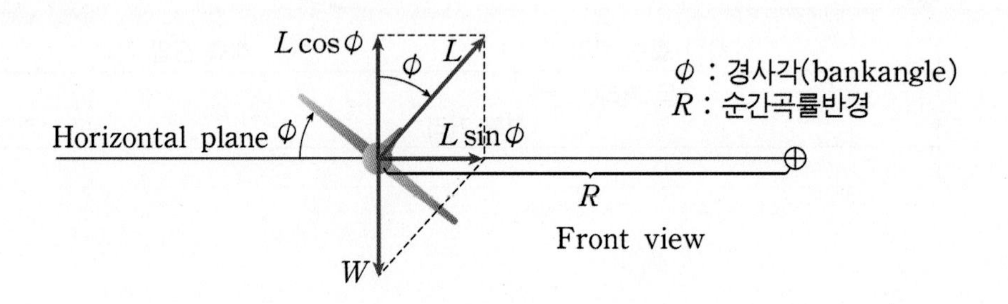

① 균형수평선회비행(Coordinated Turn)

균형수평선회비행은 구심력(F_n)과 원심력(ma_n)이 같아서 힘의 평형을 이루며 선회 반경이 일정한 선회비행이다.

수평비행 조건(수직 방향): $L\cos\phi - W = 0$에서 $L\cos\phi = W$이다.

등속비행 조건(경로에 접선인 방향): $T - D - W\sin\theta = m\frac{dV}{dt}$에서 $T = D$이다.

균형선회비행 조건(경로에 수직인 방향): $F_n = ma_n$에서

$Lsin\phi = \frac{W}{g}\frac{V_\infty^2}{R}$ 이다. $\left[= \frac{W}{g}Rw^2 \right]$

> 구심력에 영향을 미치는 경사각 ϕ는 에어론(aileron), 원심력에 영향을 미치는 선회율 w는 러더(rudder) 조작에 의해 변화된다. 그러므로 균형 선회를 위해서는 에어론과 러더를 동시에 적절하게 조작해야 한다.

- 경사각(ϕ) $\tan\phi = \frac{V_\infty^2}{gR}$
  - 속도가 크면 균형 선회를 유지하기 위한 경사각도 커야 한다.
  - 선회 반경이 크면 경사각은 작아도 된다.

- 선회 반경 R

$$\tan\phi = \frac{V_\infty^2}{gR} = \sqrt{n^2 - 1}$$

$$R = \frac{V_\infty^2}{g\sqrt{n^2-1}} \left(\text{여기서 } n: \text{하중계수} = \frac{1}{\cos\phi} \right)$$

② 불균형선회비행(Uncoordinated Turn)

불균형선회비행은 구심력과 원심력의 크기가 균형을 이루지 못해서 선회 반경의 크기가 변함으로써 선회 경로의 안쪽이나 바깥쪽으로 미끄러지는 선회비행이다. 안쪽 미끄러짐(slip), 바깥쪽 미끄러짐(skid)이 있다.

슬립 현상은 에어론(경사각)이 과도하거나 러더(선회율)가 부족한 경우 발생한다. 구심력이 원심력보다 크기 때문에 기체는 선회 경로의 안쪽으로 미끄러지며 기수는 경로 바깥쪽으로 돌아가게 된다.

스키드 현상은 에어론이 부족하거나 러더가 과도한 경우 발생한다. 구심력이 원심력보다 작아서 기체는 선회 경로의 바깥쪽으로 미끄러지며 기수는 경로 안쪽으로 돌아가게 된다.

Chapter 3 공력 발생 원리

1 공력의 개념

공력(aerodynamic force)이란 공기와 공기 중을 지나는 물체와의 상호작용에 의해서 발생하는 기계적인 힘으로 정의되며 양력과 항력이 이에 해당된다. 따라서 정지해 있는 물체는 공력이 전혀 없지만 공기 중을 조금이라도 움직이는 물체는 필연적으로 공력이 발생한다. 항공기가 공기 중을 비행하게 되면 날개를 포함한 항공기 전체 표면에 작용하는 공력은 압력에 의한 힘과 전단력에 의한 힘이 발생하는데 전체 공력 중 항공기가 진행하는 방향과 수직인 성분은 양력이고, 진행하는 방향과 평행한 성분은 항력이다.[6)]

2 에어포일(날개골)

에어포일(airfoil)은 날개를 수직으로 잘랐을 때의 날개 단면(wing section)을 말한다. 유선형으로 되어 있어서 공기 중을 운동하면서 날개에 큰 양력과 적은 항력을 발생시키는 역할을 한다. 에어포일 형상은 항공기의 날개뿐 아니라 헬리콥터 로터의 단면, 프로펠러 깃의 단면, 엔진 압축기나 터빈 깃의 단면 등 매우 다양하게 활용되고 있다. 에어포일 형상은 1884년 영국의 호레이쇼 필립스(Horatio Phillips)가 특허를 내었고, 1902년 라이트 형제도 개선된 에어포일을 사용하였으며, 1930년대 미국항공우주국(NASA; National Aeronautics and Space Administration)의 전신인 NACA에서 표준화하였다.

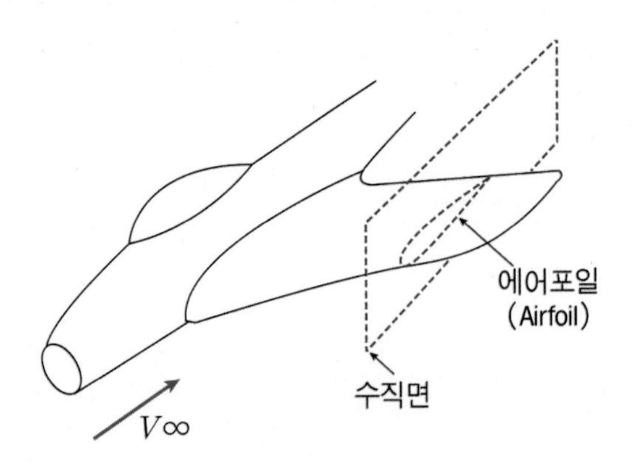

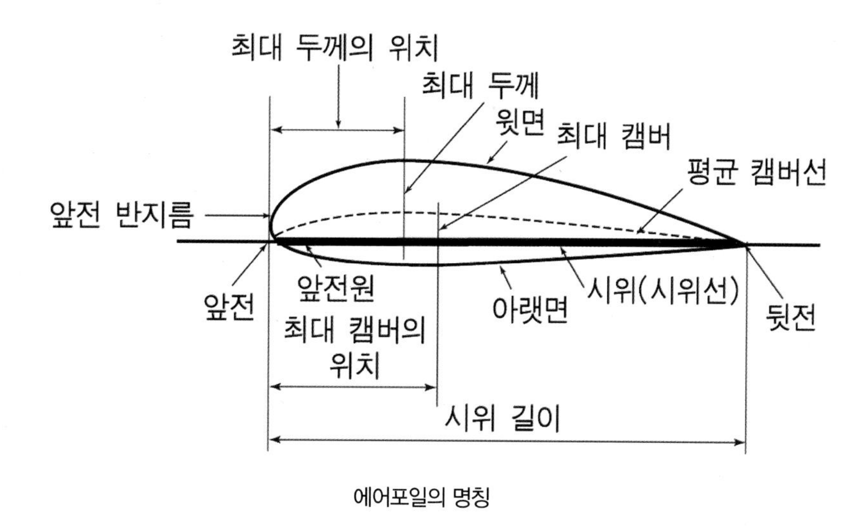

에어포일의 명칭

① 윗면(upper surface): 에어포일의 상부 표면이다.

② 아랫면(lower surface): 에어포일의 하부 표면이다.

③ 앞전(leading edge): 에어포일의 앞부분이다.

④ 뒷전(trailing edge): 에어포일의 끝부분이다.

⑤ 시위선(chord): 앞전과 뒷전을 연결한 선이다.

⑥ 시위 길이(chord length): 앞전에서 뒷전까지의 거리이다.

⑦ 두께(thickness): 윗면에서 아랫면까지의 거리이다.

⑧ 최대두께(maximum thickness): 두께의 최댓값이다.

⑨ 최대두께 위치: 앞전에서부터 최대두께 위치까지의 거리이다.

⑩ 평균캠버선(mean camber line): 아랫면과 윗면의 중점들을 연결한 선이다.

⑪ 캠버(camber): 시위선과 평균캠버선과의 거리이다.

⑫ 최대캠버(maximum camber): 캠버의 최댓값이다.

⑬ 최대캠버 위치: 앞전에서부터 최대캠버 위치까지의 거리이다.

〈에어포일의 역사[7]〉

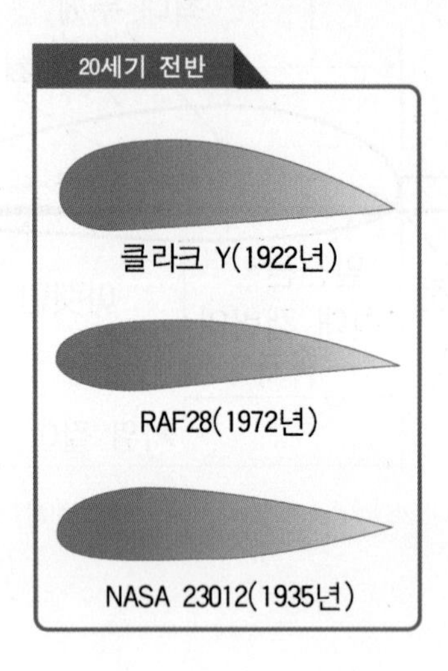

3 에어포일의 종류(NACA 표준)

(1) 4자리 에어포일

NACA 2 4 1 5 (기준: 시위)

- 최대두께가 시위 길이의 15%
- 최대캠버가 LE에서 시위 길이의 40%인 곳에 위치
- 최대캠버가 시위 길이의 2%

(2) 5자리 에어포일

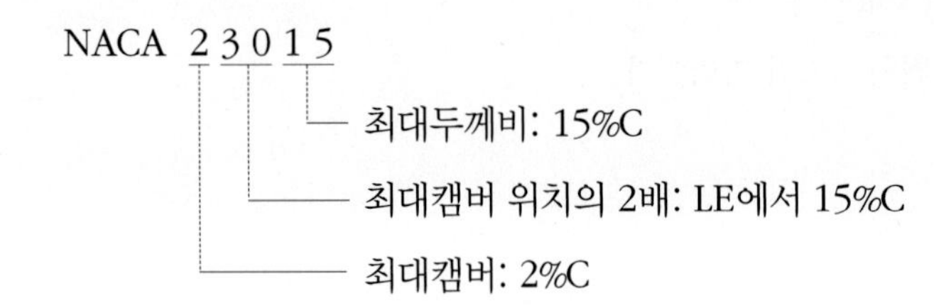

(3) 6자리 에어포일

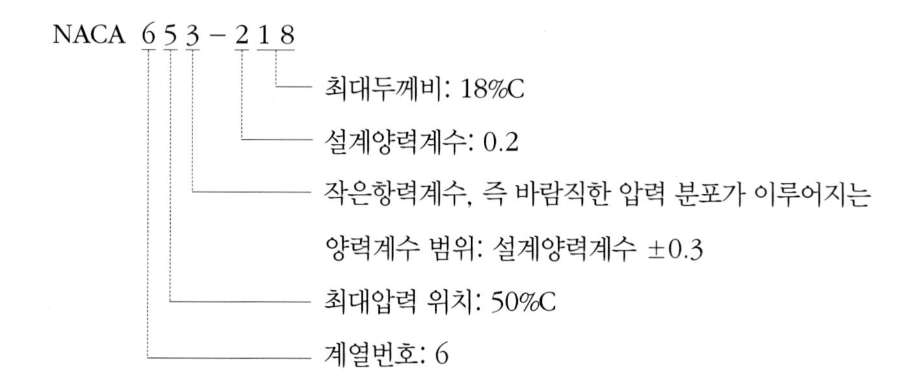

(4) 대칭형 에어포일

윗면과 아랫면의 형태가 같아서 에어포일에 캠버가 없는 형태로, 즉 앞의 두 자리가 모두 "0"인 경우와 설계 양력계수가 "0"인 경우가 해당한다.

4 공기 흐름의 수학적 지배방정식

(1) 연속방정식(Continuity Equation)

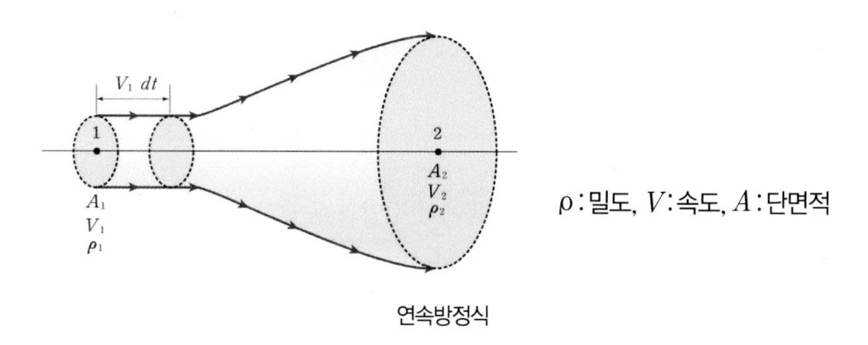

ρ : 밀도, V : 속도, A : 단면적

연속방정식

연속방정식의 의미는 유체가 비압축성일 경우 단위시간 동안 단면 1을 지나간 질량 유량과 단면 2를 지나간 질량 유량은 항상 동일하다는 것이다. 즉, $\rho_1 V_1 A_1 = \rho_2 V_2 A_2$이다.

만약 유체가 비압축성이면 밀도가 같으므로 $\rho_1 = \rho_2$, $A_1 V_1 = A_2 V_2$의 관계가 성립한다. 다시 정리하면 다음 식으로 나타낼 수 있다.

$$V_2 = \frac{A_1}{A_2} V_1$$

(2) 베르누이 방정식(Bernoulli's Equation)

물체 주위의 유선을 따라 일정하게 흐르는 유체는 3가지 에너지를 갖는다. 질량(m)이 움직이는 운동에너지($1/2mv^2$), 체적이 받는 압력에너지(PV), 고도(h)에서 중력을 받는 중력에너지(mgh, 위치에너지)가 그것이다. 유체의 총에너지는 언제나 일정하며 이를 수식으로 나타내면 다음과 같다.

$\frac{1}{2}mv^2 + PV + mgh =$일정

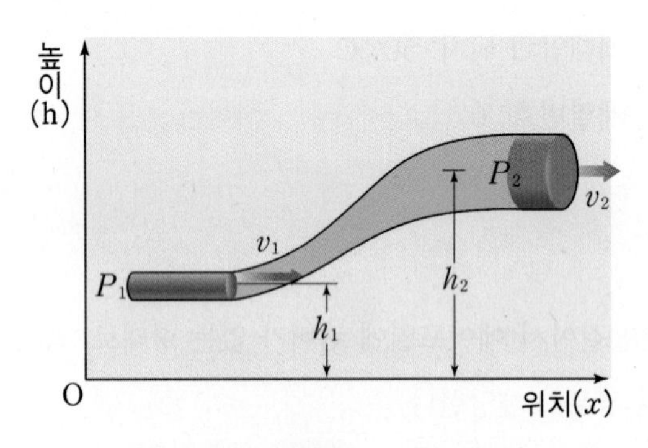

베르누이 법칙 출처 www.google.co.kr

이 식을 정리(각 항을 V로 나누고, 밀도 $\rho = \frac{m}{V}$로 변환)하면 $\frac{1}{2}\rho v^2 + P + pgh =$일정

중력에 의한 에너지항은 무시할 만큼 적으므로 위의 식은 다음과 같이 쓸 수 있다.

$P + \frac{1}{2}\rho v^2 = P_t$(일정)

여기에서 P: 정압, $\frac{1}{2}\rho v^2$: 동압, P_t: 전압

위의 관계에서 베르누이 방정식은 "유체 흐름에서 정압과 동압의 합은 일정하며 전압과 같다"는 것을 의미한다. 공기의 흐름 속도가 빨라지면 동압은 커지고 정압은 작아진다. 따라서 베르누이 방정식은 유체 흐름의 속도가 빨라지면 압력이 낮아지고 그 역 또한 성립함을 보여줌으로써 항공기 날개 윗면의 공기 흐름의 속도가 빠르면 압력이 낮아지고, 상대적으로 공기 흐름의 속도가 느린 날개 아랫면의 높은 압력으로 양력을 발생하여 항공기를 뜨게 할 수 있다.

5 에어포일 주위의 유동

정지된 공기 중을 비행하는 항공기에 대하여 항공기를 타고 있는 사람이 날개를 보았을 때 그림과 같이 정지되어 있는 날개 주위로 공기가 흐르고 있는 것처럼 보인다. 날개의 먼 상류에서 공기는 비행 속도와 같은 V_{∞}이고, 압력은 대기압과 같은 P_{∞}로 에어포일에 접근하여 앞전에 부딪혀 날개의 위아래로 나뉘어 흐르게 된다. 공기는 날개의 뒷전에서 다시 하나로 만나 하류로 흐르게 된다. 날개의 표면도 하나의 유선으로 볼 수 있는데 이 유선을 분리유선(dividing streamline)이라고 하며, 에어포일 앞전과 분리유선이 만나는 점은 공기의 속도가 0이 되는 점으로 정체점(stagnation point)이라고 한다. 날개 윗면의 공기 흐름의 속도는 아랫면보다 훨씬 빠르고 압력은 더 낮다.

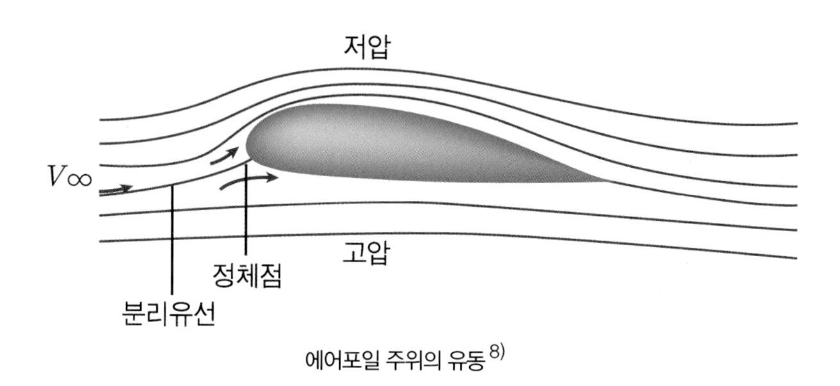

에어포일 주위의 유동[8)]

6 날개의 공력 특성

날개는 에어포일을 길이 방향으로 유한하게 이은 형상이다. 그래서 에어포일은 2차원 날개라고 하고, 통상적인 날개는 3차원 날개라고 부른다.

(1) 받음각(Angle of Attack)

받음각은 항공기의 진행 방향과 반대인 공기 흐름의 속도 방향과 에어포일의 시위선이 이루는 사이각을 말한다. 받음각이 0이면 공기 흐름의 방향과 시위선은 일치한다. 받음각에 의해 에어포일 아랫면에 부딪힌 공기가 아래로 향하면서 그 반작용으로 에어포일을 위로 들어 올리는 양력을 발생시킨다. 이러한 작용은 연을 하늘에 날릴 때 전형적으로 사용하는 방법이다. 그러나 과도한 받음각 증가는 에어포일 표면을 따라 흐르는 공기의 흐름 분리로 오히려 양력의 감소를 가져온다.

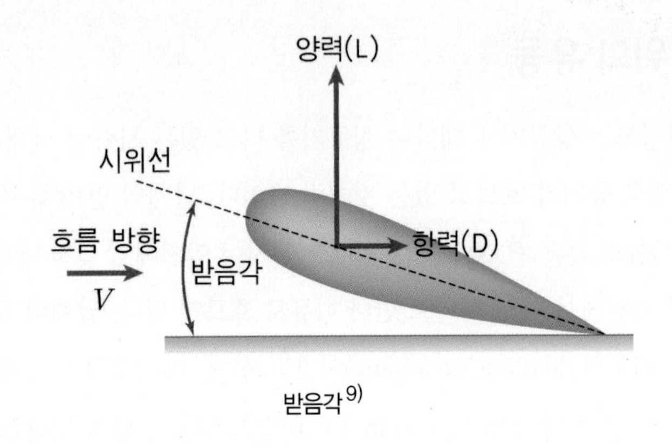

받음각 9)

(2) 실속(Stall)

실속이란 날개의 받음각이 증가함에 따라 양력계수가 점점 증가하다가 임계점을 지나면서 양력계수가 감소하면서 항력계수가 급격히 증가하는 현상이다.

① **실속받음각**: 실속이 일어나는 받음각(대개 12~20°)이다.

② **최대양력계수**: 실속이 일어날 때의 양력계수이다.

③ **영양력받음각**: 양력계수가 영(0)이 될 때의 받음각이다.

(3) 가로세로비(Aspect Ratio)

가로세로비는 날개 길이 b를 평균공력시위 c로 나눈 값으로 정의된다.

$AR = \frac{b}{c} = \frac{b^2}{S}$ [여기서 b: 날개의 스팬(길이), c: 평균공력시위, S: 날개의 면적]

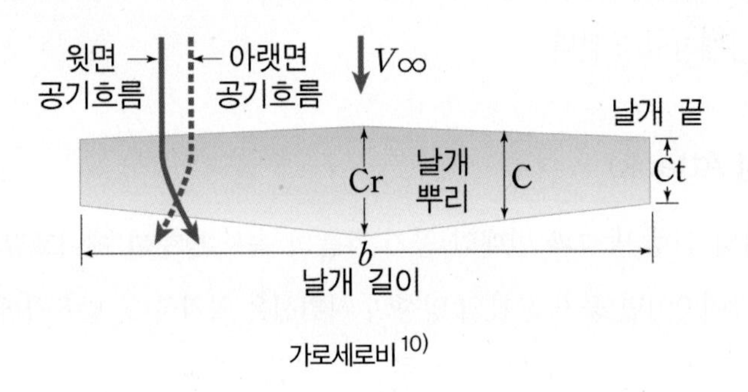

가로세로비 10)

(4) 양력

날개에서 발생하는 양력의 크기는 다음 식으로 산출된다.

$L = \frac{1}{2}\rho V^2 SC_L$ (ρ: 공기의 밀도, V: 속도, S: 날개면적, C_L: 양력계수)

(5) 항력

날개에서 발생하는 항력의 크기는 다음 식으로 산출된다.

$D = \frac{1}{2}\rho V^2 SC_D$ (ρ: 공기의 밀도, V: 속도, S: 날개면적, C_D: 항력계수)

항력은 크게 유해 항력과 유도 항력으로 나뉘며, 유해 항력은 압력 항력과 표면 마찰 항력을 합한 것이다.

항력=(유해 항력)+유도 항력=(압력 항력+표면 마찰 항력)+유도 항력

① **유도 항력(induced drag)**: 날개 끝 와류(wing tip vortex)로 인해 발생하는 항력 성분으로 양력 발생을 위해 불가피하게 유도된 항력이다. 날개 끝 와류에 의해 양력 성분(수직 방향)이 뒤로 기울어지고, 이는 원래의 공기 흐름 방향으로 보면 항력 성분이 된다.

$$C_{Di} = \frac{C_L^2}{\pi eAR}$$

e: 날개 끝 효율 계수
– 날개 끝 모양이 타원형=1.0
– 기타 형태: 1보다 작은 값

② **조파 항력(wave drag)**: 초음속 유동에서 충격파, 팽창파로 인한 압력에 의해 발생하는 항력으로 천음속, 초음속에서만 발생한다.

(6) 와류(Vortex)

공기 흐름이 날개 끝(wing tip)의 밑면에서부터 윗면으로 휘감아 올라가는 현상이다.

(7) 고양력 장치(High Lift Devices)

양력 산출 공식에서 보는 것처럼 양력 발생의 가장 중요한 인자는 공기 흐름의 속도(V), 즉 비행 속도이다. 항공기가 이착륙할 때에는 속도가 낮으므로 양력계수 또는 날개 면적을 크게 하여 양력을 증가시켜야 하는데 이를 위한 공기역학적 특수 장치를 말한다. 플랩, 슬랫, 경계층 제어장치 등이 있다.

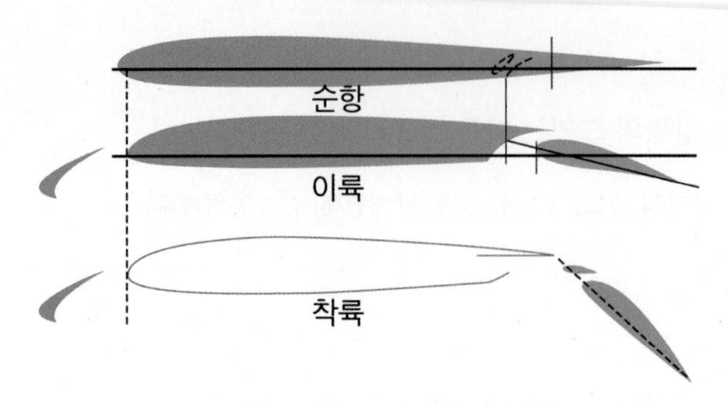

순항, 이착륙 시 고양력 장치의 작동상태 11)

(8) 고항력 장치(High Drag Devices)

공중에서 비행 중에 항력을 증가하여 항공기의 속도를 감소시키기 위한 장치를 말한다. 지상에서는 항공기의 착륙 거리가 짧아지도록 도와주는 역할, 즉 브레이크를 지원해주는 역할을 한다. 스피드 브레이크, 스포일러, 역추진 장치 등이 있다.

(9) 층류와 난류

① 층류(laminar flow): 인접한 유체 층 사이에 가시적인 혼합이 없는 상태의 흐름을 말한다. 염료를 섞으면 하나의 선으로 나타나며 유체와 함께 흐름을 확인할 수 있다.

② 난류(turbulent flow): 인접한 유체 층 사이에 매우 불규칙적인 3차원 운동이 있는 흐름을 말한다. 염료를 섞으면 수많은 헝클어진 선으로 나타난다.

③ 천이(transition): 층류에서 난류로 옮겨가는 현상이다.

④ 경계층(boundary layer): 공기 입자가 점성의 영향을 받아서 속도의 변화가 생기는 얇은 층을 말한다.

⑤ 레이놀즈수(Reynold's Number): 유체 흐름에서 난류와 층류의 경계가 되는 값이다. 유체의 흐름에 미치는 점성의 영향을 표현한 것으로 유체의 점성력에 대한 관성력의 비이다. 레이놀즈수가 작은 흐름은 층류 흐름이고, 레이놀즈수가 점점 커지면 난류로 바뀌게 된다.

$$R_e = \frac{관성력}{점성력}$$

$$R_e = \frac{\rho VL}{\mu}$$

여기서,

ρ: 유체의 속도

V: 유체의 흐름 속도

L: 특성 길이[airfoil은 C(시위 길이)]

μ: 유체의 점성계수

(10) 마하수(Mach Number)

유체 속에서 움직이는 물체의 속력을 나타내는 단위로 소리의 전달 속도인 음속에 대한 물체의 속도의 비이다.

$M = \frac{\rho VL}{a}$

음속은 표준대기에서 340m/s이지만 기온에 따라 변한다. 소리 속도는 기온이 높으면 빠르고, 기온이 낮으면 느려진다. 일반적인 음속은 다음 식으로 구할 수 있다.

$a = \sqrt{\kappa RT}$ [여기서 κ(카파): 공기의 비열비, 1.4, R:기체상수, $287 = \frac{N \cdot m}{kg \cdot K}$, T: 기온(K)]

음속에 따른 비행 속도의 분류

- 아음속 비행(subsonic speed) M 〈 0.8
- 천음속 비행(transonic speed) 0.8 ≤ M 〈 1.2
- 초음속 비행(supersonic speed) 1.2 ≤ M 〈 5
- 극초음속 비행(hypersonic speed) 5 ≤ M

(11) 하중계수(배수)(Load Factor)

항공기에 작용하는 하중을 양력으로 나눈 값으로 n으로 표기한다. 정상비행 시의 하중계수는 양의 값이며 음의 하중계수는 배면비행 상태를 나타낸다. 등속수평비행할 때의 하중계수 $n=1$이다. 경사각 θ로 선회할 때의 하중계수는 $n = \frac{1}{\cos\theta}$이다.

경사각과 하중계수의 관계를 나타내면 다음과 같다.

경사각(°)	0	20	40	60	80
하중계수	1.00	1.06	1.31	2.00	5.76

※ 경사각이 증가하면 하중계수도 증가한다.

7 프로펠러의 공력 특성

프로펠러는 허브와 둘 이상의 깃으로 구성되어 있다. 프로펠러의 깃은 끝으로부터 허브까지 에어포일 모양의 단면을 갖는다. 프로펠러는 깃의 수에 따라 두 깃, 세 깃 프로펠러 등으로 구분한다. 피치 변경 방법에 따른 분류는 고정피치, 조정피치, 가변피치 등이 있다.

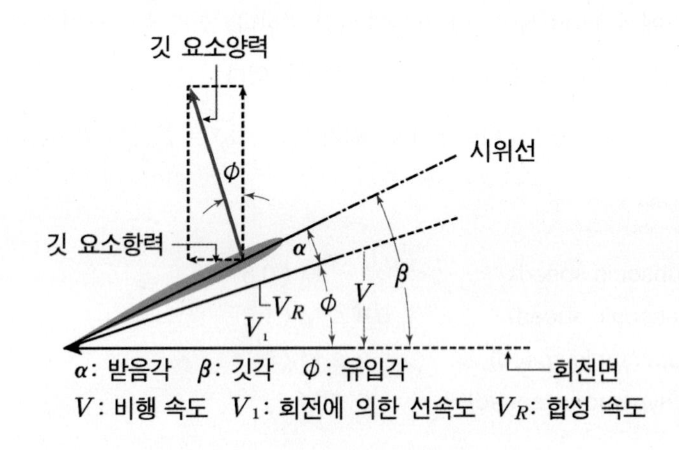

(1) 깃각

프로펠러 회전면과 시위선이 이루는 각으로 유입각과 받음각의 합이다. 일반적으로 프로펠러의 중심으로부터 75%인 점에서의 각으로 한다.

(2) 유입각

프로펠러 깃의 선속도와 비행 속도의 합성 속도가 프로펠러 회전면과 이루는 각이다.

(3) 피치

프로펠러가 1회전할 때 기체가 전진하는 기하학적 거리이다.

(4) 프로펠러의 진행비(Advance Ratio)

깃 끝이 그리는 선속도와 비행 속도와의 비이다.

$J=\frac{V}{nD}$(J: 진행비, V: 비행속도, n: 초당 회전수, D: 프로펠러직경)

Chapter 4 헬리콥터

1 헬리콥터의 종류

헬리콥터에는 여러 가지 종류가 있으며, 메인로터의 배치와 수에 따라 단일 로터 헬리콥터, 복수 로터 헬리콥터로 분류한다.

(1) 단일 로터 헬리콥터

현재 사용되고 있는 헬리콥터 중 가장 기본적인 형식으로 하나의 메인로터와 테일로터를 가진다. 하나의 메인로터에 의해 발생하는 토크를 테일로터로 상쇄시키고 테일로터의 피치각(pitch angle)을 바꾸어줌으로써 헬리콥터의 방향 조종이 가능하다는 특징이 있다.

(2) 복수 로터 헬리콥터

같은 크기의 로터 2개를 설치하여 서로 반대 방향으로 회전시켜 토크를 상쇄시키는 구조이다. 설치 위치에 따라 동축 역회전 로터 헬리콥터, 병렬식 로터 헬리콥터, 직렬식 로터 헬리콥터로 구분된다.

① **동축 역회전 로터 헬리콥터:** 동일한 축 위에 2개의 로터를 아래위로 겹쳐서 설치하는 형식이다. 2개의 로터가 서로 반대 방향으로 회전하여 각각의 로터에서 발생되는 토크가 서로 상쇄됨으로써 조종성이 좋으며, 로터에 의해 발생되는 양력이 커진다는 장점이 있다.

② **병렬식 로터 헬리콥터:** 가로 안정성을 좋게 하기 위하여 2개의 로터를 비행 방향에 대해 좌우로 배치한 것으로 헬리콥터의 개발 초기에 많이 사용되었다. 좌우에 로터를 배치함으로써 가로 안정성이 매우 좋으며, 동력장치의 동력을 모두 양력 발생에 효과적으로 사용할 수 있고, 꼬리 부분에 토크 상쇄용 기구가 필요 없어 기체의 길이를 짧게 할 수 있다는 장점을 가진다.

③ **직렬식 로터 헬리콥터:** 2개의 로터를 비행 방향에 대해 앞뒤로 배열한 형식으로 대형화에 적합하다. 로터가 앞뒤로 배치되어 있어 세로 안정성이 좋고, 무게중심 위치의 이동 범위가 커서 무거운 물체의 운반에 적합하며, 구조적으로 간단하다는 장점이 있다.

2 헬리콥터의 구조

(1) 헬리콥터의 주요 구성품[12)]

① **동체:** 승객과 화물을 싣는 공간이다.

② **메인로터(main rotor):** 양력과 추력을 발생시키는 장치로 허브와 2개 이상의 로터로 구성된다. 로터라고도 한다.

③ **꼬리붐(tail boom):** 테일로터와 수평안정판을 장착할 수 있는 지지대이다.

④ **테일로터(tail rotor):** 로터에 의해 발생되는 토크의 상쇄와 헬리콥터의 방향 조종 기능을 한다.

⑤ **착륙장치:** 지상에서 기체를 지지하고, 로터가 회전 중일 때 진동을 완화시키는 장치이다.

⑥ **수직핀(vertical fin):** 비행 중 발생하는 토크를 상쇄시키는 장치이다.

⑦ **수평안정판:** 동체가 수평을 유지하게 하는 장치이다.

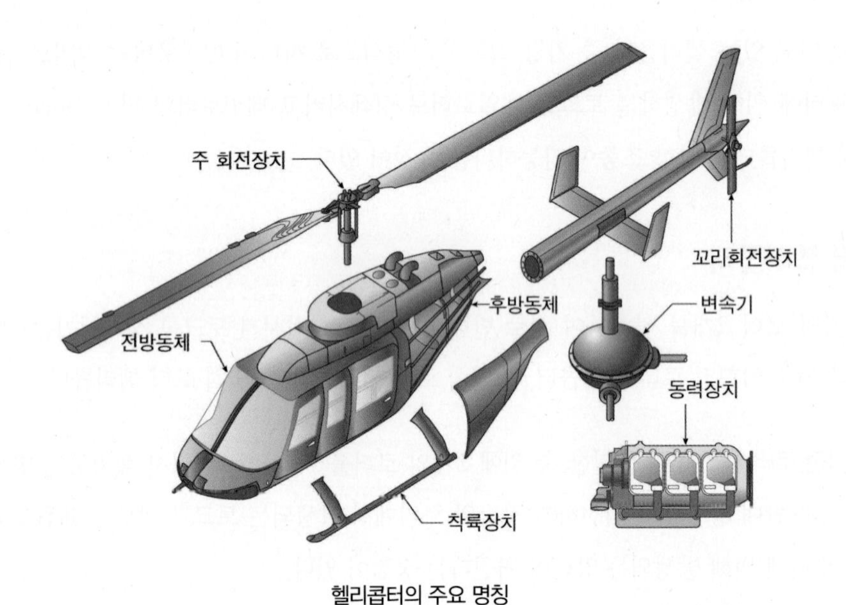

헬리콥터의 주요 명칭

3 헬리콥터에 작용하는 힘[13)]

헬리콥터에 작용하는 힘은 일반 항공기와 같이 추력, 양력, 항력, 중력이며 이 힘들의 상호작용에 의해 헬리콥터의 운동이 결정된다. 헬리콥터는 다음과 같이 호버링 비행, 수직 상승 및 하강 비행, 전진 · 후진 및 좌측 · 우측 비행, 좌회전 · 우회전 비행을 하게 된다. 사이클릭 조종간(cyclic stick)에 의해 추력의 방향이 결정되며, 추력의 방향으로 헬리콥터 비행이 이루어진다.

(1) 호버링(Hovering) 비행

로터의 회전면이 수평으로 회전하면서 양력과 무게가 평형을 이루어서 헬리콥터가 제자리 비행을 하는 것을 호버링 비행이라 한다.

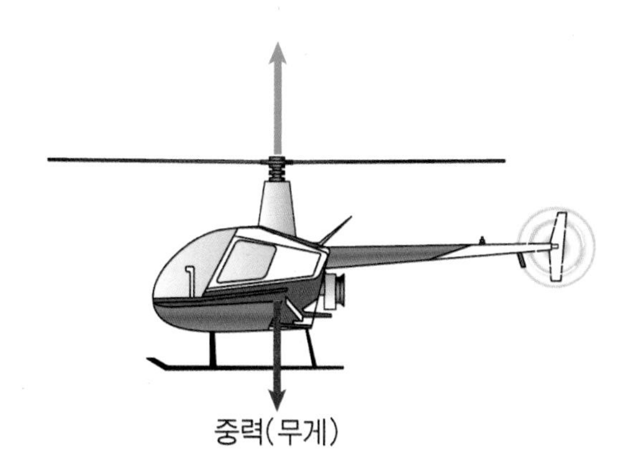

(2) 수직 상승 및 하강 비행

위쪽으로 작용하는 추력과 양력의 합이 아래쪽으로 작용하는 중력과 항력의 합보다 크면 수직 상승 비행 운동을 하게 되며, 위쪽으로 작용하는 추력과 양력의 합이 아래쪽으로 작용하는 중력과 항력의 합보다 작으면 수직 하강 비행을 하게 된다. 상승 및 하강 비행은 동시 피치 조종 장치(Collective Pitch Control System)로 조종한다.

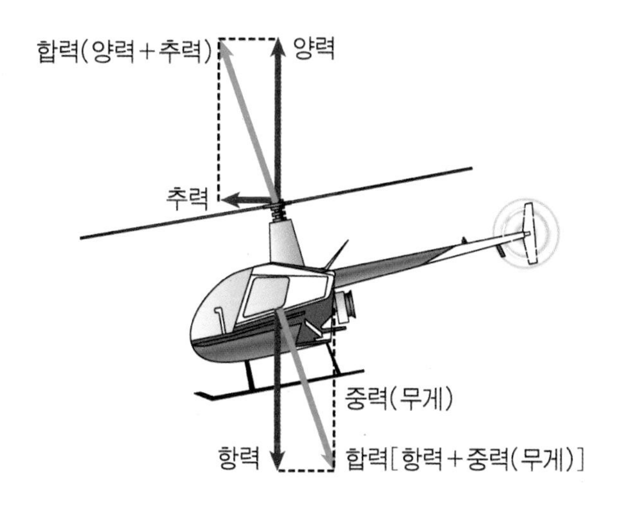

(3) 전진 · 후진 및 좌측 · 우측 비행

헬리콥터에 작용하는 추력의 방향이 헬리콥터의 앞과 뒤 방향으로 향할 때 헬리콥터는 전진 및 후진 비행을 하게 된다. 추력의 방향이 헬리콥터의 측면 방향인 좌측 또는 우측으로 향하면 헬리콥터는 좌측 또는 우측 방향으로 비행을 하게 된다. 전진 · 후진 및 좌측 · 우측 비행은 주기 피치 조종 장치(Cyclic Pitch Control System)로 조종한다.

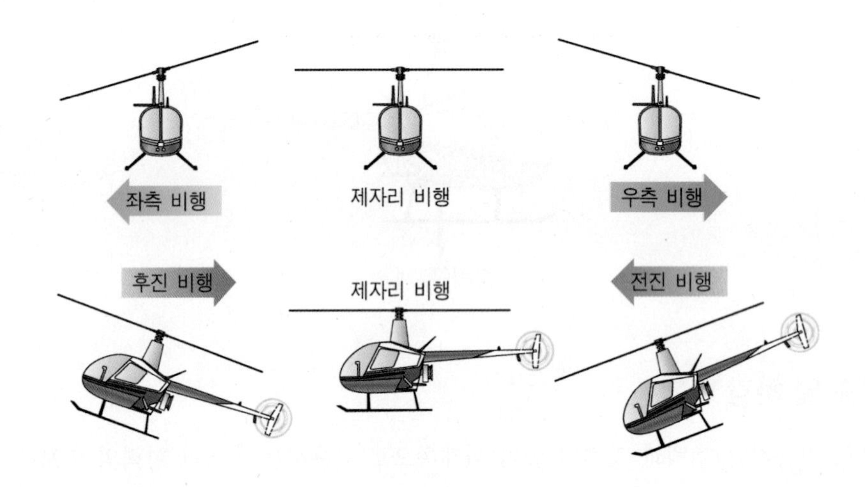

(4) 좌회전 · 우회전 비행

헬리콥터 기수를 로터 회전축을 중심으로 시계 방향 또는 반시계 방향으로 회전시킬 수 있는 방향 조종 장치(Directional Control System)가 있다. 아래 그림에서와 같이 로터로 인하여 발생하는 동체의 회전력을 테일로터가 발생시키는 회전력으로 상쇄시키면 헬리콥터는 직선 비행을 하게 된다. 만약 로터로 인하여 발생하는 동체의 회전력을 테일로터가 발생시키는 회전력으로 상쇄시키지 못해 동체의 회전력이 테일로터의 회전력보다 크면 헬리콥터의 기수는 좌측으로 회전 비행을 하게 된다. 즉, 테일로터의 추력을 증가하면 우회전 비행, 감소하면 좌회전 비행을 하게 된다.

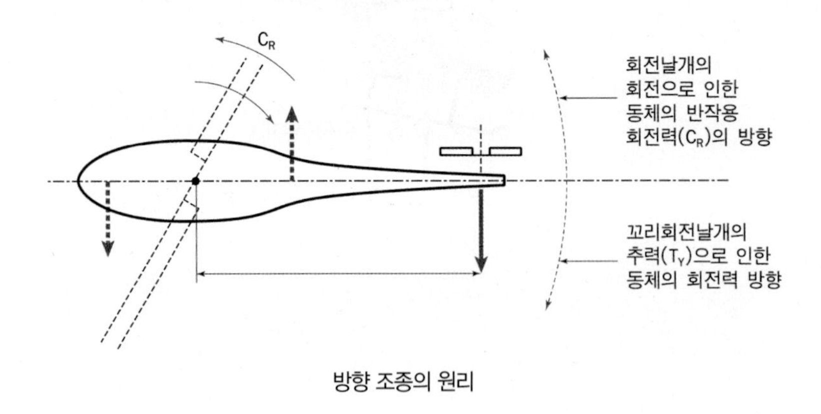

방향 조종의 원리

4 헬리콥터의 공력 특성

(1) 토크(Torque)

로터가 회전하는 방향과 반대 방향으로 동체가 회전하는 힘이다. 테일로터는 이 토크를 상쇄시켜서 동체의 회전을 방지함으로써 헬리콥터의 방향 안정을 도모한다.

(2) 코닝(Coning)

양력과 원심력의 합력으로 주 회전날개 깃이 위로 올라간 상태이다. 로터의 회전면과 회전날개의 시위선 사이의 각을 코닝각이라고 한다.

(3) 플래핑 힌지(Flapping Hinge)

플래핑이란 로터에 발생하는 양력 불균형 때문에 로터가 위아래로 움직이는 운동을 말한다. 피치각이 같은 경우 전진깃에서 발생하는 양력이 후진깃에서 발생하는 양력보다 커 양력 차이가 발생한다. 플래핑 힌지는 양력의 불균형을 해소하기 위한 것이다.

(4) 페더링 힌지(Feathering Hinge)

모든 로터가 로터 길이 방향의 축을 중심으로 회전하는 운동을 페더링이라고 한다. 페더링 힌지는 각 로터의 피치각을 증가 또는 감소시켜주기 위한 것이다.

(5) 리드-래그 힌지(Lead-Lag Hinge)

전진깃은 양력의 증가로 질량중심이 회전축에 가까워지기 때문에 가속되어 앞서가는 리드(lead) 운동을 하게 되고, 후진깃은 질량중심이 회전축에서 멀어지기 때문에 감속해서 처지게 되는 래그(lag) 운동을 하게 된다. 리드-래그 힌지는 이러한 기하학적 불균형을 해소하기 위한 힌지를 말한다. 항력 힌지(Drag Hinge)라고도 한다.

(6) 코리올리 효과(Coriolis Effect)

코리올리 효과는 로터의 속도를 변화시켜 회전축의 중심에서 거리의 변화를 보상하기 위한 것이다. 로터가 전진 방향에서 위쪽으로 휘게 되면 중력중심은 회전중심과 가까워져 로터를 더욱 가속시키는 경향이 있는데, 마치 피겨스케이트 선수가 스핀을 가속하기 위해서 팔을 안쪽으로 두는 것과 같다. 후진 방향에서는 반대 작용이 발생하는데 중력중심이 바깥쪽으로 움직이고 로터는 천천히 회전하려고 한다. 만약 코리올리 효과를 바로 잡지 않으면 로터계통의 기하학적 불균형을 초래하여 심한 진동을 일으키고, 시위 방향의 굽힘 작용 때문에 로터 뿌리에 응력을 주게 된다.

(7) 지면 효과(Ground Effect)

헬리콥터가 지면과 가까이서 비행할 때 로터 끝에서 발생하는 와류가 지면의 영향에 의해 강도가 작아져 유도 항력이 감소하고 양력이 증가하는 현상을 말한다. 지면 효과는 헬리콥터의 고도가 로터 직경의 1/2 이내일 때 나타난다. 이 부분에서는 로터에 의한 후류 속도가 헬리콥터 밑을 지나는 공기의 속도보다 훨씬 빠르다. 후류가 밀집되어 헬리콥터 밑에 공기 완충(air cushion)을 형성하고, 이 완충은 헬리콥터가 지면에 근접해서 제자리 비행을 할 때 헬리콥터를 떠받혀 준다.

지면 효과의 최대 높이는 약 1~1.5m 정도인데, 이 이상의 고도 및 로터 직경 이상의 고도부터는 지면 효과가 점점 감소한다. 바람이 불 경우에도 유도 기류가 후방 또는 측방으로 흐르게 되어 지면 효과는 감소한다. 반면 지면 효과는 지면이 확실히 평평하고 딱딱한 재질일 경우 효과가 확실하다. 즉, 아스팔트나 콘크리트 패드 위에서 효과가 크며, 숲이 우거지거나 풀이 많이 나 있는 지역, 수면 위, 표면이 거친 지형에서는 효과가 다소 감소한다.

(8) 전이 성향(Translating Tendency)

단일 로터 헬리콥터가 제자리 비행 중 우측으로 편류(drift)하려는 현상을 말한다. 로터가 반시계 방향으로 회전하고, 동체는 토크 작용에 의해 시계 방향으로 회전하려고 할 때 테일로터를 작동하여 토크를 상쇄시킨다. 이러한 토크 작용과 토크 작용을 상쇄하는 테일로터의 추진력이 복합되어 동체는 우측으로 흐르게 된다. 전이 성향을 방지하기 위해서는 로터의 회전면을 좌측으로 경사시게 해야 하는데, 제자리 비행 중인 헬리콥터의 로터 회전면을 자세히 살펴보면 수평이 아니라 좌측으로 약간 기울어져 있다.

(9) 자전 강하(Auto Rotation)

헬리콥터는 엔진이 정지하면 자전 강하 기능에 의해 일정한 하강 속도를 유지하면서 지상에 착륙할 수 있다. 즉, 자전 강하란 엔진이 정지하여도 로터는 회전하던 관성력으로 계속 회전을 하는 기능이다. 자전 강하 기능으로 인해 엔진이 정지되는 즉시 로터의 피치를 음(–)의 값으로 변경함으로써 바람으로 풍차를 돌리는 효과와 같이 로터를 지속적으로 회전시킬 수 있는 조건이 형성된다.

1) 윤용현, 《비행역학》, 경문사, 2016.

2) 윤용현, 《비행역학》, 경문사, 2016.

3) 한국항공우주학회, 《항공우주학개론》, 경문사, 2013.

4) 윤용현, 《비행역학》, 경문사, 2016.

5) 윤용현, 《비행역학》, 경문사, 2016.

6) 한국항공우주학회, 《항공우주학개론》, 경문사, 2013.

7) 나카무라 간지 저, 권재상 역, 《알기 쉬운 항공역학》, 북스힐, 2015.

8) 한국항공우주학회, 《항공우주학개론》, 경문사, 2013.

9) 한국항공우주학회, 《항공우주학개론》, 경문사, 2013.

10) 한국항공우주학회, 《항공우주학개론》, 경문사, 2013.

11) 한국항공우주학회, 《항공우주학개론》, 경문사, 2013.

12) 김귀섭 · 백형식 · 안정호, 《항공기 기체》, 대영사, 2016.

13) 김귀섭 · 백형식 · 안정호, 《항공기 기체》, 대영사, 2016.

기출 및 연습문제

01

다음 중 비행장치에 작용하는 4가지 힘은?

① 양력, 중력, 추력, 항력
② 양력, 중력, 동력, 추력
③ 양력, 중력, 동력, 마찰
④ 양력, 마찰, 추력, 항력

해설 ▼

비행장치에 작용하는 4가지 힘은 양력, 중력, 추력, 항력이다.

02

다음 중 항공기를 공기 중에 부양시키는 항공역학적인 힘은?

① 중력
② 항력
③ 양력
④ 추력

해설 ▼

양력은 항공기를 공기 중으로 부양시키고, 중력은 항공기를 지구 중심으로 끌어당긴다.

03

다음 중 양력에 대한 설명으로 올바르지 않은 것은?

① 양력은 항공기 속도에 비례한다.
② 양력은 항공기 속도의 제곱에 비례한다.
③ 양력은 날개 면적에 비례한다.
④ 양력은 공기 밀도에 비례한다.

04

다음 중 베르누이 정리에 대한 설명으로 올바른 것은?

① 정압은 동압과 같다.
② 동압은 일정하다.
③ 전압이 일정하다.
④ 정압은 일정하다.

해설 ▼

베르누이 정리는 '전압은 정압과 동압의 합과 같다'는 원리이다.

05 다음 중 항공기 기체 구조물 내부에 영향을 미치는 내력에 대한 설명으로 올바르지 않은 것은?

① 인장력은 서로 잡아당기거나 밀어내는 힘을 말한다.

② 압축력은 서로 찍어 누르는 힘을 말한다.

③ 전단력은 앞으로 끌어당기는 힘을 말한다.

④ 굽힘 모멘트는 구부러지는 힘을 말한다.

해설 ▼

전단력(shear force)은 서로 반대 방향으로 작용하는 힘이다.

06 다음 중 항공기의 항력과 속도와의 관계에 대한 설명으로 올바르지 않은 것은?

① 항력은 속도의 제곱에 반비례한다.

② 유해 항력은 항공기의 기체 표면에 공기의 마찰력이 발생해 생기는 항력이다.

③ 유해 항력은 저속비행 시에는 작고 고속비행 시에는 크다.

④ 유도 항력은 하강풍인 유도 기류에 의해 발생하므로 저속과 제자리 비행 시 가장 크다.

해설 ▼

항력은 속도의 제곱에 비례한다. 즉, 속도가 빨라지면 항력도 커진다.

07 다음 중 베르누이 정리에 대한 설명으로 올바르지 않은 것은?

① 베르누이 정리는 공기의 밀도와 관계있다.

② 유체의 속도가 증가하면 정압이 감소한다.

③ 위치에너지의 변화에 의한 압력이 동압이다.

④ 정상 흐름에서 정압과 동압의 합은 일정하다.

해설 ▼

위치에너지의 변화에 따른 압력은 정압이다.

정답 1① 2③ 3① 4③ 5③ 6① 7②

08 다음 중 회전익에서 양력을 얻고 프로펠러에서 추진력을 얻는 비행장치는?

① 패러글라이더

② 비행선

③ 자이로플레인

④ 패러플레인

해설 ▼

자이로플레인(gyroplane)은 공기력의 작용으로 회전하는 날개에 의해 양력을 얻으며 프로펠러에 의해 추진력을 얻는 회전익항공기이다. 패러플레인(paraplane)은 1인용 좌석이 달린 기체에 경량의 프로펠러 엔진과 각형 낙하산이 달린 초경량항공기이다.

09 다음 중 항공기의 실속(stall)이 일어나는 원인에 해당하지 않는 것은?

① 속도가 없어지므로

② 받음각(AOA)이 너무 커져서

③ 엔진의 출력이 부족해서

④ 불안정한 대기 때문에

해설 ▼

실속은 항공기가 속도를 잃어 추락하는 현상이다. 대기가 불안하다고 해서 항공기가 실속에 걸리지는 않는다.

10 다음 헬리콥터에 작용하는 4가지 요소를 설명한 것 중 올바르지 않은 것은?

① 양력(lift)이란 날개를 따라서 흐르는 공기의 속도와 압력의 관계에 의해 기체를 공중에 떠오르게 하는 힘을 말한다.

② 항력(drag)이란 에어포일이 상대풍과 반대 방향으로 작용하는 항공역학적인 힘으로 항공기 전방 이동 방향의 반대 방향으로 작용하는 힘을 말한다.

③ 추력(thrust)이란 프로펠러 또는 터보제트 엔진 등에 의해 생성되는 항공역학적인 힘을 말한다.

④ 중력(weight)이란 항공기의 무게를 말하며 항공기가 부양할 수 있는 힘을 제공한다.

해설 ▼

중력은 지구 중심에서 물체를 끌어 당기는 힘을 말한다.

11 다음 중 앞전(leading edge)과 뒷전(trailing edge)을 연결하는 직선은?

① 캠버(camber)

② 에어포일(airfoil)

③ 시위선(chord line)

④ 받음각(AOA)

해설 ▼

항공기 날개의 앞전과 뒷전을 연결하는 선은 시위선이다.

12 다음 중 상대풍(relative wind)에 대한 설명으로 올바른 것은?

① 헬리콥터의 진행 방향과 평행하게 항공기 진행 방향과 반대 방향으로 흐르는 공기 흐름이다.

② 날개의 와류에 의해 형성되는 공기 흐름이다.

③ 헬리콥터가 진행할 때 날개 끝의 압력 차에 의해 형성되는 공기 흐름이다.

④ 헬리콥터가 진행할 때 옆으로 흐르게 하는 옆바람이다.

해설 ▼

상대풍은 날개가 공기를 가로질러 앞으로 나아갈 때 상대적으로 공기가 날개에 부딪혀 오는 방향을 말한다.

13 다음 중 상대풍(relatice airflow)과 시위선(chord line)이 이루는 각은?

① 캠버(camber)

② 에어포일(airfoil)

③ 시위선(chord line)

④ 받음각(AOA)

해설 ▼

항공기가 이륙할 수 있도록 하는 양력은 비행기의 받음각에 의해서 만들어진다.

정답 8 ③ 9 ④ 10 ④ 11 ③ 12 ① 13 ④

14 **다음 중 항공기에 작용하는 힘에 대한 설명으로 올바르지 않은 것은?**

① 항력보다 추력이 크면 가속비행 중이다.

② 항력보다 추력이 작으면 감속비행 중이다.

③ 양력보다 헬리콥터 무게가 크면 상승 중이다.

④ 수평비행 시에는 양력과 항공기 무게가 같다.

해설 ▼

항공기가 상승하려는 힘인 양력보다 자체 무게가 크면 하강하게 된다.

15 **다음 중 유해 항력에 포함되지 않는 것은?**

① 형상 항력

② 유도 항력

③ 표면 마찰 항력

④ 간섭 항력

해설 ▼

유해 항력은 항공기 기체 표면의 마찰력에 따라 발생하는 항력이며 유도 항력과는 차이가 있다.

16 **다음 중 최대속도를 높이는 방법으로 적합하지 않은 것은?**

① 제동마력의 증대

② 프로펠러의 효율 증대

③ 날개 면적의 증대

④ 고도의 증대

해설 ▼

날개 면적이 넓어지면 중력의 힘이 커져 속도를 높이는 데 방해가 된다.

17 다음 중 받음각(Angle of Attack)이 커지면 풍압 중심은 어떻게 이동하는가?

① 리딩 에지(leading edge) 쪽으로 이동한다.

② 트레일링 에지(trailing edge) 쪽으로 이동한다.

③ 이동하지 않는다.

④ 기류의 상태에 따라서 전진 또는 후퇴한다.

해설 ▼

받음각이 증가하면 풍압 중심은 앞전, 즉 리딩 에지 쪽으로 이동하게 된다. 반대로 받음각이 작을 때는 뒷전, 즉 트레일링 에지 쪽으로 이동한다.

18 다음 중 무인헬리콥터가 경사각이 작게 선회비행 시 미끄러지려는 이유는?

① 원심력과 구심력이 같을 때

② 원심력이 구심력보다 클 때

③ 원심력이 구심력보다 작을 때

④ 구심력이 원심력보다 클 때

해설 ▼

스키드(skid, 외활)는 선회율이 경사각에 비해서 너무 빠르기 때문에 과도한 원심력이 발생하여 밖으로 밀려나면서 선회하는 현상을 말한다. 슬립(slip, 내활)은 선회율이 경사각에 비해서 너무 느리기 때문에 원심력의 부족으로 안쪽으로 미끄러지면서 선회하는 현상이다.

19 다음 중 받음각(Angle of Attack)에 대한 설명으로 올바른 것은?

① 익현선과 동체 기준선이 이루는 각

② 익현선과 미익의 익현선이 이루는 각

③ 익현선과 추력선이 이루는 각

④ 익현선과 상대풍의 진행 방향이 이루는 각

해설 ▼

익현선은 시위선(chord line)을 의미하며 날개의 앞전과 뒷전을 연결하는 직선이다.

정답 14 ③ 15 ② 16 ③ 17 ① 18 ② 19 ④

20 다음 중 비행의 최고속도에 영향을 미치는 요소가 아닌 것은?

① 날개의 면적
② 추력
③ 레이놀즈수
④ 밀도

해설 ▼

점성력에 대한 관성력의 상대적인 크기를 비교한 숫자를 레이놀즈수라고 한다.

21 다음 중 최대양력계수가 큰 항공기에 나타나는 현상은?

① 활공 속도가 크고 착륙 속도가 작아진다.
② 상승 속도가 크고 착륙 속도가 커진다.
③ 상승 속도가 크고 착륙 속도가 작아진다.
④ 상승 속도는 작고 착륙 속도는 커진다.

해설 ▼

최대양력계수는 양력이 최대일 때의 영각에서 발생하며, 비행 상태와 무관하게 최대선회율과 최대 'G'를 얻을 수 있다.

22 다음 중 날개에 하중이 증가하면 나타나는 실속 속도에 대한 설명으로 올바른 것은?

① 실속 속도는 변하지 않는다.
② 실속 속도가 감소한다.
③ 실속 속도가 증가한다.
④ 실속 속도는 일정하나 추력이 감소한다.

해설 ▼

실속은 항공기의 날개 표면을 흐르는 기류의 흐름이 날개 윗면으로부터 박리되어 그 결과 양력은 감소되고 항력은 증가하여 비행을 유지하지 못하는 현상이다.

23 다음 중 최대양항비(lift-to-drag ratio)를 얻을 수 있는 받음각의 크기는?

① 0°
② 4°
③ 14°
④ 17°

해설 ▼

양항비는 항공기 또는 글라이더의 날개가 어떤 받음각의 상태에서 발생하는 양력과 항력의 비를 말한다.

24 다음 중 항공기의 가로축(lateral axis)에 대한 설명으로 올바른 것은?

① 각 날개 끝을 지나는 선이다.

② 공기 흐름에 직각으로 압력의 중심을 지나는 선이다.

③ 동체의 무게중심선을 가로지르는 날개 끝 사이의 선과 평행한 선이다.

④ 동체의 무게중심점을 가로지르는 기수와 꼬리를 지나는 선이다.

해설 ▼

가로축은 항공기 무게중심을 통과해 한쪽 날개 끝에서 다른 쪽 날개 끝을 연결한 선이다.

25 다음 중 에어포일(airfoil)의 양력과 속도의 관계에 대한 설명으로 올바른 것은?

① 속도의 자승에 비례한다.
② 속도에 반비례한다.
③ 속도의 자승에 반비례한다.
④ 속도에 비례한다.

26 다음 중 수직핀(vertical fin)을 사용하는 목적은?

① 수직 안정성을 위해서
② 방향 안정성을 위해서
③ 세로 안정성을 위해서
④ 가로 안정성을 위해서

해설 ▼

항공기의 후방부에 있는 고정된 수직 표면, 수직핀은 항공기의 방향 안정성을 제공한다.

27 다음 중 비행 방향과 수평인 축에 대한 안정은?

① 세로 안정
② 가로 안정
③ 동안정
④ 방향 안정

해설 ▼

가로 안정성은 롤(roll) 운동으로 돌풍 등의 교란에 의해 항공기 경사각이 증가하였을 때 항공기 경사각을 감소시키는 복원력이다.

정답 20 ③ 21 ③ 22 ③ 23 ② 24 ③ 25 ① 26 ② 27 ②

28 **다음 중 가로축에 대한 항공기의 운동은?**

① 방향타에 의해 조종되는 수직축 주위 또는 수직축에 관한 운동이다.
② 승강타에 의해 조종되는 세로축 주위 또는 세로축에 관한 운동이다.
③ 보조익에 의해 조종되는 가로축 주위 또는 가로축에 관한 운동이다.
④ 보조익에 의해 조종되는 세로축 주위 또는 세로축에 관한 운동이다.

29 **다음 중 항공기 날개의 종횡비(aspect ratio)에 대한 설명으로 올바른 것은?**

① 두께와 시위의 비
② 스팬(span)과 시위의 비
③ 상반각과 받음각의 비
④ 스웹백과 가로축의 비

해설 ▼

날개의 종횡비는 날개 가로 길이(span)와 세로 길이(chord)의 비율이다.

30 **다음 중 항공기의 취부각(angle of incidence)에 대한 설명으로 올바른 것은?**

① 고도 상승 시 조종사가 변경시킨다.
② 날개의 상반(dihedral)에 영향을 준다.
③ 비행 시 주위 공기의 흐름과 날개의 코드 사이의 각이다.
④ 비행 중에 변경시키지 못한다.

해설 ▼

취부각은 날개의 코드선과 항공기 동체의 종축이 이루는 예각으로 제작 당시에 결정된다.

31 다음 중 에어포일의 양력이 증가하면서 항력에 미치는 영향으로 올바른 것은?

① 감소한다.

② 영향을 받지 않는다.

③ 같이 증가한다.

④ 양력이 변화하고 있을 때 증가하지만 원래의 값으로 되돌아온다.

해설 ▼

에어포일은 원칙적으로 가능한 양력을 높이면서도 항력은 줄이도록 설계한다.

32 다음 중 항공기의 수직축(vertical axis)을 조종하는 것은?

① 방향타

② 승강타

③ 보조익

④ 보기 중 2가지 혼합

해설 ▼

수직축은 항공기의 중심 부근을 위에서 아래로 통과하는 항공기의 요(yaw) 움직임과 관련되어 있다. 수직축은 항공기의 러더(rudder)로 조절할 수 있다.

33 다음 중 익면하중과 가장 관계가 깊은 것은?

① 상승률의 상승

② 이륙 거리의 단축

③ 항속 거리의 연장

④ 최대속도의 향상

해설 ▼

익면하중은 항공기의 중량을 날개의 면적으로 나눈 값이다. 항공기의 착륙 속도, 고공에서의 운동성 등을 결정하는 요소가 된다.

정답 28 ④ 29 ② 30 ④ 31 ③ 32 ① 33 ②

34 **다음 중 항공기가 활공 비행할 때의 속도는?**

① 활공각과 속도를 동시에 증가시킨다.

② 활공각과 속도를 감소시킨다.

③ 활공각은 증가시키고 속도에는 아무런 영향이 없다.

④ 속도는 증가하고 활공각에는 아무런 영향이 없다.

해설 ▼

활공비행속도는 양력, 항력, 침하 속도 등의 영향을 받는다.

35 **다음 중 비행기 날개의 종횡비(aspect ratio)가 커지면 나타나는 현상은?**

① 유도 항력이 작아진다.

② 유도 항력이 커진다.

③ 유도 항력에는 관계가 없다.

④ 양력이 작아진다.

해설 ▼

종횡비는 날개의 가로 길이와 세로 길이의 비율로 종횡비가 커지면 유도 항력은 작아진다. 종횡비가 클수록 활공 성능은 좋아진다.

36 **다음 중 날개를 트위스팅(twisting)하는 이유는?**

① 날개 루트(root)에서 실속을 방지하기 위하여

② 자전 현상을 일으키기 위하여

③ 제작이 용이하기 때문에

④ 날개 끝으로부터 실속 발생을 방지하기 위하여

37 다음 중 비행 중인 비행기의 항력이 추력보다 클 때 나타나는 현상은?

① 감속 전진운동을 한다.
② 등속도 비행을 한다.
③ 그 자리에 정지한다.
④ 가속 전진한다.

해설 ▼

항력이 추력보다 크면 항공기가 전진운동을 하는 것을 방해한다.

38 다음 중 비행기가 실속하는 순간의 하중배수(load factor)는?

① 2가 된다.
② 3이 된다.
③ 1을 초과하지 않는다.
④ 1.5 이하이다.

해설 ▼

하중배수는 항공기 날개에 걸리는 실제 하중의 크기를 기본 하중(비행기 중량)으로 나눈 수치이다. 실속한다고 갑자기 하중배수가 커지지는 않는다.

39 다음 중 받음각이 일정할 때 고도 변화에 따른 양력은?

① 증가한다.
② 변화하지 않는다.
③ 감소한다.
④ 변화한다.

해설 ▼

날개의 받음각이 일정하게 유지하면서 고도를 상승할 때 양력은 감소한다.

40 다음 중 항공기의 수평비행 시 성능을 좌우하는 요소에 포함되지 않는 것은?

① 이륙속도
② 순항속도
③ 최대속도
④ 최소속도

해설 ▼

수평비행은 항공기가 이륙한 후 높이의 변화 없이 일정한 고도를 유지하면서 비행하는 것을 말한다.

정답 34 ④ 35 ① 36 ④ 37 ① 38 ③ 39 ③ 40 ①

41 다음 중 항공기의 수평 최고속도 상태에 대한 설명으로 올바르지 않은 것은?

① 필요마력이 커지면 속도가 증가한다.

② 익면하중이 적을수록 속도는 커진다.

③ 항력계수가 적을수록 속도는 커진다.

④ 과급기가 없는 경우는 고도가 증가함에 따라 감속한다.

해설 ▼

필요마력은 항공기가 속도를 유지하며 상승, 성능, 순항, 하강 등을 할 때에 필요한 마력이다. 필요마력이 커진다는 것은 항공기의 속도가 감속된다는 것을 의미한다.

42 다음 중 항공기가 상승하기 위한 조건으로 올바른 것은?

① 이용마력 = 필요마력

② 이용마력 〉 필요마력

③ 이용마력 〈 필요마력

④ 이용마력 ≤ 필요마력

해설 ▼

이용마력(power available)은 항공기에 장착된 동력장치의 출력 중 추진력으로 비행에 사용될 수 있는 기관의 동력이다. 이용마력이 필요마력보다 커야 항공기가 상승할 수 있다.

43 다음 중 항공기의 상승률을 저해하는 것은?

① 중량이 적을 경우

② 이용마력이 클 경우

③ 프로펠러의 효율이 클 경우

④ 필요마력이 클 경우

해설 ▼

항공기의 필요마력이 크다는 것은 항공기가 움직이는 데 필요한 힘이 더 커져야 한다는 것을 의미한다.

44 다음 중 활공각에 대한 설명으로 올바른 것은?

① 활공 속도가 적으면 활공각도 작다.

② 중량이 크면 활공각도 크다.

③ 익면적이 크면 활공각도 크다.

④ 양항비가 크면 활공각은 작아진다.

해설 ▼

활공각은 항공기가 착륙을 위해 활공할 때 비행 경로와 수평면이 이루는 각이다. 일반적으로 활공각은 양항비에 반비례한다. 양항비가 클수록 활공각은 작아진다.

45 다음 중 비행기의 정적 안정(static stability)과 관련이 없는 것은?

① 주익　　② 동체

③ 프로펠러　　④ 미익

해설 ▼

정적 안정은 평형 상태(trim)로부터 벗어난 뒤 어떤 형태로든 움직여 원래 상태로 되돌아가려는 경향을 말한다.

46 다음 중 항공기가 방향타(rudder)만을 작동해 선회할 경우 기체가 선회한 이유는?

① 프로펠러의 자이로(gyro) 효과 때문이다.

② 비행기 동체의 설계 불량 때문이다.

③ 속도가 저하함으로써 생기는 자연현상이다.

④ 주익과 좌익이 미치는 대기 속도의 차이 때문이다.

해설 ▼

방향타는 비행기의 방향을 바꾸는 기능을 하는 것으로 방향타를 좌우로 움직여 항공기의 요(yaw) 동작을 제어할 수 있다.

정답 41 ① 42 ② 43 ④ 44 ④ 45 ③ 46 ④

47 다음 중 비행 중의 항공기가 돌풍을 만나 받음각이 변할 때 원래 자세로 돌아가려는 복원성과 관련이 있는 것은?

① 수직 미익의 항력

② 수평 미익의 힌지 모멘트(hinge moment)

③ 수평 미익의 양력

④ 공력중심과 스파(spar)와의 거리

해설 ▼

비행하던 항공기가 돌풍을 만나 받음각이 커지면 수평꼬리날개의 받음각도 증가하므로 수평꼬리날개의 양력이 증가해 기수를 숙이는 모멘트가 작용해 받음각을 본래의 상태로 복원시킨다.

48 다음 중 플랩(flap) 효과에 대한 설명으로 올바른 것은?

① 최대수평속도를 저하시키고 이륙 시의 활공각을 증대시킨다.

② 최대수평속도를 저하시키고 이륙 시의 활공각을 감소시킨다.

③ 최저수평속도와 활공각 모두 증대시킨다.

④ 활공각에는 영향이 없다.

해설 ▼

플랩은 고양력 장치 중의 하나로 날개의 뒷전에 장착된다.

49 다음 중 날개 상면에 붙이는 경계층 격벽판(boundary layer fence)의 용도는?

① 저항 감소

② 풍압 중심의 전진

③ 양력의 증가

④ 익단 실속의 방해

해설 ▼

경계층 격벽판은 경계층 펜스라고도 하는데 큰 받음각일 때 공기 흐름이 윙팁(wingtip) 방향으로 흐르는 것을 막고, 경계층이 두꺼워지는 것을 막으며, 실속을 받는 효과가 있다.

50 다음 중 항공기가 착륙 강하 중 갑자기 플랩(flap)을 내리면 나타나는 현상은?

① 기수가 좌로 간다.

② 기수가 위로 올라간다.

③ 속도가 갑자기 떨어진다.

④ 속도가 증가한다.

해설 ▼

플랩을 내리면 항력이 올라가지만 양력도 급격하게 올라간다.

51 다음 중 트림탭(trim tab)에 대한 설명으로 올바른 것은?

① 보조익에 부착한다.

② 조작상 조종사를 도와준다.

③ 비행기의 안전성을 증가시킨다.

④ 1, 2, 3 모두 틀렸다.

해설 ▼

트림은 항공기에 조종력을 가하지 않고 수평비행이 가능한 상태를 말한다.

52 다음 중 플랩(flap)을 내리면 나타나는 현상은?

① 양력계수는 커지고 항력계수는 작아진다.

② 양력계수는 작아지고 항력계수는 커진다.

③ 양력계수와 항력계수가 모두 커진다.

④ 양력계수와 항력계수가 모두 작아진다.

해설 ▼

플랩은 항공기의 날개 뒷전에 장착되어 날개의 형상을 바꿈으로써 높은 양력을 발생시키는 고양력 장치의 일종이다.

정답 47 ③ 48 ① 49 ④ 50 ② 51 ② 52 ③

53 **다음 중 레이놀즈수(Reynold's number)가 크다는 것의 의미는?**

① 압력 저항과 마찰 저항이 같다.
② 압력 저항이 마찰 저항보다 크다.
③ 압력 저항이 마찰 저항보다 작다.
④ 유해 저항과 유도 저항이 같다.

해설 ▼

레이놀즈수는 유체의 흐름에서 점성에 의한 힘이 층류가 되게 작용하며, 관성에 의한 힘은 난류를 일으키는 힘으로 작용한다.

54 **다음 중 음속에 가장 영향을 주는 것은?**

① 습도 ② 공기 밀도
③ 기압 ④ 온도

해설 ▼

음속의 일반식 $a=\sqrt{\kappa RT}$ 에서 음속은 온도에 크게 영향을 받는다.

55 **다음 중 물체가 일정 용액 속에 잠기면 용액 속에서 뜨거나 물체의 무게만큼의 용액이 밖으로 흘러나오는 현상은?**

① 샤를의 법칙 ② 아르키메데스의 원리
③ 베르누이의 정리 ④ 파스칼의 원리

해설 ▼

아르키메데스의 원리는 어떠한 물체를 유체에 넣었을 때 그 물체가 받게 되는 부력의 크기는 물에 잠긴 물체의 부피에 작용하는 중력과 동일하다는 것이다. 아르키메데스가 공중목욕탕에서 목욕을 하다가 이 원리를 발견하고는 벌거벗은 채 집으로 돌아왔다고 한다.

56 **다음 중 일정한 압력 상태에서 공기의 온도가 내려가면 나타나는 현상은?**

① 공기의 밀도가 증가한다. ② 공기의 밀도가 감소한다.
③ 공기의 질량을 감소시킨다. ④ 공기의 질량을 증가시킨다.

해설 ▼

압력은 공기의 밀도와 연관되어 있는데 공기의 온도가 내려가면 밀도가 증가한다.

57 다음 중 충격파가 발생할 때 급격히 감소되는 것은?

① 압력 ② 속도
③ 온도 ④ 밀도

해설 ▼

충격파(shock wave)는 음속보다 빠른 속도로 유체 속으로 전달되는 강력한 압력파를 말한다. 충격파가 통과할 때 압력, 밀도, 속도 등이 급격히 증가한다.

58 다음 중 마하 1의 속도에 대한 설명으로 올바른 것은?

① 음의 속도와 같다.
② 지상에서의 음의 속도와 같다.
③ 음의 최대속도와 같다.
④ 음의 속도보다 느리다.

해설 ▼

마하는 음속의 단위로서 섭씨 15°일 때 보통 1초에 340m 가는 것을 뜻하지만, 음속은 온도에 따라 값이 달라지기 때문에 절댓값은 아니다.

59 다음 중 날개의 받음각(AOA)에 대한 설명으로 올바른 것은?

① 에어포일의 캠버와 시위선이 이루는 각이다.
② 에어포일의 캠버와 공기 흐름의 방향이 이루는 각이다.
③ 에어포일의 시위선과 공기 흐름의 방향이 이루는 각이다.
④ 에어포일의 시위선과 상대풍이 이루는 각이다.

해설 ▼

받음각은 항공기 날개의 시위선과 기류가 이루는 각도를 말한다.

정답 53 ② 54 ④ 55 ② 56 ① 57 ③ 58 ② 59 ③

60 다음 중 실속(stall)에 대한 설명으로 올바르지 않은 것은?

① 비행기가 그 고도를 더 이상 유지할 수 없는 상태를 말한다.

② 받음각(AOA)이 실속각보다 클 때 일어나는 현상이다.

③ 날개에서 공기 흐름의 떨어짐 현상이 생겼을 때 일어난다.

④ 양력계수가 급격히 증가하기 때문에 발생한다.

해설 ▼

실속이란 항공기가 공기의 저항에 부딪혀 양력을 상실하는 현상이다.

61 다음 중 실속 속도(stall speed)에 대한 설명으로 올바르지 않은 것은?

① 양력계수가 최대일 때 속도가 최대가 되는데 이를 실속 속도라 한다.

② 실속 속도는 익면하중이 클수록 감소한다.

③ 실속 속도가 작을수록 착륙 속도는 작아진다.

④ 고양력 장치의 주목적은 최대양력계수 값을 크게 해 이착륙 시 항공기 성능을 향상시키는 것이다.

해설 ▼

실속 속도는 항공기가 실속 상태에 들어갈 때의 속도이다.

62 다음 중 항공기가 수평비행 중 등속도 비행을 하기 위한 조건은?

① 항력이 양력보다 커야 한다.

② 양력과 항력이 같아야 한다.

③ 항력과 추력이 같아야 한다.

④ 양력과 중력이 같아야 한다.

해설 ▼

항공기가 속력이 빨라질수록 항력이 커지며 어느 순간 추력과 항력이 같아지면서 비행기는 등속비행이 가능해진다.

63 다음 중 프로펠러 항공기의 항속 거리를 크게 하는 방법으로 올바르지 않은 것은?

① 프로펠러 효율을 크게 한다.

② 연료 소비율을 크게 한다.

③ 양항비가 최대인 받음각(AOA)으로 비행한다.

④ 날개의 가로세로비(aspect ratio)를 크게 한다.

해설 ▼

날개의 가로세로비는 날개의 폭으로 날개의 길이를 나눈 값으로, 일반적인 비율은 8.5 미만이고 고속기의 경우에는 3.0~3.5 정도이다.

64 다음 중 헬리콥터가 지면 또는 수면에 접근함에 따라 날개 끝의 와류가 지면에 부딪혀 항력이 감소해지면서 가까운 고도에서 침하하지 않고 머무는 현상은?

① 대기 효과 ② 날개 효과

③ 지면 효과 ④ 간섭 효과

해설 ▼

지면 효과란 헬리콥터가 지면 가까이에서 제자리 비행할 때 공기의 하향 흐름이 지면과 부딪히게 되고 헬리콥터와 지면 사이의 공기를 압축하여 공기 압력을 높이게 되어 제자리 비행 위치에 헬리콥터를 유지시키는 데 도움을 주는 쿠션(cushion) 역할을 하는 것을 말한다.

65 다음 중 지면 효과(ground effect)에 대한 설명으로 올바르지 않은 것은?

① 이륙 시 정상 속도보다 적은 속도로 이륙이 가능하지만 그 효과를 벗어나면 실속(stall)이나 침하가 된다.

② 지면 효과의 고도는 날개 길이(span) 이하이다.

③ 내리 흐름(down wash)의 감소로 인해 유도 항력이 감소한다.

④ 착륙 시 활주 거리가 짧아진다.

해설 ▼

지면 효과로 인해 착륙할 때 지표면 부근에서 항공기가 떠오르는 플로팅(floating) 현상이 생겨 활주 거리가 오히려 길어진다.

정답 60 ④ 61 ① 62 ③ 63 ④ 64 ③ 65 ④

66 **다음 중 실속(stall)이 발생하는 가장 큰 원인은?**

① 속도가 없어지므로 ② 받음각(AOA)이 너무 커져서
③ 엔진의 출력이 부족해서 ④ 불안정한 대기 때문에

해설 ▼

이륙 직후나 착륙 직전과 같은 저고도에서 받음각이 크면 실속이 일어날 가능성이 높다.

67 **다음 중 항공기의 3축 운동과 비행조종면과의 관계가 올바르게 연결된 것은?**

① 보조날개와 요잉(yawing) ② 방향타와 피칭(pitching)
③ 보조날개와 롤링(rolling) ④ 승강타와 롤링(rolling)

해설 ▼

피치(pitch)는 승강타(elevator), 요(yaw)는 방향타(rudder), 롤(roll)은 에어론(aileron)과 관계있다.

68 **다음 중 양력중심(Center of Lift)이 무게중심(Center of Gravity)의 뒤에 있는 이유는?**

① 꼭 같은 위치에 있을 수 없기 때문에
② 항공기의 전방이 조금 무거운 경향을 주기 위해서
③ 항공기의 후방이 조금 무거운 경향을 주기 위해서
④ 더 좋은 수직 안정을 갖게 하기 위하여

69 **다음 중 항공기의 세로 안정성(longitudinal stability)과 관계있는 운동은?**

① 롤링(rolling) ② 요잉(yawing)
③ 피칭(pitching) ④ 양력(lift)

해설 ▼

세로 안정성은 항공기 가로축을 중심으로 기수 상하운동에 대한 안전성을 말하며 피치(pitch) 안정성이라고도 한다.

70 다음 중 항력(drag)에 대한 설명으로 올바르지 않은 것은?

① 유해 항력은 항공기 속도가 증가할수록 증가한다.
② 유도 항력은 항공기 속도가 증가할수록 증가한다.
③ 전체 항력이 최소일 때의 속도로 비행하면 항공기는 가장 멀리 날아갈 수 있다.
④ 받음각(AOA)이 증가하면 유도 항력도 증가한다.

해설 ▼

받음각이 커지면 유도 항력도 커지는데 유도 항력의 크기는 공기 속도의 제곱에 반비례한다.

71 다음 중 항공기의 수직축을 중심으로 진행 방향에 대한 좌우 회전운동은?

① 횡요(rolling) ② 종요(pitching)
③ 편요(yawing) ④ 횡슬립(side slip)

72 다음 중 프로펠러가 비행 중 한 바퀴를 회전해 실제로 전진한 거리는?

① 기하학적 피치 ② 유효 피치
③ 슬립(slip) ④ 회전 피치

해설 ▼

유효 피치는 프로펠러가 1회전을 하는 동안에 항공기가 공기 중에서 실제로 이동한 거리를 말한다.

73 다음 중 프로펠러 직경을 결정하는 가장 중요한 요소는?

① 엔진 속도(engine speed)
② 익단 속도(blade tip speed)
③ 프로펠러 무게(propeller weight)
④ 아이들(idle) RPM

해설 ▼

프로펠러의 직경을 크게 하면 이륙과 상승 시의 효과가 향상되고, 작게 하면 고속비행 시의 효율이 좋아진다.

정답 66 ② 67 ③ 68 ② 69 ③ 70 ② 71 ③ 72 ② 73 ②

74 **다음 중 유체 속도에 대한 설명으로 올바른 것은?**

① 유체 속도가 빠르면 압력은 낮아진다.
② 유체 속도는 압력에 비례한다.
③ 유체 압력은 속도와 비례한다.
④ 유체 속도는 압력과 무관하다.

해설 ▼
베르누이 정리에서 에너지 총량은 일정하므로 속도가 빨라지면 압력은 낮아진다.

75 **다음 중 항공기의 기체축에서 세로축(종축)을 중심으로 하는 운동과 관련된 것은?**

① 보조익과 요잉
② 보조익과 롤링
③ 방향타와 피칭
④ 승강타와 요잉

해설 ▼
보조익(aileron)은 주날개 후부에 장착되어 있으며, 기체의 좌우 안정을 유지하고 항공기의 선회운동을 순조롭게 한다.

76 **다음 중 항공기의 가로 안정성과 관련이 없는 것은?**

① 날개의 상반각
② 날개의 후퇴각
③ 수직꼬리날개
④ 수평꼬리날개

해설 ▼
날개의 후퇴각(sweep back)은 빠른 속도로 비행할 때 생기는 충격파를 줄여주면서 옆에서 부는 바람에도 복원성을 더해준다.

77 **다음 중 비행 성능에 영향을 미치는 요소에 포함되지 않는 것은?**

① 비행기의 무게
② 비행기의 날개 크기
③ 비행 중인 고도
④ 엔진 형식

해설 ▼
엔진 형식은 최대출력과 관련이 있다.

78 다음 중 에어포일(airfoil)에 대한 설명으로 올바르지 않은 것은?

① 평균캠버선이란 날개 꼴의 이등분선이다.
② 최대캠버란 평균캠버선과 시위선의 두께 중 최댓값을 의미한다.
③ 시위선이란 앞전과 뒷전을 연결한 직선이다.
④ 초경량비행기는 에어포일과는 상관없이 설계된다.

해설 ▼

모든 항공기는 에어포일을 고려해 설계해야 한다.

79 다음 비행 중 토크 현상을 발생시키는 토크 반작용에 대한 설명으로 올바른 것은?

① 회전하고 있는 물체에 외부의 힘을 가하였을 때 그 힘이 90°를 지나서 뚜렷해지는 현상이다.
② 프로펠러에 의한 비대칭 하중 때문에 발생하는 힘이다.
③ 프로펠러에 의한 후류로 인해 발생하는 힘이다.
④ 프로펠러가 시계 방향으로 회전할 때 동체가 반작용을 일으켜 좌측으로 횡요 또는 경사지려는 경향이다.

해설 ▼

토크(torque) 현상은 프로펠러가 한 방향으로 돌면 그 반작용으로 기체를 반대쪽으로 돌리려는 힘이 작용하는 것을 말한다.

80 다음 중 항공기의 프로펠러에 대한 설명으로 올바르지 않은 것은?

① 프로펠러는 엔진의 회전력을 이용해 추진력을 발생시키는 장치이다.
② 프로펠러의 꼬임각은 익근과 익단에 따라 양력의 불균형을 해소하기 위해 차이가 발생하는 것이다.
③ 회전축에 가까울수록 꼬임각은 크다.
④ 익근의 꼬임각을 익단의 꼬임각보다 작게 한다.

해설 ▼

프로펠러의 꼬임각은 익근(root)과 익단(tipe)에 따라 차이가 있는데, 이는 프로펠러의 길이에 따른 속도 차에 의해서 발생한 양력의 불균형을 해소하기 위함이다. 회전축에 가까울수록 꼬임각은 크고 회전축에서 멀어질수록 꼬임각은 작다.

정답 74 ① 75 ② 76 ② 77 ④ 78 ④ 79 ④ 80 ④

81 **다음 중 헬리콥터가 호버링 상태로부터 전진비행으로 바뀌는 과도적인 상태는?**

① 상승비행 ② 자동회전
③ 전이비행 ④ 지면 효과

해설 ▼

전이비행은 지면에서 수직으로 약간 상승해 제자리 비행한 상태로부터 전진비행으로 전이하는 과도기적 상태를 말한다.

82 **다음 중 토크 작용과 관련된 뉴턴의 법칙은?**

① 관성의 법칙 ② 가속도의 법칙
③ 작용–반작용의 법칙 ④ 베르누이 법칙

83 **다음 중 관의 직경이 일정하지 않은 관을 통과하는 유체(공기)의 속도, 동압, 정압의 관계를 바르게 설명한 것은?**

① 직경이 작은 부분의 공기 흐름은 속도가 빨라지고 동압은 커지고 정압은 작아진다.
② 직경이 넓은 부분의 공기 흐름은 속도가 빨라지고 동압은 커지고 정압은 작아진다.
③ 관의 직경과 관계없이 흐름의 속도가 같고 동압과 정압의 변화는 일정하다.
④ 직경이 작은 부분의 공기 흐름은 속도가 느려지고 동압은 커지고 정압은 작아진다.

해설 ▼

베르누이 정리와 벤츄리관 효과로 속도는 동압에 비례하고 정압에 반비례한다.
전체 압력=동압+정압, 속도=전체 압력 – 정압=(동압+정압) – 정압

84 **다음 중 에어포일(airfoil)에서 캠버(camber)에 대한 설명으로 올바른 것은?**

① 앞전과 뒷전 사이를 말한다.
② 시위선과 평균캠버선 사이의 거리를 말한다.
③ 날개의 아랫면과 위면 사이를 말한다.
④ 날개 앞전에서 시위선 길이의 25% 지점의 두께를 말한다.

해설 ▼

캠버는 시위선과 평균캠버선 사이의 거리(두께)이다. 평균캠버선은 윗면(upper camber)과 아랫면(lower camber)의 중간 지점을 잇는 선이다.

85

다음 중 지면 효과(ground effect)를 받을 때에 대한 설명으로 올바르지 않은 것은?

① 받음각이 증가한다.

② 양력의 크기가 감소한다.

③ 양력의 크기가 증가한다.

④ 중력의 크기가 감소한다.

해설 ▼

지면 효과가 발생하면 항공기가 지면으로부터 상승하므로 양력의 크기가 증가한다.

86

다음 중 지면 효과(ground effect)에 대한 설명으로 올바른 것은?

① 지면 효과로 항력이 증가해 전진비행이 어렵다.

② 지면 효과로 항공기는 더 많은 무게를 지탱할 수 있다.

③ 지면 효과는 양력 감소 현상을 초래한다.

④ 지면 효과는 항공기의 비행성에 항상 불리한 영향을 미친다.

해설 ▼

지면 효과는 항공기가 지면 가까이 낮은 고도로 비행하는 경우 양력이 증가하는 현상이다.

87

다음 중 블레이드가 공기를 지날 때 표면 마찰로 인해 발생하는 마찰성 저항으로 회전익항공기에서만 발생하며 마찰 항력이라고도 하는 것은?

① 유도 항력　　② 유해 항력

③ 형상 항력　　④ 마찰 항력

해설 ▼

형상 항력은 유해 항력의 일종으로 회전익항공기의 블레이드(blade)가 회전할 때 마찰성 저항으로부터 발생하는 항력이다. 형상 항력은 마찰 항력과 압력 항력을 합한 것이다.

정답 81 ③ 82 ③ 83 ① 84 ② 85 ② 86 ② 87 ③

88 **날개에 작용하는 양력에 대한 설명으로 맞는 것은?**

① 양력은 날개의 시위선 방향의 수직 아래 방향으로 작용한다.

② 양력은 날개의 받음각 방향의 수직 아래 방향으로 작용한다.

③ 양력은 날개의 상대풍이 흐르는 방향의 수직 아래 방향으로 작용한다.

④ 양력은 날개의 상대풍이 흐르는 방향의 수직 위 방향으로 작용한다.

89 **다음 중 프로펠러에 대한 설명으로 올바르지 않은 것은?**

① 회전면과 공기 유입 방향이 이루는 각을 피치각이라고 한다.

② 피치각을 바꿀 수 있는 것을 가변피치 프로펠러라고 한다.

③ 피치각을 바꿀 수 없는 것을 고정피치 프로펠러라고 한다.

④ 회전면과 시위선이 이루는 각을 받음각이라고 한다.

해설 ▼

회전면과 시위선이 이루는 각은 깃각이다. 받음각은 공기 유입 방향과 깃의 시위선이 이루는 각이다.

90 **다음 중 받음각에 대한 설명으로 올바르지 않은 것은?**

① 공기 유입 방향과 깃의 시위선이 이루는 각이다.

② 일반적으로 받음각이 커지면 양력이 증가한다.

③ 받음각이 일정 각도를 넘어서면 양력은 감소하고 항력은 증가한다.

④ 운항 중 받음각은 변하지 않는다.

해설 ▼

운항 중 조정, 무게, 공기 흐름 등에 따라 받음각이 변하게 된다. 받음각은 고정된 것이 아니다.

91 다음 중 등속수평비행에서 수평비행과 수직비행의 조건으로 올바른 것은?

① 수평 방향 : 양력 = 중력, 수직 방향 : 추력 = 항력

② 수평 방향 : 추력 = 항력, 수직 방향 : 양력 = 중력

③ 수평 방향 : 양력 〉 중력, 수직 방향 : 추력 〈 항력

④ 수평 방향 : 추력 〈 항력, 수직 방향 : 양력 〉 중력

해설 ▼

등속수평비행은 일정한 속도(등속)와 일정한 고도(수평)로 비행하는 것을 말한다. 이때 항공기에 작용하는 추력, 항력, 양력, 중력 등의 힘이 평행을 이루게 된다. 수평 방향으로는 추력과 항력이, 수직 방향으로는 양력과 중력이 동일한 힘으로 유지될 때 가능하다.

92 다음 중 항공기의 가로 안정성(lateral stability)과 관계있는 운동은?

① 롤링(rolling)

② 요잉(yawing)

③ 피칭(pitching)

④ 양력(lift)

해설 ▼

가로 안정성은 항공기 세로축을 중심으로 항공기의 좌우 안정을 말하며 롤(roll) 안정성이라고도 한다.

93 다음 중 항공기의 방향 안정성(directional stability)과 관계있는 운동은?

① 롤링(rolling)

② 요잉(yawing)

③ 피칭(pitching)

④ 양력(lift)

해설 ▼

방향 안정성은 항공기 수직축을 중심으로 항공기의 좌우 안정을 말하며 요(yaw) 안정성이라고도 한다.

정답 88 ④ 89 ④ 90 ④ 91 ② 92 ① 93 ②

기출 및 연습문제

94 **다음 중 항공기의 구성에 대한 설명으로 올바른 것은?**

① 날개, 착륙장치, 동체, 꼬리날개로 구성되어 있다.

② 동체, 날개, 동력장치, 장비장치로 구성되어 있다.

③ 날개, 동체, 꼬리날개, 착륙장치, 각종 장비장치로 구성되어 있다.

④ 날개, 동체, 꼬리날개, 착륙장치, 엔진으로 구성되어 있다.

95 **다음 중 꼬리날개(empennage)의 구성 부문으로 올바른 것은?**

① 보조익, 승강타, 수직안정판, 플랩

② 방향타, 수직안정판, 승강타, 수평안정판

③ 플랩, 방향타, 수평안정판, 수직안정판

④ 보조날개, 플랩, 방향타, 수평안정판

해설 ▼

꼬리날개는 항공기의 안정성을 위해 동체 후방에 부착하여 미익부라고 한다.

96 **다음 중 항공기의 방향 안정성을 확보해주는 것은?**

① rudder(방향타)

② elevator(승강타)

③ vertical stabilizer(수직안정판)

④ horizontal stabilizer(수평안정판)

해설 ▼

수직안정판은 방향타가 설치된 꼬리날개 부분으로 핀(fin)이라고도 부른다.

97 다음 중 항공기의 계기에 표시된 색상에 대한 설명으로 올바르지 않은 것은?

① 적색은 최대운용한계를 나타낸다.

② 황색은 경계 · 경고범위를 나타낸다.

③ 녹색은 계속운전범위, 순항범위를 나타낸다.

④ 백색은 안전운항범위를 나타낸다.

해설 ▼

백색은 속도계에만 있으며 플랩 작동의 속도범위를 의미한다.

98 다음 중 피토관(pitot tube)이 측정하는 것은?

① 정압(static pressure)

② 동압(dynamic pressure)

③ 전압(total pressure)

④ 온도(temperature)

해설 ▼

유속 측정장치의 하나로 유체 흐름의 총압과 정압의 차이를 측정해 유속을 측정한다. 1728년 프랑스 공학자 피토(H. Pitot, 1695~1771)가 발명하였다.

99 다음 중 피토 정압 계통에 의해서 작동되는 계기에 포함되지 않는 것은?

① 속도계(ASI)

② 고도계(ALT)

③ 승강계(VSI)

④ 자세계(AI)

해설 ▼

자세계(attitude indicator)는 항공기의 자세를 지시해주는 자이로성 비행계기이다.

정답 94 ② 95 ③ 96 ① 97 ④ 98 ① 99 ④

기출 및 연습문제

100 **다음 중 속도계에 대한 설명으로 올바른 것은?**

① 고도에 따르는 기압 차를 이용한 것이다.

② 전압과 정압의 차를 이용한 것이다.

③ 동압과 정압의 차를 이용한 것이다.

④ 전압만을 이용한 것이다.

해설 ▼

항공기의 대기 속도계는 동압(dynamic pressure)과 정압(static pressure)이 합쳐진 전체 압력(total pressure)과 정압의 차이를 이용해 측정한다.

101 **다음 중 항공기 무게중심이 전방에 위치해 있을 때 일어나는 현상에 포함되지 않는 것은?**

① 실속(stall) 속도가 증가한다.

② 순항 속도가 증가한다.

③ 종적 안정이 증가한다.

④ 실속(stall) 회복이 쉽다.

102 **다음 중 항공기의 방향타(rudder)의 사용 목적은?**

① 요(yawing) 조종

② 과도한 기울임의 조종

③ 선회 시 경사를 주기 위해

④ 선회 시 하강을 막기 위해

해설 ▼

방향타는 항공기의 안정판(stabilizer) 중에서 수직안정판(vertical stabilizer)에 붙어있는 장치로 항공기의 요(기수가 좌우측으로 움직이는 운동) 운동을 조종한다.

103 다음 중 항공기의 승강타(elevator)의 사용 목적은?

① 요(yawing) 조종

② 피치(pitch) 조종

③ 비행기 상승을 위해

④ 비행기 하강을 위해

해설 ▼

승강타는 항공기의 안정판(stabilizer) 중에서 수평안정판(horizontal stabilizer)에 붙어있는 장치로 항공기의 피치(기수가 위아래로 움직이는 운동) 운동을 조종한다.

104 다음 중 항공기가 이착륙할 때 짧은 활주 거리를 저속으로 안전하게 비행하게 하는 고양력 장치는?

① 보조익(aileron)

② 승강타(elevator)

③ 방향타(rudder)

④ 플랩(flap)

해설 ▼

플랩은 항공기가 활공각을 조절할 수 있도록 날개 뒤쪽에 달린 고양력 장치(high lift device)이다.

105 다음 중 날개에 장착된 플랩(flap)의 효과는?

① 주익의 양력 증가로 비행 속도의 변화 없이 급경 시 착륙 진입이 가능하다.

② 양력의 증가로 고속비행이 가능하다.

③ 실속(stall)이 방지된다.

④ 기체의 좌우 쏠림이 방지된다.

해설 ▼

플랩은 고양력 장치라고 하는데 날개 면적이 커질수록 저속에서도 양력이 커지도록 고안되었다.

정답 100 ② 101 ② 102 ① 103 ② 104 ④ 105 ①

106 **다음 중 헬리콥터의 상승과 하강을 위한 양력을 제어하는 조종계는?**

① 컬렉티브(collective)

② 자이로(gyro)

④ 사이클릭(cyclic)

④ 앤티토크(antitorque)

해설 ▼

컬렉티브 피치 컨트롤을 위로 잡아당기면 양력이 증가하고 아래로 내리면 양력이 줄어드는 원리로 헬리콥터를 조종한다.

107 **헬리콥터(단일 로터 헬리콥터)의 특성상 메인로터 블레이드의 회전에 의해 기체는 반대 방향으로 회전하려는 토크가 발생한다. 이 토크를 상쇄하는 것은?**

① 메인로터

② 테일로터

③ 메인미션

④ 테일미션

해설 ▼

헬리콥터 메인로터가 회전하게 되면 동체는 이와 반대 방향으로 회전하려는 힘이 작용하는데, 이를 막아주는 것이 테일로터이다.

108 **다음 항공기의 구조형식 중 목재나 철판으로 구조를 만들고 천이나 얇은 금속판 외피를 씌우는 구조는?**

① 트러스 구조

② 응력 외피 구조

③ 샌드위치 구조

④ 모노코크 구조

해설 ▼

트러스 구조는 무게를 최소화해야 하는 초경량 항공기, 소형기에 많이 활용된다.

109 다음 중 항공기에 하중을 적재할 때 무게중심 후방한계보다 뒤쪽에 놓으면 나타나는 현상은?

① 이륙 활주 거리가 보다 길어질 것이다.

② 실속(stall) 상태에서 복원되기가 어려워진다.

③ 보통 비행 속도보다 빨라지면 실속(stall)이 일어날 것이다.

④ 착륙 시 당김(flare)이 불가능할 것이다.

해설 ▼

항공기에 화물을 적재할 때 무게중심을 잘 잡아야 하는데 이는 이륙과 착륙뿐만 아니라 항공기 안전에도 영향을 미치기 때문이다.

110 다음 중 이륙 활주 거리에 대한 설명으로 올바른 것은?

① 15m 고도에 도달하기까지의 수평 거리이다.

② 주륜(main wheel)이 지면에서 떨어지는 지점까지의 거리이다.

③ 양력계수가 최대가 될 때까지이다.

④ 항력계수가 최대가 될 때까지이다.

해설 ▼

이륙 활주 거리는 이륙에 필요한 거리로 활주 개시부터 안전고도 상공을 지날 때까지의 수평거리이다.

111 다음 중 착륙 활주 거리에 대한 설명으로 올바르지 않은 것은?

① 양력계수가 클수록 길어진다.

② 양력비가 클수록 길어진다.

③ 활주로의 마찰계수에 반비례한다.

④ 착륙 속도 자승에 비례한다.

해설 ▼

착륙 활주 거리는 착륙하기 위해 활주해야 하는 거리를 말한다.

정답 106 ① 107 ② 108 ① 109 ② 110 ① 111 ④

112 다음 중 이륙 거리를 짧게 하는 방법으로 올바르지 않은 것은?

① 추력을 크게 한다.

② 항공기 무게를 작게 한다.

③ 배풍으로 이륙을 한다.

④ 고양력 장치를 사용한다.

해설 ▼

배풍은 항공기 뒤쪽에서 불어오는 바람으로 항공기의 이착륙에 위험하다. 항공기는 항상 정풍을 받고 이착륙해야 한다.

113 다음 중 착륙 거리를 짧게 하는 방법으로 올바르지 않은 것은?

① 착륙 중량을 작게 한다.

② 정풍으로 착륙한다.

③ 착륙 마찰계수가 커야 한다.

④ 접지 속도를 크게 한다.

해설 ▼

접지 속도는 비행기가 착륙할 때 바퀴가 땅에 닿는 순간의 속도로 접지 속도를 줄여야 착륙 거리가 짧아진다.

114 다음 중 항공기가 선회비행 시 바깥쪽으로 슬립(slip)하는 이유는?

① 경사각(bank angle)은 작고 원심력이 구심력보다 클 때

② 경사각(bank angle)은 크고 원심력이 구심력보다 클 때

③ 경사각(bank angle)은 작고 구심력이 원심력보다 클 때

④ 경사각(bank angle)은 크고 구심력이 원심력보다 클 때

해설 ▼

구심력은 원의 중심으로 가는 힘이고 원심력은 원의 바깥쪽으로 가는 힘이다. 경사각이 작고 원이 바깥으로 향하는 원심력이 크면 항공기는 바깥으로 밀려 나간다.

115 다음 중 활공비에 대한 설명으로 올바른 것은?

① 고도를 활공 속도로 나눈 것
② 고도를 활공 거리로 나눈 것
③ 활공 거리를 고도로 나눈 것
④ 활공 거리를 강하율로 나눈 것

해설 ▼

활공비는 항공기가 일정한 높이에서 얼마나 멀리 활공할 수 있는가를 나타내는 비율이다.

116 다음 중 정면 또는 이에 가까운 각도로 접근 비행 중 동 순위의 항공기 상호 간에 있어서 항로를 바꿔야 하는 방향은?

① 상방으로 바꾼다.
② 하방으로 바꾼다.
③ 우편으로 바꾼다.
④ 좌편으로 바꾼다.

해설 ▼

항공기가 정면으로 충돌할 우려가 있을 경우 서로 기수를 오른쪽으로 돌려야 한다.

117 다음 중 착륙 접근 중 안전에 문제가 있다고 판단해 다시 이륙하는 것을 무엇이라고 하는가?

① 복행(go around)
② 하드랜딩(hard landing)
③ 바운싱(bouncing)
④ 플로팅(floating)

해설 ▼

복행이란 착륙 접근 중 문제가 있어서 접지 전에 다시 이륙하는 것을 말하고, 하드랜딩이란 수직 속도가 남아 있어 강한 충격으로 착지하는 현상이다. 바운싱이란 부적절한 착륙 자세나 과도한 침하율로 인하여 착지 공중으로 다시 떠오르는 현상이다.

정답 112 ③ 113 ④ 114 ① 115 ③ 116 ③ 117 ①

118 다음 중 이륙 또는 비행 중에 엔진 고장으로 인한 조치로 올바르지 않은 것은?

① 이륙 중 엔진 고장 시 가능한 전방의 안전지를 선정해 비상착륙을 시도한다.

② 비행 중 엔진 고장 시 비행 속도를 감소시켜 활공 속도를 유지한다.

③ 이륙 중 엔진 고장 시 재시동 절차에 따라 엔진 재시동을 시도한다.

④ 불시착을 결심하면 연료 차단 밸브 및 전원 스위치를 오프(off)시킨다.

119 다음 중 항공기가 선회비행하는 경우에 조작하는 비행조종면은?

① 보조익

② 보조익과 방향타

③ 보조익과 승강타

④ 보조익과 플랩

해설 ▼

보조익은 항공기의 좌선회 · 우선회와 수평 자세를 잡기 위한 보조날개이고, 방향타는 항공기의 기수 방향을 정하는 역할을 수행한다.

120 다음 중 항공기의 무게중심 위치를 계산할 때 사용되는 모멘트(moment)를 구하는 식은?

① 길이×무게

② 길이÷무게

③ 무게÷길이

④ 무게×길이÷2

해설 ▼

moment=weight(pound)×arm(inch)

정답 118 ③ 119 ② 120 ①

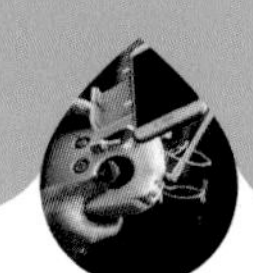

적중 예상문제

01 **헬리콥터가 제자리 비행을 하다가 전진 비행을 계속하면 속도가 증가되어 이륙하게 되는데 이것은 뉴턴의 운동 법칙 중 무엇에 해당하는가?**

① 가속도의 법칙

② 관성의 법칙

③ 작용–반작용의 법칙

④ 등가속도의 법칙

해설 ▼

- 뉴턴의 제1법칙(관성의 법칙): 외부에서 힘이 가해지지 않는 한 정지 상태에 있는 물체는 정지 상태로, 운동 상태에 있는 물체는 그 운동 상태를 유지한다.
- 뉴턴의 제2법칙(가속도의 법칙): 질량을 가진 어떤 물체에 힘을 가하면 가속도가 생기며, 이 가속도의 크기는 작용한 힘에 비례하고 물체의 질량에 반비례한다.
- 뉴턴의 제3법칙(작용–반작용의 법칙): 모든 작용에는 항상 크기가 같고 방향이 반대인 반작용이 있다.

02 **다음은 날개에서 양력이 발생하는 원리의 기초가 되는 베르누이 정리에 대한 설명이다. 틀린 것은?**

① 전압(Pt)=동압(q)+정압(P)

② 흐름의 속도가 빨라지면 동압이 증가하고 정압은 감소한다.

③ 음속보다 빠른 흐름에서는 동압과 정압이 동시에 증가한다.

④ 동압과 정압의 차이로 비행 속도를 측정할 수 있다.

03 **다음 중 날개의 상하부를 흐르는 공기의 압력 차에 의해 발생하는 압력의 원리는?**

① 작용–반작용의 법칙

② 가속도의 법칙

③ 베르누이의 정리

④ 관성의 법칙

해설 ▼

베르누이 법칙: 정압과 동압을 합한 값은 그 흐름 속도가 변하더라도 언제나 일정하다.

정답 1① 2③ 3③

04 다음 중 양력의 성질에 대한 설명으로 틀린 것은?

① 양력은 양력계수, 공기 밀도, 속도의 제곱, 날개의 면적에 반비례한다.

② 양력계수란 날개에 작용하는 힘에 의해 부양하는 정도를 수치화한 것이다.

③ 양력의 양은 조종사가 조절할 수 있는 것과 조절할 수 없는 것으로 구분된다.

④ 양력계수와 항공기 속도는 조종사가 변화시킬 수 있다.

05 다음 중 베르누이 정리에 대한 바른 설명으로 적당한 것은?

① 베르누이 정리는 밀도와는 무관하다.

② 유체의 속도가 증가하면 정압이 감소한다.

③ 위치에너지의 변화에 의한 압력이 동압이다.

④ 정상 흐름에서 정압과 동압의 합은 일정하지 않다.

06 다음 중 비행장치에 작용하는 4가지의 힘이 균형을 이룰 때는 언제인가?

① 가속 중일 때　　② 지상에 정지 상태에 있을 때

③ 등가속도 비행 시　　④ 상승을 시작할 때

해설 ▼

공중에서 4가지의 힘이 균형을 이루면 등가속도비행 상태가 된다.

07 다음 중 비행 시 비행체에 진동이 느껴졌을 때 취해야 하는 행동은 무엇인가?

① 착륙 후 기체 점검을 한다.

② 진동이 멈출 때까지 호버링을 한다.

③ 비행 상태에서 기체 점검과 조종기 점검을 한다.

④ 착륙 후 블레이드만 점검한다.

08 다음 중 프로펠러에 이상이 있을 시 가장 먼저 발생하는 현상은 무엇인가?

① 경고등이 들어온다.
② 경고음이 들어온다.
③ 진동이 발생한다.
④ 기체가 추락한다.

09 다음 중 수평 직진비행을 하다가 상승비행으로 전환 시 받음각(영각)이 증가하면 양력은 어떻게 변화하는가?

① 순간적으로 감소한다.
② 순간적으로 증가한다.
③ 변화가 없다.
④ 지속적으로 감소한다.

해설 ▼

양력의 증감은 받음각(영각)의 증감에 따라 변한다.

10 다음 중 유관을 통과하는 완전 유체의 유입량과 유출량은 항상 일정하다는 법칙은 무엇인가?

① 가속도의 법칙
② 관성의 법칙
③ 작용반작용의 법칙
④ 연속의 법칙

해설 ▼

연속의 법칙: 유관을 통과하는 유체의 유입량과 유출량은 항상 일정하다.

11 다음 동압에 관한 설명으로 틀린 것은?

① 동압은 공기 밀도와 비례한다.
② 동압은 공기 흐름 속도의 제곱에 비례한다.
③ 동압은 부딪히는 면적에 비례한다.
④ 동압은 정압의 크기에 비례한다.

정답 4① 5② 6③ 7① 8③ 9② 10④ 11④

12 **다음 중 착륙 거리를 짧게 하는 방법으로 타당한 것은?**

① 지면과의 마찰계수를 작게 한다.

② 양력계수를 작게 한다.

③ 항공기 접지 속도를 작게 한다.

④ 배풍으로 착륙한다.

13 **다음 중 항공기에 작용하는 힘에 대한 설명으로 틀린 것은?**

① 양력의 크기는 속도의 제곱에 비례한다.

② 항력은 항공기의 받음각에 따라 변한다.

③ 추력은 항공기의 받음각에 따라 변하지 않는다.

④ 중력은 속도에 비례한다.

해설 ▼

중력이 무거우면 속도는 줄어든다.

14 **다음 중 베르누이 정리에 대한 설명으로 바른 것은?**

① 정압이 일정하다.

② 동압이 일정하다.

③ 전압이 일정하다.

④ 동압과 전압의 합이 일정하다.

해설 ▼

유체의 속도가 증가하면 정압이 감소한다.

15 다음 중 상대풍에 대한 설명으로 틀린 것은?

① 에어포일에 상대적인 공기의 흐름이다.
② 에어포일의 움직임에 의해 상대풍의 방향은 변하게 된다.
③ 에어포일의 방향에 따라 상대풍의 방향도 달라지게 된다.
④ 에어포일이 위로 이동하면 상대풍은 위로 향하게 된다.

해설 ▼

에어포일이 위로 이동하면 상대풍은 아래로 향하게 된다.

16 다음 중 프로펠러의 피치에 대한 설명으로 맞는 것은?

① 프로펠러와 블레이드 각의 기준선이다.
② 프로펠러가 한 번 회전할 때의 전방으로 진행한 이론적 거리를 기하학적 피치라 한다.
③ 프로펠러가 한 번 회전할 때의 전방으로 진행한 실제 거리를 기하학적 피치라 한다.
④ 바람의 속도가 증가할 때 프로펠러의 회전을 유지하기 위해서는 피치를 감소시킨다.

17 비행 중 떨림 현상이 발견되었을 때 착륙 후 올바른 조치사항을 모두 고르시오.

가. rpm을 낮추고 낮게 비행한다.
나. 프로펠러와 모터의 파손 여부를 확인한다.
다. 조임쇠와 볼트의 잠김 상태를 확인한다.
라. 기체의 무게를 줄인다.

① 가, 나　　② 나, 다　　③ 나, 라　　④ 다, 라

18 다음 중 뉴턴의 법칙 중 토크와 관련 있는 법칙은 무엇인가?

① 작용－반작용의 법칙　　② 관성의 법칙
③ 가속도의 법칙　　④ 베르누이 정리

정답 12 ③ 13 ④ 14 ③ 15 ④ 16 ② 17 ② 18 ①

적중 예상문제

19 **다음 중 일반적인 비행 상태에서 바람이 불었을 때 가장 멀리 가는 형태의 바람은 무엇인가?**

① 정풍
② 측풍
③ 배풍
④ 상관없다.

20 **다음 중 항공기의 가로축(lateral axis)에 대한 설명으로 올바른 것은?**

① 각 날개 끝을 지나는 선이다.
② 공기 흐름에 직각으로 압력의 중심을 지나는 선이다.
③ 동체의 무게중심선을 가로지르는 날개 끝 사이의 선과 평행한 선이다.
④ 동체의 무게중심점을 가로지르는 기수와 꼬리를 지나는 선이다.

해설 ▼

가로축은 항공기 무게중심을 통과해 한쪽 날개 끝에서 다른 쪽 날개 끝을 연결한 선을 말한다.

21 **다음 중 항공기 형체나 표면 마찰, 크기, 설계 등 외부 부품에 의해 발생하는 항력은?**

① 유도 항력
② 형상 항력
③ 유해 항력
④ 마찰 항력

22 **다음 중 날개 뿌리부터 날개 끝까지의 받음각이 다르게 되도록 비틀림하는 이유는?**

① 뿌리 부위에서 실속을 방지하기 위하여
② 날개 진동을 방지하기 위하여
③ 제작하기 쉽기 때문에
④ 실속이 날개 끝으로부터 발생함을 방지하기 위하여

23 다음 중 회전익에서 양력 발생 시 동반되는 하향 기류 속도와 날개의 윗면과 아랫면을 통과하는 공기 흐름을 저해하는 와류에 의해 발생되는 항력은?

① 유도 항력　　② 형상 항력
③ 유해 항력　　④ 마찰 항력

24 다음 중 회전익 항공기 또는 비행장치 등 회전익에만 발생하며 블레이드가 회전할 때 공기와 마찰하면서 발생하는 항력은?

① 유도 항력　　② 유해 항력
③ 형상 항력　　④ 총 항력

해설 ▼

- 유도 항력: 헬리콥터가 양력을 발생함으로써 나타나는 유도 기류에 의한 항력
- 유해 항력: 전체 항력에서 메인로터에 작용하는 항력을 뺀 나머지 항력
- 형상 항력: 유해 항력의 일종으로 회전익항공기에서만 발생하며 블레이드가 회전할 때 공기와 마찰하면서 발생하는 마찰성 항력

25 다음 항력에 대한 설명으로 바른 것은?

① 항력의 크기는 속도의 제곱에 반비례한다.
② 항력은 항공기의 진행 방향으로 작용하는 힘이다.
③ 유해 항력은 항공기가 저속일 때 최대가 된다.
④ 유도 항력은 항공기의 속도가 증가할수록 감소한다.

26 다음 비행장치에 작용하는 양력과 중력의 방향 설명 시 틀린 것은?

① 양력과 중력의 크기가 동일하면 호버링이 된다.
② 중력이 커지면 착륙이 된다.
③ 양력이 커지면 이륙이 된다.
④ 양력이 커지면 착륙이 된다.

정답 19 ③ 20 ③ 21 ③ 22 ④ 23 ① 24 ③ 25 ④ 26 ④

27 **다음 중 회전익 비행장치의 특성이 아닌 것은?**

① 제자리, 측방 및 후방 비행이 가능하다.

② 엔진 정지 시 자동 활공이 가능하다.

③ 동적으로 불안하다.

④ 최저속도를 제한한다.

해설 ▼

제자리 비행, 측방 및 후진 비행, 수직 이착륙, 엔진 정지 시 자동 활공, 최대속도 제한, 동적 불안정 등이다.

28 **다음 중 날개의 받음각에 대한 설명으로 틀린 것은?**

① 기체의 중심선과 날개의 시위선이 이루는 각이다.

② 공기 흐름의 속도 방향과 날개 골의 시위선이 이루는 각이다.

③ 받음각이 증가하면 일정한 각까지 양력과 항력이 증가한다.

④ 비행 중 받음각은 변할 수 있다.

29 **다음 중 음속에 관한 설명으로 맞지 않는 것은?**

① 음속은 유체 속에서 물체의 속력을 의미한다.

② 음속의 단위는 마하를 사용한다.

③ 국제표준대기 기준에서의 음속은 초당 340m이다.

④ 일반적으로 음속은 바람의 영향이 크다.

해설 ▼

음속의 일반식 $a=\sqrt{\kappa RT}$에서 음속은 온도에 크게 영향을 받는다.

30 다음 중 지면 효과를 받을 때의 설명으로 잘못된 것은?

① 받음각이 증가한다.
② 항력의 크기가 증가한다.
③ 양력의 크기가 증가한다.
④ 같은 출력으로 많은 무게를 지탱할 수 있다.

해설 ▼

지면 효과란 지면에 근접하여 운용 시 로터 하강풍이 지면과의 충돌로 양력 발생이 증대되는 현상이다.

31 다음 중 양력을 발생시키는 원리를 설명할 수 있는 법칙은 무엇인가?

① 파스칼 원리
② 에너지 보존 법칙
③ 베르누이 정리
④ 작용–반작용 법칙

32 다음 중 지면 효과에 대한 설명으로 가장 옳은 것은?

① 지면 효과에 의해 회전날개 후류의 속도는 급격하게 증가되고 압력은 감소한다.
② 동일 엔진일 경우 지면 효과가 나타나는 낮은 고도에서 더 많은 무게를 지탱할 수 있다.
③ 지면 효과는 양력 감소 현상을 초래하기는 하지만 항공기의 진동을 감소시키는 등 긍정적인 면도 있다.
④ 지면 효과는 양력의 급격한 감소 현상과 같은 헬리콥터의 비행성에 항상 불리한 영향을 미친다.

33 다음 중 지면 효과를 통상 가장 많이 받을 수 있는 고도는?

① 항공기 날개폭의 절반 이하 고도
② 항공기 날개폭의 2배 고도
③ 항공기 날개폭의 4배 고도
④ 항공기 날개폭의 5배 고도

정답 27 ④ 28 ① 29 ④ 30 ③ 31 ② 32 ① 33 ①

34 **다음 중 멀티콥터나 무인회전익비행장치의 착륙 조작 시 지면에 근접할 때 힘이 증가되고 착륙 조작이 어려워지는 것은 어떤 현상 때문인가?**

① 지면 효과를 받기 때문이다.
② 전이 성향 때문이다.
③ 양력 불균형 때문이다.
④ 횡단류 효과 때문이다.

35 **다음 중 회전익비행장치의 유동력 침하가 발생될 수 있는 비행조건이 아닌 것은?**

① 높은 강하율로 오토로테이션 접근 시
② 배풍 접근 시
③ 지면 효과 밖에서 호버링을 하는 동안 일정한 고도를 유지하지 않을 때
④ 편대비행 접근 시

36 **다음 중 지면 효과에 대한 설명으로 잘못된 것은?**

① 지면 효과가 발생하면 양력을 상실해 추락한다.
② 기체의 비행으로 인해 밑으로 부는 공기가 지면에 부딪혀 공기가 압축되는 현상이다.
③ 지면 효과가 발생하면 더 적은 동력으로 양력을 발생시킬 수 있다.
④ 지면 효과가 발생하면 착륙하기 어려워지는 경우가 있다.

37 **다음 중 실속(stall)에 대한 설명으로 올바르지 않은 것은?**

① 항공기가 그 고도를 더 이상 유지할 수 없는 상태를 말한다.
② 받음각(AOA)이 실속(stall)각보다 클 때 일어나는 현상이다.
③ 날개에서 공기 흐름의 떨어짐 현상이 생겼을 때 일어난다.
④ 양력계수가 급격히 증가할 때 일어난다.

해설 ▼

실속이란 항공기가 공기의 저항에 부딪혀 양력을 상실하는 현상이다.

38 아래 설명은 어떤 원리에 대한 것인가?

> **메인로터와 테일로터의 상관관계**
> • 동축 헬리콥터의 아랫부분 로터는 시계 방향으로 회전하고 윗부분 로터는 반시계 방향으로 회전한다.
> • 종렬식 헬리콥터의 앞부분 로터는 시계 방향으로 회전하고 뒷부분 로터는 반시계 방향으로 회전한다.

① 토크 상쇄
② 전이 성향 해소
③ 횡단류 효과 억제
④ 양력 불균형 해소

39 다음 중 항공기의 조종간을 우측으로 밀면 나타나는 현상은?

① 항공기 기수는 상승하고 속도는 증가한다.
② 항공기 기수는 낮아지고 속도는 감소한다.
③ 항공기가 우측으로 수평 상태로 선회한다.
④ 항공기가 우측으로 기울며 선회한다.

40 다음 중 운동하는 방향이 바뀌거나 다른 방향으로 옮겨지는 현상으로 토크 작용과 토크 작용을 상쇄하는 꼬리날개의 추진력이 복합되어 기체가 우측으로 편류하려고 하는 현상을 무엇이라 하는가?

① 전이 성향
② 전이비행
③ 횡단류 효과
④ 지면 효과

41 다음은 베르누이 정리에 대한 설명이다. 맞는 것은?

① 유체 속도가 빠르면 정압이 낮아진다.
② 유체 속도는 정압에 비례한다.
③ 정압은 속도와 비례한다.
④ 유체 속도는 압력과 무관하다.

정답 34 ④ 35 ③ 36 ① 37 ④ 38 ① 39 ④ 40 ① 41 ①

42 **박리 현상에 의한 상황이 아닌 것은 무엇인가?**

① 양력 증가
② 유도 항력 증가
③ 기체 손상
④ 조종 능력 상실

43 **다음 중 양력에 대한 설명으로 옳은 것은?**

① 양력은 항상 중력의 반대 방향으로 작용한다.
② 속도의 제곱에 비례하고 받음각의 영향을 받는다.
③ 속도의 변화가 없으면 양력의 변화가 없다
④ 유체의 흐름 방향에 대해 수평으로 작용하는 힘이다.

44 **다음 중 헬리콥터의 상승과 하강을 위한 양력을 제어하는 조종계는?**

① 콜렉티브(collective)
② 자이로(gyro)
③ 사이클릭(cyclic)
④ 앤티토크(antitorque)

해설 ▼

콜렉티브 피치 컨트롤을 위로 잡아당기면 양력이 증가하고 아래로 내리면 양력이 줄어드는 원리로 헬리콥터를 조종하게 된다.

45 **다음 중 항공기에 작용하는 세 개의 축이 교차되는 곳은 어디인가?**

① 무게중심
② 압력중심
③ 가로축의 중간 지점
④ 세로축의 중간 지점

해설 ▼

공중에서 모든 항공기(비행체)는 힘의 균형을 이루는 균형점, 즉 무게의 중심점이 있으며 무게중심점(CG)을 통과하는 축이 형성된다.

46 다음 중 세로 안정성과 관계있는 운동은 무엇인가?

① Yawing
② Rolling
③ Pitching
④ Rolling & Yawing

47 다음 안정성에 관하여 연결한 것 중 틀린 것은?

① 가로 안정성 – rolling
② 세로 안정성 – pitching
③ 방향 안정성 – yawing
④ 방향 안정성 – rolling & yawing

48 고유의 안정성이란 무엇을 의미하는가?

① 이착륙 성능이 좋다.
② 실속이 되기 어렵다.
③ 스핀이 되지 않는다.
④ 조종이 보다 용이하다.

49 다음 중 실속에 대한 설명으로 가장 올바른 것은?

① 기체를 급속하게 감속시키는 것을 말한다.
② 땅 주위를 주행 중인 기체를 정지시키는 것을 말한다.
③ 날개가 실속 받음각을 초과하여 양력을 잃는 것을 말한다.
④ 대기속도계가 고장이 나서 속도를 알 수 없게 되는 것을 말한다.

50 다음 중 실속에 대한 설명으로 틀린 것은?

① 실속의 직접적인 원인은 과도한 받음각이다.
② 실속은 무게, 하중계수, 비행속도 또는 밀도고도에 관계없이 항상 다른 받음각에서 발생한다.
③ 임계받음각을 초과할 수 있는 경우는 고속비행, 저속비행, 깊은 선회비행 등이다.
④ 선회비행 시 원심력과 무게의 조화에 의해 부과된 하중들이 상호 균형을 이루기 위한 추가적인 양력이 필요하다.

정답 42 ① 43 ② 44 ① 45 ① 46 ③ 47 ④ 48 ④ 49 ③ 50 ②

적중 예상문제

51 **다음 중 실속에 대한 설명으로 틀린 것은?**

① 실속은 무게, 하중계수, 비행속도, 밀도고도와 관계없이 항상 같은 받음각 속에서 발생한다.
② 실속의 직접적인 원인은 과도한 취부각 때문이다.
③ 임계받음각을 초과할 수 있는 경우는 고속비행, 저속비행, 깊은 선회비행이다.
④ 날개의 윗면을 흐르는 공기 흐름이 조기에 분리되어 형성된 와류가 확산되어 더 이상 양력을 발생하지 못할 때 발생한다.

52 **다음 중 선회비행 시 발생하는 슬립과 스키드에 대한 설명으로 가장 적절한 것은?**

① 슬립은 선회 시 기수가 올라가는 현상을 의미한다.
② 슬립과 스키드는 모두 꼬리회전날개 반토크가 적절치 못해 발생한다.
③ 스키드는 선회 시 기수가 내려가는 현상을 의미한다.
④ 슬립과 스키드는 선회 시 기수가 선회 중심 방향으로 돌아가는 현상을 의미한다.

53 **항공기는 착륙할 때 착륙 거리를 짧게 하기 위해 고항력 장치를 사용한다. 다음 중 고항력 장치가 아닌 것은?**

① 플랩(flap)
② 스피드 브레이크(speed brake)
③ 스포일러(spoiler)
④ 역추진기(Thrust Reverser)

해설 ▼

고항력 장치(high-drag device): 제동장치를 도와 착륙 거리를 짧게하는 데 사용된다. 스피드 브레이크, 스포일러, 역추진기, 제동 낙하산 등이 있다.

54 **다음 중 이착륙 훈련을 위해 항공기가 착륙하여 지상 활주 도중에 다시 이륙하는 것을 무엇이라 하는가?**

① 플로팅
② 복행
③ 터칭고
④ 바운싱

55 **다음 중 항공기 기체의 구성요소를 나열한 것으로 맞는 것은?**

① 동체, 날개, 꼬리날개, 장비장치
② 동체, 날개, 엔진마운트, 장비장치
③ 동체, 날개, 착륙장치, 장비장치
④ 동체, 날개, 착륙장치, 엔진마운트

56 **총 무게가 5Kg인 비행장치가 45°로 동일 고도로 선회할 때 총 하중계수는 얼마인가?**

① 5Kg　　② 6Kg
③ 7Kg　　④ 10Kg

해설 ▼

하중계수: $n = \frac{1}{\cos\theta} = 1.41 (\because \cos 45^\circ = \frac{\sqrt{2}}{2} = 0.71)$

57 **다음 중 회전익비행장치의 유동력 침하가 발생될 수 있는 비행조건이 아닌 것은?**

① 배풍 접근 시
② 편대비행 접근 시
③ 높은 강하율로 오토로테이션 접근 시
④ 지면 효과 밖에서 호버링을 하는 동안 일정한 고도를 유지하지 않을 때

58 **헬리콥터 구조 중 스키드(skid)에 관한 설명으로 올바른 것은?**

① 발연장치　　② 착륙장치
③ 유압장치　　④ 발전장치

정답 51 ② 52 ④ 53 ① 54 ③ 55 ④ 56 ③ 57 ④ 58 ②

59 **비행장치의 무게중심은 어떻게 결정할 수 있는가?**

① CG=TA×TW(총 암과 총 무게를 곱한 값이다.)
② CG=TM÷TW(총 모멘트를 총 무게로 나눈 값이다.)
③ CG=TM÷TA(총 모멘트를 총 암으로 나눈 값이다.)
④ CG=TA÷TM(총 암을 모멘트로 나눈 값이다.)

60 **다음 중 비행 방향의 반대 방향인 공기 흐름의 속도 방향과 에어포일의 시위선이 만드는 사이 각을 말하며, 양력, 항력 및 피치 모멘트에 가장 큰 영향을 주는 것은?**

① 상반각 ② 받음각
③ 붙임각 ④ 후퇴각

해설 ▼
받음각은 비행 방향의 반대 방향인 공기 흐름의 속도 방향과 에어포일의 시위선이 만드는 사이 각을 말하며, 양력, 항력 및 피칭 모멘트에 가장 큰 영향을 주는 인자이다.

61 **다음이 설명하는 용어는?**

> 날개골의 임의 지점에 중심을 잡고 받음각의 변화를 주면 기수를 올리고 내리는 피칭모멘트가 발생하는데 이 모멘트의 값이 받음각에 관계없이 일정한 지점을 말한다.

① 압력중심(Center of Pressure)
② 공력중심(Aerodynamic Center)
③ 무게중심(Center of Gravity)
④ 평균공력시위(Mean Aerodynamic Chord)

해설 ▼
- 압력중심: 에어포일 표면에 작용하는 분포된 압력이 힘으로 한 점에 집중적으로 작용한다고 가정할 때 이 힘의 작용점, 모든 항공역학적 힘들이 집중되는 에어포일의 익현선상의 점
- 공력중심: 에어포일의 피칭 모멘트의 값이 받음각이 변하여도 변하지 않는 기준점

62 다음 중 영각(받음각)에 대한 설명으로 틀린 것은?

① 에어포일의 익현선과 합력 상대풍의 사이 각이다.

② 취부각(붙임각)의 변화 없이도 변화될 수 있다.

③ 양력과 항력의 크기를 결정하는 중요한 요소이다.

④ 영각(받음각)이 커지면 양력이 작아지고 영각이 작아지면 양력이 커진다.

해설 ▼

영각(받음각)이란 에어포일의 익현선과 합력 상대풍의 사이 각이다.

63 다음 중 항력과 속도와의 관계에 대한 설명으로 틀린 것은?

① 항력은 속도의 제곱에 반비례한다.

② 유해 항력은 거의 모든 항력을 포함하고 있어 저속 시 작고 고속 시 크다.

③ 형상 항력은 블레이드가 회전할 때 발생하는 마찰성 저항이므로 속도가 증가하면 점차 증가한다.

④ 유도 항력은 하강풍인 유도 기류에 의해 발생하므로 저속과 제자리 비행 시 가장 크며 속도가 증가할수록 감소한다.

해설 ▼

항력은 속도의 제곱에 비례한다. 즉 속도가 많아지면 항력도 커진다.

항력공식: $D=\frac{1}{2}\rho V^2 SC_D$

64 다음 중 멀티콥터나 무인회전익비행장치의 착륙 조작 시 지면에 근접할 때 힘이 증가되고 착륙 조작이 어려워지는 것은 어떤 현상 때문인가?

① 지면 효과를 받기 때문

② 전이 성향 때문

③ 양력 불균형 때문

④ 횡단류 효과 때문

정답 59 ② 60 ② 61 ② 62 ④ 63 ① 64 ①

적중 예상문제

65 **다음 중 유도 기류에 대한 설명으로 맞는 것은?**

① 취부각(붙임각)이 "0"일 때 에어포일을 지나는 기류는 상하로 흐른다.

② 취부각의 증가로 영각(받음각)이 증가하면 공기는 위로 가속하게 된다.

③ 공기가 로터 블레이드의 움직임에 의해 변화된 하강 기류를 말한다.

④ 유도 기류 속도는 취부각이 증가하면 감소한다.

해설 ▼

① 취부각(붙임각)이 "0"일 때 에어포일을 지나는 기류는 그대로 평행하게 흐른다.
② 취부각 증가로 영각(받음각)이 증가되면 공기는 아래로 가속하게 된다.
④ 유도 기류 속도는 취부각이 증가할수록 증가하게 된다.

66 **다음 중 움직이고 있는 기체가 뒤에서 밀어주는 구간의 힘의 영향으로 속도가 상승할 때의 힘은?**

① 속도 ② 가속도
③ 추진력 ④ 원심력

67 **다음 중 항공기 날개 종횡비의 비율이 커지면 나타나는 현상이 아닌 것은?**

① 유해 항력이 증가한다.

② 활공 성능이 좋아진다.

③ 유도 항력이 감소한다.

④ 실속이 증가한다.

68 **다음 중 항공기 계기에 표시된 색상을 다르게 설명한 것은?**

① 적색 – 최대운용한계

② 황색–경계범위

③ 녹색–순항범위

④ 백색–플랩 작동 속도범위

해설 ▼

백색은 속도계에서 플랩 작동에 따른 항공기의 속도범위를 나타낸다.

69 다음 중 회전익비행장치의 추락 시 대처요령으로 적당한 것은?

① 떨어지는 관성력을 이용하여 스로틀을 올려 피해를 최소화한다.
② 추락 시 에어론을 조작하여 기체 중심을 잡아준다.
③ 추락 시 엘리베이터를 조작하여 기체를 조종자 가까운 곳으로 이동시킨다.
④ 추락 시 조종이 힘들다고 생각되면 조종기 전원을 빠른 시간에 꺼준다.

70 다음 중 무인헬리콥터 선회비행 시 발생하는 슬립과 스키드에 대한 설명 중 가장 적절한 것은?

① 슬립은 헬리콥터 선회 시 기수가 올라가는 현상이다.
② 슬립과 스키드는 모두 테일로터 반토크가 적절치 못해 발생한다.
③ 스키드는 헬리콥터 선회 시 기수가 내려가는 현상이다.
④ 슬립과 스키드는 헬리콥터 선회 시 기수가 선회 중심 방향으로 돌아가는 현상이다.

71 다음 중 헬기의 피치각에 대한 설명으로 틀린 것은?

① 테일로터의 피치각은 변화시킬 수 없다.
② 메인로터의 피치각은 필요에 따라 변화시킬 수 있다.
③ 테일로터의 피치각은 변화시킬 수 있다.
④ 메인로터의 피치각은 이륙과 상승 때 다르다.

72 다음 중 베르누이 정의로 바르지 않은 것은?

① 동압은 공기의 밀도와 비례한다.
② 동압은 공기 흐름 속도의 제곱에 비례한다.
③ 동압은 부딪히는 면적에 비례한다.
④ 동압은 정압의 크기에 비례한다.

정답 65 ③ 66 ② 67 ④ 68 ④ 69 ① 70 ② 71 ① 72 ④

73 **다음 중 헬기 비행 시 엔진이 꺼졌을 때 조치사항으로 적당한 것은?**

① 사이클릭 피치를 좌우로 이동하여 방향 안전성을 확보한다.

② 횡방향 안전성 확보와 몸체의 회전 방지를 위해 테일로터의 추력을 가한다.

③ 메인로터의 피치각을 작게 해주어 양력을 최대한 끌어낸다.

④ 미션과 메인로터를 분리, 메인로터의 관성을 이용하여 충격을 최소화한다.

74 **다음의 설명에 해당하는 것은?**

- 소음의 발생을 억제한다.
- 동력용 엔진의 배기구에 결합되며 엔진의 열 발열을 감소시키는 역할도 한다.
- 비행 직후에는 많은 열을 발생시켜 주의가 필요하다.

① 메인로터 ② 테일로터

③ 연료 탱크 ④ 머플러

75 **다음 중 회전익비행장치가 호버링 상태로부터 전진비행으로 바뀌는 과도적인 상태는?**

① 횡단류 효과 ② 전이비행

③ 자동 회전 ④ 지면 효과

76 **다음 중 벡터 및 스칼라와 관련이 없는 요소는?**

① 힘 ② 소리

③ 밀도 ④ 속도

해설 ▼

벡터량: 크기와 방향을 동시에 나타내는 물리량, 변위, 힘, 속도, 가속도 등
스칼라량: 크기만을 나타내는 물리량, 길이, 질량, 시간, 밀도, 온도, 면적 등

77 다음 중 받음각이 변하더라도 모멘트의 계수값이 변하지 않는 점을 무엇이라 하는가?

① 무게중심 ② 압력중심
③ 공력중심 ④ 중력중심

78 다음 중 베르누이 정리의 조건끼리 묶은 것은?

① 비압축성, 비유동성, 무점성
② 압축성, 유동성, 유점성
③ 비압축성, 유동성, 무점성
④ 압축성, 비유동성, 유점성

79 다음 중 역편요(adverse yaw)에 대한 설명으로 틀린 것은?

① 항공기가 선회 시 보조익을 조작하면 선회 방향과 반대 방향으로 요(yaw)하는 것을 말한다.
② 항공기가 보조익을 조작하지 않더라도 어떤 원인에 의해서 롤링 운동을 시작하며 올라간 날개의 방향으로 요(yaw)하는 특성을 말한다.
③ 항공기가 선회하는 경우 옆 미끄럼이 생기면 옆 미끄럼한 방향으로 롤링하는 것을 말한다.
④ 항공기가 오른쪽으로 경사하여 선회하는 경우 항공기의 기수가 왼쪽으로 요(yaw)하려는 운동을 말한다.

80 다음 중 헬기 추락 시 조치해야 할 내용으로 옳은 것은?

① 컬렉티브 피치를 올려 추락 속도를 늦춘 다음 피해를 최소화한다.
② 사이클릭 피치를 좌우로 움직여 방향 안전성을 확보한다.
③ 테일로터의 추력을 올려 횡방향의 안전성을 확보한다.
④ 메인로터의 피치각을 작게 하여 양력을 최대한 크게 한다.

정답 73 ④ 74 ④ 75 ② 76 ② 77 ③ 78 ① 79 ③ 80 ①

무인비행장치 운용

Chapter 1 무인항공기[1)]

1 무인항공기 개요

무인항공기(UAV; Unmanned Aerial Vehicle)란 조종사가 비행체에 직접 탑승하지 않고 지상에서 무선으로 원격 조종(remote piloted)하거나 사전에 입력된 프로그램에 따라 자율 조종 비행이 가능한 모든 비행체와 지상통제장비(GCS; Ground Control Station/System) 및 통신장비(Data link), 지원장비(Support Equipments) 등의 전체 시스템을 통칭한다. 활용 분야에 따라 다양한 장비(광학, 적외선, 레이더 센서 등)를 탑재하여 감시, 정찰, 정밀공격무기의 유도, 통신 · 정보 중계, 유인(decoy) 등의 임무를 수행하며 폭약을 장전시켜 정밀무기 자체로도 개발되어 실용화되고 있다.

2 무인항공기의 정의

무인항공기(UAV)란 조종사가 탑승하지 않고 원격 조종하거나 사전에 입력된 프로그램에 따라 탑재된 센서 및 컴퓨터를 이용하여 지정된 경로를 따라 스스로 비행하면서 임무를 수행하는 항공기를 말한다. 'Unmanned Aerial Vehicles'란 "사람의 통제 없이 비행하는 항공기"라는 뜻이다.

기준이 다르지만 최근의 정의는 다음과 같다. 대표적으로 미 국방부 장관실(OSD; Office of the Secretary of Defense)이 발간한 UAV 로드맵에서는 무인항공기를 다음과 같이 정의하고 있다. "조종사를 태우지 않고, 공기역학적 힘에 의해 부양하여 자율적으로 또는 원격 조종으로 비행을 하며, 무기 또는 일반 화물을 실을 수 있는 일회용 또는 재사용할 수 있는 동력 비행체를 말한다. 탄도비행체, 준탄도비행체, 순항미사일, 포, 발사체 등은 무인항공기로 간주되지 않는다." 이 정의에 따르면 무인기구, 무인비행선, 미사일 등은 무인항공기 범주에 포함되지 않는다. 미국 연방항공국(FAA; Federal Aviation Administration)에서는 무인항공기를 "원격 조종 또는 자율 조종으로 시계 밖 비행이 가능한 민간용 비행기로서 스포츠 또는 취미 목적으로 운용되지 않으며, 또한 승객이나 승무원을 운송하지 않는다"라고 정의하고 있다. 이 정의에 따르면 취미로 날리는 무선조종 모형항공기(model aircraft)는 무인항공기에 포함되지 않으며, 아직은 없지만 미래 구상 차원에서 거론되는 사람을 실어 나르는 무인운송용 항공기도 무인항공기에 포함되지 않는다.

3 무인항공기의 용어

(1) 무인항공기 시스템(UAS; Unmanned Aircraft System, UAV System)

조종사가 비행체에 직접 탑승하지 않고 지상에서 원격 조종, 사전 입력된 프로그램 경로에 따라 자동 또는 반자동 형식으로 자율 비행하거나 인공 지능을 탑재하여 자체 환경 판단에 따라 임무를 수행하는 비행체, 지상통제장비 및 통신장비, 지원장비 등의 전체 시스템을 통칭한다.

(2) 드론(Drone)(1970년대 이전)

초기에 이륙 또는 발사시킨 후 사전 입력된 프로그램에 따라 정찰지역까지 비행한 후 복귀된 비행체에서 촬영된 필름 등을 회수하는 방식의 사람이 타지 않는 소형 비행체를 말한다. 최근에 무인항공기를 통칭하는 용어로 미국에서 다시 사용하고 있다. 한국에서는 멀티콥터를 주로 지칭하는 용어로 잘못 사용하고 있다.

(3) RPV(Remote Piloted Vehicle)(1980년대)

지상에서 무선통신으로 원격 조종 비행되는 무인비행체를 지칭한다.

(4) UAV(Unmanned/Uninhabited/Unhumanized Aerial Vehicle)(1990년대)

내외부 조종사, 탑재장비 운용관이 동시 편성되어 실시간 비행체 및 임무지역 상황을 지상통제소에서 원격 모니터링하며 운용하는 무인항공기 시스템이다.

(5) UAS(Unmanned Aircraft System)(2000년대)

무인항공기가 일정하게 한정된 공역에서의 비행뿐만 아니라 민간 공역에 진입하게 됨에 따라 운송수단(vehicle)이 아닌 항공기(aircraft)로서의 안전성과 신뢰성을 확보해야 하는 항공기임을 강조하는 용어이다.

(6) RPAV(Remote Piloted Air/Aerial Vehicle)

2011년 이후 유럽을 중심으로 새로 쓰이기 시작한 용어이다.

(7) RPAS(Remote Piloted Aircraft System)

국제민간항공기구(ICAO; International Civil Aviation Organization)에서 공식용어로 채택하여 사용하고 있는 용어이다. 비행체만을 칭할 때는 RPA(Remote Piloted Aircraft/Aerial vehicle)라고 하고 통제시스템을 지칭할 때는 RPS(Remote Piloting Station)라고 한다.

(8) Robot Aircraft

지상의 로봇 시스템과 같은 개념으로 비행하는 로봇의 의미로 사용되는 용어이다.

4 무인항공기의 역사

무인항공기는 조종사가 탑승하여 수행하기에는 위험하거나 부적합한 3D(Dull, Dirty, Dangerous) 임무 수행에 적합하다. 예를 들어 사람이 지속적으로 임무를 수행할 수 있는 한계를 넘어서는 장시간 동안 위험 지역 상공을 정찰하거나 적진을 공격하는 작전이 해당하는데, 무인기의 역사는 바로 이 같은 임무를 대신하는 항공기의 개발로 시작되었다.

무인항공기의 초창기에는 유도 제어장치 및 원격 임무 수행에 필요한 고성능 통신장비가 없었기 때문에 무선으로 조종되어 대공포 사격 연습을 위한 표적기나 폭탄을 싣고 공중에서 공격하는 비행폭탄으로 개발되었는데, 오늘날에도 여전히 무인항공기가 이와 같은 목적으로 사용된다.

(1) 무인항공기의 전신

원시적인 무인항공기는 전투와 정찰용으로 사용되었다. 최초의 형태는 1849년 오스트리아에서 발명된 열기구에 폭탄을 달아 떨어트리는 방식이었는데 베니스와의 전투에서 실제로 사용하였다. 미국에서도 이와 비슷한 기구가 있었는데, 남북전쟁 후 1863년에 미국 뉴욕 출신의 찰스 파레이(Charles Perley)가 무인폭격기 특허를 등록한 Perley's Aerial Bomber라는 열기구이다. 이 열기누는 폭탄바구니를 실어 타이머에 맞추어 폭탄을 떨어트리도록 만들어졌다. 이후 1883년에 더글라스 아치볼드(Dougls Archibald)가 Eddy's Surveillance Kite를 개발하여 최초의 항공사진을 찍는 데 성공하였다.

Perley's Aerial Bomber
출처 www.google.co.kr

(2) 1910년대

제1차 세계대전 당시 미국에서 최초의 무인항공기가 나는 데 성공하였다. 무인항공기는 정찰뿐만 아니라 전투용으로서의 가능성도 보였기에 미국을 필두로 여러 나라에서 무인항공기의 필요성을 인식하고 연구를 시작하였다.

버그 출처 www.google.co.kr

1918년에 미국의 로렌스 스페리(Lawrence Sperry)가 자이로스코프를 기반으로 하는 스스로 안정된 비행이 가능한 무인항공기 스페리 에어리얼 토페도(Sperry Aerial Torpedo)를 개발한 데 이어, 같은 해 미국 GM사의 찰스 케터링(Charles Kettering)이 폭격용 무인항공기 버그(Bug)를 개발하였다. 버그는 폭탄을 싣고 입력된 항로를 따라 자동 비행한 뒤 목표 지역에 도달하면 엔진이 꺼지고 낙하하여 목표물을 파괴하는 방식의 무인기였다. 성공률이 낮아서 실전에는 사용되지 못하였다.

(3) 1920년대

제1차 세계대전이 끝난 후 전 세계적으로 무인항공기의 개발이 크게 감소하였다. 스페리 메신저(Sperry Messenger)는 육군의 메시지를 전달하는 오토바이 서비스를 더 빠른 방식으로 대체하기 위해 1920년에 맥쿡(McCook)에서 설계한 것이다. 1922년에 스페리 메신저는 메신저를 이용하는 비행기가 후킹(hooking)의 유연성을 테스트하기 위해 비행하였고 이는 진정한 최초의 원격 조종 비행기였다. 하지만 제1차 세계대전이 끝난 뒤 평화로운 시기였기에 관심을 받지 못하고 사라졌다.

스페리 메신저 출처 www.google.co.kr

(4) 1930년대

제2차 세계대전을 거치면서 무인항공기는 중요한 전투무기로 발돋움하게 된다. 영국에서는 최초의 왕복 재사용 무인항공기 퀸 비(Queen Bee)를 개발하여 400기 이상을 양산하였다. 퀸 비는 오늘날 드론(Drone)이라는 용어로 널리 불리는 무인표적기의 원조라고 할 수 있다. 공항에서의 이륙을 위해 바퀴를 달았고, 바다에서도 사용하기 위해 플로트를 장착하였다.

한편 미국에서도 무인표적기 개발에 착수하였는데 1930년대 유명한 영화배우이자 무선조종모형기 취미광이었던 레지날드 데니(Reginald Denny)가 무선조종모형기를 표적기로 사용한 대공포 사격의 훈련 유용성을 미 육군에 설득하여, 1939년부터 제2차 세계대전이 끝날 때까지 라디오플레인(Radioplanes)이라는 무인표적기 15,000여 대가 생산되었다.

퀸 비 출처 www.google.co.kr

(5) 1940년대

독일에서 V-1이 개발되었다. 제2차 세계대전 초기에 아돌프 히틀러(Adolf Hitler)는 냉각 상태로 비행폭탄을 조달하였는데, V-1 무인항공기는 부저음 신호를 발생시키는 추력의 펄스제트가 탑재된 것이다. V-1은 한 번에 2,000파운드의 탄두를 운반할 수 있으며 폭탄을 투하하기 전에 150마일을 비행하도록 미리 입력되었다. V-1은 1944년에 영국에 처음 투입되었는데 영국 도시에서 900여 명의 시민을 죽게 하고 35,000명가량의 시민에게 부상을 입혔다.

한편 미국에서는 V-1에 대응하기 위해 PB4Y-1과 BQ-7 무인항공기를 개발하였다. 미 해군 특수항공기(Special Attack Unit-1)는 TV 가이드 시스템을 이용하여 원격으로 비행하면서 폭발물 25,000파운드를 옮기기 위해 PB4Y-1과 BQ-7으로 변환되었다. 이 무인항공기는 2,000ft 상공을 나는 비행기에 탑승하면서 독일군의 V-1의 경로를 설정하는 2명의 승무원을 태우고 이륙하였다. 승무원들은 위험에도 불구하고 착륙해 있는 V-1이 회수되기 전에 V-1을 제압하는 데 성공하였다.

V-1

PB4Y-1

(6) 1950~1960년대

이전까지는 전투용으로 사용되던 무인항공기가 베트남 전쟁을 거치면서 적진 감시 목적으로 이용되었다.

미국은 파이어비(Firebee)라는 제트 엔진을 장착하고 음속에 가까운 속도로 비행이 가능한 제트 추진 무인기를 개발하여 베트남 전쟁에서 적진 감시 목적으로 운용하였다. 파이어비는 개량을 거치면서 공기 흡입구가 기체 하단에 배치되고 뾰족한 기수, 테이퍼 없는 후퇴익을 갖는 형태로 변하면서 BQM-34A로 명명되었다. 가격이 싸고 신뢰성이 높아 표적기나 기만기, 정찰기로도 사용되고 있다. 이후 파이어비를 장시간 체공에 적합하도록 개조한 라이트닝 버그(Lightning Bug)가 개발되었는데, 기동성을 위주로 설계된 원래 날개의 가로세로비를 늘여 비행 효율을 향상시킴으로써 체공 시간을 늘리고 카메라 및 통신장비를 달아 정찰 능력을 구현하였다. 이 정찰기는 제트 엔진의 소음이나 비행 효율 특성을 고려하여 오늘날 널리 쓰이는 프로펠러 추진방식의 저고도 정찰기와는 달리 높은 고도에서 고속으로 비행하면서 은밀하게 정찰을 수행하는 방식으로 운용되었다.

1960년대 미 공군은 최초의 스텔스 항공기 프로그램을 시작하고, 정찰임무용을 전투용 무인항공기로 변경하겠다고 약속하였다. 엔지니어는 엔진의 공기흡입구에 특별히 제작된 스크린을 씌우고, 기체 측면에 레이더를 흡수하는 담요를 위치시키고, 새로 개발한 레이더 도료로 항공기 기체를 가림으로써 레이더 신호를 줄였다. 그 결과 AQM-34 라이언 파이어비(Ryan Firebee)라는 무인항공기를 개발하였다. 이 무인항공기는 DC-130에서 공중에 투입되었으며 DC-130에서 조종하였다. 작전 후에는 안전한 지역으로 인도되어 헬리콥터로 다시 실어왔다. AQM-34 라이언 파이어비는 신뢰성이 높았는데 베트남 전쟁 중에 날려 보낸 항공기 중 83%가 다시 돌아오는 데 성공하였다.

파이어비 출처 www.google.co.kr

(7) 1970년대

파이어비가 베트남에서 성공을 거두자 다른 나라에서도 무인항공기 개발을 시작하였다.

이스라엘은 세계 최초로 데코이(Decoy)와 무인항공기를 개발하여 사용하였다. 이스라엘 공군의 파이어비 1241은 미국의 AQM-34 라이언 파이어비 기술에 감명을 받아 1970년에 비밀리에 미국으로부터 파이어비 12대를 구입하여 기만정찰기로 발전시킨 것이다. 1973년 제4차 중동 전쟁에서 중요한 역할을 하였다.

미국은 1970년 RC-121 유인항공기가 격추당한 사건으로 적의 미사일 반경에서 벗어나 높은 고도에서 임무를 수행할 수 있는 무인항공기 라이언 SPA 147을 개발하는 데 착수하였다. 60,000ft 상공에서 적의 라디오 메시지를 가로채는 임무와 사진을 찍는 임무를 수행하도록 만들어졌으며, 카메라를 달고 8시간 동안 높은 고도에서 비행하는 데 성공하였다.

(8) 1980년대

1970~1980년대에는 무인항공기에 대한 연구가 활발히 이루어져 중요한 기술들이 개발되었다. 1980년대 이스라엘 공군은 새로운 무인항공기 개발을 개척하였는데 1980년대 후반에 이르러 미국을 비롯한 각국에서 이스라엘제 무인항공기를 도입할 정도로 성공하였다. 1978년에 스카우트(Scout)라는 무인항공기를 개발해 1982년 실전에 투입하는 데 성공하였다. 스카우트는 피스톤 엔진이 탑재되고 유리 섬유로 만들어진 13ft의 날개가 달렸다. 작은 레이더 신호를 발산하는 데다 크기가 작아서 거의 격추

가 불가능하였으며, 중앙텔레비전 카메라를 통해 실시간 360도 모니터링 데이터를 전송할 수 있었다. 실제로 1982년에 이스라엘, 레바논, 시리아 사이에 일어난 베카계곡 전투에 투입되어 17개의 시리아 미사일 기지 중 15개를 파괴하는 것을 도움으로써 큰 성과를 거두었다.

1980년대 말에는 파이오니아(Pioneer)라는 저렴하고 가벼운 무인항공기가 만들어졌다. 파이오니아는 로켓 부스터 엔진을 탑재하여 땅이나 배의 갑판에서도 이륙이 가능하였다. 걸프 전쟁에서 많은 임무를 수행하였고, 모니터링 작업에 특히 효과적임이 입증되어 현재에도 이스라엘과 미국 등지에서 사용되고 있다.

스카우트 출처 www.google.co.kr

파이오니아

(9) 1990년대

1990년대의 무인항공기는 미국과 유럽에서부터 아시아와 중동 전역에서 군용 첨단무기 발전에 중요한 역할을 하였고, 지구 환경을 감시함으로써 평화에 기여하였다.

이스라엘에서는 정찰용 무인항공기 파이어버드(Firebird) 2001을 개발하였다. 파이어버드 2001은 GPS(Global Positioning System) 기술, 지리정보시스템 매핑(Geographic information systems mapping) 및 전방 감시 카메라를 이용해 산불의 크기와 속도, 주변 움직임을 실시간으로 정확하게 전송할 수 있다.

미국도 무인항공기 개발에 활발하게 참가하여 5대의 새로운 모델을 개발하였다. 먼저 패스파인더(Pathfinder)는 환경 조사를 위해 개발된 태양 전지식의 초경량 연구항공기이다. 작은 센서를 이용해 바람이나 날씨 데이터를 수집하고 고해상도의 디지털 이미지를 찍어서 전송할 수가 있다.

다음으로 다크스타(Darkstar)는 45,000ft 상공에서 날면서, 특히 스텔스 기능이 기대된 무인항공기이다. 미국 방위고등연구계획국(DARPA; Defence Advanced Research Projects Agency)의 주도로 무인 정찰 임무를 수행하기 위해 만들어졌으나 최근 재정적인 문제로 개발이 취소되었다.

MQ-1 프레데터(Predator)는 중고도 정찰용으로 개발되었으나 일부는 대전차 미사일을 탑재하여 성공적으로 임무 수행을 하고 있다.

MQ-4 글로벌 호크(Global Hawk)는 텔레다인 라이언(Teledyne Ryan)사가 만든 무인항공기로서 감시하고 싶은 곳은 언제든지 감시가 가능하다. 116ft의 날개를 가졌으며 최대 65,000ft 상공에서 모니터링과 데이터 전송이 가능하다.

마지막으로 헬리오스(Helios)는 대기 연구작업과 통신플랫폼 역할을 하는 무인항공기이다. 100,000ft 상공을 비행하는 것과 24시간 비행 중 14시간 이상 50,000ft 위에서 비행하는 것을 목표로 개발하고 있다.

파이어버드 2001 출처 www.google.co.kr

프레데터

⑽ 2000년대

군사용 무인항공기는 첨단기술로 발전하였고, 군사 목적 이외에도 촬영, 배송, 통신, 환경 등 여러 분야로 급속히 확장해 나가고 있다.

미군이 2000년부터 본격적으로 사용하고 있는 글로벌 호크(Global Hawk)는 현존하는 최고 성능의 무인정찰기이다. 최대 20km 상공까지 비행할 수 있고 지상에 있는 30cm의 물체를 식별할 수 있는 전략무기이다. 35시간 동안 운용이 가능하고, 작전 반경이 3,000km에 이르며, 첨단 합성영상 레이더(SAR; Synthetic Aperture Radar)와 전자광학 · 적외선 감시 장비(EO/IR; electrooptic-infrared) 등으로 날씨에 관계없이 밤낮으로 정보를 수집할 수 있는 것으로도 알려져 있다. 또 지상의 조종사 명령에 따라 비상시 임무 부여가 가능할 뿐만 아니라 임무가 설정되면 이륙, 임무 비행, 착륙 등이 자동으로 이루어진다.

영국에서는 2013년에 타라니스(Taranis)라는 자국 최초의 무인항공기가 개발되었다. 2005년부터 개발에 착수하여 2013년에 첫 비행을 마쳤다. 비밀리에 연구, 개발이 이루어졌기 때문에 구체적인 내용은 알 수 없으나 비행 속도는 초음속이며 스텔스 기능을 갖추었다.

글로벌 호크

타라니스 출처 www.google.co.kr

지금까지 고정익 항공기 위주의 무인항공기를 소개하였는데, 좁은 공간에서 수직으로 이착륙하며 제자리 체공이 요구되는 임무를 위해 회전익 기반의 무인항공기도 개발되었다. 헬리콥터는 기본적으로 고정익 항공기보다 더 불안정하고 수직비행, 호버링, 전진비행 등의 다양한 비행 모드가 있어서 보다 정밀한 항법 및 제어기술이 요구되어 고정익 무인항공기에 비해 개발이 어려워 아직까지 실전 배치된 무인헬리콥터는 거의 없는 실정이다. 한 가지 예외로 1960년대에 개발된 미국의 QH-50 대시(DASH)가 있는데, 동축 반전형 헬리콥터로 두 개의 어뢰로 무장하여 대잠수함 임무를 수행하였다. 이후 한동안 무인헬리콥터는 개발되지 않다가 최근 노스럽 그러먼사에서 MQ-8 파이어스카우트(Firescout)를 개발하였다. 슈바이처(Schweizer)사의 330모델을 기반으로 하였으며 정찰 및 공격 임무의 수행이 가능하다.

QH-50 대시 출처 www.google.co.kr

MQ-8 파이어스카우트

무인항공기는 처음에는 표적기나 단순한 비행폭탄으로서 개발되었으나 주로 정찰기로 사용되는데, 최근에는 MQ-9 리퍼(Reaper)와 같이 공격 능력이 부여된 무인전투기로서의 역할이 다시 대두되고 있다. 무인전투기는 초기 무인항공기나 순항미사일과는 달리 그 자체가 공격 수단이 아니라 탑재된 무장을 사용하여 공격을 수행한다는 차이가 있어 기존 무인기보다 더 복잡한 임무 수행 및 자율 비행 기술이 요구된다. 미국에서 F-22 이후의 차세대 전투기는 무인전투기로 제작할 것을 검토하고 있는 등 무인전투기 기술은 미래 전력의 핵심으로 인식되어 우리나라를 포함하여 프랑스, 영국, 독일 등에서도 활발히 개발 중이다.

많은 군사전문가가 무인체계를 미래 전력의 핵으로의 부상을 예상한다. 이제 무인항공기 연구개발은 군사과학기술의 경연장이 되었다. 세계 각국은 앞다투어 무인체계 분야에서 스텔스, 무장, 전략 · 전술 감시, 수직 이착륙, 초음속 등 다양한 기술을 선보이고 있다.

군사용 목적으로 연구되기 시작된 무인기는 최근 들어 민간산업으로 적용이 점차 확대되고 있다. 정찰, 전투 등 군사적 용도뿐만이 아니라 주로 감시용, 재난구조용, 연구개발용, 촬영용, 수사용, 물류용, 통신용 등으로도 이용되고 있다. 민간에 적용되는 무인항공기는 현재 공중에서 지상을 관찰하여 정보를 수집하고, 사람이 접근하지 못하는 곳에 접근하여 과학적인 데이터를 수집하고 있다. 촬영 분야에서도 활발히 사용되고 있으며, 범죄수사에 사용되어 범인을 검거하는 데 도움이 되고 있다. 또한 물류사업에서 소형 드론이 작은 택배를 신속하게 배달하는 데 사용되고 있으며, 통신 신호를 매개해주는 데에도 이용되고 있다.

5 무인항공기의 분류

무인항공기의 비행 원리는 기본적으로 유인항공기와 동일하다. 따라서 유인항공기 구분의 기준이 되는 고정익, 회전익 등의 분류는 여전히 유효하다. 그러나 무인항공기는 사람이 타고 있지 않으므로 보다 다양한 형태와 크기로 설계가 가능하여 특이한 형태의 무인기가 다수 존재한다. 즉, 무인항공기는 다양한 측면에서 분류가 가능하다. 비행체의 기본 형태에 따른 분류, 군사적 용도에 따른 분류, 비행 반경에 따른 분류, 비행 고도에 따른 분류, 크기에 따른 분류, 운용 목적 · 임무 수행 방식에 따른 분류 등이 있다.

(1) 비행체 기본 형태에 따른 분류

① 고정익 무인항공기

고정익기는 비교적 저가의 센서로 안정화가 가능하고 GPS를 이용하여 위치를 측정함으로써 경로점 비행이 간단히 구현되는 특징이 있다. 추력발생장치와 양력발생장치가 분리되어 전진 방향으로 가속을 얻으면 고정된 날개에서 양력을 발생하여 비행을 하게 되는데 그 구조가 단순하고, 고속 · 고효율 비행이 가능하다.

중대형 정찰기는 양항비가 높은, 가로세로비가 큰 날개를 사용하며 터보프롭(turboprop)이나 터보팬(turbo fan) 엔진을 장착하는 것이 일반적이다. 이에 반해 무인전투기의 경우 기동성과 스텔스 성능을 고려하여 가로세로비가 작으며, 특히 미익이 없는 형태로 설계된다.

최근 크게 발전한 소형 모터 및 리튬폴리머 배터리 기술로 인해 1m 내외의 소형 무인기의 경우 전동인 것이 많다. 이 같은 무인기는 손으로 던지거나 고무줄을 이용하여 이륙이 가능하며 비행 시 소음이 작아 소규모 부대가 휴대하면서 필요할 때 직접 정찰 정보를 획득하는 방식으로 흔히 운용된다.

고정익 무인기는 좁은 공간에서 이착륙을 하거나 제자리 체공이 요구되는 임무에는 적용이 곤란하여 회전익 무인기가 대신 사용되지만 최근에는 고정익과 회전익의 장점을 결합한 틸트로터(tilt-rotor) 방식의 무인기도 개발되고 있다.

② 회전익 무인항공기

회전익기는 비행 효율, 속도, 항속 거리 등에 있어서 고정익보다 불리하나 수직 이착륙 및 정점 체공이 요구될 경우 가장 적절한 항공기 형태이다. 회전익 항공기는 고정익기에 비해 기본적으로 불안정하고, 정지 비행을 자동으로 하려면 기체의 속도 및 위치를 정확히 측정해야 하므로 고정익기보다 고가, 정밀한 항법 센서가 요구된다. 또한 헬리콥터의 경우 로터 및 동력 전달 구조가 복잡하여 기체의 정비 면에서도 복잡하며 비용이 많이 들어 고정익보다는 매우 제한적으로 개발 · 배치되고 있는 실정이다.

회전익 무인기에는 여러 개의 로터를 대칭으로 배치한 멀티로터(multi-rotor) 방식의 무인기가 있다. 이 중 4개의 로터로 구성된 쿼드로터(quadrotor)가 가장 널리 사용되는데, 이와 같은 방식은 헬리콥터가 발명되기 훨씬 전인 1920년대에 이미 성공적으로 비행한 바 있다.

쿼드로터는 각 로터의 추력을 제어하여 롤(roll), 피치(pitch) 방향의 자세를 제어하고 로터에서 발생하는 토크의 양을 조절하여 요(yaw)를 제어하는 방식으로 비행하는데, 고정피치 프로펠러에 로터의 회전수를 제어함으로써 추력 제어가 가능하므로 구조가 간단하고 무게를 줄일 수 있어 효율이 좋아질 수 있다. 쿼드로터 방식 무인기는 같은 크기의 헬리콥터에 비해 4개의 프로펠러를 구동하므로 추력이 작아 페이로드가 작고 프로펠러의 속도 제어를 통해 추력을 제어할 경우 응답성이 떨어지는 단점이 있어 헬리콥터에 비해 널리 쓰이지 않았으나 최근에는 가격이 저렴하고 제어가 용이하여 연구용 실내 무인기로 널리 사용되고 있다.

③ 특수 형태 무인항공기

무인항공기의 특성상 미래에는 다양한 크기와 특이한 형상의 기체를 기반으로 한 무인항공기의 개발이 예상되는데, 초소형 무인기와 날갯짓 비행체 등이 있다.

우선 초소형 무인기는 정의에 다소 차이가 있으나 30cm 미만의 날개를 갖는 무인항공기를 지칭한다.

최근에는 아직 실용성은 거의 없으나 몇 cm나 그 이하의 연구용 초소형 무인항공기도 연구되고 있다. 항공기가 작아질수록 휴대가 간편하고 은닉성도 좋아지지만 해결해야 할 문제점도 많다. 기체가 작아질수록 기체의 공기역학적 특성이 대형 항공기와는 많이 달라지고, 날개 및 프로펠러의 효율이 감소하며 탑재할 수 있는 연료나 전원의 양도 감소하여 비행 시간이 많아야 몇 십분 정도로 감소하게 된다. 또한 작아진 기체에 탑재 가능한 초소형 센서, 컴퓨터, 통신 및 임무장비도 같이 개발하여야 한다. 현재 연구 중인 많은 초소형 비행체는 자동 비행 능력은 전혀 없이 무선 조종이나 외부에서 에너지를 공급받아 비행이 가능한 수준인 경우도 많다.

다음으로 항공기 개발의 초기에는 충분한 공기역학적 이해 없이 새처럼 날개를 퍼덕거림으로서 비행하려는 시도들이 많았는데, 오늘날에는 날갯짓에 숨겨진 공기역학적 현상의 규명에 많은 연구가 진행되고 있다. 지금까지 알려진 바로는 날개가 작고 속도가 느린 경우에는 고정된 날개 주변에 흐르는 정상 유동에 의해 양력을 발생시키는 것보다 날갯짓을 하면서 생기는 와류를 이용하면 더 많은 양력을 얻을 수 있다고 한다. 이와 같이 자연계의 동물이나 식물의 형상이나 움직임을 흉내 내어 이를 공학적으로 구현하는 연구 분야를 생체 모방(biomimetics)이라고 한다. 지금까지 개발된 날갯짓 무인기는 고정익 항공기에 비해 효율이나 속도 등 모든 면에서 열세지만 멀리서 볼 경우 실제 새와 유사하게 보여 정찰기로서 사용될 경우 은닉성에 있어 상당히 우수한 점이 있다. 앞으로 실제 새와 같이 날개를 접고 나무위에 앉아 장시간 감시활동을 수행할 수 있는 날갯짓 무인기가 개발되면 근접 정찰에 새로운 장을 열게 될 것이다.

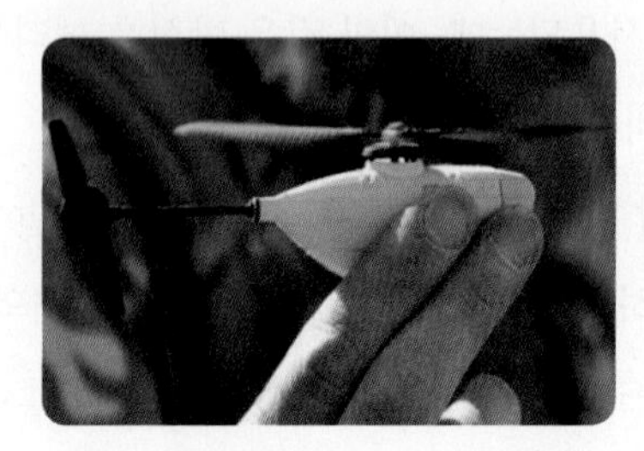
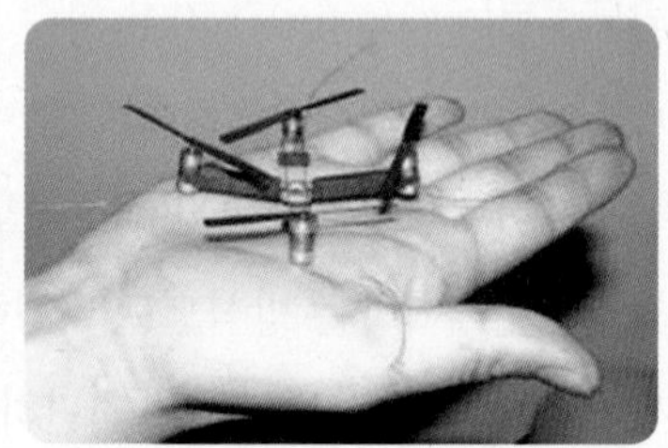
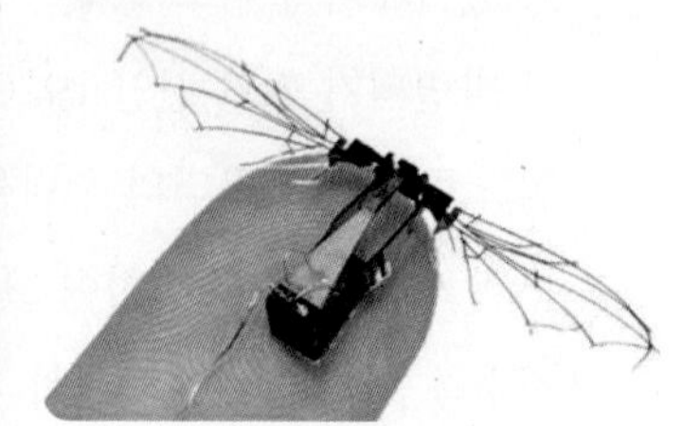

초소형 무인기 출처 www.google.co.kr

(2) 군사적 용도에 따른 분류

① **전술 무인항공기:** 전술적 목적으로 사용하는 무인항공기로서 순항 거리 기준으로는 근거리 이하, 고도 기준으로는 중고도 이하의 무인항공기가 이에 해당한다.

② **전략 무인항공기:** 전략적 목적으로 사용하는 무인항공기로서 고(高)고도 장기 체공 능력이 요구된다.

③ **특수임무 무인항공기:** 무인전투기, 공격용 무인항공기, 교란용 무인항공기 등이 있다.

(3) 비행 반경에 따른 분류

① 근거리 무인항공기(CR; Close Range): 약 50km 이내에서 활동할 수 있으며 사단급 이하 부대를 지원하는 전술 무인항공기이다.

② 단거리 무인항공기(SR; Short Range): 약 200km 이내에서 활동할 수 있으며 군단급 이하 부대를 지원하는 무인항공기이다.

③ 중거리 무인항공기(MR; Medium Range): 약 650km 이내에서 활동할 수 있는 무인항공기이다.

④ 장거리 체공형(LR; Long Range): 약 3,000km 내외에서 활동할 수 있으며 정략 정보 지원 임무를 수행한다.

(4) 비행 고도에 따른 분류

① 저고도 무인항공기(Low Altitude UAV): 6,200m(20,000ft) 이하의 무인항공기로서 저고도 비행을 하며 전자광학 카메라, 적외선 감지기 등을 탑재한다.

② 중고도 체공형 무인항공기(MALE; Medium Altitude Long Endurance): 13,950m(45,000ft) 이하의 무인항공기로서 대류권 비행을 하며 전자 광학 카메라, 레이더 합성 카메라 등을 탑재한다.

③ 고고도 체공형 무인항공기(HALE; High Altitude Long Endurance): 13,950m(45,000ft) 이상의 무인항공기로서 성층권을 비행하며 레이더 합성 카메라 등을 탑재한다.

(5) 크기에 따른 분류

① 초소형 무인기(MAV; Micro-Air Vehicle): 크기는 15cm 이내이며 1명이 손으로 던져서 운용한다.

② 미니급 무인기 (Mini-UAV): 1~2명이 휴대하면서 운용한다.

③ 중소형 무인기(OAV; Organic Aerial Vehicle): 차량 1대에 장비 및 운용자가 탑재되어 이동하면서 운용한다.

④ 소형 무인기: SR급 이상의 무인기이다.

⑤ 중형 무인기: MALE급 이상의 무인기이다.

⑥ 대형 무인기: HALE급 이상의 무인기이다.

(6) 운용 목적 · 임무 수행 방식에 따른 분류

① 정찰용: 전장에 대한 감시 및 정찰을 주 임무로 하며 정밀광학 관측 장비를 탑재하여 정보 수집을 하며, 공격 표적 확인, 표적의 위치 정보 제공 및 폭격 피해 평가 등의 임무를 수행한다. 최근 개발된 정

찰용은 대부분 EO/IR과 MTI(Moving Target Indication) 기능을 보유한 SAR 센서를 동시 탑재하고 있으며, 센서 기술의 발전에 따라 3D SAR, LADER(Laser Radar)와 같은 3차원 화상 센서와 은폐, 위장된 표적의 탐지가 가능한 FOPEN(Foliage Penetration) 레이더 등을 탑재한다. 고고도용은 글로벌 호크(Global Hawk), 다크스타(Darkstar), 매리너(Mariner), 헬리오스(Helios) 등이 있으며, 중고도용은 프레데터(Predator), 헤르메스(Hermes), 이글(Eagle) 등이 있고, 저고도용은 헌터(Hunter), 피닉스(Phoenix), 서쳐(Searcher) 등이 있다. 수직이착륙용으로는 파이어스카우트(Firescout), 이글 아이(Eagle Eye), 캠콥터(Camcopter) 등이 있다.

고고도용

글로벌 호크

다크스타

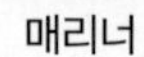
매리너

헬리오스

중고도용

프레데터

헤르메스

이글

저고도용

헌터

피닉스

서쳐

수직이착륙용

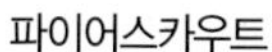

파이어스카우트 | 이글 아이 | 캠콥터

출처 www.google.co.kr

② **공격용**: 현재에도 적의 레이더 방공망 파괴에 많이 쓰이는 형태의 무인공격기이다. 공격용 무인기는 지상에서 발사되는 소모성 무기체계(1회용)로 적의 방공망 체계(레이더, 대공포), 지휘소, 탱크 및 군수 시설을 무력화시키는 역할을 수행한다. 일정한 상공에서 비행을 하다가 적의 레이더가 작동하면 레이더 신호를 따라 가서 레이더 안테나를 파괴한다. 하피(Harpy), 라크(Lark), 타이푼(Taifun) 등이 있다.

하피 | 라크 | 타이푼

출처 www.google.co.kr

③ **전투용**: 현재의 유인전투기를 대신할 미래용으로 개발될 전투용 무인항공기이다. 대공 제압 및 종심 표적 공격 임무를 수행하고, 장기적으로 무인기 및 센서 기술이 더욱 발전할 시에 공대공 임무까지 수행할 것으로 전망된다. 현재 개발 중이며 공격용 무장 및 전자전 장비를 장착할 예정이다. 프레데터(Predator), X-45C, X-47B, 뉴런(Neuron) 등이 있다.

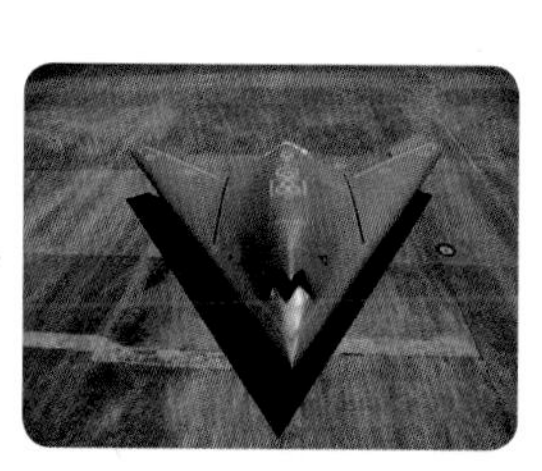

프레데터 | X-45C | X-47B | 뉴런

출처 www.google.co.kr

④ **표적용**: 유인전투기나 미사일의 훈련을 위해 표적 역할을 수행한다. 평시 대공포, 지대공, 함대공 및 공대공 유도탄 사격 훈련과 무기체계 개발을 위한 시험평가 등에서 표적용으로 활용한다. MQM-107D, BQM-34D, MA-31 등이 있다.

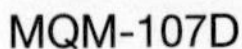

MQM-107D

BQM-34D

MA-31

출처 www.google.co.kr

⑤ **기만용**: 대공 감시 및 방어망 혼란용으로서 일종의 순항유도 미사일 형태로 기체에 탑재된 레이더파를 이용한 유인전투기와 유사한 허상이 탐지되도록 하여 적의 방공망을 교란한다. 삼손(Samson), ITALD, MALD 등이 있다.

삼손

ITALD

MALD

출처 www.google.co.kr

6 각국의 무인항공기 운용 및 개발 동향

(1) 미국

많은 전쟁을 치러본 경험에 비추어 미국은 일찍부터 무인항공기의 군사적 실용성에 주목하였다. 현재 120여 종 약 11,000여 기의 무인한공기(UAV)를 운영하고 있는 것으로 파악되는데 단일 국가로는 운영 종류 및 수량 면에서 압도적이다.

미국은 다양한 종류의 무인항공기 중 MQ 모델과 RQ 모델의 기종을 전략적으로 개발하고 있다. 이들은 주로 감시 정찰, 전자전, 해상 감시, 대잠수함 임무를 주로 담당하고 있다. 최근에는 무인전투기(UCAV; Unmanned Combat Aerial Vehicle) 개발이 가장 주목 받고 있다. UCAV 연구개발은 1990년대

후반 고고도급 무인항공기 개발 완료 이후 중점 연구개발 대상으로 자리하였다. 최초에는 보잉(Boeing), 록히드 마틴, 노스럽 그러먼 등의 기업이 미 해군과 미 공군을 중심으로 참여하였다가 2007년 이후부터는 미 해군 중심으로 재편되어 노스럽 그러먼사에서 기술시범(ACTD) 형태로 사업이 진행 중이다.

(2) 이스라엘

방위산업을 국가의 전략 육성 산업으로 인식하고 있는 이스라엘의 경우 비용 대비 효과가 우수한 무인기 개발에 총력을 기울이고 있다. 세계 무대를 전장으로 인식하고 있는 미국을 다소 특수한 사례로 볼 수 있는 반면, 이스라엘과 같은 중소 규모의 국가는 비교적 한정된 지역을 대상으로 한 전술 감시 및 유사시 소규모 공격이 가능한 체계개발에 주력하였다. 따라서 소형의 국소표적공격용 체계 및 운영개념이 집중적으로 개발되어 있다. 즉, 고고도급(HALE; High Altitude Long Endurance)보다는 중고도(MALE; Medium Altitude Long Endurance) 이하급에서의 체계개발 관련 기술이 두드러진다. MALE급 이하의 다종화 · 최적화를 통하여 전술 감시 능력을 극대화하였고, 보다 저렴한 가격으로도 구매국의 임무요구능력(ROC)을 충족함으로써 미 · 영 · 독 · 프 등 자체 보유기술 수준이 우수한 국가는 물론, 한국을 비롯하여 이스라엘 적국이 아닌 러시아, 중국 등 대부분의 국가에서도 활용 중이다.

최초 개발단계부터 수출을 염두에 두고 체계개발에 착수하기 때문에 이스라엘의 무인항공기는 그 운영개념에 있어서도 경제성이 핵심이다. 전 세계적으로 그 실용성과 경제성이 입증된 스카우트(Scout), 파이오니아(Pioneer), 헌터(Hunter), 서쳐(Searcher), 하피(Harpy), 헤르메스(Hermes), 스카이락(Skylark), 스카이라이트(Skylite) 등의 무인기는 이스라엘의 기술을 기반으로 제작, 운영되고 있다. 같은 성능을 발휘하면서도 체계 규모와 비용을 개선해감으로써 전 세계 시장에서 그 가치를 인정받고 있다.

(3) 유럽

유럽 각국은 저마다의 전략으로 무인항공기 체계를 연구개발 중이다. 먼저, 스웨덴은 비겐(Viggen), 그리펜(Gripen) 전투기 등으로 유명한 회사 사브(SAAB)에서 기술연구용 축소시험기로 샤크(SHARC)와 필러(FILUR)를 제작하여 2004년 8월 자동제어 비행에 성공하였다. 이 중 샤크는 비스텔스기로 개발 중이고, 필러는 스텔스기를 목표로 개발 중이다. 스텔스 성능 여부에 따라 꼬리날개와 동체 공기흡입구 설계 등을 달리하였지만, 같은 기종의 엔진을 탑재하고, 자율 항법 및 비행 능력을 동일한 수준으로 개발하는 것을 목표로 하는 이른바, 모듈화 전략을 적용한 것이다.

프랑스는 자국 안보 목적 외에도 정치적 · 경제적 특수성을 고려한 UAV 연구개발 사업을 진행 중에 있다. 프랑스를 중심으로 이탈리아, 그리스, 스위스, 스페인, 스웨덴 등 6개국이 공동으로 참가하는 뉴런(NEURON) 연구개발 사업을 추진 중에 있다. 다수의 유럽 국가나 업체들이 컨소시엄을 구성하여 참가하는 방식이 아닌 단일 국가의 정부기관(프랑스)에서 책임지고 산업체와 프로그램 컨트롤을 리드하도록 되어 있다. 2014년까지 프랑스에서의 개발 시험을 거쳐 스웨덴에서 운영시험을 실시하고 이탈리아에서 스텔스와 실사격 시험 등을 수행할 것으로 계획되어 있다. 실전 배치는 2030년쯤에 가능할 것으로 기대된다.

독일과 스페인은 공동으로 베라쿠다(Barracuda)를 개발하고 있다. 각국 소속 업체인 EADS(유럽항공방위우주산업) 합작으로 추진 중이며 제한적 수준의 스텔스 성능을 구현하고, 재밍(jamming)이 불가능하도록 설계한 것이 특징이다.

영국은 B-2 폭격기와 유사한 축소시험기로 레이븐(Raven)을 제작하였으며, 2015~2020년 사이 UCAV 실용화를 예상하고 있다. 한편 BAE 시스템스의 타라니스(Taranis)는 현재까지 알려진 가장 큰 무인항공기로 정밀유도폭탄 탑재 능력을 보유하고 대륙 간 횡단 비행도 가능하게 제작할 것으로 전해진다.

(4) 중국

중국의 무인항공기 산업을 살펴보면 무인항공기를 둘러싼 주요국들의 움직임이 일목요연하게 정리된다. 먼저, 중국판 프레데터(Predator)로 알려진 이룽(Yilong)은 2013년 파리 에어쇼를 통하여 세상에 모습을 드러내었다. 당시 BA-7 공대공 미사일, YZ-212 레이저 유도폭탄, YZ-102 대인폭탄, 50kg 소형 유도폭탄과 함께 전시되어 무인공격기로서의 성능도 함께 과시하였다. 또한 중국판 글로벌 호크인 샤룽(Xialong)은 고도 57,000ft에 달하고, 항속 거리가 약 7,500km까지 가능한 것으로 알려져 있다. 2013년 1월 시험 비행에 성공하여 운항 속도 750km로 최장 10시간 동안 비행이 가능하며, 한국과 일본은 물론 미국령 괌까지 정찰할 수 있는 능력을 보유한 것으로 파악되고 있다.

주목해야 할 기종은 X-47B라 일컫는 리젠(Lijian)이다. 리젠은 2012년 12월 최종 조립하였고, 2013년 5월 육상 활주 시험 이후 이제 본격적인 시험 비행이 임박한 것으로 보인다. 성공 시 미국과 프랑스에 이어 세계에서 세 번째로 스텔스 기능을 가진 자체 제작 무인공격기를 확보한 나라가 될 수도 있다.

이룽 샤룽 리젠

출처 www.google.co.kr

또한 약 20t의 화물을 적재하고 4,660마일을 비행하는 무인수송기도 개발 중이다. 복합재로 제작된 2개의 동체가 연결된 형상으로 엔진 8개를 장착하고 날개폭은 137ft며 두 동체 사이에 화물 모듈을 탑재한다. 우주선의 공중발사, 화재진압, 비상구조 등에 사용되며, 군사적으로는 정보수집, 전자전뿐만 아니라 적재량을 이용해 전투기, 수송기, 폭격기 등의 공중급유에도 사용된다.

(5) 한국

우리나라는 현재 세계 7위권의 무인기 기술 경쟁력을 가진 것으로 평가되고 있다. 국내의 무인항공기로는 1990년대 국방과학연구소에서 개발에 착수해 2004년부터 군에서 운용하고 있는 정찰용 '송골매'와 틸트로터 방식의 스마트 무인기, 그리고 대한항공의 근접감시용 무인항공기 등이 있다.

송골매는 군단급 무인정찰기로 1991년도 국방과학연구소, 성우엔지니어링, 대우중공업 항공사업부 등이 공동개발에 착수하여 2000년도에 개발이 완료되었다. 포병부대의 정보 수집을 주 임무로 하는 이 기종의 특징은 원거리 실시간 표적 영상 정보를 주야간으로 획득이 가능하며, 발사대 이륙 및 자동 착륙이 가능하다는 것이다.

스마트 무인기(TR-100)는 한국항공우주연구원과 유콘시스템 등이 참가하여 2002년부터 10년에 걸쳐 개발에 성공하였다. 수직 이착륙과 고속 비행이 가능한 틸트로터형 항공기 개념으로 500km/h의 고속 자율 비행이 가능하며, 충돌 방지 시스템이 탑재되어 있다. 한국항공우주연구원은 TR-100 기반의 실용화 모델 TR-60을 개발 중이며, 이외에도 태양에너지만으로 비행이 가능한 고고도 장기 체공 태양광 무인기를 개발하고 있다. 지상 12km 이상의 성층권에서 실시간으로 정밀 지상 관측, 통신 중계 등 저궤도 인공위성을 보완하는 다양한 임무를 수행할 수 있다.

마지막으로 대한항공 무인항공기는 2004년 개발에 착수하여 2007년 공개 비행에 성공하였다. 이 기종은 주한미군의 미 보병 2사단이 사용하는 RQ-7 섀도우를 국산화한 것이다. 반경 40km 이상을 2.5시간 동안 실시간으로 감시 · 정찰할 수 있으며 줌카메라가 장착되어 있어 임무지역 영상을 지상통제소에서 실시간으로 관찰 및 저장이 가능하다.

송골매

출처 국방과학연구소

스마트 무인항공기

출처 한국항공우주연구원

근접감시용 RQ-7

Chapter 2

무인멀티콥터

1 무인멀티콥터 개요

멀티콥터란 헬리콥터 가운데서도 복수의 프로펠러를 갖는 헬리콥터형 비행체를 말한다. 넓은 의미로 무인항공기(UAV)에 포함되는 무인멀티콥터는 여러 개의 프로펠러로 하늘을 나는 비행체로서 벌이 윙윙거리는 소리를 따 만들어진 이름인 드론(Drone)으로도 통용되고 있다.

무인항공기는 조종사가 비행체에 직접 탑승하지 않고 지상에서 원격 조종(remote piloted)하거나 사전 프로그램된 경로에 따라 자동 또는 반자동 형식으로 자율 비행하는 비행체를 말한다. 무인항공기는 초기에는 정찰, 공격, 기만 등의 군사적 목적으로 개발되었으며 주로 고정익 형태로 활용되었다. 모바일 기술의 진화 덕분에 센서나 GPS의 소형 범용화가 가능해졌고, 이들이 멀티콥터에 탑재됨으로써 어려웠던 RC 헬리콥터 조종기술에서 해방되었을 뿐만 아니라 실내 및 좁은 공간에서도 안정적인 수직 이착륙이 가능하고, 스마트폰으로 모니터링하면서 비행하는 FPV(First Person View)가 가능해지면서 일반인들의 선풍적인 관심을 끌면서 대중화되고 있다.2) 최근 셀프 카메라 촬영 및 교육용을 비롯하여 재난, 수색, 측량, 산불감시, 농약살포, 항공촬영, 택배 등 제반 공공 및 산업 분야에 다양하게 활용되고 있는 등 점점 쓰임이 확산되고 있다.

2 무인멀티콥터의 기본 구조 및 형상

무인멀티콥터의 형상과 종류는 매우 다양하지만 기본적인 구조와 비행 및 작동 원리는 헬리콥터와 유사하며, 프로펠러의 피치가 고정되어 있어 헬리콥터에 비해 간단한 구조로 되어 있다. 무인멀티콥터는 크게 비행체, 무선조종기, 탑재임무장비로 구성되어 있고, 비행체의 주요 구성품은 기체(frame), 동력원(배터리, 엔진), 제어장치 및 센스류 등이다. 최근의 무인멀티콥터는 센터 프레임 내부에 센스류를 내장할 수 있도록 되어 있다.

(1) 비행체

매트리스(Matrice) 600 [3]

(2) 무선조종기

(3) 탑재임무장비(Payload)

카메라, EO/IR, LIDAR(laser radar), SAR(Synthetic Aperture Radar), 로봇팔, 농약살포기 등이 있다.

3 무인멀티콥터의 주요 구성품

(1) 기체

무인멀티콥터는 기체 중심부를 기준으로 프로펠러가 균등하게 부착된 원형 형태로 설계되어 있으며, 4개의 프로펠러를 지닌 표준적인 쿼드콥터(quadcopter)와 6개의 프로펠러를 지닌 헥사콥터(hexacopter), 8개의 프로펠러를 지닌 옥토콥터(octocopter) 등이 있다. 한 가지 변형된 것이 있다면 프로펠러 중 전면에 1개가 있느냐, 전면에 2개가 있느냐이다. 기체가 중심부를 기준으로 반드시 동일한 길이의 팔을 갖추어야 할 이유는 없다. 배터리와 탑재물들의 중량이 무겁기 때문에 모터에 걸리는 부하가 명확하게 균형을 잡게 해야 한다. 하지만 기체가 균형을 잡아주는 것은 구조역학이 아니라 소프트웨어이며, 균형을 잡을 방법은 다양하다. 특히 컨트롤 소프트웨어는 프로펠러를 서로 어느 위치에 두어야 기체를 작동하게 만드는지 파악하고 있다. 이는 대칭이 덜 이루어진 기체에도 적용된다. 전형적인 X 형태는 가장 일반적이며, 기체만으로는 전방이 어느 쪽인지 알 수 없는 이 형태는 디자인을 복잡하지 않게 해주고 균형도 쉽게 잡도록 도와준다. 기체의 형태는 다음 그림처럼 다양하다.

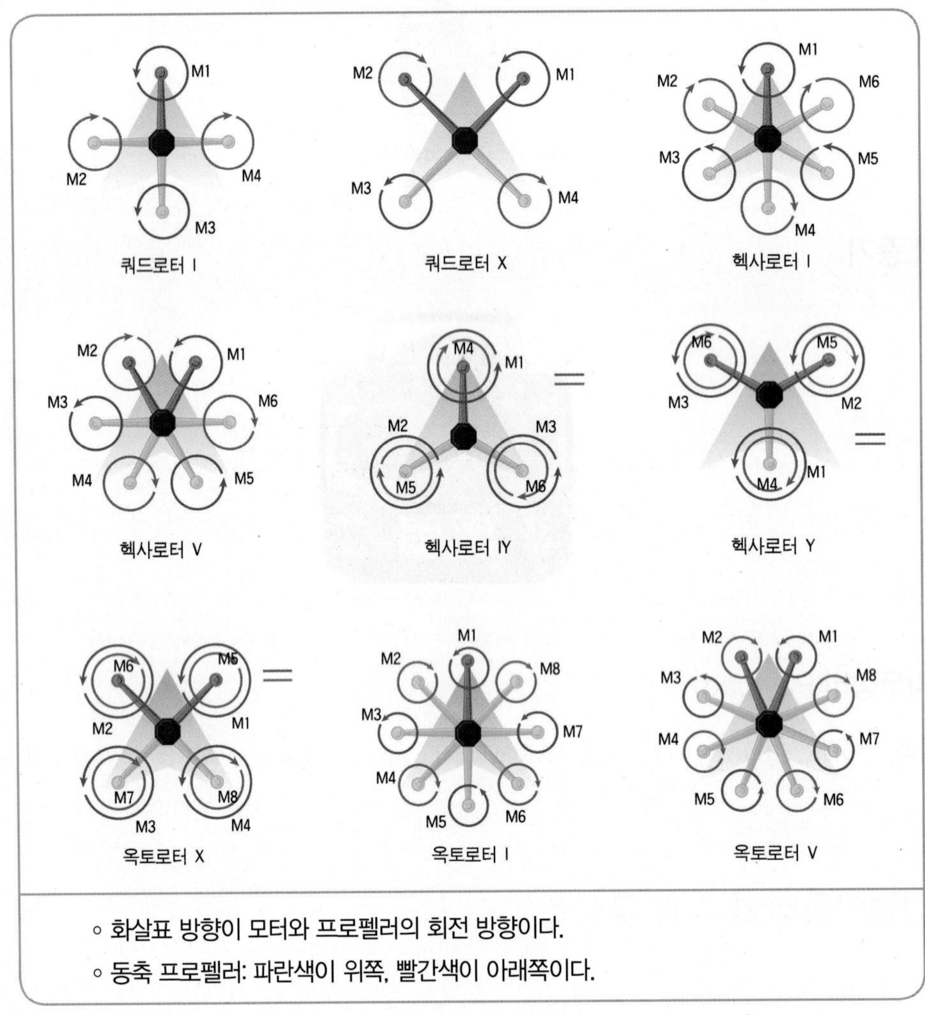

무인멀티콥터의 유형[4)]

(2) 프로펠러

프로펠러는 모터의 회전을 기반으로 빠르게 이동하는 공기가 유선형으로 된 블레이드를 지나면서 공기의 압력 차로 인하여 양력이나 추력을 만들어내며, 회전수 조절을 통하여 이동 방향과 속도를 조절한다. 프로펠러는 탄소섬유 등 다양한 재질로 제작되지만 성능에 가장 큰 영향을 주는 것은 크기와 피치이

다. 크기는 통상 인치 단위로 표시한다. 예를 들어 10×6 프로펠러에서 10은 프로펠러의 길이를 의미하며, 6은 유효피치 길이, 즉 프로펠러가 1바퀴 회전하는 동안 기체가 전진하는 거리를 의미한다. 프로펠러의 길이가 같을 경우 피치가 낮은 프로펠러는 피치가 높은 프로펠러보다 더 빨리 회전해야 한다. 그러나 피치가 커질수록 진동도 심해지므로 피치를 무조건 최고치로 높이는 것이 좋은 것만은 아니다.

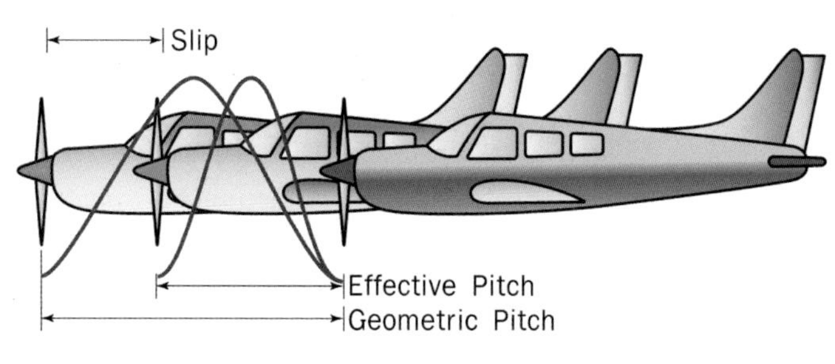

유효피치 출처 www.google.co.kr

(3) 모터

모터는 무인멀티콥터에서 가장 중요한 부품 중 하나이다. 무인멀티콥터는 경량화의 관점에서 전기모터를 사용하는데 브러시리스 모터 타입을 채용하고 있다.

브러시 모터(brush motor)는 자석을 고정시켜 전기가 흐르는 코일을 회전시키는 구조이다. 전기만 흘려주면 회전하기 시작하는 간편함과 단순한 구조로 다양한 분야에서 활용되고 있다. 그러나 브러시와 정류자가 기계적으로 접촉해서 마모가 일어나기 때문에 그 부분이 열화되어 전기가 흐르지 못하게 되거나 브러시나 정류자가 깎여나가는 문제가 있으며 회전이 빨라질수록 힘이 줄어드는 단점이 있다.

브러시리스 모터(brushless motor)는 전기가 흐르는 코일을 고정시키고 자석이 있는 회전자를 회전시키는 구조이다. 코일에 흐르는 전기를 제어하기만 하면 회전하고 기계적 접촉 부분을 적게 할 수도 있다. 이 모터는 정확성이 뛰어날 뿐만 아니라 효율성도 높지만, 지정된 온도 한도 내에서 작동하며 한도를 넘어가면 효율이 저하되는 단점이 있다.

모터의 용량은 KV로 표시되며, KV는 1V당 회전수(RPM)를 의미한다. 22.2V와 16,000mAh인 배터리를 사용하는 모터가 100KV이라고 하면, 이 모터의 분당 회전수는 2,220RPM이 된다.

무인멀티콥터의 추진력은 모터의 수만큼 분산된다. 만약 어떤 쿼드콥터가 4N의 추진력을 얻으려면 1N의 추진력이 있는 모터 4개를 장착하면 된다.

브러시리스 모터

(4) 변속기(ESC)

모터로 가는 전류값을 조절하는 장치로서 모터의 회전수를 조절한다. 변속기는 모터와 제어장치 사이에 접속되는데 최근의 무인멀티콥터 중에는 모터와 변속기가 일체화된 타입도 시판되고 있다. 변속기는 브러시리스 모터의 코일을 제어하는 것은 물론 배터리에서 보내오는 전류를 제어신호에 따라 그 흐름을 제한하는 역할도 한다.

변속기에서 가장 중요한 부분은 처리할 수 있는 전력의 수준이다. 모터가 30A라면 이에 딸린 변속기는 최소한 그와 동일한 수준의 부하를 처리할 수 있어야 한다. 따라서 30A 추진력에 대한 변속기는 33A 정도가 좋다.

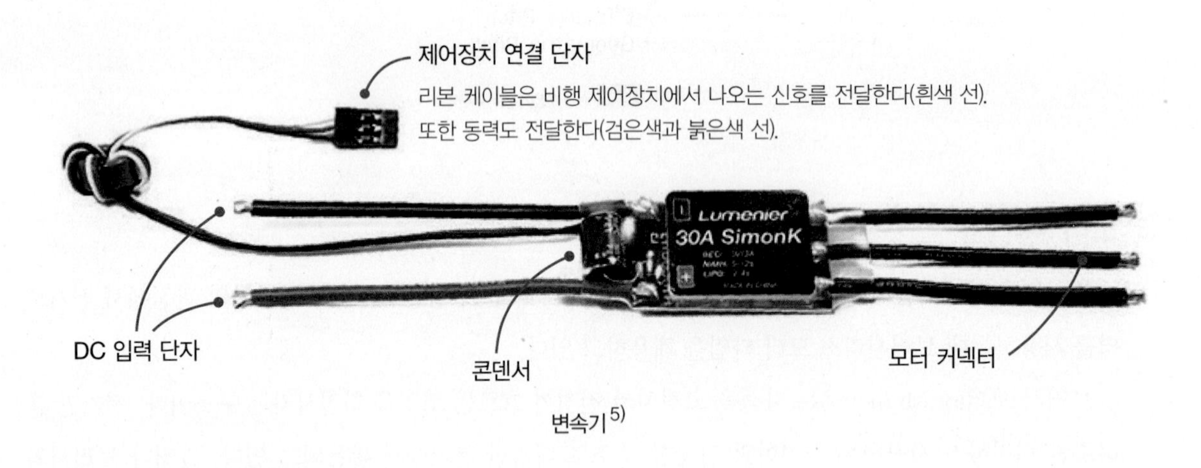

변속기 5)

(5) 플라이트 컨트롤러(FC)

플라이트 컨트롤러(Flight Controller)는 시스템의 두뇌와 같은 역할을 수행하며 필요한 정보를 제공해 주는 수많은 센서(자이로스코프, 가속도계, 기압계, 자력계 등)가 부착되어 있는 컴퓨터 시스템이다. 센서 칩의 존재로 인해 기체 내 플라이트 컨트롤러의 위치는 중요하다. 보통 기체의 무게중심의 중앙에 위치하여 정면을 바라보도록 설계되어 있다. 센서를 제외하면 가장 중요한 요소는 무선조종기에서 송출되는 신호이다. 이를 위해 플라이트 컨트롤러에는 수신기가 설치되어 있다. 수신기는 채널별로 1개씩의 전선으로 구성되어 최소한 5개의 전선이 조종기와 연결되어 있다. 플라이트 컨트롤러의 또 다른 유용한 기능은 원격 측정 데이터(고도, 방향, 배터리 전압 등을 실시간으로 센서를 통해 제공되는 정보)의 제공이다. 이 같은 정보는 전용 계기판으로 전송될 수 있고, 조종기의 비디오 화면으로도 송출이 가능하다.

APM2(좌)와 픽스호크(Pixhawk)(우) 출처 www.google.co.kr

(6) 제어장치

무인멀티콥터의 제어장치로는 IMU(관성측정장치), PMU(전력조절장치), GPS, LED 등이 있다.

① **IMU**(Inertia Measurement Unit): 3방향의 가속도계, 3방향의 자이로스코프, 기압계로 구성되어 있다. IMU는 기체의 기울임, 움직임을 감지하여 균형을 잡아준다.

② **PMU**(Power Management Unit): 기체에 전압을 일정한 값으로 흐르게 해주는 장치이다.

③ **GPS**(Global Positioning System): 지구 궤도를 돌고 있는 인공위성과 통신하며 현재 위치를 정확하게 파악할 수 있는 장치이다. GPS를 기체에 설치할 때는 기체와 수평이 되게 하고, GPS의 화살표 방향이 기체의 전진 방향에 가도록 해야 한다.

매트리스 200 GPS 안테나[6)]

④ **LED**: LED 지시등은 비행 상태에 따라 불빛을 다르게 하여 조종자에게 기체 상태를 표시해준다. 통상적으로 기체 상태가 GPS 모드이면 녹색, ATTI 모드이면 주황색, 기타 매뉴얼 모드 또는 배터리 전압이 저전압에 도달하면 붉은색을 보여준다. LED에는 지시등 외에도 블루투스, USB포트가 합쳐져 있다. 마이크로 USB포트는 컴퓨터와 연결하여 편리하게 세팅할 수 있다.

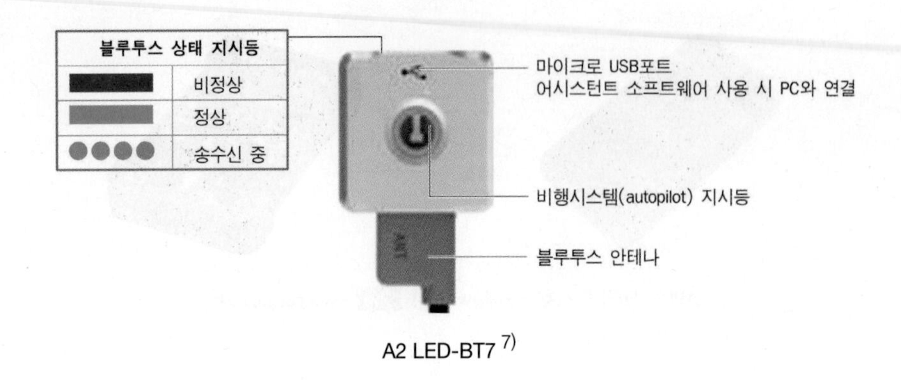

A2 LED-BT7 7)

(7) 무선조종기

무선조종기는 무인멀티콥터를 무선으로 원격 조종할 수 있는 장치이다. 조종기의 각 부위의 명칭은 다음 그림과 같다. 조종기를 선택할 때 가장 먼저 살펴봐야 할 부분은 채널의 수이다. 각 채널은 각각의 비행 요소에 직접적인 영향을 줄 수 있다. 기본적인 조종에는 수직, 회전, 전진 및 후진, 좌직진 및 우직진 비행을 위해 최소한 4개의 채널이 필요하다. 그리고 비행 모드(GPS, ATTI, Manual) 선택을 위해 1개의 채널이 추가로 필요하다. 기타는 사용 목적에 맞게 플랩(flap), 약재 분사 노즐, 분사량 조절 등 필요에 따라 더 많은 채널이 필요할 수 있다. 조종기를 선택할 때는 조종 방법도 선택해야 한다. 즉, 모드(Mode) 1로 할 것인가, 모드(Mode) 2로 할 것인가이다.

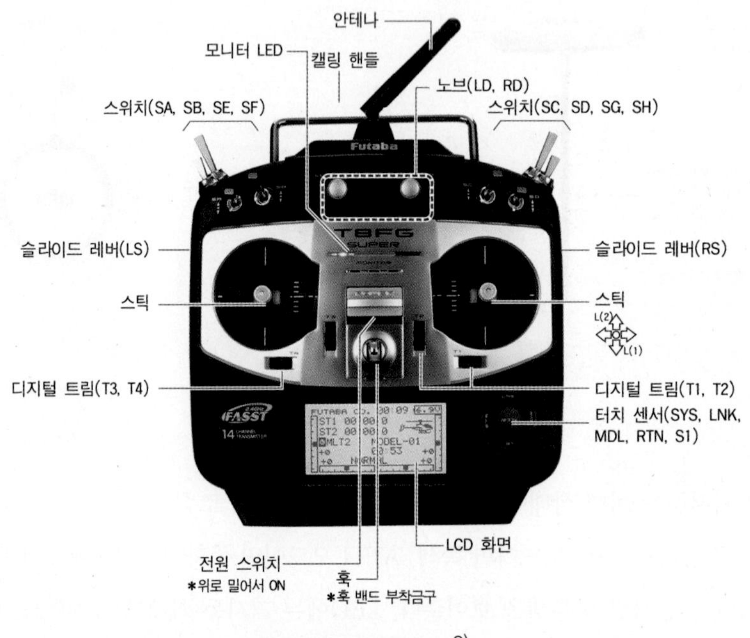

후타바 8FG 무선조종기 8)

(8) 배터리(Li-Po)

리튬폴리머(Li-Po) 배터리는 소형에 경량이면서도 전력은 대단히 강력한 것이 특징이나 부주의한 사용 및 부적절한 보관 관리 중 화재나 폭발이 발생할 수도 있기 때문에 매우 위험한 물건이기도 하다.

리튬폴리머 배터리는 1개 이상의 셀로 구성된다. 1개로 구성되어 있으면 1S, 2개로 구성되면 2S, 3개로 구성되면 3S로 표시한다. 무인멀티콥터에 사용되는 배터리는 통상 6S 배터리이며, 배터리 각각의 셀의 정상적인 전압은 3.7V이다. 그러므로 6S 배터리는 22.2V의 전력이 생성된다. 최대 충전 전압은 4.2V이며, 4.25V 이상 과충전되면 배터리는 손상되므로 충전 시 주의해야 한다. 2.8V 미만은 과방전 상태이다. 리튬폴리머 배터리는 특성상 과방전이 되면 다시는 충전되지 않으므로 배터리 사용 및 보관 중에 과충전, 과방전되지 않도록 해야 한다.

배터리의 용량은 밀리 암페어 아워(mAh) 단위를 사용한다. 방전율은 배터리에서 전류가 방출되는 속도로 보통 C라고 표시한다. 1C는 1시간에 방전하는 배터리 용량을 의미한다. 예를 들어 배터리가 1,000mAh일 때, 1C는 1,000mA로 방전할 경우 1시간을 유지할 수 있다. 배터리가 같은 용량일 때, 방전율이 높으면 높을수록 유지 시간은 짧아진다. 배터리가 22,000mAh, 25C 제품이라면, 22×25=550이므로 순간 전류가 550A 정도 흘러도 버텨줄 수 있으며 유지 시간은 1시간의 1/25인 2.4분 정도가 된다.

Li-Po 배터리 출처 www.daum.net

셀이 1개 이상인 배터리는 개별 셀들이 균등하게 충전될 수 있도록 전압 상태를 모니터링하는 충전기를 사용해서 충전해야 한다. 배터리 전원 단자 옆에 흰색 셀밸런서가 달려 있는데, 이 셀밸런서가 충전 시 각 셀당 고른 전압이 충전되도록 자동으로 분배하여 준다.

4 무인멀티콥터의 캘리브레이션

비행체를 처음 설치할 때, GPS 모듈을 재설정할 경우, 부품의 설치 · 제거 등 기계적인 변화가 있을 경우, 기체가 똑바로 비행하지 못할 경우, 고도 에러가 있을 경우 등에 캘리브레이션(Calibration)을 수행한다. 무인멀티콥터 기체 주변에 강한 자성을 띠는 물질이 있을 경우 디지털 나침반이 지자기를 읽는 데에 영향을 미치게 되어 플라이트 컨트롤러(FC)의 정확도를 떨어뜨리거나 잘못된 방향을 읽게 된다. 따라서 캘리브레이션을 수행할 때에는 강한 자기적 성질이 있는 곳(자석, 주차 차량 등)을 피해야 하며 휴대폰, 열쇠 등을 휴대해서는 안 된다. 기체가 반드시 수평, 수직일 필요는 없으나 수평과 수직의 각도 차가 최소 45° 이상 되게 하여야 한다.

캘리브레이션은 다음 절차에 따라 수행한다.

(1) 절차 1

기체를 수평으로 유지하고 수직축을 중심으로 아래 그림과 같이 360° 회전한다. 기체 표시등이 녹색으로 바뀐다.

(2) 절차 2

기체를 앞으로 수직으로 세운 상태로 수직축을 중심으로 360° 회전한다. 녹색 등이 꺼질 때까지 자세를 유지한다. 만약 표시등이 적색으로 깜박거리면 캘리브레이션을 다시 한번 실시한다.

(3) 절차 3

캘리브레이션 완료 후에 기체 표시등이 적색과 황색으로 깜박거리면 기체를 다른 장소로 옮겨서 캘리브레이션을 재시도한다.

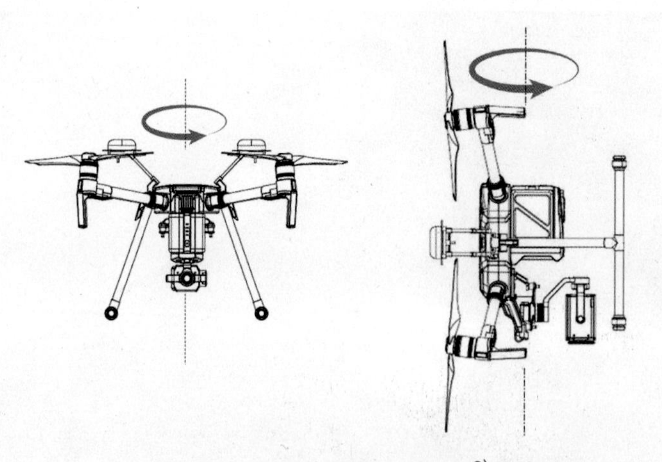

매트리스 200 캘리브레이션 수행 절차[9)]

5 무인멀티콥터의 조종 방법

일반적인 헬리콥터는 로터가 회전하면 기체는 그 반작용으로 로터가 회전하는 반대 방향으로 돌려고 하는 힘이 발생하는데 이를 토크라고 한다. 헬리콥터는 테일로터로 이 토크를 상쇄함으로써 기체 방향을 유지한다. 무인멀티콥터는 모든 프로펠러를 회전시켜 양력을 얻고 이웃한 프로펠러를 역방향으로 회전시켜 토크를 상쇄시킨다. 그리고 각 프로펠러의 회전수를 조정해서 양력 차이로 전후좌우로 이동시킨다. 무인멀티콥터를 조종하는 방법은 무선조종기에 달려 있는 2개의 조종스틱으로 이루어진다. 가장 많이 사용되는 조종 모드로는 모드 1과 보드 2가 있다.

(1) 모드 1(Mode 1)

① 오른쪽 스틱의 상하 방향은 스로틀(throttle)로서 상승, 하강을 조종하고 좌우 방향은 에어론(aileron)으로서 좌직진, 우직진을 조종한다.

② 왼쪽 스틱의 상하 방향은 엘리베이터(elevator)로서 전진, 후진을 조종하고 좌우 방향은 러더(ruder)로서 좌회전, 우회전을 조종한다.

(2) 모드 2(Mode 2)

① 오른쪽 스틱의 상하 방향은 엘리베이터(elevator)로서 전진, 후진을 조종하고 좌우 방향은 에어론(aileron)으로서 좌직진, 우직진을 조종한다.

② 왼쪽 스틱의 상하 방향은 스로틀(throttle)로서 상승, 하강을 조종하고 좌우 방향은 러더(ruder)로서 좌회전, 우회전을 조종한다.

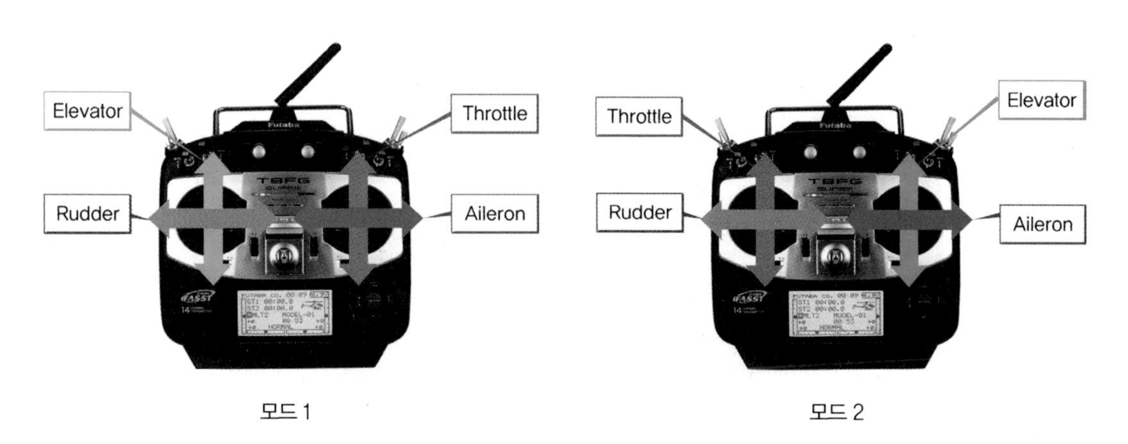

모드 1　　　　　모드 2

(3) 공중 조작

무인멀티콥터 조종기는 세계적으로 대부분 모드 2를 사용하고 있다. 모드 2로 조종한다는 전제하에 무인멀티콥터의 공중에서의 조작, 즉 비행 자세의 조종은 다음과 같다.

① **상승 및 하강 비행(이륙 및 착륙 비행)**: 좌측 스틱을 위로 움직이면, 즉 스로틀을 위로 작동하면 기체는 이륙 및 상승하고 스로틀을 아래로 작동하면 하강 및 착륙한다.

② **좌회전 및 우회전 비행**: 좌측 스틱을 좌로 움직이면, 즉 러더를 좌로 작동하면 기체는 좌회전하고 러더를 우로 작동하면 우회전한다.

③ **전진 및 후진 비행**: 우측 스틱을 위로 움직이면, 즉 엘리베이터를 위로 작동하면 기체는 전진하고 엘리베이터를 아래로 작동하면 후진한다.

④ **좌직진 및 우직진 비행**: 우측 스틱을 좌로 움직이면, 즉 에어론를 좌로 작동하면 기체는 좌직진하고 에어론을 우로 작동하면 우직진한다.

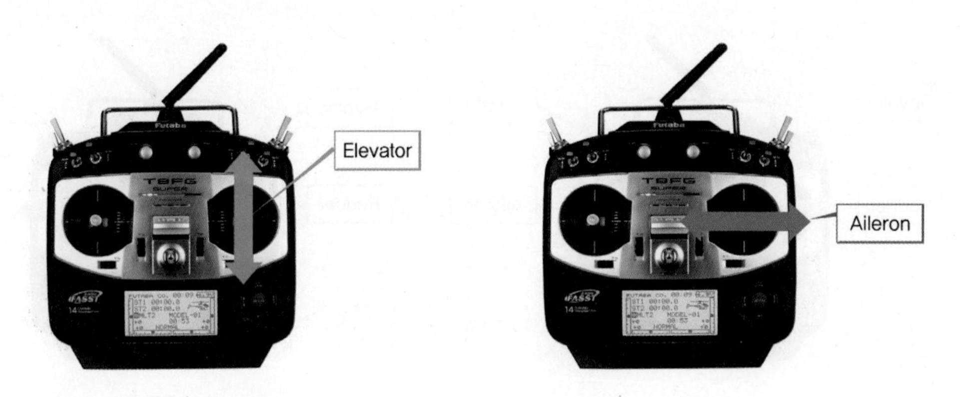

6 무인멀티콥터의 배터리 관리

(1) 개요

무인비행장치의 동력 전달은 대부분 전기모터를 사용한다. 따라서 고성능의 리튬폴리머(Li-Po) 배터리를 많이 사용하고 있다. 리튬폴리머는 소형이고 경량이면서 일시에 큰 전력을 발생하는 장점이 있으나, 관리 및 사용이 부실할 경우 성능이 쉽게 저하되거나 심각한 인명의 손상을 줄 수 있는 화재나 폭발 사고를 일으킬 수 있어 조심스럽게 관리해야 한다.

(2) 배터리 사용 시 주의사항 [10)]

① 배터리를 빗속이나 습기가 많은 장소에 보관해서는 안 된다. 물이 침투하면 화학적 분해가 일어나고 화재 발생이나 폭발할 위험이 있다.

② 정격 용량 및 장비별 지정된 정품 배터리를 사용해야 한다.

③ 배터리가 부풀거나 누유 또는 손상된 상태일 경우에는 절대로 사용하면 안 된다.

④ 배터리는 −10~40℃의 온도 범위에서 사용한다. 50℃ 이상에서 사용할 경우 폭발의 위험이 있다. −10℃ 이하에서 사용될 경우 영구히 손상되어 사용 불가 상태가 될 수 있다.

⑤ 배터리를 전기 및 전자기 환경에서 사용하거나 보관하지 말아야 한다. 배터리 관리 보드가 고장이 생겨 비행 중에 심각한 사고를 유발할 수 있다.

⑥ 배터리를 임의로 분해하는 것은 화재 및 폭발의 위험에 노출하는 것이다.

⑦ 만일 비행 중 수중으로 추락하였을 경우 즉시 배터리를 안전한 개방된 곳에 두고 완전히 건조될 때까지 안전거리를 유지한다.

⑧ 배터리 전해질이 피부나 눈에 닿았을 경우 즉시 접촉 부위를 흐르는 물에 15분 이상 세척한 후 의사의 진단을 받아야 한다.

⑨ 망가지거나 심한 충격을 입은 배터리는 사용해서는 안 된다.

⑩ 배터리를 전자레인지 등 고온 기기 또는 금속 탁자와 같은 전도성의 표면 위에 두어서는 안 된다.

⑪ 배터리 커넥터, 터미널은 청결하고 건조한 상태를 유지해야 한다.

⑫ 새 배터리를 택배로 받았을 경우 포장을 뜯자마자 사용해서는 안 된다.

⑬ 배터리가 완전히 방전할 때까지 비행하는 것은 좋지 않다. 과방전의 위험이 있다.

(3) 배터리 충전 [11)]

배터리 셀당 전압은 3.7V이며, 배터리 완전충전 시 전압은 4.2V이다. 4.25V 이상이면 과충전이므로 충전 시 과충전되지 않도록 조치해야 한다.

배터리 전압을 확인하는 장비는 리포알람(Li-Po alarm)이다. 리포알람을 배터리에 연결하면 셀별 전압을 순차적으로 보여준다.

리포알람을 장착한 상태로 드론을 비행하면 배터리 전압이 설정값 이하로 떨어질 때 경보음이 울려 과방전을 방지하는 데 도움이 된다. 배터리 연결 시 리포알람 설정값은 3.2V 부근으로 하는 것이 좋다. 배터리 충전 시는 다음 사항을 유의하여야 한다.

- 충전 시에는 전선이나 차량에 직접 연결하지 말고 반드시 적합한 충전기를 사용하여야 한다.
- 배터리를 충전하는 장소에서 이석해서도 방치해서도 안 된다. 충전 중에는 항상 모니터링한다.
- 쉽게 불이 붙거나 발화되기 쉬운 물체 표면 또는 주변에서 충전해서는 안 된다.
- 비행 직후에 온도가 높아진 상태에서 충전하지 말아야 한다. 영하의 온도에서 충전을 할 경우 내부 손상, 과열, 누수 등이 발생할 수 있다.
- 배터리 충전기를 알코올이나 솔벤트 등으로 세척해서는 안 된다.
- 충전이 다 되었을 경우 충전기에서 분리하여야 한다.
- 손상된 배터리를 충전해서는 안 된다. 화재의 위험이 대단히 크다.
- 온도가 낮은 곳에서 충전 후 온도가 높은 곳으로 이동 시 폭발할 수 있다.

(4) 배터리 보관

① 배터리 보관 시 주의사항

배터리 보관에 있어서 가장 중요한 요소는 적절한 전압을 유지하는 것이다. 너무 높은 전압에서 보관할 경우 배부름 현상이 발생할 수 있다. 반대로 너무 낮은 전압에서 보관하면 배터리가 과방전되어 다시 사용할 수 없게 된다. 배터리 보관 시 가장 적절한 전압은 3.7~3.85V이다. 2.7V 미만은 과방전 상태가 된다.[12]

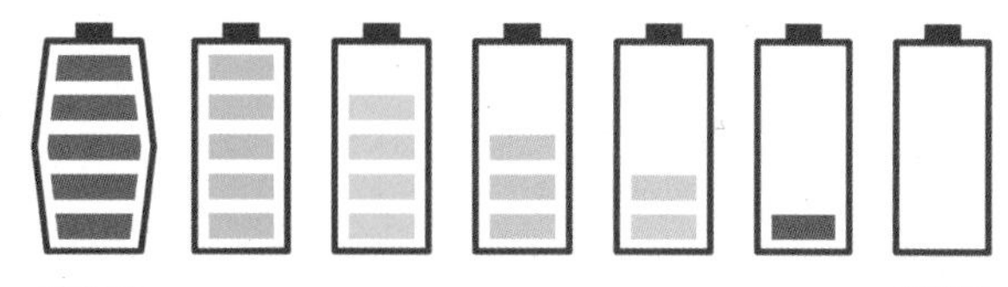

배터리를 보관할 때 주의사항은 다음과 같다.[13)]

- 어린이나 애완동물이 접근할 수 있는 장소에 보관하면 안 된다.
- 화로나 전열기 등 열원 주변에 보관해서는 안 된다.
- 더운 날씨에 차량 내부에 보관해서는 안 된다.
- 배터리를 낙하, 충격 또는 인위적으로 합선시키면 안 된다.
- 안경, 시계, 머리핀 등 금속성 물체와 같이 보관해서는 안 된다.
- 손상된 배터리나 전압이 50% 이상인 상태에서 배송해서는 안 된다.
- 60℃ 이상의 장소에 배터리를 적재해서는 안 된다.
- 항공기 내 휴대할 경우 완전히 방전시켜야 한다. 화물로는 운송할 수 없다.
- 장기간 사용하지 않을 경우 40~65%까지 방전시킨 후 비행체에서 분리하여 보관한다.
- 과도하게 배터리를 방전시키면 셀이 손상되므로 주의한다.
- 손상되거나 못 쓰게 된 배터리는 그냥 버려서는 안 된다. 배터리를 폐기할 때에는 소금물에 담가 완전히 방전시킨 후 정해진 장소에 버린다.

② 배터리 보관 장소

배터리 보관 장소는 직사광선을 피하고 너무 습하지 않는 곳이 좋으며, 폭발 시 사고를 예방하기 위해서 전용백에 보관하는 것도 한 방법이다. 배터리는 온도에 민감하다. 주변의 온도가 너무 높으면 전압이 올라가 배가 부르거나 폭발할 위험성이 있으니 주의해야 한다. 따라서 전열기 등 열원이 없는 곳에 보관해야 한다. 배터리 보관장소의 온도는 20℃ 내외가 적정하다. 특히 한여름 또는 한겨울에 차량 내부에 보관하는 것은 피해야 한다.

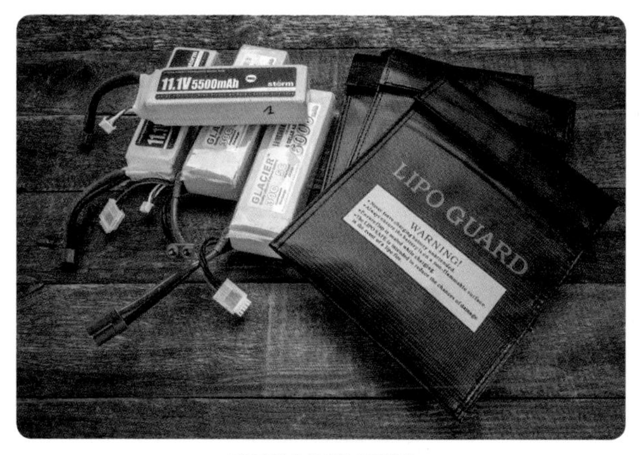

배터리 보관용 전용백

7 무인멀티콥터 운용

(1) 공역[14)]

① 공역의 개념

공역이란 항공기, 경량항공기, 초경량비행장치 등의 안전한 활동을 보장하기 위하여 지표면 또는 해수면으로부터 일정 높이의 특정 범위로 정해진 공간을 말한다.

② 공역의 의미

공역은 민 · 군 항공활동을 위해 활용되고 국가자원으로서의 가치를 보유하고 있으며 항행안전관리 · 주권보호 · 국가방위 목적으로 공역을 설정 · 운영한다. 항행안전 및 효율적인 관리를 위하여 사용 목적 등 특성에 따라 공역을 세분하여 운영한다. 각 국가는 영공 및 방공식별구역 등 주권행사와 국가방위 목적의 공역을 설정하여 운영한다.

- 영공: 대한민국의 영토와 「영해 및 접속수역법」에 따른 내수 및 영해의 상공
- 항공로: 국토교통부장관이 항공기, 경량항공기 또는 초경량비행장치의 항행에 적합하다고 지정한 지구의 표면상에 표시한 공간의 길
- 방공식별구역: 국가방위를 위하여 지정된 육지 및 해상의 피아식별구역. 국제관습법에 의해 결정

③ 관제공역 및 비관제공역

㉠ **관제공역**: 항공기의 안전운항을 위하여 규제가 가해지고 인력과 장비가 투입되어 적극적으로 항공교통관제업무가 제공되는 공역이다.

㉡ **비관제공역**: 항공관제 능력이 미치지 않아 서비스를 제공할 수 없는 공해 상공의 공역 또는 항공교통량이 아주 적어 공중 충돌 위험이 크지 않아서 항공관제업무 제공이 비경제적이라고 판단되어 항공교통관제업무가 제공되지 않는 공역이다.

④ 공역구조

㉠ **전 세계 8대 항행안전관리권역으로 분할**: 국제민간항공기구(ICAO)는 전 세계 공역을 태평양, 북미, 카리브, 남미, 북대서양, 아프리카 · 인도양, 중동 · 아시아 등 8개 권역으로 분할하여 관리하고 있다.

㉡ **비행정보구역(FIR; Flight Information Region)**: 국제민간항공기구(ICAO)에서 국제항공의 편익을 도모하고 안전운항 확보를 위하여 세계 각국의 항공교통업무기구로 하여금 일정 범위의 공간에 대한 항공교통업무를 수행하도록 지정해주는 구역을 말한다.

㉢ **인천 비행정보구역**: 대한민국 정부에서 책임을 지고 항공교통업무를 수행하는 한국 관할 공역이다.

국제민간항공기구(ICAO)에서 위임받은 공역, 즉 국제법상으로 공인된 공역으로 국토교통부 항공교통센터에서 관장하고 있다. 범위는 북쪽은 휴전선, 동쪽은 속초 동쪽으로 약 210NM, 남쪽은 제주 남쪽 약 200NM, 서쪽은 인천 서쪽 약 130NM이 되는 동경 124°까지의 공역으로서 삼각형 모양이다.

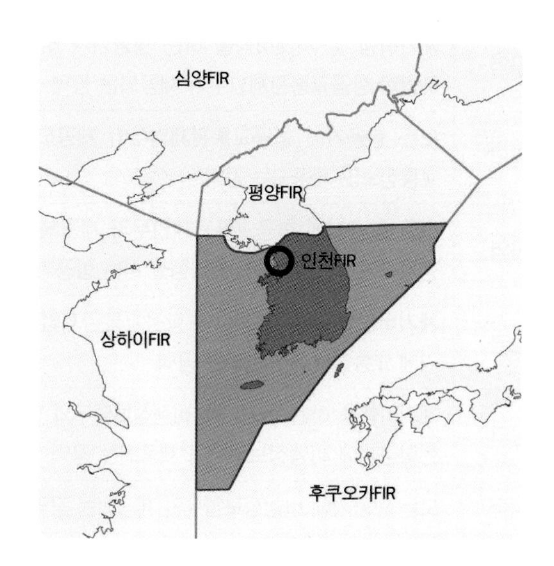

⑤ 공역 관련 법규

㉠ **항공안전법 제2조(정의)**: 비행정보구역이란 항공기, 경량항공기 또는 초경량비행장치의 안전하고 효율적인 비행과 수색 또는 구조에 필요한 정보를 제공하기 위한 공역(空域)으로서 국제민간항공협약 및 같은 협약 부속서에 따라 국토교통부장관이 그 명칭, 수직 및 수평 범위를 지정 · 공고한 공역을 말한다.

㉡ **항공안전법 제78조(공역 등의 지정)**: 국토교통부장관은 공역을 체계적이고 효율적으로 관리하기 위하여 필요하다고 인정할 때에는 비행정보구역을 다음 각 호의 공역으로 구분하여 지정 · 공고할 수 있다.

- **관제공역**: 항공교통의 안전을 위하여 항공기의 비행 순서, 시기 및 방법 등에 관하여 제84조 제1항에 따라 국토교통부장관 또는 항공교통업무증명을 받은 자의 지시를 받아야 할 필요가 있는 공역으로서 관제권 및 관제구를 포함하는 공역
- **비관제공역**: 관제공역 외의 공역으로서 항공기의 조종사에게 비행에 관한 조언 · 비행정보 등을 제공할 필요가 있는 공역
- **통제공역**: 항공교통의 안전을 위하여 항공기의 비행을 금지하거나 제한할 필요가 있는 공역
- **주의공역**: 항공기의 조종사가 비행 시 특별한 주의, 경계, 식별 등이 필요한 공역

※ 공역의 구분(항공안전법 시행규칙 별표 23)

1. 제공하는 항공교통업무에 따른 구분

구분		내용
관제공역	A등급 공역	모든 항공기가 계기비행을 해야 하는 공역
	B등급 공역	계기비행 및 시계비행을 하는 항공기가 비행 가능하고, 모든 항공기에 분리를 포함한 항공교통관제업무가 제공되는 공역
	C등급 공역	모든 항공기에 항공교통관제업무가 제공되나 시계비행을 하는 항공기 간에는 교통정보만 제공되는 공역
	D등급 공역	모든 항공기에 항공교통관제업무가 제공되나 계기비행을 하는 항공기와 시계비행을 하는 항공기 및 시계비행을 하는 항공기 간에는 교통정보만 제공되는 공역
	E등급 공역	계기비행을 하는 항공기에 항공교통관제업무가 제공되고 시계비행을 하는 항공기에 교통정보가 제공되는 공역
비관제공역	F등급 공역	계기비행을 하는 항공기에 비행정보업무와 항공교통조언업무가 제공되고 시계비행항공기에 비행정보업무가 제공되는 공역
	G등급 공역	모든 항공기에 비행정보업무만 제공되는 공역

2. 공역의 사용목적에 따른 구분

구분		내용
관제공역	관제권	「항공안전법」 제2조 제25호에 따른 공역으로서 비행정보구역 내의 B, C 또는 D등급 공역 중에서 시계 및 계기비행을 하는 항공기에 대하여 항공교통관제업무를 제공하는 공역
	관제구	「항공안전법」 제2조 제26호에 따른 공역(항공로 및 접근관제구역을 포함한다)으로서 비행정보구역 내의 A, B, C, D 및 E등급 공역에서 시계 및 계기비행을 하는 항공기에 대하여 항공교통관제업무를 제공하는 공역
	비행장 교통구역	「항공안전법」 제2조 제25호에 따른 공역 외의 공역으로서 비행정보구역 내의 D등급에서 시계비행을 하는 항공기 간에 교통정보를 제공하는 공역
비관제공역	조언구역	항공교통조언업무가 제공되도록 지정된 비관제공역
	정보구역	비행정보업무가 제공되도록 지정된 비관제공역
통제공역	비행금지구역	안전, 국방상, 그 밖의 이유로 항공기의 비행을 금지하는 공역
	비행제한구역	항공사격 · 대공사격 등으로 인한 위험으로부터 항공기의 안전을 보호하거나 그 밖의 이유로 비행허가를 받지 않은 항공기의 비행을 제한하는 공역
	초경량비행장치 비행제한구역	초경량비행장치의 비행안전을 확보하기 위하여 초경량비행장치의 비행활동에 대한 제한이 필요한 공역

주의 공역	훈련구역	민간항공기의 훈련공역으로서 계기비행항공기로부터 분리를 유지할 필요가 있는 공역
	군작전구역	군사작전을 위하여 설정된 공역으로서 계기비행항공기로부터 분리를 유지할 필요가 있는 공역
	위험구역	항공기의 비행 시 항공기 또는 지상시설물에 대한 위험이 예상되는 공역
	경계구역	대규모 조종사의 훈련이나 비정상 형태의 항공활동이 수행되는 공역

⑥ 공역 운영체계

㉠ **관제공역:** 항공교통관제기관(관제탑, 접근관제소 등)의 통제 하에 관제를 받는 공간

- **관제구역:** 2개소(인천, 대구)
- **관제권 지정:** 30개소(국토교통부 9, 공군 12, 해군 3, 육군 2, 미 공군 2, 미 육군 1, 대한항공 1)
- **항공로:** 44개 설정(국제항로 11, 국내항로 33)

㉡ **비관제공역:** 항공교통관제기관의 통제 없이 자율적으로 사용하는 공간

- **비관제권 지정:** 수색구조구역, 조언공역, 초경량비행장치 비행공역 28개소(U-)

㉢ **통제공역**

- **비행금지구역:** P73A/B, P518/518E/518W(휴전선) (안전, 국방상의 이유로 비행 금지)
- **비행제한구역:** 83개 구역(사격장, 경계구역 등 안전을 이유로 비행제한) (R-),(A-)

㉣ **주의공역**

- **위험구역:** 32개소(위험시설 부근의 공역) (D-)
- **훈련구역:** 9개소(민항공기 훈련공역) (CATA-)
- **군작전구역:** 39개소(군사작전 및 군항공기 훈련공역) (MOA-, ACMI-, HTA-, 독도, 위도, 울릉도)

㉤ 기타

- **방공식별구역:** 영공방위를 위하여 동 공역을 비행하는 항공기에 대하여 식별, 위치 결정, 통제업무를 실시하는 공역. 비행정보구역과는 별도로 한국방공식별구역(KADIZ)를 설정하여 국방부에서 관리
- **제한식별구역:** 방공식별구역에서 평시 국내운항을 용이하게 하고 방공작전의 편이를 도모하기 위하여 설정한 구역

(2) 비행승인 신청

① 비행승인 절차

초경량비행장치를 사용하여 초경량비행장치 비행제한공역에서 비행하려는 사람은 초경량비행장치 비행승인신청서(아래 양식)를 관할 지방항공청장에게 제출하여 미리 국토교통부장관으로부터 비행승인을 받아야 한다. 이 경우 비행승인신청서는 서류, 팩스 또는 정보통신망을 이용하여 제출할 수 있다. 다만, 비행장 및 이착륙장의 주변 등 대통령령으로 정하는 제한된 범위에서 비행하려는 경우는 제외한다.(항공안전법 제127조)

비행승인 제외범위는 다음과 같다.(시행규칙 제308조)

- 항공기대여업, 항공레저스포츠사업 또는 초경량비행장치사용사업에 사용되지 아니하는 초경량비행장치
- 최저비행고도(150m) 미만의 고도에서 운영하는 계류식 기구
- 관제권, 비행금지구역 및 비행제한구역 외의 공역에서 비행하는 무인비행장치
- 소독 · 방역업무 등에 긴급하게 사용하는 무인비행장치(가축전염병 예방법 제2조)
- 최대이륙중량이 25kg 이하인 무인동력비행장치
- 연료의 중량을 제외한 자체 중량이 12kg 이하이고 길이가 7m 이하인 무인비행선
- 그 밖에 국토교통부장관이 정하여 고시하는 초경량비행장치

비행승인 대상이 아닌 경우라 하더라도 비행 중 금지행위에 따른 국토교통부령으로 정하는 고도 이상에서 비행하는 경우와 관제공역 · 통제공역 · 주의공역 중 국토교통부령으로 정하는 구역에서 비행하는 경우에는 국토교통부장관의 비행승인을 받아야 한다.

지방항공청장은 제출된 신청서를 검토한 결과 비행안전에 지장을 주지 아니한다고 판단되는 경우에는 이를 승인하여야 한다. 이 경우 동일지역에서 반복적으로 이루어지는 비행에 대해서는 6개월의 범위에서 비행기간을 명시하여 승인할 수 있다.

지방항공청별 관할지역

- 서울지방항공청 관할: 서울특별시, 경기도, 인천광역시, 강원도, 대전광역시, 충청남도, 충청북도, 세종특별자치시, 전라북도
- 부산지방항공청 관할: 부산광역시, 대구광역시, 울산광역시, 광주광역시, 경상남도, 경상북도, 전라남도
- 제주지방항공청 관할: 제주특별자치도

② 초경량비행장치의 비행승인 대상공역

㉠ 비사업용 초경량비행장치 (취미활동, 레저활동 등에 적용)

모든 초경량비행장치는 '초경량비행장치 비행제한구역'에서 비행을 계획할 경우 관할기관의 승인을 받아야 한다. 다만, 다음의 경우는 비행승인 없이 비행할 수 있다.

- 관제공역, 통제공역, 주의공역 이외 지역에서 인력활공기의 비행, 무인 계류식기구의 운영
- 관제공역, 통제공역, 주의공역 이외 지역에서 150m 미만 지상고도에서 유인 계류식기구의 운영
- 관제권, 비행금지구역을 제외한 지역의 150m 미만 지상고도에서 12kg 이하 무인비행장치의 비행
- 군 비행장을 제외한 민간비행장 및 이착륙장의 중심 반경 3km, 지상 고도 150m의 범위 내에서는 비행장을 관할하는 항공교통관제기관의장 또는 이착륙장 관리자와 사전에 협의가 된 경우 비행승인 불필요

㉡ 사업용 초경량비행장치(대여업, 레저사업, 사용사업에 적용)

모든 초경량비행장치는 '초경량비행장치 비행제한구역'에서 비행을 계획할 경우 관할기관의 승인을 받아야 한다. 다만, 다음의 경우는 비행승인 없이 비행할 수 있다.

- 관제공역, 통제공역, 주의공역 이외 지역에서 지상고도 150m 미만에서 계류식기구 운영
- 관제공역, 통제공역, 주의공역 이외의 지역에서 비료, 농약, 씨앗 뿌리기 등 농업에 사용하는 무인비행장치 비행
- 관제공역, 통제공역, 주의공역 이외의 지역에서 가축전염병 예방 · 확산 방지를 위한 소독 · 방역 업무에 긴급하게 사용하는 무인비행장치
- 군 비행장을 제외한 민간비행장 및 이착륙장의 중심 반경 3km, 지상 고도 150m의 범위 내에서는 비행장을 관할하는 항공교통관제기관의장 또는 이착륙장 관리자와 사전에 협의가 된 경우 비행승인 불필요

초경량 비행장치 비행승인신청서

※ 색상이 어두운 난은 신청인이 작성하지 아니하며, [ ]에는 해당되는 곳에 √표를 합니다. (앞쪽)

<table>
<tr><td>접수번호</td><td>접수일시</td><td>처리기간 3일</td></tr>
</table>

<table>
<tr><td rowspan="2">신 청 인</td><td>성명/명칭</td><td>생년월일</td></tr>
<tr><td colspan="2">주소</td></tr>
<tr><td rowspan="3">비행장치</td><td>종류/형식</td><td>용도</td></tr>
<tr><td>소유자</td><td>(전화:)</td></tr>
<tr><td>①신고번호</td><td>②안전성인증서번호
(유효만료기간) (. .)</td></tr>
<tr><td rowspan="3">비행계획</td><td>일시 또는 기간(최대 6개월)</td><td>구역</td></tr>
<tr><td>비행목적/방식</td><td>보험 [ ] 가입 [ ] 미가입</td></tr>
<tr><td colspan="2">경로/고도</td></tr>
<tr><td rowspan="3">조 종 자</td><td>성명</td><td>생년월일</td></tr>
<tr><td colspan="2">주소</td></tr>
<tr><td colspan="2">자격번호 또는 비행경력</td></tr>
<tr><td rowspan="2">동 승 자</td><td>성명</td><td>생년월일</td></tr>
<tr><td colspan="2">주소</td></tr>
<tr><td rowspan="2">탑재장치</td><td colspan="2">무선전화송수신기</td></tr>
<tr><td colspan="2">2차감시레이더용트랜스폰더</td></tr>
</table>

「항공안전법」 제127조 제2항 및 같은 법 시행규칙 제308조 제2항에 따라 비행승인을 신청합니다.

년 월 일

신고인 (서명 또는 인)

지방항공청장 귀하

작 성 방 법

1. 「항공안전법 시행령」 제24조에 따른 신고를 필요로 하지 않는 초경량비행장치 또는 「항공안전법 시행규칙」 제305조 제1항에 따른 안전성인증의 대상이 아닌 초경량비행장치의 경우에는 신청란 중 제①번(신고번호) 또는 제②번(안전성인증서번호)을 적지 않아도 됩니다.
2. 항공레저스포츠사업에 사용되는 초경량비행장치이거나 무인비행장치인 경우에는 제③번(동승자)을 적지 않아도 됩니다.

210㎜×297㎜[백상지(80g/㎡) 또는 중질지(80g/㎡)]

초경량비행장치 비행승인 신청서 검토결과 통보서

접수번호	접수일자	승인 불승인

비행승인	조종자 성명/명칭	비행장치 종류/형식
	조종자 연락처	신고 번호
	일시 또는 기간(최대 30일)	구역
	비행목적/방식	
	경로/고도	
조종자 유의사항		
불승인 사유		

「항공법」 제127조 제2항 및 시행규칙 제308조 제2항에 따라 비행승인 신청서 검토결과를 통보합니다.

년 월 일

국 방 부 장 관

직인
(생략

③ 공역별 비행승인 업무 관할기관(부대)

공역별 비행승인 업무 관할기관(부대)은 「항공안전법」에 따른 공역위원회의 의결을 거쳐 국토교통부장관이 지정 공고한 공역별 관할기관을 적용하며, 관할공역 내의 초경량비행장치에 대한 비행승인 업무를 담당한다.

㉠ 관제권

분		관할기관	연락처
1	인천	서울지방항공청(항공운항과)	전화: 032-740-2153 / 팩스: 032-740-2159
2	김포		
3	양양		
4	울진	부산지방항공청(항공운항과)	전화: 051-974-2146 / 팩스: 051-971-1219
5	울산		
6	여수		
7	정석		
8	무안		
9	제주	제주지방항공청(안전운항과)	전화: 064-797-1745 / 팩스: 064-797-1759
10	광주	광주기지(계획처)	전화: 062-940-1110~1 / 팩스: 062-941-8377
11	사천	사천기지(계획처)	전화: 055-850-3111~4 / 팩스: 055-850-3173
12	김해	김해기지(작전과)	전화: 051-979-2300~1 / 팩스: 051-979-3750
13	원주	원주기지(작전과)	전화: 033-730-4221~2 / 팩스: 033-747-7801
14	수원	수원기지(계획처)	전화: 031-220-1014~5 / 팩스: 031-220-1176
15	대구	대구기지(작전과)	전화: 053-989-3210~4 / 팩스: 054-984-4916
16	서울	서울기지(작전과)	전화: 031-720-3230~3 / 팩스: 031-720-4459
17	예천	예천기지(계획처)	전화: 054-650-4517 / 팩스: 054-650-5757
18	청주	청주기지(계획처)	전화: 043-200-3629 / 팩스: 043-210-3747
19	강릉	강릉기지(계획처)	전화: 033-649-2021~2 / 팩스: 033-649-3790
20	충주	중원기지(작전과)	전화: 043-849-3084~5 / 팩스: 043-849-5599
21	해미	서산기지(작전과)	전화: 041-689-2020~4 / 팩스: 041-689-4155
22	성무	성무기지(작전과)	전화: 043-290-5230 / 팩스: 043-297-0479
23	포항	포항기지(작전과)	전화: 054-290-6322~3 / 팩스: 054-291-9281
24	목포	목포기지(작전과)	전화: 061-263-4330~1 / 팩스: 061-263-4754
25	진해	진해기지(군사시설보호과)	전화: 055-549-4231~2 / 팩스: 055-549-4785
26	이천	항공작전사령부(비행정보반)	전화: 031-634-2202(교환) ⇒ 3705~6 팩스: 031-634-1433 avncmd3685@army.mil.kr(발송 후 유선연락)
27	논산		
28	속초		

29	오산	미공군 오산기지	전화: 0505-784-4222 문의 후 신청
30	군산	군산기지	전화: 063-470-4422 문의 후 신청
31	평택	미육군 평택기지	전화: 0503-353-7555 / 팩스: 0503-353-7655

• 관제권 공역

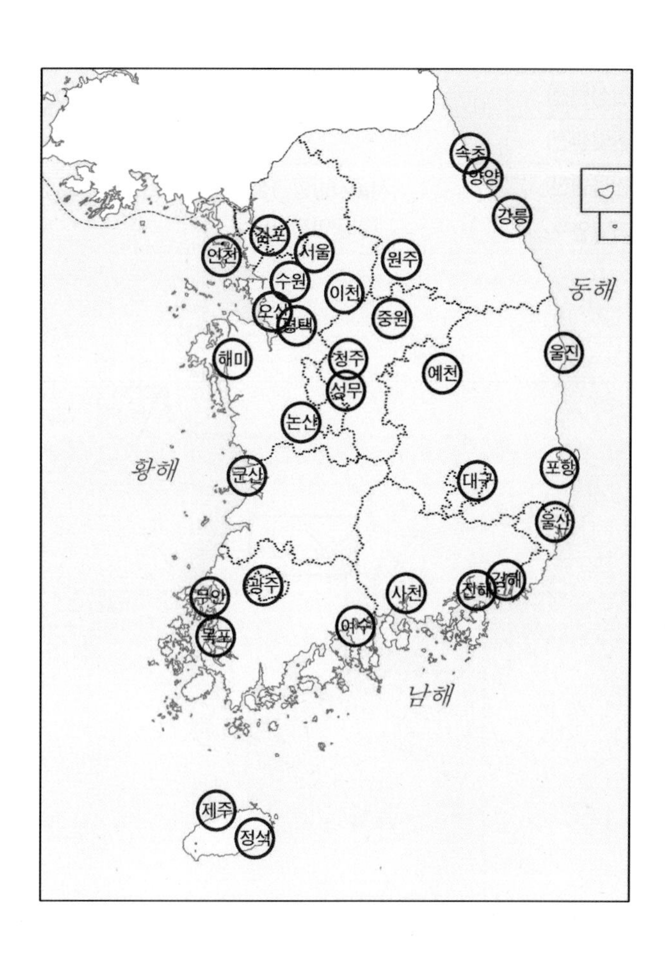

ⓛ 비행금지구역

구분		관할기관	연락처
1	P73(서울 도심)	수도방위사령부 (화력과)	전화: 02-524-3353, 3419, 3359 팩스: 02-524-2205
2	P518(휴전선 지역)	합동참모본부 (항공작전과)	전화: 02-748-3294 팩스: 02-796-7985

3	P6A(고리원전)	합동참모본부 (공중종심작전과)	전화: 02-748-3435 팩스: 02-796-0369
4	P62A(월성원전)		
5	P63A(한빛원전)		
6	P64A(한울원전)		
7	P65A(원자력연구소)		
8	P61B(고리원전)	부산지방항공청 (항공운항과)	전화: 051-974-2154 팩스: 051-971-1219
9	P62B(월성원전)		
10	P63B(한빛원전)		
11	P64B(한울원전)	서울지방항공청 (항공안전과)	전화: 032-740-2153 팩스: 032-740-2159
12	P65B(원자력연구소)		

• 비행금지구역

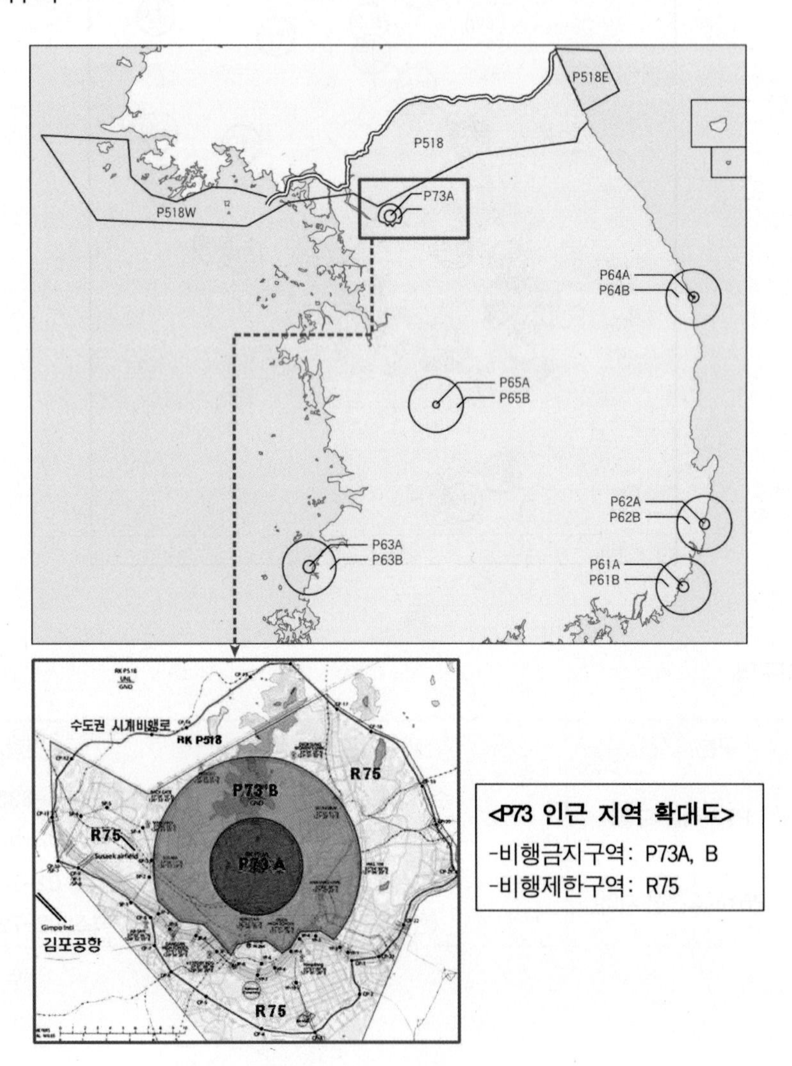

ⓒ 비행제한구역

구분		관할기관	연락처
1	R75 (수도권 지역)	수도방위사령부(화력과)	전화: 02–524–3353, 3419, 3359 팩스: 02–524–2205
2	기타	공군작전사령부(공역관리과)	전화: 031–669–7095 팩스: 031–669–6669

• 비행제한구역

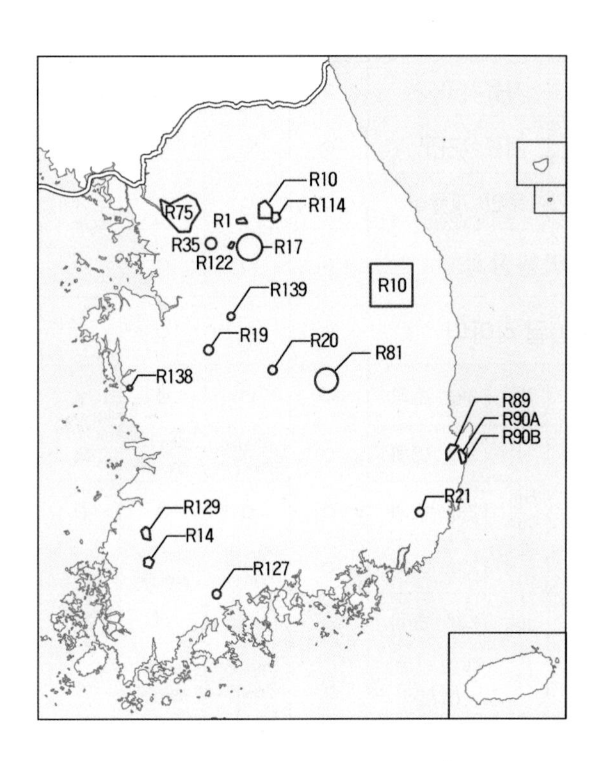

ⓔ 주의공역

구분		관할기관	연락처
1	훈련공역	지방항공청	전화: 032–740–2353 팩스: 032–740–2149
2	군 작전구역	공군작전사령부(공역관리과)	전화: 031–669–7095 팩스: 031–669–6669
3	위험구역		
4	경계구역		

④ 초경량비행장치 유형별 비행승인 대상 공역[15)]

• 비사업용 초경량비행장치

(범례 : [ ] 비행승인 면제 [ ] 고도제한)

구분					비행승인 대상공역							
					관제공역			비관제공역	통제공역			주의공역
					관제권	관제구	비행장 교통구역		금지	제한	UA	
1	동력비행장치				○	○	○	○	○	○	×	○
2	인력활공기	행글라이더			○	○	○	×	○	○	×	○
3	기구류	자유기구			○	○	○	○	○	○	×	○
		계류식기구			○	○	○	150m↑ ○ 150m↓ ×	○	○	×	○
		무인 계류식			○	○	○	×	○	○	×	○
4	회전익 비행장치				○	○	○	○	○	○	×	○
5	동력 패러 글라이더				○	○	○	○	○	○	×	○
6	무인 비행장치	무인동력 비행장치	계류식	12kg 초과	○	○	○	×	○	○	×	○
				12kg 이하	○	150m↑○ 150m↓×	150m↑○ 150m↓×	×	○	150m↑○ 150m↓×	×	150m↑○ 150m↓×
			비계류식	12kg 초과	○	○	○	○	○	○	×	○
				12kg 이하	○	150m↑○ 150m↓×	150m↑○ 150m↓×	×	○	150m↑○ 150m↓×	×	150m↑○ 150m↓×
		무인 비행선	계류식	12kg 초과	○	○	○	×	○	○	×	○
				12kg, 7m, 이하	○	150m↑○ 150m↓×	150m↑○ 150m↓×	×	○	150m↑○ 150m↓×	×	150m↑○ 150m↓×
			비계류식	12kg 초과	○	○	○	○	○	○	×	○
				12kg, 7m, 이하	○	150m↑○ 150m↓×	150m↑○ 150m↓×	×	○	150m↑○ 150m↓×	×	150m↑○ 150m↓×
7	낙하산류				○	○	○	×	○	○	×	○
8	기타	농업지원, 가축병 방역 등			○	○	○	×	○	○	×	○

※ UA(Ultralight vehicle flight Area): 국토부장관이 지정한 초경량비행장치 비행구역(18개소)
UA2 구성산, UA3 약산, UA4 방화산, UA5 덕두산, UA6 금산, UA7 홍산, UA9 양평, UA10 고창, UA14 공주, UA19 시화, UA20 성화대, UA21 방장산, UA22 고흥, UA23 담양, UA24 구조아, UA25 하동, UA26 장암산, UA27 미악산

• 사업용 초경량비행장치

(범례 : ▢ 비행승인 면제 ▢ 고도제한)

구분					비행승인 대상공역							
					관제공역			비관제공역	통제공역			주의공역
					관제권	관제구	비행장 교통구역		금지	제한	UA	
1	동력비행장치				○	○	○	○	○	○	×	○
2	인력활공기	행글라이더			○	○	○	○	○	○	×	○
3	기 구 류	자유기구			○	○	○	○	○	○	×	○
3	기 구 류	계류식기구			○	○	○	150m ↑○ 150m ↓×	○	○	×	○
3	기 구 류	무인 계류식			○	○	○	○	○	○	×	○
4	회전익 비행장치				○	○	○	○	○	○	×	○
5	동력 패러 글라이더				○	○	○	○	○	○	×	○
6	무인 비행장치	무인동력 비행장치	계류식	12kg 초과	○	○	○	○	○	○	×	○
6	무인 비행장치	무인동력 비행장치	계류식	12kg 이하	○	○	○	○	○	○	×	○
6	무인 비행장치	무인동력 비행장치	비계류식	12kg 초과	○	○	○	○	○	○	×	○
6	무인 비행장치	무인동력 비행장치	비계류식	12kg 이하	○	○	○	○	○	○	×	○
6	무인 비행장치	무인 비행선	계류식	12kg 초과	○	○	○	○	○	○	×	○
6	무인 비행장치	무인 비행선	계류식	12kg, 7m, 이하	○	○	○	○	○	○	×	○
6	무인 비행장치	무인 비행선	비계류식	12kg 초과	○	○	○	○	○	○	×	○
6	무인 비행장치	무인 비행선	비계류식	12kg, 7m, 이하	○	○	○	○	○	○	×	○
7	낙하산류				○	○	○	○	○	○	×	○
8	무인비행장치를 사용하는 농업지원, 가축병 방역 등				○	○	○	×	○	○	×	○

※ 영리 목적으로 사용 시 UA를 제외한 전 공역에서 비행승인이 필요하다.

(3) 항공종사자 자격증명

① 항공업무에 종사하려는 사람은 국토교통부령으로 정하는 바에 따라 국토교통부장관으로부터 항공종사자 자격증명(이하 "자격증명"이라 한다)을 받아야 한다. 다만, 항공업무 중 무인항공기의 운항 업무인 경우에는 그러하지 아니하다.[16)]

- 응시 연령: 만 14세 이상
- 초경량비행장치 조종자 증명의 종류: 동력비행장치, 행글라이더, 패러글라이더, 낙하산류, 유인자유기구, 무인비행기, 무인헬리콥터, 무인멀티콥터, 무인비행선, 회전익비행장치, 동력패러글라이더
- 초경량비행장치 조종자 증명별 업무범위 및 실기시험 응시기준

종류	업무범위		응시기준
무인 비행기	조종자	무인비행기의 조종	무인비행기를 조종한 시간이 총 20시간 이상인 사람
무인 헬리콥터	조종자	무인헬리콥터의 조종	다음의 어느 하나에 해당하는 사람 1. 무인헬리콥터를 조종한 시간이 총 20시간 이상인 사람 2. 무인멀티콥터 조종자 증명을 받은 사람으로서 무인헬리콥터를 조종한 시간이 총 10시간 이상인 사람
무인 멀티콥터	조종자	무인멀티콥터의 조종	다음의 어느 하나에 해당하는 사람 1. 무인멀티콥터를 조종한 시간이 총 20시간 이상인 사람 2. 무인헬리콥터 조종자 증명을 받은 사람으로서 무인멀티콥터를 조종한 시간이 총 10시간 이상인 사람

② 동력비행장치 등 국토교통부령으로 정하는 초경량비행장치를 사용하여 비행하려는 사람은 국토교통부령으로 정하는 기관 또는 단체의 장으로부터 그가 정한 해당 초경량비행장치별 자격기준 및 시험의 절차 · 방법에 따라 해당 초경량비행장치의 조종을 위하여 발급하는 증명을 받아야 한다. 이 경우 해당 초경량비행장치별 자격기준 및 시험의 절차 · 방법 등에 관하여는 국토교통부령으로 정하는 바에 따라 국토교통부장관의 승인을 받아야 하며, 변경할 때에도 또한 같다.(항공안전법 제125조)

③ 국토교통부장관은 초경량비행장치 조종자 증명을 받은 사람이 다음 각 호의 어느 하나에 해당하는 경우에는 초경량비행장치 조종자 증명을 취소하거나 1년 이내의 기간을 정하여 그 효력의 정지를 명할 수 있다. 다만, 제1호 또는 제8호의 어느 하나에 해당하는 경우에는 초경량비행장치 조종자 증명을 취소하여야 한다.

1. 거짓이나 그 밖의 부정한 방법으로 초경량비행장치 조종자 증명을 받은 경우
2. 이 법을 위반하여 벌금 이상의 형을 선고받은 경우

3. 초경량비행장치의 조종자로서 업무를 수행할 때 고의 또는 중대한 과실로 초경량비행장치 사고를 일으켜 인명피해나 재산피해를 발생시킨 경우
4. 제129조 제1항에 따른 초경량비행장치 조종자의 준수사항을 위반한 경우
5. 제131조에서 준용하는 제57조 제1항을 위반하여 주류 등의 영향으로 초경량비행장치를 사용하여 비행을 정상적으로 수행할 수 없는 상태에서 초경량비행장치를 사용하여 비행한 경우
6. 제131조에서 준용하는 제57조 제2항을 위반하여 초경량비행장치를 사용하여 비행하는 동안에 같은 조 제1항에 따른 주류 등을 섭취하거나 사용한 경우
7. 제131조에서 준용하는 제57조 제3항을 위반하여 같은 조 제1항에 따른 주류 등의 섭취 및 사용 여부의 측정 요구에 따르지 아니한 경우
8. 초경량비행장치 조종자 증명의 효력 정지기간에 초경량비행장치를 사용하여 비행한 경우

④ 초경량비행장치 조종자 자격시험 응시절차는 교통안전공단 홈페이지에 접속하여 항공종사자 자격시험을 클릭하여 응시원서를 작성하여 신청하면 된다. 학과시험을 합격하고 나서 실기시험을 응시할 수 있는데 무인멀티콥터의 경우 이륙 중량이 12kg 이상인 무인멀티콥터를 조종한 경력이 20시간 이상일 때 응시할 수 있다. 이때 비행경력증명은 국토교통부가 인정하는 무인멀티콥터 지도조종자가 인정한 것이어야 한다.

실기시험 접수 전에 우선적으로 본인의 응시자격 여부를 확인하여야 한다. 응시자격 여부는 교통안전공단 홈페이지에서 '응시자격신청'을 클릭하여 관련 서류(운전면허증, 비행경력증명서 등)를 제출하면 공단에서 응시가능 여부를 알려준다. 조종자 자격시험 시행 절차는 다음과 같다.

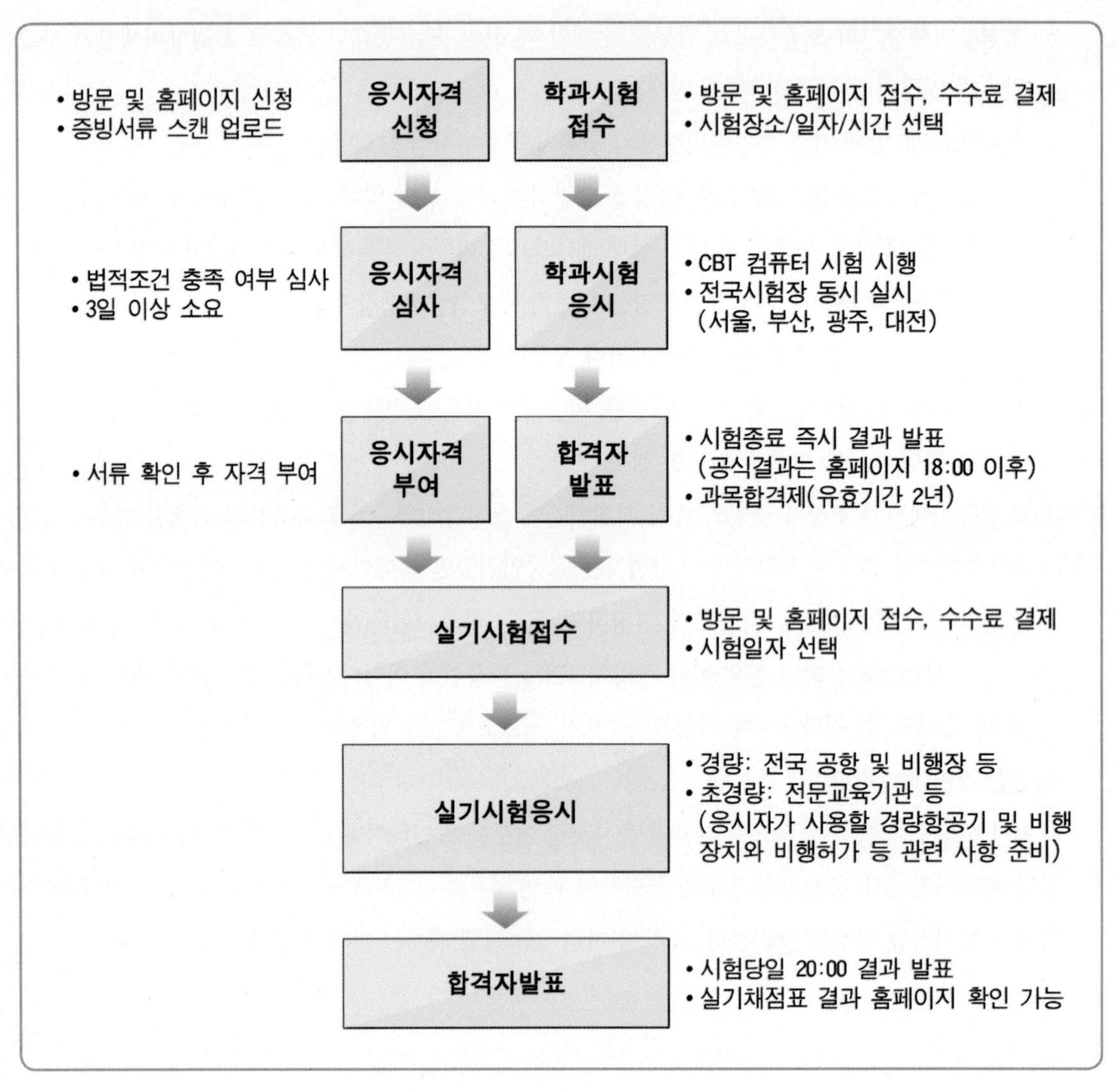

초경량비행장치 조종자 자격시험 시행 절차[17)]

초경량비행장치 조종자 증명시험 응시원서

본인은 　　　년도 제 차 초경량비행장치 조종자 증명의 학과시험/실기시험에 응시하고자 원서를 제출합니다.

※ 아래 기재사항은 사실과 다름이 없으며 만약 시험 합격 후에 허위 또는 부실기재 사실이 발견되었을 때에는 합격의 취소처분에도 이의를 제기하지 아니할 것을 서약합니다.

년 　　　월 　　　일

응시자 　　　(서명 또는 인)

한국교통안전공단 이사장 귀하

① 성명	한글		② 주민등록 번호	
	영문			
③ 주소 및 연락처	우편번호 :		집전화	
	주소 :		휴대폰	
			E-mail	

④ 응시종류	□ 동력비행장치 □ 행글라이더 □ 패러글라이더 □ 낙하산류 □ 유인자유기구 □ 무인비행기 □ 무인헬리콥터 □ 무인멀티콥터 □ 무인비행선 □ 회전익비행장치 □ 동력패러글라이더
⑤ 응시구분	□ 학과시험 □ 실기시험 □ 기타( )
⑥ 면제구분	□ 학과시험 □ 실기시험
⑦ 면제근거	□ 관련자격취득 □ 전문교육기관수료 □ 경력소지 □ 기타( )
⑧ 면제관련 자격증	자격명 : 　번호 : 　발행일자 :
	자격명 : 　번호 : 　발행일자 :

⑨ 사용장비 /시설등	비행장치	종류		소유자	소재지	
	시설등	시설명			소재지	
⑩ 시험일시 /장소	학과시험	일시			장소	
	실기시험	일시			장소	

⑪ 접수처*			⑬ 구비 서류	강하경력증명서 　부 비행경력증명서 　부 전문교육기관 수료증명서 　부 관련 조종자증명사본 　부 기타( ) 　부
⑫ 응시번호	학과*	실기*		
수수료				

- -

⑫ 접수처	*		응 시 표	
⑬ 응시번호	학과	*	년 　차 초경량비행장치 조종자 증명 학과시험/실기시험	
	실기	*		
⑭ 성 명	한글		응시자격	
	영문		주민등록번호	
년 　월 　일			한국교통안전공단 이사장 (인)	

210㎜×297㎜ (신문용지 54g/㎡(재활용품)

⑤ 무인멀티콥터 학과시험

종류별	과목	범위
무인멀티콥터	항공법규	당해 업무에 필요한 항공법규
	항공기상	1. 항공기상의 기초 지식 2. 항공에 활용되는 일반 기상의 이해
	비행 이론 및 운용	1. 무인멀티콥터의 비행 기초 원리에 관한 사항 2. 무인멀티콥터의 구조와 기능에 관한 사항 3. 무인멀티콥터 지상활주(지상활동)에 관한 사항 4. 무인멀티콥터 이착륙에 관한 사항 5. 무인멀티콥터 공중조작에 관한 사항 6. 무인멀티콥터 안전관리에 관한 사항 7. 공역 및 인적요소에 관한 사항 8. 무인멀티콥터 비정상 절차에 관한 사항

※ 합격 기준: 100점 만점에 70점 이상 취득 시 합격

⑥ 무인멀티콥터 실기시험

종류별	구분	범위
무인멀티콥터	구술시험	1. 무인멀티콥터의 기초 원리에 관한 사항 2. 기상 · 공역 및 비행 장소에 관한 사항 3. 일반지식 및 비정상 절차에 관한 사항
	실기시험	1. 비행계획 및 비행 전 점검 2. 지상활주(또는 이륙과 상승 또는 이륙동작) 3. 공중조작(또는 비행동작) 4. 착륙조작(또는 착륙동작) 5. 비행 후 점검 6. 비정상 절차 및 응급조치 등

※ 합격 기준: 총 23개 항목(구술시험 5항목, 실기시험 18항목) 전부 만족하여야 합격

※ 전체 코스 진행 중 기준 고도, 위치, 기수 방향 및 경로 유지

무인멀티콥터 실기평가 기준

- 실기시험 합격 수준
  - 본 표준서에서 정한 기준 내에서 실기영역을 수행해야 한다.
  - 항목을 수행함에 있어 숙달된 비행장치 조작을 보여주어야 한다.
  - 본 표준서의 기준을 만족하는 능숙한 기술을 보여주어야 한다.
  - 올바른 판단을 보여주어야 한다.
- 실기시험 불합격의 경우
  - 시험위원이 응시자가 수행한 항목이 표준서의 기준을 만족하지 못하였다고 판단한 경우
  - 실기시험 불합격의 대표적인 항목
  - 응시자가 비행안전을 유지하지 못하여 시험위원이 개입한 경우
  - 비행 기동을 하기 전에 공역 확인을 위한 공중경계를 간과한 경우
  - 실기영역의 세부 내용에서 규정한 조작의 최대 허용한계를 지속적으로 벗어난 경우
  - 허용한계를 벗어났을 때 즉각적인 수정 조작을 취하지 못한 경우
  - 실기시험 시 조종자가 과도하게 비행 자세 및 조종 위치를 변경한 경우

⑦ 초경량비행장치 조종자 자격시험의 면제

- 전문교육기관의 교육과정을 이수한 사람: 학과시험 면제
- 외국 정부 또는 외국 정부에서 인정한 기관의 장으로부터 조종자 증명을 받은 사람이 동일한 종류의 조종자 증명시험에 응시하는 경우: 실기시험 면제
- 무인헬리콥터 조종자 증명을 받은 사람이 무인멀티콥터 조종자 증명시험에 응시하는 경우: 학과시험 면제
- 무인멀티콥터 조종자 증명을 받은 사람이 무인헬리콥터 조종자 증명시험에 응시하는 경우: 학과시험 면제

※ 무인멀티콥터 실기시험 비행장 표준규격[18]

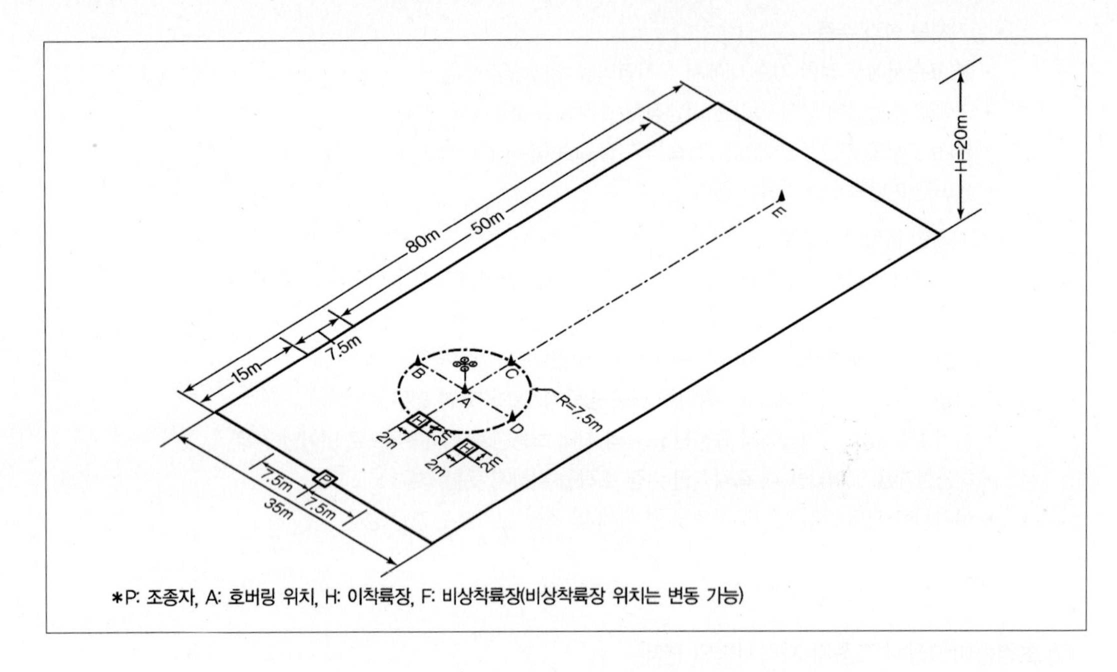

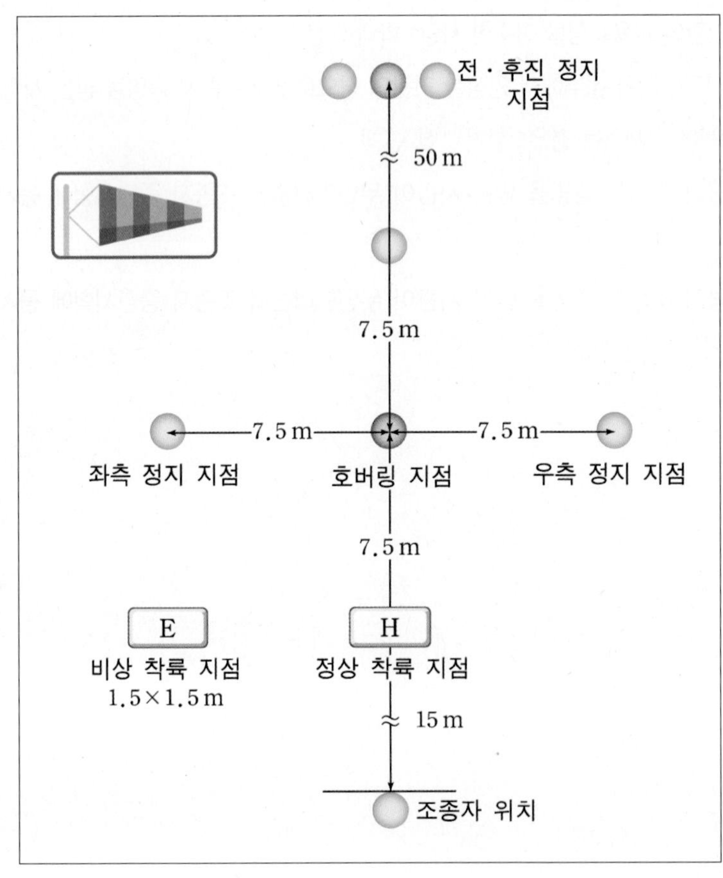

비 행 경 력 증 명 서

1. 성명: 2. 소속: 3. 생년월일(주민등록번호/여권번호) : 4. 연락처:

① 일자	② 비행 횟수	③ 초경량비행장치						④ 비행 장소	⑤ 비행 시간 (hrs)	⑥ 임무별 비행시간				⑦ 비행 목적 (훈련 내용)	⑧ 지도조종자		
		종류	형식	신고 번호	최종 인증 검사 일	자체 중량 (kg)	최대 이륙 중량 (kg)			기장	훈련	교관	소계		성명	자격 번호	서명
계																	

초경량비행장치 조종자 증명 운영세칙 제9조에 따라 비행경력을 증명합니다.

발급일: 발급기관명/주소 발급자 (인) 전화번호:

실기시험 채점표

초경량비행장치조종자(무인멀티콥터)

등급표기
S: 만족(Satisfactory) U: 불만족(Unsatisfactory)

응시자성명		사　용 비행장치		판정	
시험일시		시험장소			

구분 / 순번	영역 및 항목	등 급
구술시험		
1	기체에 관련한 사항	
2	조종자에 관련한 사항	
3	공역 및 비행장에 관련한 사항	
4	일반지식 및 비상절차	
5	이륙 중 엔진 고장 및 이륙 포기	
실기시험(비행 전 절차)		
6	비행 전 점검	
7	기체의 시동	
8	이륙 전 점검	
실기시험(이륙 및 공중조작)		
9	이륙비행	
10	공중 정지비행(호버링)	
11	직진 및 후진 수평비행	
12	삼각비행	
13	원주비행(러더턴)	
14	비상조작	
실기시험(착륙조작)		
15	정상접근 및 착륙	
16	측풍접근 및 착륙	
실기시험(비행 후 점검)		
17	비행 후 점검	
18	비행기록	
실기시험(종합능력)		
19	안전거리 유지	
20	계획성	
21	판단력	
22	규칙의 준수	
23	조작의 원활성	
실기시험위원 의견 :		

실기시험위원 :　　　　　　　　자격번호 :

(4) 전문교육기관 지정

무인멀티콥터 전문교육기관 지정에 관한 관련 근거는 항공안전법 제126조(초경량비행장치 전문교육기관의 지정 등), 항공안전법 시행규칙 제307조에 명시되어 있다.

지정요건으로는 소속 교관이 지도조종자 1명 이상, 실기평가조종자 1명이 이상 있어야 하고, 구비시설 및 장비로는 강의실 및 사무실 1개 이상, 이착륙 시설, 훈련용 비행장치 1대 이상이 확보되어야 한다. 또한 국토교통부 고시 기준에 명시된 교육훈련계획, 교육과목, 교육시간, 평가방법 그리고 교육훈련규정 등이 구비되어야 한다. 전문교육기관의 교육과정을 이수한 사람은 학과시험을 면제받는다.

전문교육기관에서 수행하여야 할 학과교육 및 실기교육의 과목별 교육시간은 다음과 같다. 단, 실기교육 전 시뮬레이터 비행교육은 20시간 이상 반드시 실시해야 된다.

① 학과교육

과목	시간
항공법규	2
항공기상	2
비행이론(항공역학)	5
무인비행장치 운용	11
계	20시간 이상

② 실기교육

과목	교관동반	단독	시간
장주 이착륙	2	3	5
공중조작	2	3	5
지표부근 조작	3	6	9
비정상/비상절차	1	–	1
계	8	12	20시간 이상

(5) 항공교통관제 및 무선통신운용[19)]

① 항공교통관제(ATC)

㉠ 항공관제시스템의 목적은 시스템 내 항공기 간의 충돌 방지, 항공교통의 질서유지를 위한 항공교

통 흐름의 조절 및 촉진에 있다.

㉡ 부가적인 업무를 제공할 수 있는 능력은 다양한 요인, 즉 교통량, 주파수 혼잡, 레이더 성능, 관제사 업무량, 우선순위업무 및 동 범주에 속하는 상황을 탐색하고 발견해낼 수 있는 물리적 능력에 따라 제한된다.

㉢ 관제사는 업무 우선순위 및 다른 상황에 따라 최대한으로 인가된 부가적인 업무를 제공하여야 한다.

㉣ 운영상 우선순위

다음의 경우를 제외하고는 "first come, first served" 원칙에 의거하여 항공교통관제업무를 제공하여야 한다.

- 조난 항공기는 다른 모든 항공기보다 통행 우선권을 갖는다.
- 민간 환자 수송기에게 우선권을 부여한다.
- 수색구조 업무를 수행하는 항공기에게 최대한 편의를 제공하여야 한다.
- 계기비행(IFR) 항공기는 특별시계비행(SVFR) 항공기보다 우선권을 갖는다.

② 무선통신운용(Radio Communication)

㉠ 항공 무선통신은 특수한 목적으로 배정된 무선주파수를 사용하여야 한다.

㉡ 조종사는 음성으로 송신되는 지시와 항공교통관제 허가 중 안전과 관련된 부분은 항공교통관제사에게 복창을 하여야 하며, 항상 복창하여야 하는 항목은 다음과 같다.

- 항공교통관제 비행로 허가, 활주로 진입, 착륙, 이륙, 대기, 횡단활주 등

㉢ 관제사는 조종사의 명확한 인지 여부를 확인하기 위하여 조종사의 복창을 경청하여야 하고, 복창이 부정확하고 불안전할 때 정확하게 수정해주어야 한다.

㉣ 무선송신기법(ICAO DOC 9432)

- 송신하기 전에 사용할 주파수가 혼신이 없는지 확인한다.
- 적절한 마이크 운용기법을 습득한다.
- 정상적인 대화 음성으로 분명하고 또렷하게 말한다.
- 평균 속도는 분당 100단어를 초과하지 않도록 유지한다.
- 음량을 일정한 수준으로 유지한다.
- 숫자 전후로 약간의 간격을 유지한다.
- "어" 같은 주저하는 용어의 사용은 피한다.

㉤ 항공 무선통신을 할 때에는 국제민간항공기구(ICAO)에서 지정한 문자, 숫자 발음법을 사용하여야 한다.

• 숫자발음법: 모든 숫자는 각각의 숫자를 개별적으로 발음한다.

숫자	발음	숫자	발음	숫자	발음
0	zerou	4	fouwər	8	eit
1	wʌn	5	faif	9	na'inər
2	tu	6	siks	100	hʌ'ndrəd
3	tri	7	se'ven	1000	ta'uzənd

예) 10: 텐(×) / 원 제로 (○)

11,000: 일레븐 싸우전드(×) / 원 원 싸우전드 (○)

121.1: 원 투 원 데시멀(포인트) 원

• 문자발음법: 음의 유사성으로 인한 혼동을 피하기 위해 문자는 단어를 사용한다.

문자	단어	발음	문자	단어	발음
A	Alfa	'ælfə	N	November	no'vembə
B	Bravo	'bra:'vou	O	Oscar	'ɔskə
C	Charlie	'ʧa:li	P	Papa	pa'pa
D	Delta	'deltə	Q	Quebec	ke'bek
E	Echo	'ekou	R	Romeo	'roumiou
F	Foxtrot	'fɔkstrɔt	S	Sierra	si'erə
G	Golf	gɔlf	T	Tango	'tæŋgo
H	Hotel	hou'tel	U	Uniform	‘ju:nifɔ:m
I	India	'indiə	V	victor	'viktə
J	Juliett	'ʤu:ljet	W	Whiskey	'wiski
K	Kilo	'ki:lou	W	X-ray	'eks'rei
L	Lima	li:mə	Y	Yankee	'jæŋki
M	Mike	maik	Z	Zulu	'zu:lu:

예) Cessna 141Y: 세스나 원 포 원 양키

Runway 26: 런웨이 투 식스

Time 1646Z: 타임 원 식스 포 식스 줄루

Call Sign JD: 콜사인 쥴리엣 델타

8 무인멀티콥터의 활용 분야[20)]

2015년 미래학자 토머스 프레이(Thomas Frey)는 〈192가지 드론 미래 활용성〉에서 드론으로 할 수 있는 일 192개를 24개의 카테고리로 분류하여 소개하였다. 그는 드론이 최첨단 미래 산업으로서 활용성이 무궁무진하게 확산될 거라고 예측하였다. 24개의 카테고리는 다음과 같다.

1. 조기경보 시스템(Early Warning Systems)	13. 스마트 홈 드론(Smart Home Drones)
2. 긴급 서비스(Emergency Services)	14. 부동산 드론(Real Estate)
3. 뉴스 리포팅(News Reporting)	15. 도서관 드론(Library Drones)
4. 배달(Delivery)	16. 군대 스파이용도(Military and Spy Uses)
5. 사업활동 모니터링(Business Activity Monitoring)	17. 건강관리 드론(Healthcare Drones)
6. 게임용 드론(Gaming Drones)	18. 교육용 드론(Educational Drones)
7. 스포츠 드론(Sporting Drones)	19. 과학과 발견(Science & Discovery)
8. 엔터테인먼트 드론(Entertainment Drones)	20. 여행용 드론(Travel Drones)
9. 마케팅(Marketing)	21. 로봇 팔 드론(Robotic Arm Drones)
10. 농업용 드론(Farming and Agriculture)	22. 현실왜곡 영역(Reality Distortion Fields)
11. 목장용 드론(Ranching Drones)	23. 참신한 아이디어 드론(Novelty drones)
12. 경찰 드론(Police Drones)	24. 머나먼 개념의 드론(Far Out Concepts)

토마스 프레이의 목록에 수록된 아이디어들은 개발이 진행 중에 있으며 이미 실생활에 활용 중인 것도 있다.

국내에서는 2017년 말 드론을 제4차 산업의 핵심이슈로 선정하고 드론 및 관련 산업 육성을 위한 종합계획을 발표하였다. 공공건설, 도로 · 철도 등 시설물 관리, 하천 · 해양 · 산림 등 자연자원 관리 등 공공 관리에 드론 활용을 통해 작업의 정밀도 향상 및 위험한 작업의 대체 등 효율적인 업무 수행을 목표로 하고 있다. 그리고 농작물의 작황정보 · 방재, 산림조사, 택시, 택배, 재해 · 재난지역 · AI · 재선충병 방재 모니터링, 중계방송, 촬영, 실종자 수색, 송전선 · 송유관 · 대형교량 · 고층빌딩 안전점검, 긴급구호품 수송, 이동통신 기지국 등 각 분야에 드론을 활용하거나 활용을 위한 시범사업을 진행하고 있으며, 최근에는 정부 차원의 하천측량 업무(하천지형 조사, 하상변동 조사, 하천시설물 조사), 토지 · 주택 사업의 후보지 조사 · 설계 · 공사 관리, 국 · 공유지 실태 · 농업면적 측정 등 각종 조사, 그리고 기상정보 획득에 드론을 활용하는 방안을 추진하고 있다. 드론 축구는 아직은 동호회 중심의 소규모이지만 향후 세계드론월드컵대회 추진 등 점차 활동 범위를 넓혀가고 있다.

로봇 팔 드론

방수형 드론

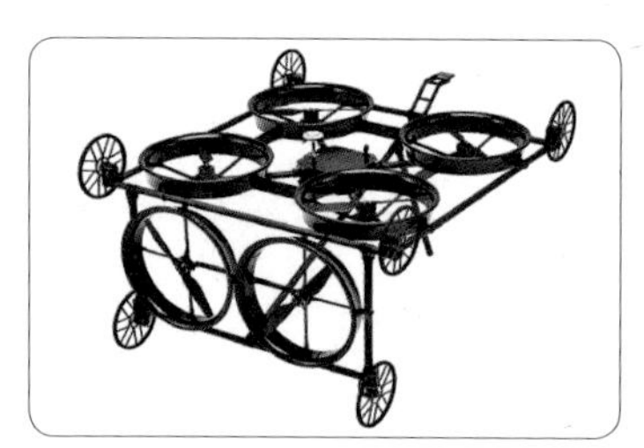

인프라 검사용 드론

택시 드론

물자수송 드론

택배 드론

방목 드론

작황 모니터링 드론

촬영 드론

교량 안전 검사 드론

송전선 안전검사 드론

송유관 안전검사 드론

산불 감시 드론

산림 감시 드론

레저 드론

경찰 드론

방재 드론

초소형 드론

스포츠 중계 드론

지형분석 드론

축구 드론

수색 드론

구조 드론

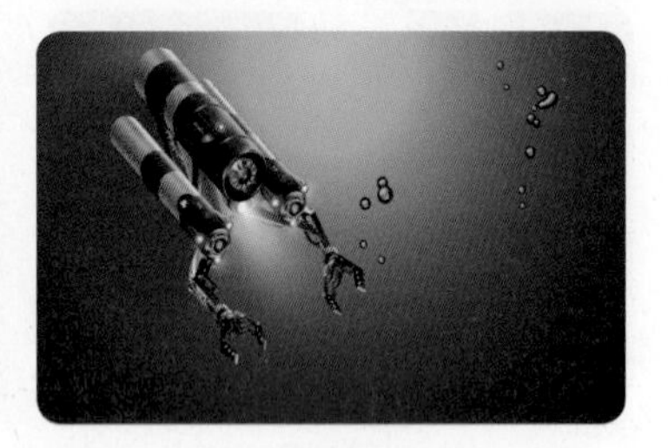

수중 드론

Chapter 3 무인항공기 안전관리

1 관련 법규

(1) 항공안전법

제2조(정의) 제3항

"초경량비행장치"란 항공기와 경량항공기 외에 공기의 반작용으로 뜰 수 있는 장치로서 자체 중량, 좌석 수 등 국토교통부령으로 정하는 기준에 해당하는 동력비행장치, 행글라이더, 패러글라이더, 기구류 및 무인비행장치 등을 말한다.

제2조(정의) 제8항

"초경량비행장치 사고"란 초경량비행장치를 사용하여 비행을 목적으로 이륙하는 순간부터 착륙하는 순간까지 발생한 다음 각 목의 어느 하나에 해당하는 것으로서 국토교통부령으로 정하는 것을 말한다.

1. 초경량비행장치에 의한 사람의 사망, 중상 또는 행방불명
2. 초경량비행장치의 추락, 충돌 또는 화재 발생
3. 초경량비행장치의 위치를 확인할 수 없거나 초경량비행장치에 접근이 불가능한 경우

제2조(정의) 제9항

"항공기준사고"란 항공안전에 중대한 위해를 끼쳐 항공기사고로 이어질 수 있었던 것으로서 국토교통부령으로 정하는 것을 말한다.

제6조(항공안전정책기본계획의 수립)

① 국토교통부장관은 국가 항공안전정책에 관한 기본계획(이하 "항공안전정책기본계획"이라 한다)을 5년마다 수립하여야 한다.

② 항공안전정책기본계획에는 다음 각 호의 사항이 포함되어야 한다.

1. 항공안전정책의 목표 및 전략
2. 항공기사고 · 경량항공기사고 · 초경량비행장치사고 예방 및 운항 안전에 관한 사항

3. 항공기 · 경량항공기 · 초경량비행장치의 제작 · 정비 및 안전성 인증체계에 관한 사항
4. 비행정보구역 · 항공로 관리 및 항공교통체계 개선에 관한 사항
5. 항공종사자의 양성 및 자격관리에 관한 사항
6. 그 밖에 항공안전의 향상을 위하여 필요한 사항

제23조(감항증명 및 감항성 유지)

① 항공기가 감항성이 있다는 증명(이하 "감항증명"이라 한다)을 받으려는 자는 국토교통부령으로 정하는 바에 따라 국토교통부장관에게 감항증명을 신청하여야 한다.

② 감항증명은 대한민국 국적을 가진 항공기가 아니면 받을 수 없다.

③ 감항증명의 유효기간은 1년으로 한다.

제57조(주류 등의 섭취 · 사용 제한)

① 항공종사자 및 객실승무원은 주류, 마약류 또는 환각물질 등의 영향으로 항공업무 또는 객실승무원의 업무를 정상적으로 수행할 수 없는 상태에서는 항공업무 또는 객실승무원의 업무에 종사해서는 아니 된다.

② 항공종사자 및 객실승무원은 항공업무 또는 객실승무원의 업무에 종사하는 동안에는 주류 등을 섭취하거나 사용해서는 아니 된다.

제58조(항공안전프로그램 등)

국토교통부장관은 다음 각 호의 사항이 포함된 항공안전프로그램을 마련하여 고시하여야 한다.

1. 국가의 항공안전에 관한 목표
2. 제1호의 목표를 달성하기 위한 항공기 운항, 항공교통업무, 항행시설 운영, 공항 운영 및 항공기 설계 · 제작 · 정비 등 세부 분야별 활동에 관한 사항
3. 항공기사고, 항공기준사고 및 항공안전장애 등에 대한 보고체계에 관한 사항
4. 항공안전을 위한 조사활동 및 안전감독에 관한 사항
5. 잠재적인 항공안전 위해요인의 식별 및 개선조치의 이행에 관한 사항
6. 정기적인 안전평가에 관한 사항 등

제59조(항공안전 의무보고)

항공기사고, 항공기준사고 또는 항공안전장애를 발생시켰거나 항공기사고, 항공기준사고 또는 항공안전장애가 발생한 것을 알게 된 항공종사자 등 관계인은 국토교통부장관에게 그 사실을 보고하여야 한다.

제61조(항공안전 자율보고)

① 항공안전을 해치거나 해칠 우려가 있는 사건 · 상황 · 상태 등(이하 "항공안전 위해요인"이라 한다)을 발생시켰거나 항공안전 위해요인이 발생한 것을 안 사람 또는 항공안전 위해요인이 발생될 것이 예상된다고 판단하는 사람은 국토교통부장관에게 그 사실을 보고할 수 있다.

② 누구든지 항공안전 자율보고를 한 사람에 대하여 이를 이유로 해고 · 전보 · 징계 · 부당한 대우 또는 그 밖에 신분이나 처우와 관련하여 불이익한 조치를 해서는 아니 된다.

(2) 항공안전법 시행규칙

제130조(항공안전관리시스템의 승인 등)

① 항공안전관리시스템을 승인받으려는 자는 항공안전관리시스템 승인신청서에 다음 각 호의 서류를 첨부하여 제작 · 교육 · 운항 또는 사업 등을 시작하기 30일 전까지 국토교통부장관 또는 지방항공청장에게 제출하여야 한다.

1. 항공안전관리시스템 매뉴얼
2. 항공안전관리시스템 이행계획서 및 이행확약서
3. 항공안전관리시스템 승인 기준에 미달하는 사항이 있는 경우 이를 보완할 수 있는 대체 운영절차

② 승인받은 항공안전관리시스템을 변경할 때 "국토교통부령으로 정하는 중요사항"이란 다음 각 호의 사항을 말한다.

1. 안전목표에 관한 사항
2. 안전조직에 관한 사항
3. 안전장애 등에 대한 보고체계에 관한 사항
4. 안전평가에 관한 사항

제131조(항공안전프로그램의 마련에 필요한 사항)

항공안전프로그램을 마련할 때 국가의 안전정책 및 안전목표에는 다음 각 호의 사항을 반영하여야 한다.

1. 항공안전 분야의 법규체계
2. 항공안전조직의 임무 및 업무분장
3. 항공기사고, 항공기준사고, 항공안전장애 등의 조사에 관한 사항
4. 행정처분에 관한 사항

제134조(항공안전 의무보고의 절차 등)

① 다음 각 호의 어느 하나에 해당하는 사람은 항공안전 의무보고서 또는 국토교통부장관이 정하여 고

시하는 전자적인 보고방법에 따라 국토교통부장관 또는 지방항공청장에게 보고하여야 한다.

1. 항공기사고를 발생시켰거나 항공기사고가 발생한 것을 알게 된 항공종사자 등 관계인
2. 항공기준사고를 발생시켰거나 항공기준사고가 발생한 것을 알게 된 항공종사자 등 관계인
3. 항공안전장애를 발생시켰거나 항공안전장애가 발생한 것을 알게 된 항공종사자 등 관계인

② 보고서의 제출 시기는 다음 각 호와 같다.

1. 항공기사고 및 항공기준사고: 즉시
2. 항공안전장애:
   가. 비행 중 이착륙, 지상운항, 운항준비, 공항 및 항행서비스, 기타에 해당하는 항공안전장애를 발생시켰거나 항공안전장애가 발생한 것을 알게 된 자: 인지한 시점으로부터 72시간 이내
   나. 항공기 화재 및 고장에 해당하는 항공안전장애를 발생시켰거나 항공안전장애가 발생한 것을 알게 된 자: 인지한 시점으로부터 96시간 이내

제135조(항공안전 자율보고의 절차 등)

항공안전 자율보고를 하려는 사람은 항공안전 자율보고서 또는 국토교통부장관이 정하여 고시하는 전자적인 보고방법에 따라 교통안전공단의 이사장에게 보고할 수 있다.

2 안전관리

(1) 안전의 정의

안전이란 사전적으로 "위험하지 않거나 위험이 없음"으로 정의된다. 산업안전에서 안전이란 사람의 사망, 상해 또는 설비나 재산 손해 또는 상실의 원인이 될 수 있는 상태가 전혀 없는 것을 말한다. 국제민간항공기구(ICAO) 안전관리시스템 매뉴얼에서는 "안전이란 인간에게 해를 끼치거나 재산 피해를 일으킬 가능성이 낮춰지고 지속적인 위험요소 인식과 안전 위험 관리의 과정을 통해 허용수준 이하로 유지되고 있는 것"으로 정의하고 있다. 항공 분야에서 안전은 준사고를 포함한 무사고를 의미한다.[21)]

(2) 안전관리

안전관리란 생산성의 향상과 사고로부터의 손실을 최소화하기 위하여 행하는 것으로 사고의 원인 및 경과의 규명과 사고방지에 필요한 과학기술에 관한 체계적인 지식체계의 관리를 말한다. 즉, 사업의 운영에 수반되는 사고의 예방을 위한 경영자의 합리적이고 조직적인 일련의 조치이다. 또한 비능률적 요소인 사고가 발생하지 않는 상태를 유지하기 위한 활동, 즉 사고로부터 인간의 생명과 재산을 보호하기

위한 계획적이고 체계적인 제반 활동이다.

(3) 항공안전관리

항공안전관리란 전 항공종사자가 부여된 항공 임무를 성공적으로 수행하기 위해 비행 임무를 계획하고 준비하고 시행하는 과정에서 위험 요인들을 찾아내어 이를 통제하거나 관리함으로써 항공 자원을 보호하기 위해 실시하는 조직적인 활동 또는 과정을 말한다.[22)]

항공안전관리의 중요성은 경제적인 측면과 조직의 운영유지 측면에서 매우 중요하다. 항공기 사고가 발생하면 일반적으로 항공기 운항은 항공기 사고 조사를 위해 정지되며 적어도 사고의 잠정적인 이유가 밝혀지면 운항이 재개된다. 사고 처리를 위해서는 본연의 임무 이외에 추가적인 업무들이 부여되며 이에 대한 비용을 부담해야 된다. 조종사가 사망하거나 다치면 이에 대한 손실 인력을 훈련시키고 양성해야 하며 이를 위해서는 상당한 비용이 수반된다. 또한 항공기 사고 시 땅에 흡수된 항공연료의 자연정화 및 경우에 따라 소송 발생 시에는 이에 따른 상당한 비용이 요구된다. 항공기 손실에 따른 가동률 감소, 잔여 항공기 운영에 따른 예상치 않은 정비 비용이 등이 수반된다.

항공안전관리의 요소로는 항공종사자의 건강관리, 자격관리 및 안정적인 조직관리 등이 있다.

(4) 안전관리시스템(Safety Management System)

국제민간항공기구(ICAO)에서는 안전저해 요소를 사전에 파악하고 경감, 제거하는 등의 시정 조치를 취할 수 있는 현대적 관점의 안전관리시스템을 도입하여 이를 항공산업 분야의 안전관리에 국제적 표준으로 채택하였으며, 체약국들은 안전관리시스템을 구축하여 운영하는 것을 의무화하였다. 또한 체약국의 항공감독기관은 관리대상이 되는 항공사, 관제기관, 정비회사, 공항 등이 안전관리시스템을 구축하여 운영하도록 관리 및 감독하게 하였다.

우리나라는 안전관리시스템 구축 및 운영에 관한 법이 2007년에 공표되었고, 2009년부터 항공사들은 국토교통부의 요구조건을 충족하는 안전관리시스템을 승인받아 운영하고 있다. 항공안전법 시행규칙 제132조에 따르면 안전관리시스템의 주요 구성요소로서 안전정책 및 목표, 위험도 관리, 안전성과 검증, 안전관리 활성화 및 항공안전 목표 달성에 필요하다고 정하는 사항으로 되어 있다. 국적항공사의 안전관리시스템 규정은 안전정책 및 목표, 위험도 관리, 안전성과 검증, 안전관리 활성화, 부칙으로 구성되어 있다.

안전정책 및 목표에서는 안전관리 시스템의 이행을 위한 조직과 책무, 항공기 사고로 인한 비상상황 발생 시 비상대응계획, 안전관련 규정, 지침 및 매뉴얼 등의 문서관리, 안전성과 모표와 안전성과지표 등의 기준을 제시하고 있다.

위험도 관리요소에서는 위험요소 식별절차, 위험평가 및 경감절차 그리고 안전조사로 되어 있다. 위험관리를 위해서는 무엇보다 위험요소를 식별할 수 있어야 한다. 우선 사전적 방법으로는 잠재 위험요소 보고제도를 통해 잠재 위험요소를 파악할 수 있으며, 안전관련 데이터의 추세 모니터링을 통해 위험 발생을 예측해 볼 수 있다. 사후적 방법으로 사고조사를 들 수 있다. 사고조사는 위험요소 식별 측면에서만 보면 가장 효과적인 방법이라 할 수 있다.

안전성과 검증은 일회성이 아닌 반복 순환을 강조하고 있다. 안전관리시스템이 효율적으로 구성되었는지, 절차상의 문제점은 없는지, 지속 모니터링과 피드백을 통해 시스템을 보완하고 수정하여 안전 성능을 향상시키고 유지하도록 하는 절차를 요구하고 있다.

안전관리 활성화는 안전 커뮤니케이션과 교육 훈련으로 구분할 수 있다. 안전정책, 안전포스터, 안전 캠페인, 안전회의 등의 커뮤니케이션을 통해 중요 안전정보의 전달, 새로 도입되거나 변경된 안전절차에 대한 설명이 이루어진다.

(5) 안전문화

마르셀 시마드(Marcel Simard)는 안전문화란 안전관리시스템의 기초로 작용하는 가치, 신념, 및 원칙을 포함하며 그러한 기본 원칙을 예시하고 강화하는 일련의 관습과 행동을 포함하는 개념으로 정의하였다.

안전문화는 주어지는 것이 아니라 사회적으로 구성할 수 있는 것으로서 안전행동과 관리자의 안전에 대한 태도와 신념, 의사소통의 질과 개방성, 작업수행 압력, 효율과 안전 사이의 갈등, 직무만족, 동료와의 관계 등과 같이 조직 및 종사자와 관련된 현안들과 밀접하게 관련되어 있다. 긍정적인 안전문화는 안전에 대한 규범과 태도뿐만 아니라 잠재적인 위험을 발굴하여 학습할 수 있도록 하는 조직적 특성이며, 종사자들이 고위험시설에서 안전하게 행동할 수 있게 한다.

국제민간항공기구(ICAO) 안전관리 매뉴얼에서는 항공사의 안전문화 유형을 강도에 따라 다음과 같이 분류하였다.

미약한 안전문화는 문제를 일으킬 수 있는 전조가 난무하여 필요한 정보들은 묻혀버리고 종사자들은 책임을 회피하는 경향이며, 조직원들의 불만이 확산되고 새로운 아이디어는 무시된다.

관료적 안전문화는 문제를 일으킬 수 있는 전조는 간과해버리고 유용한 정보는 무시되며, 책임은 상호관계를 의식하여 획일적으로 구분한다. 새로운 아이디어는 문제가 있는 경우에만 제기된다.

긍정적 안전문화는 운항 중에 나타나는 위험요소들에 대하여 사전에 대비하고 활발하게 정보를 찾으며 책임은 공유된다. 새로운 아이디어는 언제나 환영을 받는다.

바람직한 안전문화가 정착되기 위해서는 모든 조직원이 항공안전관리 시스템의 개념 및 필요성을 인식하고 안전에 대한 책임을 공유하는 문화가 정착되어야 한다.

〈안전문화의 비교〉

구분	미약한 안전문화	관료적 안전문화	긍정적 안전문화
위험요소 정보	억제	무시	적극 발굴
안전 전달자	훼방 또는 처벌	방관	훈련과 격려
안전에 대한 책임	회피	분할	공유
안전정보 전파	방해	허용하나 방해	포상
실패에 대한 처리	은폐	국지적 해결	조사와 조직적 혁신
새로운 생각	저지	새로운 문제	환영

피터슨(Petersen D.)은 긍정적인 안전문화를 조성하기 위한 6가지 기준을 제시하였다.

- 매일 정기적이고 적극적인 감독활동을 보장하는 시스템이 있어야 한다.
- 중간 관리자의 과제와 활동이 시스템적으로 보장되어야 한다.
- 최고경영층이 안전이 조직에서 갖는 우선순위가 높다는 것을 가시적으로 보여주고 지지해야 한다.
- 근로자가 원하면 누구나 안전 관련 활동에 적극적으로 참여할 수 있어야 한다.
- 안전관리시스템은 유연하여 모든 단계에서 여러 가지 선택이 가능해야 한다.
- 안전에 대한 노력은 근로자에게 긍정적인 것으로 여겨져야 한다.

(6) 보고문화

강제적인 안전보고제도를 규정하는 법규들은 상세하고 구체적이어야 하기 때문에 항공종사자의 인적요인에 대한 것보다는 항공시스템의 기계적, 기술적 측면의 결함이나 위험에 치중하는 경향이 있다. 이러한 한계를 극복하기 위해 자발적 보고제도를 도입하여 강제적 제도하에서 획득하지 못하였던 항공종사자들의 인적요인 측면의 위험정보 획득에 초점을 맞추고 있다. 이러한 관점에서 자율보고제도는 의무보고제도와 달리 분석적인 안전 데이터를 수집할 수 있고, 고품질의 정보, 그리고 인적요인 측면의 정보를 수집하는 데 있어서 매우 유리한 특징이 있다. 그러나 자율보고제도는 글자 그대로 종사자의 자율에 의하여 이루어지며 강제성이 없기 때문에 항공종사자의 적극적인 협조가 요구되는데 이는 건전한 안전문화와 보고문화의 정착에 의해서만 가능하다.

하인리히(Heinrich H. W.)는 1:600 법칙을 변형한 에러 빙산(Error Ice Berg)에서 수면 위에 노출된 1건의 중대재해 밑에는 40건의 엔진 정지, 회항, 지연 및 결항 등의 준사고들이 있으며, 가장 아랫부분의 600건의 보고되지 않은 실수 및 아차 사고 등의 잠재적인 위험요인들은 단지 운이 좋아서 발전되지 않았을 뿐 사고 발생에 결정적인 영향을 미칠 수 있다고 하였다. 즉, 수면 아래 보이지 않는 잠재적인 사고 요인들을 줄이거나 제거하지 않는 한 사고는 다시 수면 위로 떠오른다는 점을 인식하여야 한다.

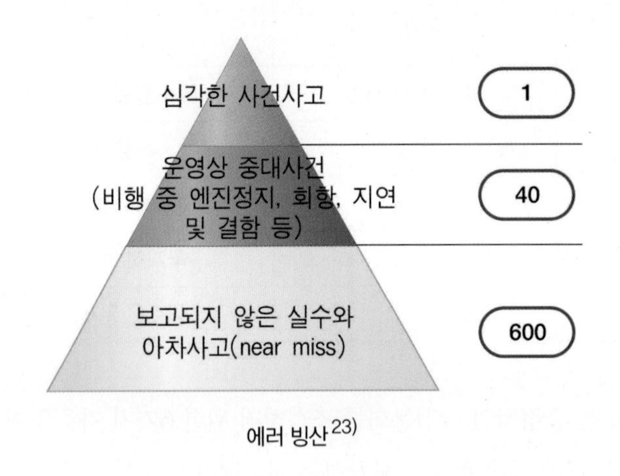

에러 빙산[23)]

이러한 인식하에 미연방항공청(FAA)은 항공 부문의 안전문화와 안전문화의 의미를 항공교통업무의 안전규정에 포함되어 있는 어떤 활동에서 개인적 헌신과 개개인의 책임이라고 정의하면서 안전문화는 나아가서는 적극적인 보고문화에 의해 더 강화되는 데 적극적인 보고문화를 가진 조직은 다음 중 하나라고 소개하고 있다.

- 보고시스템이 단순하고 사용자에게 친근하다.
- 관리자가 안전 관련 문제 발생 시 보고를 장려한다.
- 안전보고서를 제출하는 직원에 대한 대우가 정당하다.
- 접수된 보고서가 조사되어진다.
- 최초 보고자에게 피드백이 제공된다.
- 개인 정보의 노출방지와 관련하여 신빙성이 유지된다.
- 습득된 교훈이 모든 직원들에게 전파된다.
- 관리자는 보고서에 제출된 사고의 재발 방지를 위해 개선 조치를 한다.

국제민간항공기구(ICAO) 안전관리 매뉴얼에서는 성공적인 안전에 관한 보고특성으로 정보, 자발적, 책임, 유연성, 학습 등 5가지 기본 특성을 예시하였다.

〈효과적인 안전보고의 특성〉

기본 특성	내용
정보 (information)	전체적인 시스템의 안전을 결정하는 전문적이고 유기적인 요소들을 알고 있다.
자발적 (willingness)	그들의 실수나 경험들을 자진해서 보고할 것이다.
책임 (accountability)	필수적인 안전관련 정보들을 제공하는데 격려되고 보상된다. 그러나 수용 가능한 행위와 그렇지 않은 행위 사이에는 명확한 차이가 존재한다.
유연성 (flexibility)	특이한 상황에 처하였을 때 정착되어진 방식에서 직접적인 보고방식으로 보고를 조정할 수 있다. 이렇게 함으로써 정보가 적절한 의사결정계층에게 전달되도록 한다.
학습 (learning)	안전정보 시스템으로부터 결론을 얻기 위한 능숙함과 주요 개선의 실행을 위한 의지를 가진다.

우리나라는 "항공기 사고/준사고 보고제도"(국토교통부 주관)와 "항공안전자율보고제도"(교통안전공단 주관)를 운영하고 있다.

국제민간항공기구(ICAO)에서는 항공기 사고란 항공기 운항과 관련하여 초래된 사건을 의미하는 것으로 비행 운행 중에 일어난 인명 사망 또는 중상, 항공기의 구조 및 특성에 악영향을 미치거나 항공기의 구조적 파손을 초래하는 모든 사고"라고 정의하고 있으며, 준사고란 "항공기의 안전운항 영향을 주거나 항공기 사고 이외의 사건"이라고 정의하고 있다.

항공안전법상의 무인항공기(초경량비행장치)의 사고란 초경량비행장치에 의한 사람의 사망, 중상 또는 행방불명, 초경량비행장치의 추락, 충돌 또는 화재 발생, 초경량비행장치의 위치확인 불가 또는 초경량비행장치에 접근이 불가능한 경우를 말한다.

3 항공인적요인

(1) 인적요인(Human Factor)의 정의[24)]

인적요인은 인간과 관련된 모든 분야에서 과학적, 체계적으로 사람과 사람들의 관계와 사람들이 만들어내는 시스템과 제품의 상관관계를 다룬다. 즉, 인적요인은 인간이 일이나 일상생활에서 사용하는 상품, 장비, 시설, 절차, 환경과 인간의 상호작용에 초점을 두고 있다.

샌더스(Senders J. W.) 등은 인적요인은 사람이 사용하는 사물을 바꾸고 사람의 능력, 한계 그리고 사람의 필요에 맞도록 사람이 활동하는 주변의 환경을 바꾸려고 노력하는 것이라고 하였다.

국제민간항공기구(ICAO)의 인적요인 훈련 매뉴얼에서는 장비, 절차 그리고 환경과 사람과의 관계와 사람이 일하고 살아가는 환경의 중심에 있는 사람에 대한 것으로서 인간의 업무성과를 포함하며 인간과학을 시스템적으로 적응시키는 과정에서 인간의 업무성과를 최적화시키는 것이라고 하였다.

(2) 항공 분야에서의 인적요인

인적요인은 대부분이 항공기 사고와 준사고의 근간을 이루고 있다. 이에 따라 항공 분야에서 인적요인에 대한 배분의 연구들은 전통적으로 항공기를 직접 운항하는 운항승무원과 관제 분야에 집중되어 있다.

항공기 좌석에는 조종사들이 조작 방법을 제대로 파악할 수 없을 만큼 수많은 계기, 스위치 및 레버가 무분별하게 배치되어 있어 근무 강도가 급격히 증가하는 비상 상황에서는 계기를 잘못 판독하거나 스위치를 잘못 조작하는 등 조종사의 실수를 유발할 수 있다는 점을 감안하여 설계 및 제작과정에 인적요인의 개념을 도입하여 조종실 환경을 시스템적으로 만드는 것이다. 1947년 폴 피트(Paul Fitt)의 연구보고서에 의하면 대부분의 조종사들은 조종실 환경에 관련하여 다음과 같은 불만을 가지고 있는 것으로 조사되었다.

- 계기, 스위치, 레버가 분사되어 있어서 한 번에 식별하기 어려우며 따라서 비상시에는 엉뚱한 계기를 읽거나 스위치나 레버를 잘못 조작할 수 있다.
- 대부분 계기의 외양이 비슷하여 쉽게 착각을 일으킬 수 있다.
- 계기바늘 및 스케일을 잘못 판독하기 쉽다.

이러한 연구결과를 토대로 조종실 내의 계기, 스위치, 경고등, 레버 등을 재설계 또는 재배치를 고려하게 되었다. 최근에는 조종실이 전자화, 자동화, 디지털화됨에 따라 많은 계기가 통합되어 2개의 CRT로 대체할 수 있게 되었다.

(3) 인적오류(Human Error)

인적오류, 인적과오 또는 인간에러는 "미리 부과된 기능을 인간이 다하지 않기 때문에 생기는 것으로 사람에게 내재된 시스템의 기능을 약화시킬 가능성이 있는 것"으로 정의된다. 인적오류는 시스템의 어느 곳에 문제가 있었는가를 말해주기는 하지만 그러한 문제가 왜 발생하였는가를 알려주지 못한다. 그러나 어떤 사고든 인적오류는 가장 최종 단계의 원인에 불과할 뿐이고 그 배경에는 인간을 둘러싼 환경, 조직, 문화 등 보다 근본적인 원인들이 잠재되어 있다는 것을 알 수 있다. 인적요인을 개인의 실수나 인간의 한계만을 고려한 협의의 접근으로는 항공사고의 발생을 줄이는 데 한계가 있기 때문에 인간 행동의 배경이 되는 사회적 환경 및 조직의 문제까지를 고려한 포괄적 인식과 다양한 접근이 필요하다.

4 항공안전자율보고제도(KAIRS; Korea Aviation Voluntary Incident Reporting System)[25]

(1) 국내 항공안전 보고제도

① 운영 배경 및 현황

1997년 6월 캐나다에서 개최한 제2차 아시아태평양경제협력체(APEC) 교통장관회의에서 각 회원국들이 항공안전 비밀보고제도를 도입하여 수집한 정보를 공유하기로 한 결의에 따라 우리나라도 국가항공안전시스템의 향상 도모를 목적으로 2000년 1월부터 항공안전제도를 운영하고 있다. 국제민간항공기구(ICAO)에서 권고하는 의무보고와 자율보고에 대한 구분이 없이 운영하다 보니 조사 및 보고에 대한 문제점이 발생하여 2009년 6월 의무보고(항공기사고/준사고 보고제도, 항공안전장애 보고제도)와 자율보고(항공안전자율보고제도)로 분리하여 운영하고 있다. 의무보고제도는 정부 당국(국토교통부 항공정책실)에서 담당하고 있으며, 자율보고제도는 제3자적 입장에 있는 교통안전공단에서 운영하고 있다.

※ 제3자적 입장이란 안전보고의 신원 보장 및 보고정보의 호보를 위하여 안전보고자에게 불이익을 줄 수 있는 안전보고자가 소속된 조직이나 규제 당국(국토교통부)이 아닌 중립적 위치에 있는 것을 말하는 것으로서 교통안전공단이 이 요건에 해당한다.

② 항공안전보고의 종류

보고 종류	운영기관	비고
항공기사고/준사고	국토교통부	의무보고제도
항공안전장애		
항공안전자율보고	교통안전공단	자율보고제도

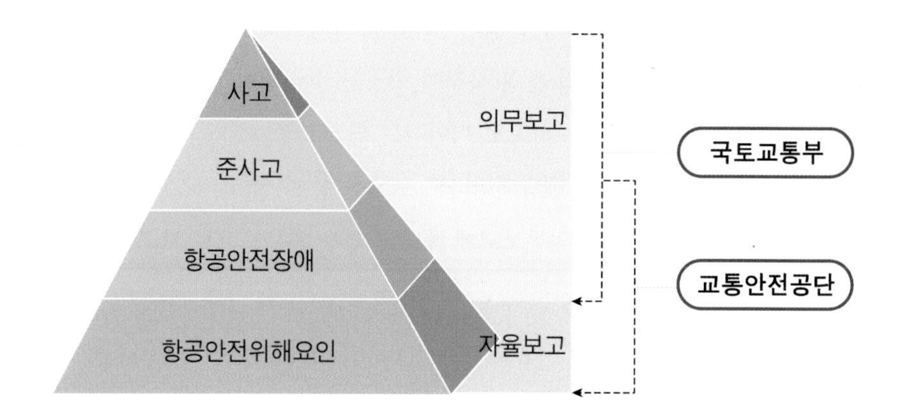

(2) 항공안전자율보고제도

① 일반

항공안전자율보고제도는 항공안전 위해요인(항공안전을 해치거나 해칠 우려가 있는 사건 · 상황 · 상태)을 발생시켰거나 항공안전 위해요인이 발생한 것을 안 사람 또는 항공안전 위해요인이 발생될 것이 예상된다고 판단하는 사람이 이를 자율보고제도운영기관에게 보고하도록 하고, 자율보고제도운영기관은 보고된 사건 내용을 전문적으로 분석하여 발견된 위험을 관계 당국에 알려 문제점을 하도록 하는 동시에, 해당 사례는 항공안전자율보고 정보지 등을 통해 항공종사들에게 전파함으로써 유사한 위험사례가 발생하지 않도록 하는 사전 예방적 안전프로그램이다.

항공안전자율보고제도에서는 위험 상황을 발생시키거나 관계된 사람이 처벌이나 불이익에 대한 두려움 없이 자유롭게 보고를 할 수 있도록 보고자의 신원 및 신원노출 관련 정보가 공개되지 않도록 해야 하는 것이 핵심이기 때문에 보고 내용이 분석된 이후에 관계 당국에 위험정보를 제공하거나 항공종사자에게 전파하는 등의 정보활용 단계에서는 보고자의 신원이 노출되지 않도록 보고자의 개인정보 및 신원 관련 정보를 비밀에 부친다고 해서 비밀보고제도(CRS; Confidential Reporting System)라고도 불린다.

② 시행 배경

항공안전자율보고제도 시행의 국제적인 근거는 국제민간항공기구(ICAO) 부속서 13에서 찾을 수 있다. 국제민간항공기구(ICAO) 부속서 13(8장)에서는 항공안전을 확보하기 위한 수단으로서 국제민간항공조약국은 정부가 담당하는 항공안전의무제도와 여기에서 수집되지 않은 유해요인 발굴을 목적으로 제3의 기관에서 항공안전자율보고제도를 운영하도록 명시하고 있다.

③ 항공안전자율보고제도 보고 대상

항공안전자율보고제도 보고 범위는 항공기의 안전을 해치거나 해칠 우려가 있는 모든 사건이나 비정상 상황이 보고 대상이다. 이 제도의 운영 목적이 항공안전에 영향을 줄 수 있는 사건, 상태, 상황들을 발본하여 전파함으로써 사고나 준사고로 이어지는 연결고리를 차단하는 데 있기 때문에 항공안전법에 정해져 있는 의무보고 범위에 해당되더라도 보고를 할 수 있고, 교통안전공단에서는 이를 접수 처리하는 동시에 해당 보고 사안이 의무보고에 해당할 경우 의무보고로 보고를 하도록 안내를 해주고 있다.

④ 항공안전자율보고제도의 특성

항공안전보고제도는 자유롭고 활발한 보고를 통해 문제를 수정함으로써 안전을 증대시키는 것이 목적이다. 이를 위해 일반적으로 자율적 성격의 항공안전자율보고제도는 신분 보호, 비처벌, 안전정보 공유의 3가지를 기본원칙으로 하고 있다.

보고 제출을 활성화하기 위해 보고자에 대한 비밀보호와 면책을 항공안전법 제61조 제3, 4항에서 보장하고 있다.(③ 누구든지 항공안전 자율보고를 한 사람에 대하여 이를 이유로 해고 · 전보 · 징계 · 부당한 대우 또는 그 밖에 신분이나 처우와 관련하여 불이익한 조치를 해서는 아니 된다. ④ 국토교통부장관은 항공안전 위해요인을 발생시킨 사람이 그 항공안전 위해요인이 발생한 날부터 10일 이내에 항공안전 자율보고를 한 경우에는 제43조 제1항에 따른 처분을 하지 아니할 수 있다.)

보고자의 신분 보호를 위해 원보고서 서식 중 인적사항 기재 부분을 절취하여 특별한 사유가 없는 한 접수 후 10일 이내에 보고자에게 반송하여 원천적으로 보고자의 신원을 알 수 없도록 하고 있으며, 복사 등 기타 어떤 방법으로도 이를 보관하지 않고 있다. 또한 보고 내용도 분석 및 전파를 완료한 후에는 보고자를 알 수 없도록 일반화하여 보존하고 있다.

⑤ 항공안전자율보고 제출처

- 전화: 054-459-7391
- 이메일: kairs@ts2020.kr
- 홈페이지: www.airsafety.or.kr
- 항공안전자율보고 인터넷 서식

항공안전 자율보고

(*)는 필수 입력항목입니다.

보고분야 구분(*)	ㅇ조종 ㅇ관제 ㅇ정비 ㅇ객실 ㅇ조업 ㅇ기타		
발생유형		호출부호	EX)KE 1234
등록기호	EX)HL1234	항공기 기종 (공항, 항행시설 명칭 등)	EX)B797~B00
발생일자(*)		발생시간(*)	오전(AM) 시(hr) 분(min)
발생장소	공항명 또는 발생지점		
발생단계	ㅇ지상 ㅇ이륙 ㅇ출발 ㅇ순항 ㅇ접근 ㅇ착륙 ㅇ기타		
비행구간	EX)GMP/CJU	비행고도	0 Feet
당시기상		승객수	0 명
승무원수	운항승무원 0 명 객실승무원 0 명		
직책(소속) (*)		소지자격	
근무(비행) 시 간	근무(비행) 시간 0 년		
상황기술(*)			
보고자의 성명(*)			
연락처(택 1)	휴대전화 010 · · 전화번호 02 · ·		
보고자의 이메일(*)	@ 선택하세요		
보고자의 주소	우편번호찾기		
비밀번호(*)	접수확인 및 등록조회시 필요합니다.		

접수에 문제가 계속되면 담당자에게 문의하세요.
문제를 해결할 수 있도록 도와 드리겠습니다.

연락처: 054-459-7391 / 이메일: jsjung@kotsa.or.kr

접수하기 취소

5 조종자 준수사항 및 안전수칙

(1) 조종자 준수사항

항공안전법 제129조(초경량비행장치 조종자 등의 준수사항)

① 초경량비행장치의 조종자는 초경량비행장치로 인하여 인명이나 재산에 피해가 발생하지 아니하도록 국토교통부령으로 정하는 준수사항을 지켜야 한다.

② 초경량비행장치 조종자는 무인자유기구를 비행시켜서는 아니 된다. 다만, 국토교통부령으로 정하는 바에 따라 국토교통부장관의 허가를 받은 경우에는 그러하지 아니하다.

③ 초경량비행장치 조종자는 초경량비행장치 사고가 발생하였을 때에는 국토교통부령으로 정하는 바에 따라 지체 없이 국토교통부장관에게 그 사실을 보고하여야 한다. 다만, 초경량비행장치 조종자가 보고할 수 없을 때에는 그 초경량비행장치 소유자 등이 보고하여야 한다.

④ 무인비행장치 조종자는 무인비행장치를 사용하여 개인정보 또는 개인위치정보 등 개인의 공적 · 사적 생활과 관련된 정보를 수집하거나 이를 전송하는 경우 타인의 자유와 권리를 침해하지 아니하도록 하여야 한다.

⑤ 제1항에도 불구하고 초경량비행장치 중 무인비행장치 조종자로서 야간에 비행 등을 위하여 국토교통부령으로 정하는 바에 따라 국토교통부장관의 승인을 받은 자는 그 승인 범위 내에서 비행할 수 있다. 이 경우 국토교통부장관은 국토교통부장관이 고시하는 무인비행장치 특별비행을 위한 안전기준에 적합한지 여부를 검사하여야 한다.

항공안전법 시행규칙 제310조(초경량비행장치 조종자의 준수사항)

① 초경량비행장치 조종자는 법 제129조 제1항에 따라 다음 각 호의 어느 하나에 해당하는 행위를 하여서는 아니 된다. 다만, 무인비행장치 조종자에 대해서는 제4호 및 제5호를 적용하지 아니한다.

1. 인명이나 재산에 위험을 초래할 우려가 있는 낙하물을 투하(投下)하는 행위
2. 인구가 밀집된 지역이나 그 밖에 사람이 많이 모인 장소의 상공에서 인명 또는 재산에 위험을 초래할 우려가 있는 방법으로 비행하는 행위
3. 관제공역 · 통제공역 · 주의공역에서 비행하는 행위. 다만, 비행승인을 받은 경우와 다음 각 목의 행위는 제외
   가. 군사목적으로 사용되는 초경량비행장치를 비행하는 행위
   나. 다음의 비행장치로 관제권 또는 비행금지구역이 아닌 곳에서 150m 미만의 고도에서 비행하는 행위

1) 무인비행기, 무인헬리콥터 또는 무인멀티콥터 중 최대이륙중량이 25kg 이하인 것

2) 무인비행선 중 연료의 무게를 제외한 자체 무게가 12kg 이하이고, 길이가 7m 이하인 것

4. 안개 등으로 인하여 지상목표물을 육안으로 식별할 수 없는 상태에서 비행하는 행위
5. 비행시정 및 구름으로부터의 거리 기준을 위반하여 비행하는 행위
6. 일몰 후부터 일출 전까지의 야간에 비행하는 행위. 다만, 150m 미만의 고도에서 운영하는 계류식 기구 또는 허가를 받아 비행하는 초경량비행장치는 제외한다.
7. 마약류 또는 환각물질 등의 영향으로 조종업무를 정상적으로 수행할 수 없는 상태에서 조종하는 행위 또는 비행 중 주류 등을 섭취하거나 사용하는 행위
8. 그 밖에 비정상적인 방법으로 비행하는 행위

② 초경량비행장치 조종자는 항공기 또는 경량항공기를 육안으로 식별하여 미리 피할 수 있도록 주의하여 비행하여야 한다.

③ 동력을 이용하는 초경량비행장치 조종자는 모든 항공기, 경량항공기 및 동력을 이용하지 아니하는 초경량비행장치에 대하여 진로를 양보하여야 한다.

④ 무인비행장치 조종자는 해당 무인비행장치를 육안으로 확인할 수 있는 범위에서 조종하여야 한다. 다만, 법 제124조 전단에 따른 허가를 받아 비행하는 경우는 제외한다.

⑤ 「항공사업법」 제50조에 따른 항공레저스포츠사업에 종사하는 초경량비행장치 조종자는 다음 각 호의 사항을 준수하여야 한다.

1. 비행 전에 해당 초경량비행장치의 이상 유무를 점검하고, 이상이 있을 경우에는 비행을 중단할 것
2. 비행 전에 비행안전을 위한 주의사항에 대하여 동승자에게 충분히 설명할 것
3. 해당 초경량비행장치의 제작자가 정한 최대이륙중량을 초과하지 아니하도록 비행할 것
4. 동승자에 관한 인적사항(성명, 생년월일 및 주소)을 기록하고 유지할 것

〈혈중 알코올 농도와 신체 상태〉

알코올 농도	섭취량(소주)	신체 증상
0.05% 이하	2~3잔	상쾌한 기분, 약간의 감각 마비
0.05~0.1%	6~7잔	말이 많아짐, 긴장감 해소
0.1~0.15%	8~9잔	이성적 행동 조절 안 됨, 균형감 저하
0.15~0.25%	14~15잔	운동신경 마비, 언어구사 부정확
0.25~0.35%	31~32잔	의식 혼탁, 보행 불가
0.35~0.5%	37~38잔	혼수 상태

출처 한국음주문화연구센터

(2) 조종자 안전수칙[26)]

① 조종자는 항상 경각심을 가지고 사고를 예방할 수 있는 방법으로 비행해야 한다.

② 비행 중 비상사태에 대비하여 비상절차를 숙지하고 있어야 하며, 비상사태에 직면하여 비행장치에 의해 인명과 재산에 손상을 줄 수 있는 가능성을 최소화할 수 있도록 고려하여야 한다.

③ 가급적 이륙 시 육안을 통해 주변 상황을 지속적으로 감지할 수 있는 보조요원과 같이 하며, 이착륙 시 활주로에 접근하는 내외부인의 부주의한 접근을 통제할 수 있는 지상안전 요원이 배치된 장소에서 비행하여야 한다.

④ 아파트 단지, 도로, 군부대 인근, 원자력 발전소 등 국가 중요시설, 철도, 석유, 화학, 가스, 화약 저장소, 송전소, 변전소, 송전선 인근, 사람이 많이 모인 대형 행사장 상공 등에서 비행해서는 안 된다.

⑤ 전신주 주위 및 전선 아래에 저고도 미식별 장애물이 존재한다는 의식하에 회피기동을 하여야 하며, 사고 예방을 위해 전신주 사이를 통과하는 것은 자제하여야 한다.

⑥ 비행 중 배터리 지시계를 주의 깊게 관찰하며, 배터리 잔량을 확인하여 계획된 비행을 안전하게 수행하여야 한다.

⑦ 비행 중 원격 제어장치, 원격 계기 등의 이상이 있음을 인지하는 경우에는 즉시 가까운 이착륙 장소에 안전하게 착륙하여야 한다.

⑧ 충돌사고를 방지하기 위해 다른 비행체에 접근하여 드론을 비행해서는 안 되며 편대비행을 해서는 안 된다.

⑨ 드론 조종자는 항공기를 육안으로 식별하여 미리 피할 수 있도록 주의하여 비행하여야 하며, 다른 모든 항공기에 대하여 우선적으로 진로를 양보하여야 하고, 발견 즉시 회피할 수 있도록 조치하여야 한다.

⑩ 군 작전 중인 항공기가 불시에 저고도, 고속으로 나타날 수 있음을 항상 유의하여야 하며, 군 방공비상사태 인지 시 즉시 비행을 중지하고 착륙하여야 한다.

Chapter 4

항공정보시스템

1 항공정보 일반

(1) 항공정보업무의 목적

항공정보업무의 목적은 글로벌 항공교통관리스템에 대하여 환경적으로 지속 가능한 측면에서 안전성 · 정규성 · 경제성 및 효율성을 확보하기 위해서 필요한 항공자료 및 항공정보의 흐름을 보장하는 데 있다.[27)]

(2) 항공정보 참조 기준

① 국제항공항행에 사용하는 수평참조기준으로 WGS-84 체계를 적용한다.

※ WGS-84(World Geodetic System 84): GPS를 이용한 지구좌표체계

② 국제항공항행에 사용하는 수직참조기준으로 평균해수면 기준(MSL datum)을 사용하여야 한다.

(3) 시간정보 참조 기준

국제항공항행에 사용하는 시간 참조 기준으로 그레고리력(Gregorian calender)과 국제표준시(UTC)를 사용하여야 한다.

※ UTC(Coordinated Universal Time)
예) UTC+01: 국제표준시보다 1시간 빠른 시간대

(4) 항공정보 관리

① 국제민간항공기구(ICAO) 이사회에서는 1953년 5월 ICAO Annex 15 Aeronautical Information Services를 채택하였다.

② 이에 따라 우리나라는 국토교통부에서 대한민국 전 영토와 인천비행정보구역을 포함한 해상공역에 대하여 정보 수집 및 전파에 책임을 지고 항공기의 안전, 규칙과 국내외 항공항행을 위해 필요한 정보교유업무를 수행하고 있다.

③ NOTAM을 제외한 항공정보간행물, AIRAC 및 AIC에 대한 발간업무는 2003년 2월부터 국토교통부의 책임하에 항공진흥협회에서 편집 · 인쇄 · 판매 및 배포업무를 담당하고 있다.

2 항공정보 출판물

(1) 항공정보 출판물은 통합 종합항공정보집의 형태로 제공된다.

종합항공정보집이란 항공정보간행물 수정판을 포함한 항공정보간행물(AIP), 항공정보간행물 보충판(AIP Supplement), 항공고시보(NOTAM) 및 비행전정보게시(PIB), 항공정보회람(AIC), 유효 항공고시보 대조표 및 목록으로 구성된 인쇄물 또는 전자적 매체 패키지를 말한다.

(2) 항공정보간행물(AIP; Aeronautical Information Publication)

항공항행에 필수적이고 영구적인 항공정보를 수록한 간행물을 말한다.

(3) 항공정보간행물 보충판(AIP Supplement)

3개월 이상의 장기간의 일시적인 변경 및 많은 분량의 본문 또는 그림을 포함하는 단기간의 정보 사항에 대해서 발간한다.

(4) 항공정보회람(AIC; Aeronautical Information Circular)

비행안전 · 항행 · 기술 · 행정 · 규정 개정 등에 관한 내용으로서 항공고시보(NOTAM) 또는 항공정보간행물(AIP)에 의한 전파의 대상이 되지 않는 정보를 수록한 공고문을 말한다.

(5) 항공정보관리절차(AIRAC; Aeronautical Information Regulation & Control)

운영방식에 대한 변경을 필요로 하는 다음에 명시된 설정, 폐지 및 사전 계획에 의한 중요한 변경에 대하여 발효 일자를 기준으로 사전 통보하기 위한 체제를 말한다. AIRAC 절차에 따라 공고된 정보는 발효 일자로부터 최소 28일 동안은 변경하여서는 안 된다.

(6) 항공고시보(NOTAM)

① 비행 운항에 관련된 종사자들에게 반드시 적시에 인지하여야 하는 공항시설, 업무, 절차 또는 위험의 신설, 운영 상태 또는 그 변경에 관한 정보를 수록하여 전기통신 수단에 의하여 배포되는 공고문을 말한다.

② 항공고시보의 발행은 운영 또는 제한 일자로부터 최소한 7일 이전에 공고하여야 한다. 항공고시보의 기간은 3개월 이상 유효해서는 안 된다. 공고되는 상황이 3개월 초과할 것으로 예상된다면 반드시 보

충판으로 발간되어야 한다.

③ 대한민국 내에 지정된 항공고시보 취급소는 국제 항공고시보 1개소(중앙항공정보실), 국내 항공고시보 17개소(각 비행장 항공정보실)이다.

④ 직접 비행에 관련 있는 항공정보의 발효 기간이 일시적이며 단기간이거나 운영상 중요한 사항의 영구적인 변경 또는 장기간의 일시적인 변경 사항이 짧은 시간 내에 고시가 이루어질 때에는 신속히 항공고시보를 작성하여 발행한다. 항공시보는 다음 사항들이 발생하였을 때 발행한다.

- 비행장 또는 활주로의 설치, 폐쇄 또는 운용상 중요한 변경
- 항공업무의 신설, 폐지 및 운용상 중요한 변경
- 무선항행과 공지통신업무의 운영 성능의 중요한 변경, 설치 또는 철거
- 시각보조시설의 설치, 철거 또는 중요한 변경
- 금지구역, 제한구역, 위험구역의 설정 또는 폐지
- 항행에 영향을 미치는 장애요소의 발생 등

(7) 전자항공정보간행물(eAIP)

AIP, AIP 수정판 및 보충판, AIC의 전자문서를 말한다.

3 항공정보시스템

(1) 항공정보시스템(AIS)

① 개요

항공정책실은 우편이나 항공고정통신망(AFTN)으로 제공하여 오던 항공정보(AIP, NOTAM)를 항공기 운용자 및 일반 국민도 실시간으로 확인할 수 있도록 홈페이지 형태의 전용시스템을 구축하여 제공하고 있다. NOTAM, AIP 등 비행에 필요한 정보는 항공정보시스템을 통하여 얻을 수 있으며, 홈페이지 주소는 'http://ais.casa.go.kr'이다. 항공정보시스템의 초기 화면은 다음과 같다.

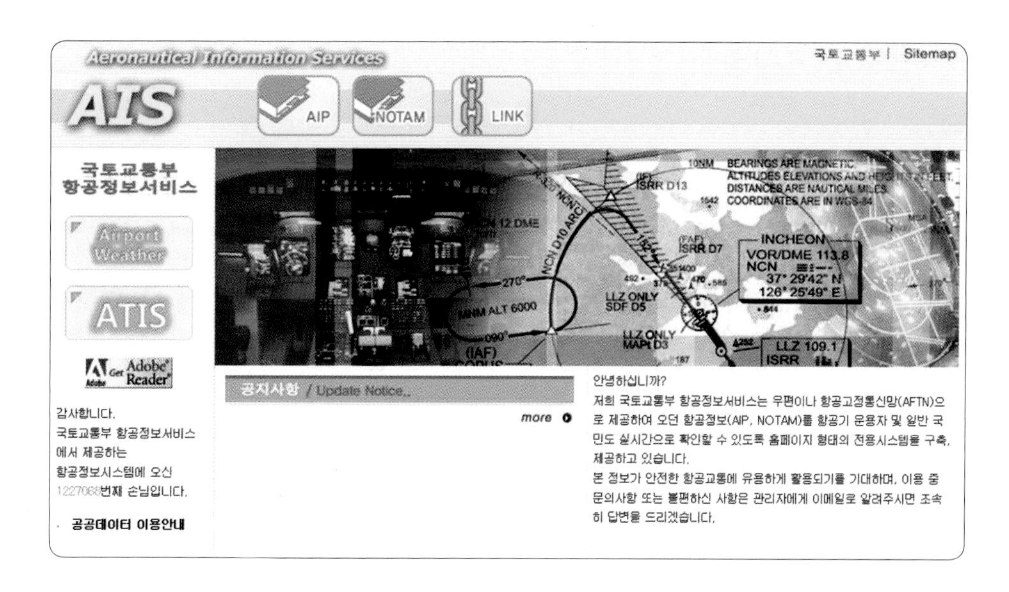

② 구성

항공정보시스템은 다음과 같은 내용으로 구성되어 있다.

순서	목록	내용
1	메인화면	항공정보시스템 웹홈페이지로 들어가면 나타나는 초기 화면
2	AIP	AIP 정보 확인 화면
3	NOTAM	NOTAM 정보 확인 화면
4	LINK	관련기관 및 외국 AIS 홈페이지로 연결하는 화면
5	항공자료	안전본부 홈페이지의 공개자료실로 연결하는 화면
6	공지사항	공지사항 열람
7	사이트맵	사이트 전체의 메뉴구성 제공
8	웹마스터	웹마스터에게 질의, 건의사항 등 발송 화면
9	Airport Weather	항공기상대 홈페이지로 연결하는 버튼
10	ATIS	항공기 등록, 감항성 개선지시, 형식증명 등 감항/인증안전관리 홈페이지로 연결하는 버튼
11	Adobe Reader	한글 PDF 파일을 볼 수 있게 지원하는 프로그램

(2) 유비카이스(Ubi KAIS)

① 개요

유비카이스는 ICAO의 표준 및 권고 사항인 부속서 15(AIS)에서 규정한 항공정보를 인터넷을 통하여 실시간 제공하고자 구축한 시스템으로 홈페이지는 'http://ubikais.fois.go.kr'이다. NOTAM, 항공기상, 국내 공항별 항공기 편별 도착 및 출발시간, e-AIP 등의 정보를 확인할 수 있다. 유비카이스의 초기 화면과 메뉴 구성은 다음과 같다.

② 메뉴별 세부 내용

UBIKAIS Ubiquitous KAIS | NOTAM | PIB | ATFM | WEATHER | i-ARO | AIRPORT INFO | AERO-DATA

NOTAM
- RK NOTAM
- AD NOTAM
- SNOWTAM
- PROHIBITED AREA
- SEQUENCE LIST
- NOTAM(graphic briefing)

PIB
- AIRPORT TYPE
- AREA TYPE
  - Country
  - FIR
- ROUTE TYPE
  - Flight Number
  - Destination
  - City Pair
  - Manual Descript
- e-AIP
  - AIP&AIC
  - E-AIP History

ATFM
- ATFM Daily Plan (ADP)
- ATFM Message
- CTOT/CLDT
  - Incheon Int'l
  - Gimpo Int'l
  - Cheongju Int'l
  - Yangyang Int'l
  - Gunsan
  - Wonju
  - Gimhae Int'l
  - Jeju Int'l
  - Daegu Int'l
  - Gwangju Int'l
  - Yeosu
  - Ulsan
  - Pohang
  - Sacheon
  - Muan Int'l
- ATFM Notice

WEATHER
- MET OFFICE
- MET INFORMATION
  - AD MET
  - METAR
  - TAF
  - SPECI
  - SIGMET
  - Lowlevel MET

i-ARO
- Flight Message
  - FPL
  - ULP / LSA FPL
  - CHG
  - DLA
  - CNL
  - DEP
  - ARR
- IFR FPL List
  - Out Bound List
  - In Bound List
- VFR FPL List
- ULP / LSA FPL List
- Send Message List
- Received Message List
- Photo Flight List
- Message Statistics

AIRPORT INFO
- Incheon Int'l
- Gimpo Int'l
- Cheongju Int'l
- Yangyang Int'l
- Gunsan
- Wonju
- Gimhae Int'l
- Jeju Int'l
- Daegu Int'l
- Gwangju Int'l
- Yeosu
- Ulsan
- Pohang
- Sacheon
- Muan Int'l

AERO-DATA
- Airport Data
- Runway Data
- Apron Data
- NAVaid Data
- OBST Data
- ATS Info
- Additional Info

(3) 원스톱 민원처리시스템

① 개요

원스톱 민원처리시스템은 드론 등 무인비행장치의 비행승인, 항공촬영 등의 민원을 전산으로 일괄 처리할 수 있는 시스템으로 홈페이지는 'http://www.onestop.go.kr'이다. 국내 17개소 공항의 기상, 항공기 편별 출발 및 도착시간 정보를 실시간으로 제공해준다. 유비카이스(ubikais)와 입출항보고시스템(GDS 시스템)과 연동되어 서비스해주고 있다. 원스톱 민원처리시스템의 초기 화면과 메뉴 구성은 다음과 같다.

② 메뉴별 세부 서비스 내용

③ 민원처리 흐름도

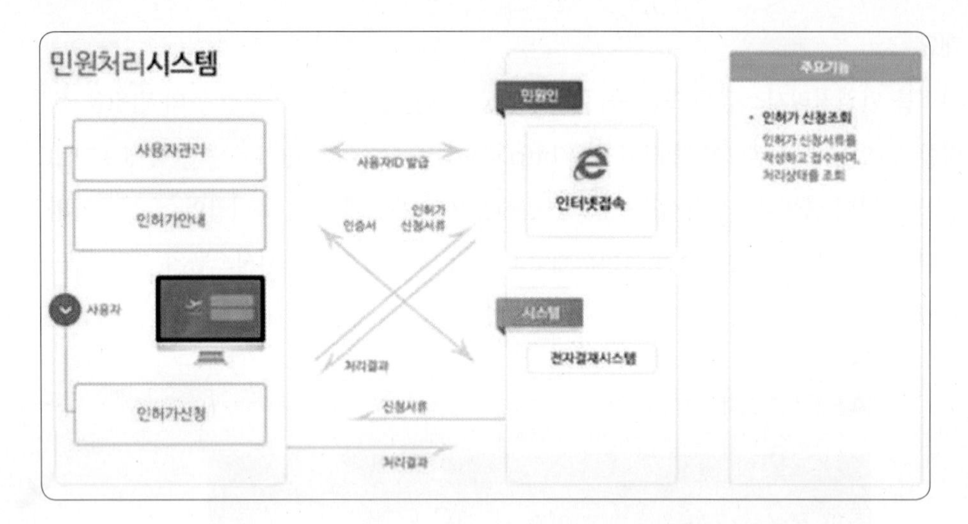

④ 민원신청[28]

㉠ 초경량비행장치 신고서, 등록신청서, 초경량비행장치 비행승인신청서(드론), 항공사진 촬영신청서 항목 중에서 선택하여 신청서를 작성하고 저장한다.

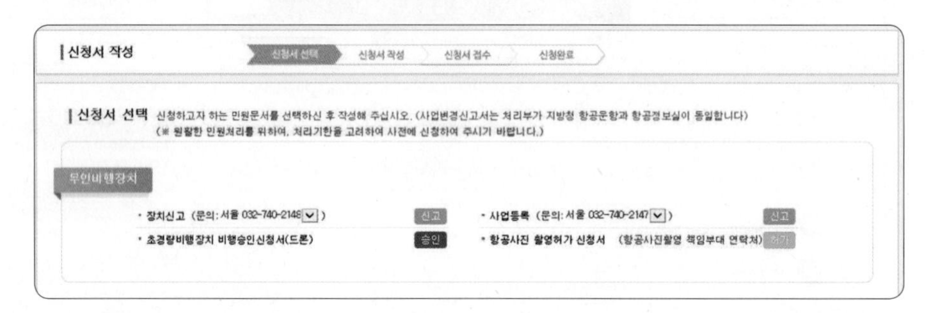

㉡ 민원처리결과는 [민원처리현황]–[민원결과조회]에서 확인한다.

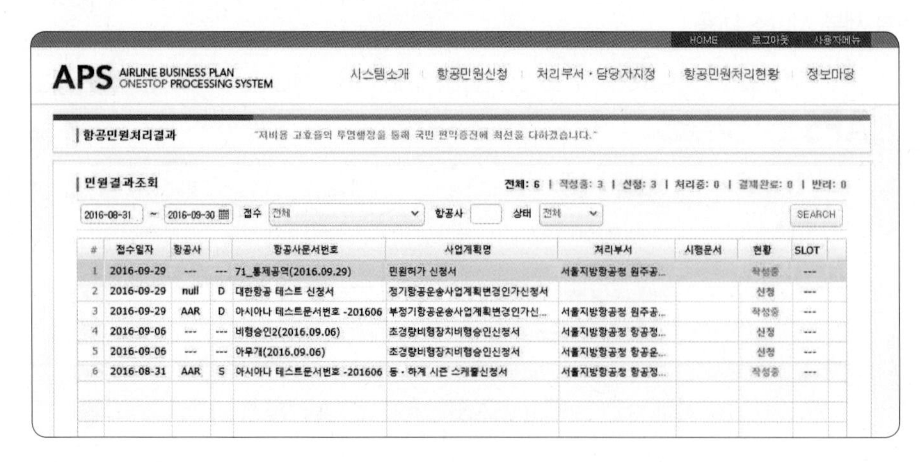

#	접수일자	항공사		항공사문서번호	사업계획명	처리부서	시행문서	현황	SLOT
1	2016-09-29	---	---	71_통제공역(2016.09.29)	민원허가 신청서	서울지방항공청 원주공...		작성중	---
2	2016-09-29	null	D	대한항공 테스트 신청서	정기항공운송사업계획변경인가신청서			신청	---
3	2016-09-29	AAR	D	아시아나 테스트문서번호 -201606	부정기항공운송사업계획변경인가신...	서울지방항공청 원주공...		작성중	---
4	2016-09-06	---	---	비행승인2(2016.09.06)	초경량비행장치비행승인신청서	서울지방항공청 항공정...		신청	---
5	2016-09-06	---	---	아무개(2016.09.06)	초경량비행장치비행승인신청서	서울지방항공청 항공운...		신청	---
6	2016-08-31	AAR	S	아시아나 테스트문서번호 -201606	동 · 하계 시즌 스케쥴신청서	서울지방항공청 항공정...		작성중	---

• 무인비행장치의 형식

무인비행장치 형식 해당 무인비행장치 형식을 더블클릭 하면 입력됩니다. Close

무인비행기		무인헬리콥터		무인멀티콥터	
제작사	형식	제작사	형식	제작사	형식
SensFly	ebee	YAMAHA MOTOR	RMAX L17	메타로보틱스(주)	VANDI A-1
SensFly	wsinglet cam	YAMAHA MOTOR	FAZER L35	천풍M1	(주)대한무인항공서비스
DRONEMETREX	DMX Topodrone 100	성우엔지니어링	REMO-H II	ZOOMLINON HEAVY MACHINERY	Z Lion 3WDM4-10
BirdsEyeVeiw Aerobotics	FireFly 6		REMO-H II	EAGLE BROTHER UAV	3WD-TY-17L
QuestUAV Ltd.	Q200		FAZER L35	(주)카스컴	AFOX-1
			RMAX L17	(주)나라항공기술	NARA-R3
				성우엔지니어링	REMO-H II
				DJI	Inspire 1
				DJI	Inspire 1 V2.0
				DJI	PHANTOM 2
				DJI	Phantom 3
				DJI	Phantom 3 Pro
				DJI	Phantom 3 Advanced
				DJI	Phantom 4
				DJI	Matrice 600
				DJI	S1000
				DJI	S800
				3DR	Solo
				Aibotix	Aibot X6 V2
				DROIDWORX	SKYJIB
				sensefly	Albris
					AC-15

1-26 of 37

					AC-15
					AGRAS MG-1(AG012)
					RCH-X2
					HC-X4
					MC-X8
					S900
					S1000
					S1000+
					인스파이어1 Pro
					콘컴Pro
					SNU-EM(자체제작)
					SNU-FA 1.5(자체제작)
					TYPOON H
					Dodeca
					X-8
					TT-950-SA-DE

19-37 of 37

※ 초경량비행장치 장치신고, 비행승인신청서(드론) 및 항공사진촬영신청서 작성 시 무인비행장치 형식은 위의 목록을 활용한다.

무인비행장치의 모든 것[29]

Q1. 무인비행장치를 한 대 장만하였는데 안전하게 비행하려면 어떤 절차를 거쳐야 하나요?

A.

드론 비행 절차

최대이륙중량 25kg이하

- 비사업용: 장치신고(지방항공청) → 비행승인(지방항공청 또는 국방부)
- 사업용: 장치신고(지방항공청) → 사업등록(지방항공청) → 조종자증명(교통안전공단) → 비행승인(지방항공청 또는 국방부)

비행승인
- 비행금지구역, 관제권에서 비행하거나 그 밖의 일반 공역에서 150m 이상의 고도를 비행하는 경우만 승인 필요

최대이륙중량 25kg초과

- 비사업용: 장치신고(지방항공청) → 안전성인증(교통안전공단) → 비행승인(지방항공청 또는 국방부)
- 사업용: 장치신고(지방항공청) → 사업등록(지방항공청) → 안전성인증(교통안전공단) → 조종자증명(교통안전공단) → 비행승인(지방항공청 또는 국방부)

비행승인
- 초경량비행장치 전용구역(28)을 비행하는 경우만 승인 불필요

항공촬영을 하려는 경우는 국방부의 별도 허가 필요(국방부로 문의)

"조종자 준수사항"에 따라 비행

*최대이륙중량과 관계없이 자체 중량 12kg을 초과하는 경우 장치신고 및 조종자증명 취득 필요

• 지방항공청별 관할지역

① 서울지방항공청 관할: 서울특별시, 경기도, 인천광역시, 강원도, 대전광역시, 충청남도, 충청북도, 세종특별자치시, 전라북도
② 부산지방항공청 관할: 부산광역시, 대구광역시, 울산광역시, 광주광역시, 경상남도, 경상북도, 전라남도
③ 제주지방항공청 관할: 제주특별자치도

※ 인터넷 홈페이지(www.onestop.go.kr/drone)로도 신청 가능

• 업무별 처리기관 연락처

① 장치 신고 및 사업 등록: 서울지방항공청 항공안전과 (032–740–2147)
부산지방항공청 항공안전과 (051–974–2147)
제주제방항공청 안전운항과 (064–797–1743)
② 안전성 인증: 교통안전공단 항공교통안전처 (054–459–7394)
③ 조종자 증명: 교통안전공단 항공시험처 (054–459–7414)
④ 비행 승인: 서울지방항공청 항공운항과 (032–740–2153)
부산지방항공청 항공운항과 (051–974–2154)
제주지방항공청 안전운항과 (064–797–1745)
⑤ 공역 관련: 서울지방항공청 관제과 (032–740–2185)
부산지방항공청 항공관제국 (051–974–2206)
제주지방항공청 항공관제과 (064–797–1764)
⑥ 국방부: 콜센터 1577–9090, 대표전화(교환실) (02–748–1111)
수도방위사령부(서울 비행금지구역 허가 관련) (02–524–3413)
보안암호정책과(항공촬영 허가 관련) (02–748–2341~7)

Q2. 취미용 무인비행장치는 안전관리 대상이 아닌가요?

A. No

취미활동으로 무인비행장치를 이용하는 경우라도 조종자 준수사항은 반드시 지켜야 한다. 이는 타 비행체와의 충돌을 방지하고 무인비행장치 추락으로 인한 지상의 제3자 피해를 예방하기 위한 최소한의 안전장치이기 때문이다. 또한 비행금지구역이나 관제권(공항 주변 반경 9.3km)에서 비행할 경우에도 무게나 비행 목적에 관계없이 허가가 필요하다.

Q3. 드론을 실내에서 비행할 때에도 비행승인을 받아야 하나요?

A. No

사방, 천장이 막혀 있는 실내 공간에서의 비행은 승인을 필요로 하지 않는다. 적절한 조명장치가 있는 실내 공간이라면 야간에도 비행이 가능하다. 다만 어떠한 경우에도 인명과 재산에 위험을 초래할 우려가 없도록 주의하여 비행하여야 한다.

Q4. 비행허가가 필요한 지역과 허가기관을 알려주세요.

A. 1. 아래 지역은 장치 무게나 비행 목적에 관계없이 드론을 날리기 전 반드시 허가가 필요하다.

비행장 주변 관제권 (반경 9.3km) | **비행금지구역** (서울 강북 지역, 휴전선 · 원전주변) | **고도 150m 이상**

2. 전국 관제권 및 비행금지구역 현황은 다음과 같다.

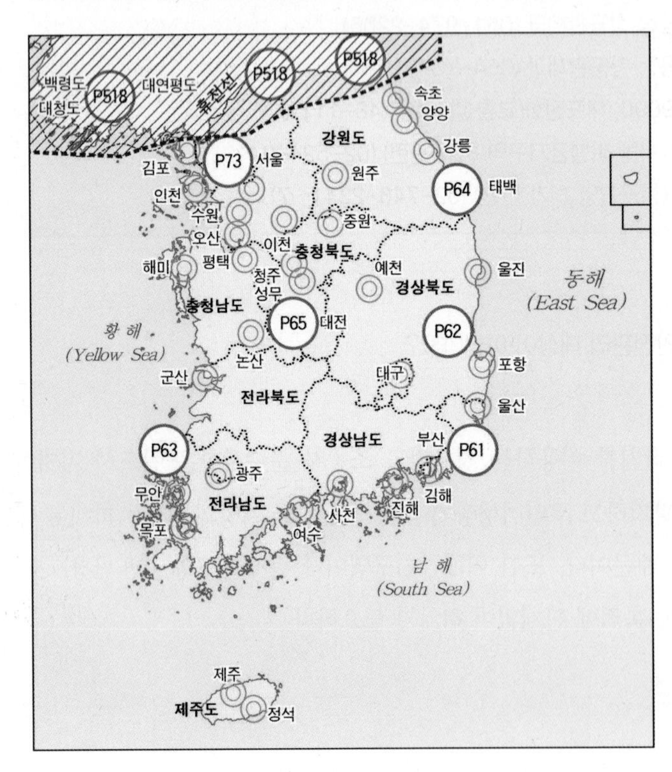

3. 허가기관과 연락처는 다음과 같다.

① 관제권

구분		관할기관	연락처
1	인천	서울지방항공청 (항공운항과)	전화: 032-740-2153 / 팩스: 032-740-2159
2	김포		
3	양양		
4	울진	부산지방항공청 (항공운항과)	전화: 051-974-2146 / 팩스: 051-971-1219
5	울산		
6	여수		
7	정석		
8	무안		
9	제주	제주지방항공청 (안전운항과)	전화: 064-797-1745 / 팩스: 064-797-1759
10	광주	광주기지(계획처)	전화: 062-940-1110~1 / 팩스: 062-941-8377
11	사천	사천기지(계획처)	전화: 055-850-3111~4 / 팩스: 055-850-3173
12	김해	김해기지(작전과)	전화: 051-979-2300~1 / 팩스: 051-979-3750
13	원주	원주기지(작전과)	전화: 033-730-4221~2 / 팩스: 033-747-7801
14	수원	수원기지(계획처)	전화: 031-220-1014~5 / 팩스: 031-220-1176
15	대구	대구기지(작전과)	전화: 053-989-3210~4 / 팩스: 054-984-4916
16	서울	서울기지(작전과)	전화: 031-720-3230~3 / 팩스: 031-720-4459
17	예천	예천기지(계획처)	전화: 054-650-4517 / 팩스: 054-650-5757
18	청주	청주기지(계획처)	전화: 043-200-3629 / 팩스: 043-210-3747
19	강릉	강릉기지(계획처)	전화: 033-649-2021~2 / 팩스: 033-649-3790
20	충주	중원기지(작전과)	전화: 043-849-3084~5 / 팩스: 043-849-5599
21	해미	서산기지(작전과)	전화: 041-689-2020~4 / 팩스: 041-689-4155
22	성무	성무기지(작전과)	전화: 043-290-5230 / 팩스: 043-297-0479
23	포항	포항기지(작전과)	전화: 054-290-6322~3 / 팩스: 054-291-9281
24	목포	목포기지(작전과)	전화: 061-263-4330~1 /팩스: 061-263-4754
25	진해	진해기지 (군사시설보호과)	전화: 055-549-4231~2 / 팩스: 055-549-4785
26	이천	항공작전사령부 (비행정보반)	전화: 031-634-2202(교환) ⇒ 3705~6 팩스: 031-634-1433 avncmd3685@army.mil.kr(발송 후 유선연락)
27	논산		
28	속초		
29	오산	미공군 오산기지	전화: 0505-784-4222 문의 후 신청
30	군산	군산기지	전화: 063-470-4422 문의 후 신청
31	평택	미육군 평택기지	전화: 0503-353-7555 / 팩스: 0503-353-7655

② 비행금지구역

구분		관할기관	연락처
1	P73 (서울 도심)	수도방위사령부 (화력과)	전화: 02-524-3353, 3419, 3359 팩스: 02-524-2205
2	P518 (휴전선 지역)	합동참모본부 (항공작전과)	전화: 02-748-3294 팩스: 02-796-7985
3	P6A (고리원전)	합동참모본부 (공중종심작전과)	전화: 02-748-3435 팩스: 02-796-0369
4	P62A (월성원전)		
5	P63A (한빛원전)		
6	P64A (한울원전)		
7	P65A (원자력연구소)		
8	P61B (고리원전)	부산지방항공청 (항공운항과)	전화: 051-974-2154 팩스: 051-971-1219
9	P62B (월성원전)		
10	P63B (한빛원전)		
11	P64B (한울원전)	서울지방항공청 (항공안전과)	전화: 032-740-2153 팩스: 032-740-2159
12	P65B (원자력연구소)		

※ 비행허가 신청은 비행일로부터 최소 3일 전까지, 국토교통부 원스톱 민원처리시스템(www.onestop.go.kr)을 통해 신청 가능(국방부는 별도)

Q5. 내가 비행하려는 장소가 허가가 필요한 곳인지 쉽게 찾아볼 수 있는 방법이 있나요?

A. Yes

국토교통부와 (사)한국드론협회가 공동 개발한 스마트폰 애플리케이션(Ready to fly)을 다운받으면 전국 비행금지구역, 관제권 등 공역현황 및 지역별 기상정보, 일출 · 일몰시각, 지역별 비행허가 소관기관과 연락처 등을 간편하게 조회할 수 있다.

※ 마켓에서 "readytofly" 또는 "드론협회" 검색 · 설치 후 이용 가능

Q6. 조종자가 지켜야 할 사항은 어떤 것들이 있나요?

A. 단순 취미용 무인비행장치라도 모든 조종자가 준수해야 할 안전수칙을 항공법에 정하고 있고 조종자는 이를 지켜야 한다. 조종자 준수사항은 비행장치의 무게나 용도와 관계없이 무인비행장치를 조종하는 사람 모두에게 적용되며, 조종자 준수사항을 위반할 경우 항공법에 따라 최대 200만원의 과태료가 부과된다.

조종자 준수사항(항공안전법 제129조, 시행규칙 제310조)

(1) 비행금지 시간대: 야간비행(야간: 일몰 후부터 일출 전까지)

(2) 비행금지 장소

① 비행장으로부터 반경 9.3km 이내인 곳
→ "관제권"이라고 불리는 곳으로 이착륙하는 항공기와 충돌 위험 있음

② 비행금지구역(휴전선 인근, 서울도심 상공 일부)
→ 국방, 보안상의 이유로 비행이 금지된 곳

③ 150m 이상의 고도
→ 항공기 비행항로가 설치된 공역임

④ 인구밀집지역 또는 사람이 많이 모인 곳의 상공(예: 스포츠 경기장, 각종 페스티벌 등 인파가 많이 모인 곳)
→ 기체가 떨어질 경우 인명 피해 위험이 높음
※ 비행금지 장소에서 비행하려는 경우 지방항공청 또는 국방부의 허가 필요
(타 항공기 비행계획 등과 비교하여 가능할 경우에는 허가)

(3) 비행 중 금지행위

① 비행 중 낙하물 투하금지(위에 조종자 준수사항 참고), 조종자 음주 상태에서 비행금지

② 조종자가 육안으로 장치를 직접 볼 수 없을 때 비행 금지
(예: 안개 · 황사 등으로 시야가 좋지 않은 경우, 눈으로 직접 볼 수 없는 곳까지 멀리 날리는 경우)

Q7. 무인비행장치 조종자로서 야간에 비행하거나 육안으로 확인할 수 없는 범위에서의 비행은 불가능한가요?

A. 항공안전법 제129조 제5항에 따라 무인비행장치 조종자로서 야간에 비행하거나 육안으로 확인할 수 없는 범위에서 비행하려는 자는 특별비행승인을 받아 그 승인 범위 내에서 비행이 가능하다.

〈 드론 특별승인 절차 〉

접수 · 선람 (국토교통부)	⇨ 검사 의뢰	안전기준* 검사 (항공안전기술원)	⇨ 결과 송부	종합검토 (국토교통부)	⇨ 승인서 발급	최종 승인 (국토교통부)

* '무인비행장치 특별비행승인을 위한 안전기준 및 승인절차에 관한 기준'(고시)

Q8. 무인비행장치로 취미생활을 하고 싶은데 자유롭게 날릴 만한 공간이 없나요?

A. No

시화, 양평 등 전국 각지에 총 29개소의 "초경량비행장치 전용공역"이 설정되어 있어 그 안에서는 허가를 받지 않아도 자유롭게 비행할 수 있다. 참고로 초경량비행장치 전용공역을 확대하기 위해 관계부처 간 협의를 활발히 진행하고 있으며, 최근 국토교통부, 국방부, 동호단체 간 협의를 통해 수도권 내 4곳의 드론 비행 장소를 운영하고 있다.

- 수도권 내 드론 전용 비행 장소: 가양대교 북단, 신정교, 광나루, 별내 IC 인근
  (비행장 문의: 한국모형항공협회, 02-548-1961)

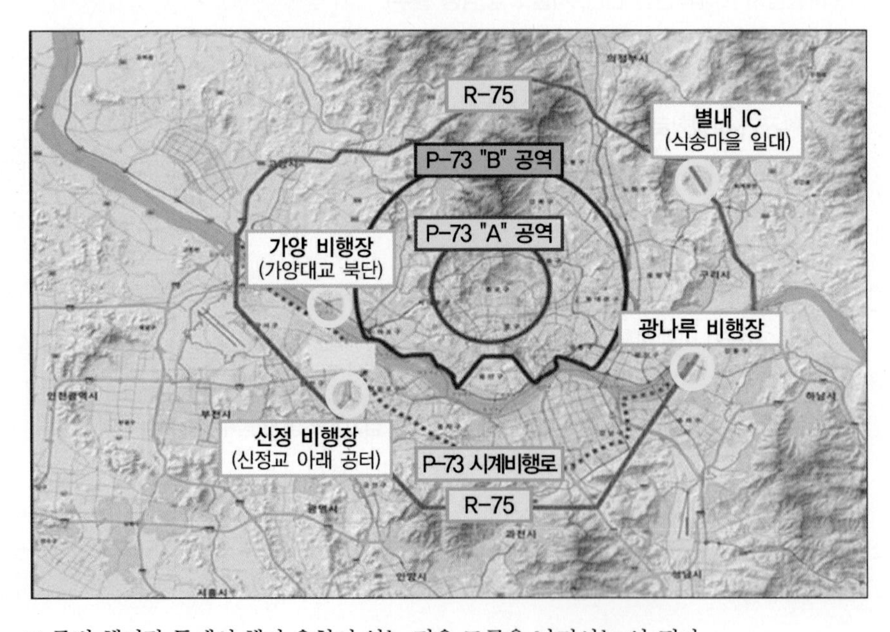

※ 주변 헬기장 등에서 헬기 운항이 있는 경우 드론을 날려서는 안 된다.

Q9. 드론으로 사진을 촬영하는 데도 허가가 필요한가요?

A. Yes

항공사진 촬영 허가권자는 국방부장관이며, 국방정보본부 보안암호정책과에서 업무를 담당하고 있다. 촬영 7일 전에 국방부로 "항공사진촬영 허가신청서"를 전자문서(공공기관의 경우) 또는 팩스(일반 업체의 경우)로 신청하면 촬영 목적과 보안상 위해성 여부 등을 검토 후 허가한다.

- 전화: 02-748-2344, FAX: 02-796-0369(확인: 02-748-0543)
- 공공기관, 신문방송사 사용 목적인 경우 대행업체(촬영업체 등)가 아닌 직접 신청만 가능하다.
- 일반업체의 경우 원 발주처의 신청을 원칙으로 하되 촬영업체가 신청하는 경우 계약서 등을 첨부하면 된다.

Q10. 항공촬영 허가를 받으면 비행승인은 받지 않아도 되나요?

A. No

항공촬영 허가와 비행승인은 별도이다. 항공사진 촬영 목적으로 드론을 날리려면 먼저 국방부로부터 항공사진 촬영 허가를 받고 이를 첨부하여 공역별 관할기관에 비행승인을 신청해야 한다.

1) https://ko.wikipedia.org/wiki/무인항공기

2) 애덤 주니퍼 저, 김정한 역, 《드론 사용 설명서》, 라이스메이커, 2015.

3) DJI, 《Matrice 200 series Manual》, 2017.

4) 엑스캅터, 《A2 Flight Control System Manual》, 2013.

5) 애덤 주니퍼 저, 김정한 역, 《드론 사용 설명서》, 라이스메이커, 2015.

6) DJI, 《Matrice 200 series Manual》, 2017.

7) 엑스캅터, 《A2 Flight Control System Manual》, 2013.

8) 후타바, 《8FG 취급설명서》, 2013.

9) DJI, 《Matrice 200 series Manual》, 2017.

10) 박장환 · 류영기, 《무인비행장치 운용》, 골든벨, 2016.

11) www.anadronestarting.com/battery-storage

12) www.anadronestarting.com/battery-storage

13) 박장환 · 류영기, 《무인비행장치 운용》, 골든벨, 2016.

14) 교통안전공단, 《2017 항공정보매뉴얼(제7호)》, 2017.

15) 국방부, 《국방부 초경량비행장치 비행승인업무 지침서》, 2015.

16) 교통안전공단, 《초경량비행장치 조종자 증명 운영세칙》, 2017.

17) 교통안전공단, 《초경량비행장치 조종자 증명 시험 종합 안내서》, 2017.

18) 교통안전공단, 《 무인헬리콥터 및 무인멀티콥터 실기시험 평가 기준》, 2017.

19) 교통안전공단, 《2017 항공정보매뉴얼(제7호)》, 2017.

20) 디지에코보고서, 《국내외 드론 산업 동향》, KT경제경영연구소, 2017.

21) 김천용, 《항공인적요인과 정비안전》, 노드미디어, 2016.

22) 류영기, 《무인항공 안전관리론》, 골든벨, 2016.

23) 김천용, 《항공인적요인과 정비안전》, 노드미디어, 2016.

24) 김천용, 《항공인적요인과 정비안전》, 노드미디어, 2016.

25) 교통안전공단, 《2017 항공정보매뉴얼(제7호)》, 2017.

26) 박장환, 류영기, 《무인비행장치 운용》, 골든벨, 2016.

27) 교통안전공단, 《2017 항공정보매뉴얼(제7호)》, 2017.

28) 국토교통부, 《onestop manual(드론사용자 매뉴얼)》, 2017.

29) 국토교통부(정책 Q&A), 〈무인비행장치의 질문_답변〉, 2018.

기출 및 연습문제

01

다음 중 드론을 날개의 형태에 따라 분류할 때 포함되지 않는 것은?

① 고정익 ② 회전익
③ 틸트로터 ④ 직선익

해설 ▼

드론은 날개의 형태에 따라 고정익, 회전익, 틸트로터로 구분한다. 직선익은 고정익의 종류에 해당된다.

02

다음 멀티콥터형 드론 중 로터(rotor)가 4개인 것은?

① 트라이콥터 ② 쿼드콥터
③ 헥사콥터 ④ 옥토콥터

해설 ▼

트라이콥터는 3개, 헥사콥터는 6개, 옥토콥터는 8개인 드론을 말한다.

03

다음 중 군사용 드론을 임무수행 방식에 따라 분류할 때 포함되지 않는 것은?

① 정찰기 ② 전투기
③ 전략기 ④ 폭격기

해설 ▼

군사용 드론을 임무수행 방식에 따라 분류하면 정찰기, 전투기, 폭격기, 전자전기 등이 있다. 전략기라는 명칭은 없다.

04

다음 멀티콥터형 드론 중 프롭이 6개인 것은?

① 트라이콥터 ② 쿼드콥터
③ 헥사콥터 ④ 옥토콥터

해설 ▼

트라이콥터는 3개, 헥사콥터는 6개, 옥토콥터는 8개인 드론을 말한다.

정답 1④ 2② 3③ 4③

05 **헬리콥터가 지면 가까이에서 호버링할 때 공기의 하향 흐름이 지면에 부딪히게 되고 헬리콥터와 지면 사이의 공기를 압축해 공기 압력을 높이게 되어 호버링 위치에 헬리콥터를 유지시키는 데 도움을 주는 쿠션 역할을 한다. 이러한 효과는?**

① 상승 효과　　② 지면 효과
③ 전이 양력　　④ 양력 불균형

해설 ▼
지면 효과는 항공기, 헬리콥터 등 항공기가 지면 가까이에 있음으로써 받는 영향을 말한다.

06 **다음 멀티콥터형 드론 중 모터가 8개인 것은?**

① 트라이콥터　　② 쿼드콥터
③ 헥사콥터　　④ 옥토콥터

해설 ▼
트라이콥터–3개, 헥사콥터–6개, 옥토콥터–8개, 도데카–12개

07 **다음 중 우회전을 하는 단일 회전익 계통의 헬리콥터가 호버링(hovering) 시 기체가 편류하려는 방향은?**

① 우측　　② 좌측
③ 전방　　④ 후방

해설 ▼
헬리콥터 동체가 돌아가는 현상을 막기 위해 장착된 꼬리날개가 발생시키는 힘에 의해 동체가 왼쪽으로 밀리는 현상이 발생한다. 이를 전이성향이라고 한다.

08 **다음 중 무인회전익 비행장치에 사용되는 엔진으로 가장 부적합한 것은?**

① 왕복 엔진　　② 로터리 엔진
③ 터보팬 엔진　　④ 가솔린 엔진

해설 ▼
터보팬 엔진(turbofan engine)은 현재 대부분의 제트기 엔진에 사용되는 방식이다.

09 다음 중 드론 비행 시 조종기 배터리 경고음이 울렸을 때 취해야 할 행동으로 올바른 것은?

① 기체와 관계없으므로 비행을 계속한다.

② 경고음이 꺼질 때까지 기다린다.

③ 기체를 안전지대로 착륙시키고 엔진을 정지시킨다.

④ 재빨리 송신기의 배터리를 예비 배터리로 교체한다.

해설 ▼

비행 중 배터리의 경고음이 울리면 기체를 착륙시켜 엔진을 점검해야 한다.

10 다음 중 리튬 폴리머 배터리를 보관할 때 주의사항으로 올바르지 않은 것은?

① 적합한 보관 장소는 습도가 높지 않은 곳이어야 한다.

② 배터리를 낙하, 충격, 쑤심 또는 인위적으로 합선시켜서는 안 된다.

③ 손상된 배터리 등은 전력 수준이 50% 이하인 상태에서 수리해야 한다.

④ 화로나 전열기 등 열원 주변에 보관 시 거리를 충분히 이격해야 한다.

해설 ▼

화로나 전열기 주변은 화재의 위험이 있으므로 보관해서는 안 된다.

11 다음 중 배터리를 떼어낼 때 가장 첫 번째 순서는?

① 아무거나 무방하다.

② 동시에 떼어낸다.

③ +극을 먼저 떼어낸다.

④ −극을 먼저 떼어낸다.

해설 ▼

배터리는 (−)극을 먼저 떼어내야 한다.

정답 5② 6④ 7② 8③ 9③ 10① 11④

12 **다음 중 리튬폴리머 배터리 취급 방법에 대한 설명으로 올바르지 않은 것은?**

① 배터리가 부풀거나 손상되면 수리해 사용한다.

② 습기가 많은 장소에 보관하지 않는다.

③ 장비별로 지정된 정품 배터리를 사용해야 한다.

④ 배터리는 −10~40℃ 온도 범위에서 사용한다.

해설 ▼

리튬폴리머 배터리가 부풀거나 누설이 되면 화재의 위험이 있으므로 폐기해야 된다.

13 **다음 중 현재 잘 사용하지 않는 배터리의 종류는 무엇인가?**

① Li-Po ② Ni-CH ③ Ni-MH ④ Ni-Cd

해설 ▼

Li-Po는 리튬폴리머, Ni-MH는 니켈수소, Ni-Cd는 니켈카드뮴 전지를 말한다.

14 **다음 중 리튬폴리머 배터리 보관 시 주의사항으로 올바르지 않은 것은?**

① 더운 날씨에 차량에 배터리를 보관하지 않아야 한다.

② 배터리를 낙하, 충격, 파손 또는 인위적으로 합선시키지 않아야 한다.

③ 손상된 배터리나 전력 수준이 50% 이상인 상태에서 배송하지 않아야 한다.

④ 추운 겨울에는 얼지 않도록 전열기 주변에서 보관한다.

해설 ▼

리튬폴리머 배터리를 보관하는 적정 온도는 22~28℃이다.

15 **다음 중 리튬 폴리머 배터리의 취급 및 보관방법으로 부적절한 것은?**

① 배터리가 부풀거나 누유 또는 손상된 상태일 경우에는 수리하여 사용한다.

② 빗속이나 습기가 많은 장소에 보관하지 말아야 한다.

③ 정격 용량 및 장비별 지정된 정품 배터리를 사용하여야 한다.

④ 배터리는 −10~40℃의 온도 범위에서 사용한다.

16 다음 중 무인회전익비행장치의 기체 점검사항으로 부적절한 것은?

① 비행 전 · 비행 중간 · 비행 후 점검은 운용자에 의해 실시한다.
② 30시간 점검 · 정기 점검(연간정비)을 받아야 한다.
③ 종합 점검은 지정 정비기관에서 실시하여야 한다.
④ 종합 검진과 정기 정검을 한꺼번에 실시한다.

17 비행제한구역에 비행을 하기 위해서는 승인 절차를 거쳐야 한다. 다음 중 누구에게 신청을 하여야 하는가?

① 지방항공청장
② 국토교통부장관
③ 국방부장관
④ 지방경찰청장

18 다음 중 리튬폴리머 배터리 보관 시 주의사항이 아닌 것은?

① 더운 날씨에 차량에 배터리를 보관하지 말 것, 적합한 보관 장소의 온도는 22~28℃이다.
② 배터리를 낙하, 충격, 파손 또는 인위적으로 합선시키지 말아야 한다.
③ 손상된 배터리나 전력 수준이 50% 이상인 상태에서 배송하지 말아야 한다.
④ 추운 겨울에는 화로나 전열기 등 열원 주변처럼 뜨거운 장소에 보관해야 한다.

19 다음 중 초경량비행장치(드론)에 탑재될 배터리로 적절하지 않은 것은?

① NI-CH ② NI-MH
③ LI-ION ④ NI-CD

해설 ▼

LI-ION은 리튬 이온 전지를 말한다.

정답 12 ① 13 ② 14 ④ 15 ① 16 ④ 17 ① 18 ④ 19 ①

20 **다음 중 무인멀티콥터가 이륙할 때 필요 없는 장치는 무엇인가?**

① 모터 ② 변속기
③ 배터리 ④ GPS

21 **다음 중 항공정보간행물은 무엇인가?**

① NOTAM ② AIP
③ AIC ④ AIRAC

22 **다음 중 조종자가 서로 논평을 하는 것은 무엇인가?**

① 서로 비행 경험을 이야기하며 공유한다.
② 서로 대화하며 문제점을 찾는다.
③ 문제점을 지적해서 시정한다.
④ 상대방의 의견에 발론을 제기한다.

23 **다음 중 드론을 운영하다가 스트레스로 인한 증상으로 틀린 것은?**

① 심장 박동수 증가
② 혈당치 상승
③ 간에서 생성된 글로코겐 증가
④ 신진 대사율 항진

24 **다음 중 멀티콥터의 모터에서 열이 많이 발생하지 않을 때는 언제인가?**

① 무거운 짐을 많이 실었을 때
② 기온이 30℃ 이상일 때
③ 착륙한 직후
④ 조종기에서 트림이 틀어졌을 때

25 **다음 중 비행 전 점검사항에 해당되지 않는 것은?**

① 조종기 외부 깨짐 확인

② 보조 조종기의 점검

③ 배터리 충전 상태 확인

④ 기체 각 부품의 상태 및 파손 확인

26 **다음 중 조종기 관리법으로 적당하지 않은 것은?**

① 조종기는 하루에 한 번씩 체크를 한다.

② 조종기 점검은 비행 전에 시행한다.

③ 조종기를 장기 보관할 시 배터리 커넥트를 분리한다.

④ 조종기는 22~28℃ 상온에서 보관한다.

27 **다음 중 초경량비행장치사고 시 조치사항으로 알맞은 것은?**

① 조사기관에 신고를 한다.

② 인명을 구조한다.

③ 기체를 수거한다.

④ 사람들에게 도움을 청한다.

28 **다음 중 배터리 충전 및 관리 요령으로 맞는 것은?**

① 30℃ 이하 상온 관리한다.

② 충전이 될 때까지 자리를 비우지 않는다.

③ 배터리 매뉴얼보다 전압을 높여 충전한다.

④ 배터리 배가 부풀어도 계속 충전을 한다.

정답 20 ④ 21 ② 22 ② 23 ③ 24 ④ 25 ② 26 ① 27 ② 28 ②

29 **다음 중 무인멀티콥터의 명칭과 설명으로 <u>틀린</u> 것은?**

① 프로펠러는 양력을 높이기 위해 금속으로 만든다.
② 지자계 센서와 자이로 센스는 흔들리지 않게 고정을 한다.
③ 모터는 브러쉬리스(BLDC) 모터를 사용한다.
④ 비행 시 배터리는 완전충전해서 사용을 한다.

30 **다음 중 자세를 잡기 위해 모터의 속도를 조종하는 장치는?**

① 전자변속기 ② GPS
③ 자이로 센서 ④ 가속도 센서

해설 ▼

전자변속기는 ESC(Electronic speed controller)로 불리며 모터의 속도를 제어한다.

31 **다음 중 무인동력장치 Mode 2의 수직 하강에 대한 설명으로 올바른 것은?**

① 왼쪽 조정간을 내린다. ② 왼쪽 조정간을 올린다.
③ 오른쪽 조정간을 내린다. ④ 오른쪽 조정간을 올린다.

32 **다음 중 무인헬리콥터에서 로터와 함께 회전면의 균형과 안정성을 높여주는 것은?**

① 스테빌라이저(안정바)
② 테일로터
③ 드라이브 샤프트
④ 짐벌

해설 ▼

드라이브 샤프트는 동력을 전달하는 장치이며, 짐벌은 드론에 장착한 카메라 수평을 잡아준다.

33

다음 중 드론의 전원을 켠 후 조정기의 전원을 넣고 조종기 컨트롤러를 조작하는 과정은?

① 리셋 ② 바인딩
③ 대기 모드 ④ 캘리브레이션

해설 ▼

캘리브레이션(Calibaration)이란 드론과 조종기 기준을 다시 설정하는 과정이다. ①번과 ③번은 관련이 없는 내용이다.

34

다음 중 비행 전 점검에 대한 설명으로 올바르지 않은 것은?

① 점검은 각종 볼트 및 너트 부분의 조임 상태, 조종계통 케이블의 늘어짐 상태, 조종면의 결함 상태 등을 확실하게 점검해야 한다.
② 연료량의 점검은 연료계기가 있기 때문에 상황에 따라 육안 점검은 생략할 수 있다.
③ 비행 전 점검은 조종석 내의 외부 점검부터 해야 한다.
④ 조종면 부분의 결함 상태를 점검하기 위해서 조종면에 무리한 힘을 가해서는 안 된다.

해설 ▼

대부분의 항공기는 일정 기간마다 연료탱크를 육안으로 점검해야 한다.

35

다음 중 비행 전후의 점검사항 숙지에 대한 내용으로 올바르지 않은 것은?

① 비행 전 점검으로서 점검표에 의거해 항공기의 내부와 외부를 점검한다.
② 조종사는 항공기에 도착하면 조종실 내의 각종 스위치가 안전한 위치에 있는지 점검한다.
③ 시동이 완료된 후에는 조종사의 재량으로 장비의 정상 작동 여부를 점검한다.
④ 엔진 정지 이후의 절차도 정해진 점검표에 의해 정확하게 수행해야 한다.

해설 ▼

시동이 완료된 후에도 점검표에 따라 모든 장비, 계기, 통신장비 등이 정상적으로 작동하는지 확인해야 한다.

정답 29 ① 30 ① 31 ① 32 ① 33 ② 34 ② 35 ③

36 **다음 중 무인초경량비행장치의 비행 후 점검사항에 포함되지 않는 것은?**

① 수신기와 송신기를 끈다.

② 부품에 이상이 있는지 확인한다.

③ 기체를 안전한 곳으로 옮긴다.

④ 열이 식을 때까지 해당 부위는 점검하지 않는다.

해설 ▼

초경량비행장치의 비행이 끝난 후에는 송신기를 끈다.

37 **다음 중 무인초경량비행장치의 외부 점검을 하면서 프로펠러 위에 서리를 발견한 경우 올바른 조치법은?**

① 이륙, 착륙에 무관하므로 그대로 둔다.

② 프로펠러를 무겁게 해 양력을 증가시키므로 그냥 둔다.

③ 비행 중 제거되지 않으면 제거될 때까지 비행한다.

④ 프로펠러의 양력을 감소시키기 때문에 비행 전에 제거한다.

해설 ▼

서리는 수증기가 0℃ 이하로 내려갈 때 생긴다.

38 **다음 중 무인멀티콥터의 비행이 가능한 지역은?**

① 인파가 많고 차량이 많은 곳　② 전파 수신이 많은 지역

③ 전기줄 및 장애물이 많은 곳　④ 장애물이 없고 한적한 곳

39 **다음 중 초경량비행장치의 운용시간으로 올바른 것은?**

① 일출부터 일몰 30분 전까지　② 일출부터 일몰까지

③ 일출 1시간 후부터 일몰까지　④ 일출 1시간 후부터 일몰 1시간 전까지

해설 ▼

예외적으로 야간비행이 허용되지만 원칙적으로 일출부터 일몰까지 운행할 수 있다.

40 다음 중 초경량비행장치를 사용해 제한공역을 비행하고자 하는 자가 비행계획 승인 신청서를 제출해야 하는 기관은?

① 대통령

② 건설교통부 장관

③ 건설교통부 항공국장

④ 지방항공청장

해설 ▼

초경량비행장치의 비행승인은 지방항공청장이 한다.

41 다음 중 초경량비행장치 조종자의 준수사항에 대한 설명으로 올바르지 않은 것은?

① 일몰 시부터 일출 시까지의 야간에 비행을 해서는 안 된다.

② 초경량비행장치 조종자는 모든 항공기에 대하여 진로를 우선한다.

③ 안개 등으로 인하여 지상목표물을 육안으로 식별할 수 없는 상태에서 비행해서는 안 된다.

④ 항공교통관제기관의 승인을 얻지 아니하고 관제공역을 비행해서는 안 된다.

해설 ▼

동력을 이용하는 초경량비행장치 조종자는 모든 항공기, 경량항공기, 동력을 이용하지 않는 초경량비행장치에 진로를 양보해야 한다.

42 다음 중 초경량비행장치 운용제한에 대한 설명으로 올바르지 않은 것은?

① 인구밀집지역이나 사람이 운집한 장소의 상공에서 비행하면 안 된다.

② 인명이나 재산에 위험을 초래할 우려가 있는 낙하물을 투하하면 안 된다.

③ 보름달이나 인공조명 등이 밝은 곳은 야간에 비행할 수 있다.

④ 지상목표물을 육안으로 식별할 수 없는 상태에서 비행해서는 안 된다.

해설 ▼

초경량비행장치는 원칙적으로 야간에는 비행할 수 없다. 따라서 야간에는 밝은 곳에서도 비행해서는 안 된다.

정답 36 ① 37 ④ 38 ④ 39 ② 40 ④ 41 ② 42 ③

43 **다음 중 초경량비행장치의 운용제한에 대한 설명으로 올바르지 않은 것은?**

① 일반 항공기의 접근해 운행에 지장을 초래하지 않아야 한다.

② 다른 초경량비행장치에 불필요하게 가깝게 접근하지 않아야 한다.

③ 음주나 약물을 복용한 상태에서는 비행하지 않아야 한다.

④ 동력비행장치 조종자는 동력을 사용하지 않는 비행장치에 대해 진로를 우선한다.

해설 ▼

동력비행장치 조종자는 동력을 사용하지 않는 비행장치에 진로를 양보해야 한다.

44 **다음 중 초경량비행장치의 비행계획승인 신청 시 포함되지 않는 것은?**

① 비행경로 및 고도
② 동승자의 자격 소지
③ 조종자의 자격증명서
④ 비행장치의 종류 및 형식

해설 ▼

초경량비행장치에 동승하는 자는 특별한 자격을 소지할 필요가 없다.

45 **다음 중 초경량무인비행장치 비행허가 승인에 대한 설명으로 올바르지 않은 것은?**

① 비행금지구역은 비행이 허락되지 않는다.

② 공역이 두 개 이상 겹칠 때는 양 기관에 허가를 받아야 한다.

③ 비행장 반경 9.3km인 관제권에서 비행도 금지된다.

④ 원자력발전소 등의 상공에서도 비행이 금지된다.

해설 ▼

비행금지구역에서 비행을 하려면 지방항공청 또는 국방부의 허가가 필요하다.

46 **다음 중 초경량비행장치를 사용해 비행제한공역을 비행하고자 하는 자가 비행계획승인신청서에 첨부해야 하는 서류에 포함되는 것은?**

① 초경량비행장치 신고증명서
② 초경량비행장치의 사진
③ 초경량비행장치의 제원 및 제작 설명서
④ 초경량비행장치 설계도면

47 다음 중 수도권 지역에서 드론의 운행이 가능한 지역에 포함되지 않는 곳은?

① 가양대교 북단　　② 신정교 아래 공터
③ 광나루 비행장　　④ 여의도 광장

해설 ▼

현재 수도권에서는 가양대교 북단, 신정교, 광나루, 별내IC 등 4곳에서만 드론을 운행할 수 있다.

48 다음 중 무인초경량비행장치의 비행이 가능한 지역은?

① R-75　　② UA　　③ MOA　　④ P-73

해설 ▼

UA는 'Ultralight vehicle Area'의 의미로 초경량비행장치 비행구역을 말한다. R-75는 서울지역 상공, P-73은 서울시 청와대 인근의 비행금지구역을 말한다. MOA는 군사훈련을 위한 비행제한구역을 말한다.

49 다음 중 무인초경량비행장치 운용제한에 대한 설명으로 올바르지 않은 것은?

① 인구가 밀집된 지역은 위험하므로 비행을 해서는 안 된다.
② 사람에게 위험을 초래할 우려가 있는 낙하물을 투여해서는 안 된다.
③ 안개 등으로 인해 지상목표물을 육안으로 식별할 수 없는 상태에서 비행해서는 안 된다.
④ 조명이 밝은 운동장에서는 야간 비행을 할 수 있다.

해설 ▼

야간비행은 사전 비행승인을 받으면 가능하지만 원칙적으로 일출부터 일몰까지 운행할 수 있다.

50 다음 중 항공기 소유주는 정차장이 변경되었을 때 어떤 신청을 해야 하는가?

① 이전등록　　② 변경등록
③ 말소등록　　④ 임차등록

해설 ▼

항공기 정차장이 변경될 경우 소유자 및 임차인 등은 변경 사유가 있는 날로부터 15일 이내에 등록 변경을 신청해야 한다.

정답 43 ④ 44 ② 45 ① 46 ① 47 ④ 48 ② 49 ④ 50 ②

51 다음 중 항공기의 안전성을 보장해주는 증명은?

① 형식증명 ② 감항증명
③ 한정증명 ④ 항공기의 등록증

해설 ▼

감항증명은 민간항공기의 사고를 방지하기 위해 해당 항공기가 항공하기에 적합한 안전성과 신뢰성을 갖고 있다는 증명을 말한다.

52 다음 중 전방 항공기를 추월하기 위해 통과해야 하는 방향은?

① 우측 ② 좌측
③ 상방 ④ 하방

53 다음 중 정면에서 접근 비행 중 동 순위의 항공기 상호 간에 있어서의 항로는?

① 상방으로 바꾼다. ② 하방으로 바꾼다.
③ 우측으로 바꾼다. ④ 좌측으로 바꾼다.

54 다음 항공기의 진로권의 우선순위를 올바르게 나열한 것은?

(1) 지상에 있어서 운행 중의 항공기
(2) 착륙을 위해 최종 진입의 진로에 있는 항공기
(3) 착륙의 조작을 행하고 있는 항공기
(4) 비행 중의 항공기

① 4-3-1-2 ② 2-1-3-4
③ 3-2-1-4 ④ 2-3-1-4

해설 ▼

현재 착륙을 하고 있는 항공기가 가장 우선하고 다음으로 착륙을 위해 최종 진입을 하고 있는 항공기를 배려해야 한다.

55 다음 중 전방에서 비행 중인 항공기를 추월하고자 할 경우에 비행요령은?

① 후방의 항공기는 전방의 항공기 좌측으로 추월한다.
② 후방의 항공기는 전방의 항공기 상방으로 통과한다.
③ 후방의 항공기는 전방의 항공기 하방으로 통과한다.
④ 후방의 항공기는 전방의 항공기 우측으로 통과한다.

해설 ▼

비행장에 착륙하기 위해 접근하거나 이륙 중 선회가 필요한 경우에는 달리 지시를 받은 경우를 제외하고는 좌선회해야 한다.

56 다음 진로의 양보에 대한 설명으로 올바르지 않은 것은?

① 다른 항공기를 우측으로 보는 항공기가 진로를 양보한다.
② 착륙을 위하여 최종 접근 중에 있거나 착륙 중인 항공기에 진로를 양보한다.
③ 상호 간 비행장에 접근 중일 때는 높은 고도에 있는 항공기에 진로를 양보한다.
④ 발동기의 고장, 연료의 결핍 등 비정상 상태에 있는 항공기에 대해서는 모든 항공기가 양보한다.

해설 ▼

높은 고도에 있는 항공기가 낮은 고도에 있는 항공기에게 진로를 양보해야 한다.

57 다음 중 항공기의 추월 요령에 대한 설명으로 올바른 것은?

① 우측으로 추월한다.
② 좌측으로 추월한다.
③ 아래쪽으로 추월한다.
④ 위쪽으로 추월한다.

58 다음 중 정면으로 접근하는 동 순위의 항공기 상호 간에 있어서 서로 기수를 어느 쪽으로 바꿔야 하나?

① 아래쪽
② 위쪽
③ 왼쪽
④ 오른쪽

정답 51 ② 52 ① 53 ③ 54 ③ 55 ④ 56 ③ 57 ① 58 ④

59 **다음 중 헬기 비행 시 엔진이 꺼졌을 때 조치사항으로 올바른 것은?**

① 사이클릭 피치를 좌우로 이동하여 방향 안정성을 확보한다.

② 횡방향 안전성 확보와 몸체의 회전 방지를 위해 테일로터의 추력을 가한다.

③ 메인로터의 피치각을 작게 해주어 양력을 최대한 끌어낸다.

④ 미션과 메인로터를 분리해 메인로터의 관성을 이용해 충격을 최소화한다.

해설 ▼

엔진이 꺼졌을 때는 안전하게 착륙하는 방법을 강구해야 한다.

60 **다음 중 초경량비행장치사고로 분류할 수 없는 것은?**

① 초경량비행장치에 의한 사람의 사망, 중상 또는 행방불명

② 초경량비행장치의 덮개나 부속품의 고장

③ 초경량비행장치의 추락, 충돌 또는 화재 발생

④ 초경량비행장치의 위치를 확인할 수 없을 경우

해설 ▼

초경량비행장치의 덮개나 부속품이 고장 나는 것은 법률적으로 사고에 포함되지 않는다.

61 **다음 초경량비행장치의 사고 중 항공철도사고조사위원회가 조사해야 하는 것은?**

① 차량이 주기된 초경량비행장치를 파손시킨 사고

② 초경량비행장치를 이동시키다 파손시킨 사고

③ 초경량비행장치의 소유자가 낸 교통사고

④ 비행 중 발생한 화재사고

해설 ▼

비행 중 발생한 추락, 충돌, 및 화재사고와 초경량비행장치에 의해 사람이 중상 또는 사망 사고 시에는 반드시 항공철도사고조사위원회가 조사를 해야 한다.

62 다음 중 무인초경량비행장치의 조종자가 금지해야 하는 행위에 포함되지 않는 것은?

① 인명이나 재산에 위험을 초래할 우려가 있는 낙하물을 투하하는 행위

② 비행금지공역, 비행제한공역, 위험공역에서 비행하는 행위

③ 고압 송전선 주위에서 비행하는 행위

④ 일출 이전이라도 날씨가 밝은 상태에서 비행하는 행위

해설 ▼

원칙적으로 일출 이전이나 일몰 후에는 비행이 금지되어 있다.

63 다음 중 무인초경량비행장치의 조종자가 준수해야 되는 사항으로 적절치 않은 것은?

① 항공기 또는 경량항공기를 육안으로 식별해 미리 피해야 한다.

② 무인비행장치를 육안으로 확인할 수 있는 범위 내에서 조종해야 한다.

③ 보통 항공기와 경량항공기에 대해 우선권을 갖고 비행해야 한다.

④ 비행허가를 받더라도 항공기와 충돌하지 않도록 사주경계를 해야 한다.

해설 ▼

비행기, 경량항공기 등에 우선권을 보장해야 한다.

64 다음 중 초경량비행장치의 안전성 인증 유효기간은?

① 6개월	② 1년
③ 1년 6개월	④ 2년

초경량비행장치의 안전성 인증 유효기간은 1년이며 인증업무는 2017년 11월 4일부터 교통안전공단에서 항공안전기술원으로 이관되었다.

정답 59 ④ 60 ② 61 ④ 62 ④ 63 ③ 64 ②

65 **다음 중 안전성인증검사 유효기간에 대한 설명으로 올바르지 않은 것은?**

① 안전성 인증검사는 발급일로 1년으로 한다.

② 비영리 목적으로 사용하는 초경량장치는 2년으로 한다.

③ 안전성 인증검사는 발급일로 2년으로 한다.

④ 인증검사 재검사시 불합격 통지 6개월 이내 다시 검사한다.

66 **다음 중 항공기 사고조사 업무를 담당하는 곳은?**

① 경찰청

② 검찰

③ 국토교통부

④ 관할 경찰서

해설 ▼

항공기 관련 사고의 조사는 국토교통부가 담당한다.

67 **다음 중 초경량비행장치 조종자는 비행 시 준수사항에 포함되지 않는 것은?**

① 인명이나 재산에 위험을 초래할 우려가 있는 낙하물을 투하하는 행위

② 인구가 밀집된 지역 기타 사람이 운집한 장소의 상고에서 인명 또는 재산에 위험을 초래할 우려가 있는 방법으로 비행하는 행위

③ 항공교통관제기관의 승인을 얻지 아니하고 비행제한을 고시하는 구역 또는 법 제38조 제2항의 규정에 의한 관제공역, 통제공역, 주의공역에서 비행하는 행위

④ 지상목표물을 육안으로 식별할 수 있는 상태에서 계기비행하는 행위

해설 ▼

초경량비행장치는 시계비행을 한다.

68 다음 중 회전익비행장치의 추락 시 대처요령으로 올바른 것은?

① 떨어지는 관성력을 이용해 스로틀을 올려 피해를 최소화한다.
② 추락 시 에어론을 조작해 기체 중심을 잡아준다.
③ 추락 시 엘리베이터를 조작해 기체를 조종자 가까운 곳으로 이동시킨다.
④ 추락 시 조종이 힘들다고 생각되면 조종기 전원을 빠른 시간에 멈춘다.

해설 ▼

스로틀은 엔진에 공급되는 연료량을 조절하는데 출력을 높여 충격을 최소화해야 한다.

69 다음 중 헬기 추락 시 취해야 할 조작법 중 올바른 것은?

① 컬렉티브피치를 올려 추락 속도를 늦춰 피해를 최소화한다.
② 사이클릭피치를 좌우로 움직여 방향 안전성을 확보한다.
③ 테일로터의 추력을 올려 횡방향의 안전성을 확보한다.
④ 메인로터의 피치각을 작게 하여 양력을 최대한 크게 한다.

해설 ▼

컬렉티브는 플레이트의 피치각을 조정해 상하비행 시 사용한다.

70 다음 중 무인초경량비행장치의 안전관리에 대한 설명으로 올바르지 않은 것은?

① 자체 중량이 12kg 이상이면 안전성검사와 비행 시 비행승인을 받아야 한다.
② 자체 중량이 12kg 이하이면 사업을 하더라도 신고하지 않아도 된다.
③ 자체 중량이 약 2kg인 취미용이라도 조종자 준수사항을 지켜야 한다.
④ 자체 중량이 12kg 이상을 취미용으로 조종해도 자격증이 필요하다.

해설 ▼

자체 중량이 12kg 이하인 드론을 사업용으로 활용하고자 하면 지방항공청에 사업등록과 장치신고를 반드시 해야 한다. 그러나 안정성 인증과 조종자 증명, 비행승인과정은 하지 않아도 된다.

정답 65 ③ 66 ③ 67 ④ 68 ① 69 ① 70 ②

71 **다음 중 안전성 인증검사를 받아야 하는 초경량비행장치에 포함되지 않는 것은?**

① 초경량 동력비행장치

② 초경량 회전익비행장치

③ 패러플레인

④ 유인자유기구

해설 ▼

안전성인증검사 대상은 동력, 회전익(자이로플레인, 초경량헬리콥터), 패러플레인 등이다.

72 **다음 중 무인초경량비행장치를 비행한 후 기체점검 사항에 대한 설명으로 올바르지 않은 것은?**

① 기체의 손상 여부를 파악하기 위해 외관검사를 실시한다. 동력계통 부위의 볼트 조임 상태 등을 점검하고 조치한다.

② 메인 블레이드, 테일 블레이드 등 주요 부품의 파손 상태를 검사한다.

③ 남은 연료가 있을 경우 모두 소모시킬 때까지 비행한다.

④ 송수신기의 배터리 잔량을 확인하고 부족 시 충전한다.

해설 ▼

비행 후 연료가 남았다고 해도 이를 소모시키기 위해 비행을 할 필요는 없다.

73 **다음 중 항공종사자로 근무할 수 있는 사람은?**

① 항공기 정비를 할 수 있는 자

② 공항에 근무할 능력이 있는 자

③ 해당 항공종사자 자격증명을 받은 자

④ 실기 능력이 있는 자

해설 ▼

항공종사자는 관련 법률에 따라 항공종사자 자격증을 취득한 자를 말한다.

74 다음 중 항공종사자 자격증명을 받을 수 없는 자는?

① 파산자로 선고받은 후 복권된 자
② 자격증명 취소 후 2년 이상 경과되지 않은 자
③ 금고 이상의 형을 받고 집행 종료 후 2년 이상 경과한 자
④ 집행유예가 종료된 자

해설 ▼

자격증명이 취소된 후 2년이 경과해야 재시험에 응시할 수 있다.

75 다음 중 초경량비행장치의 안전성 인증검사에 대한 설명으로 올바르지 않은 것은?

① 초도검사는 국내에서 제작된 비행장치를 비행하기 위해 최초로 받는 검사
② 정기검사는 안전성 인증 유효기간이 만료되어 받는 검사
③ 수시검사는 수리 여부와 관계없이 불시에 하는 검사
④ 재검사는 일반 검사에서 부적합 판정을 받을 경우 다시 하는 검사

해설 ▼

수시검사는 비행안전에 영향을 미치는 대규모 수리를 한 후에 기술 수준에 적합한지 확인하기 위해 실시한다.

76 다음 중 무인비행장치의 안전관리 사항에 포함되지 않는 것은?

① 기체검사
② 비행승인
③ 보험가입
④ 사고수습

해설 ▼

사고가 발생하였을 때 수습하는 것은 당연한 업무이지만 안전관리 사항에는 포함되지 않는다.

정답 71 ④ 72 ③ 73 ③ 74 ② 75 ③ 76 ④

77 **다음 중 자동제어 기술의 발달에 따른 항공조사 원인이 될 수 없는 것이 아닌 것은?**

① 불충분한 사전 학습
② 기술의 진보에 따른 즉각적 반응
③ 새로운 자동화 장치의 새로운 오류
④ 자동화의 발달과 인간의 숙달의 시간차

78 **다음 중 미국의 군사용 드론개발업체로 세계 최고 수준의 기술력을 보유한 기업은?**

① 보잉(Boeing) ② 노스럽 그러먼(Northrop Grumman)
③ 제너널 아토믹스(General Atomics) ④ 록히드 마틴(Lockheed Martin)

해설 ▼

보잉(Boeing)은 세계 최대 항공기제조업체이면서 세계 최고 수준의 드론 관련 기술을 보유한 것으로 평가받고 있다. 최근에는 스텔스 기능을 보유한 무인 스텔스기 '팬텀레이(Phentom Ray)'도 개발 중이다.

79 **현재 미국이 군사용으로 가장 많이 사용하고 있는 드론 중 하나인 글로벌 호크(Global Hawk)를 개발한 기업은?**

① 보잉(Boeing) ② 록히드 마틴(Lockheed Martin)
③ 노스럽 그러먼(Northrop Grumman) ④ 제너럴 아토믹스(General Atomics)

해설 ▼

노스럽 그러먼은 고고도 정찰용 드론인 글로벌 호크를 개발하였다.

80 **다음 중 미국의 민수용 드론 개발업체로 오픈소스 기반으로 상업용 드론을 개발하고 있는 기업은?**

① 구글(Google) ② 3D로보틱스(3DRobotics)
③ 닉시(Nixie) ④ 페이스북(Facebook)

해설 ▼

3D로보틱스는 오픈소스 기반의 이두이노 플랫폼을 활용해 상업용 드론을 개발하고 있다.

81

다음 중 미국의 민수용 드론 개발업체로 무선 인터넷 통신용 중계기인 프로젝트 룬(Project Loon)을 추진하고 있는 기업은?

① 인텔(Intel)　　② 페이스북(Facebook)
③ 퀄컴(Qualcomm)　　④ 구글(Google)

구글은 무선 인터넷이 보급되지 않은 아프리카 등에 무선인터넷을 보급하기 위해 통신중계용 드론을 개발하고 있다.

82

다음 중국의 군사용 드론제작업체 중 스카이아이(Sky eye), 스카이 드래곤(Sky Dragon) 등을 생산하는 기업은?

① AEE
② SAU(Shenyang Aerospace University)
③ AVIC(Aviation Industry Corporation of China)
④ HAIG(Hongdu Aviation Industry Group)

해설 ▼

AVIC는 1951년 설립된 중국의 국영방위산업체로 드론뿐만 아니라 일반 전투기까지 생산하는 업체이다.

83

다음 중 중국의 민수용 드론 개발업체로 팬텀(Phantom)이라는 제품으로 세계 1위 드론 제작업체로 발돋움한 기업은?

① DJI　　② XAIRCRAFT
③ 이항(Ehang)　　④ 알리바바그룹(Alibabab)

해설 ▼

DJI는 홍콩과학기술대학 대학원생인 프랭크 왕이 2006년 설립한 회사로 2013년 팬텀을 출시한 이후 급성장하고 있다.

정답 77 ② 78 ① 79 ③ 80 ② 81 ④ 82 ③ 83 ①

84 **다음 중 영국의 드론 개발업체로 통신중계와 원격 탐사 등에 활용하기 위해 장기 체공형 비행선인 스트라토부스(Stratobus)를 개발하고 있는 기업은?**

① BAE 시스템스(BAE Systems) ② 패럿(Parrot)
③ 탈레스(Thales) ④ 다쏘(Dassault)

해설 ▼
탈레스(Thales)는 비행선인 스트라토부스를 개발하고 있는데 인공위성과 드론의 장점을 결합해 장기간 체공이 가능하다.

85 **다음 프랑스의 드론 개발업체 중 레저용 드론을 개발해 대중화에 성공한 기업은?**

① 다쏘(Dassault) ② 패럿(Parrot)
③ 에어이노브(Airinov) ④ 델에어테크(Delair-Tech)

해설 ▼
패럿은 카메라를 장착한 드론 제품에 특화된 기업이며 스마트폰이나 태블릿으로 통제할 수 있는 드론도 출시하고 있다.

86 **다음 중 일본의 야마하발동기에 대한 설명으로 올바르지 않은 것은?**

① 1987년부터 R-MAX 무인헬기를 개발하기 시작하였다.
② 농약살포, 파종 등 농업용으로 광범위하게 활용되고 있다.
③ 1991년부터 농가에 보급하기 시작하였다.
④ 야마하는 일본 농경지의 10%에 농약을 살포하고 있다.

해설 ▼
현재 야마하발동기가 개발한 드론이 농약을 살포하고 있는 면적은 전체 농경지의 40%에 달한다.

87 **다음 중 드론을 조종하다가 갑자기 기계에 이상이 생겼을 때 하는 행동으로 올바른 것은?**

① 주위 사람에게 큰소리로 외친다.
② 급추락이나 안전하게 착륙시킨다.
③ 자세제어 모드로 전환하여 조종을 한다.
④ 최단거리로 비상착륙을 한다.

88

다음 중 비행 후 점검 사항이 아닌 것은?

① 수신기를 끈다.

② 송신기를 끈다.

③ 기체를 안전한 곳으로 옮긴다.

④ 열이 식을 때까지 해당 부위는 점검하지 않는다.

89

다음 중 세계 최고 수준의 드론 관련 기술을 보유하고 이스라엘 IAA에 대한 설명으로 올바르지 않은 것은?

① 제4차 중동전쟁 이후 드론을 개발하기 시작해 1977년 스카우트를 실전에 배치하였다.

② 군사용 드론의 개발에만 한정되어 상업용 드론을 개발하지 않고 있다.

③ 감시, 정찰, 목표획득 등으로 서처(Searcher Mk.III)를 개발하였다.

④ 다양한 수직이착륙 드론을 개발해 실용화하고 있다.

해설 ▼

군사용 드론뿐만 아니라 상업용 드론도 개발해 판매하고 있다.

90

다음 중 이스라엘 드론 개발업체인 엘빗시스템이 개발하고 있는 드론에 포함되지 않는 것은?

① 헤르메스(Hermes)

② 타라니스(Taranis)

③ 헤론(Heron)

④ 제퍼(Zepher)

해설 ▼

헤론은 이스라엘 IAA가 개발한 다목적용 드론이다.

정답 84 ③ 85 ② 86 ④ 87 ① 88 ② 89 ② 90 ③

91 **다음 중 군사용 드론에 관련된 이슈에 대한 설명으로 올바르지 않은 것은?**

① 공격용으로 사용할 경우 조종사들이 인명 살상에 대해 거부감이 없어진다.

② 드론 조종사들이 직접 전장에 나가지 않으므로 정신적 스트레스는 없다.

③ 테러 집단이 민간인을 대상으로 공격하는 데 활용할 수 있다.

④ 불량 국가들이 생화학 무기를 사용하는 데 활용할 위험성이 높다.

해설 ▼

드론 조종사들이 전장에 직접 나가지 않지만 전투를 수행하는 지상군과 마찬가지로 외상 후 스트레스증후군에 걸리는 경우가 많다.

92 **다음 중 드론을 활용한 군사작전에 동원된 드론 조종사가 걸리는 질병은?**

① 정신병

② 치매 현상

③ PSTD

④ 조울증

해설 ▼

군사작전에 투입된 드론을 조종한 조종사가 외상 후 스트레스증후군(PSTD)에 걸리는 사례가 많이 보고되고 있다.

93 **다음 중 카메라를 장착한 드론이 침해할 수 있는 사생활에 대한 설명으로 올바르지 않은 것은?**

① 거리를 이동하는 불특정 다수의 얼굴을 촬영할 수 있다.

② 주택 내부의 생활을 무차별적으로 촬영할 수 있다.

③ 사무실 내부에서 근무하는 직원의 얼굴을 촬영할 수 있다.

④ CCTV와 달리 현재로서 특별한 규제책이 없는 실정이다.

해설 ▼

거리를 이동하는 불특정 다수의 사람을 대상으로 촬영하는 것은 크게 문제가 되지 않는다.

94 다음 중 드론이 개인 사유지 상공을 비행할 경우에 대한 설명으로 올바르지 않은 것은?

① 보호받을 수 있는 고도에 대한 명확한 규정이 없어 애매한 상황이다.

② 정기적이 아니라 일회성으로 운행할 경우에는 큰 문제가 없다.

③ 주기적으로 사유지 상공을 침범할 경우에는 방해예방청구권을 행사할 수 있다.

④ 사유지 상공을 침범할 경우 나포나 파괴할 수 있다.

해설 ▼

사유지 상공을 침범하였다고 무조건 드론을 나포하거나 파괴할 수 있는 것은 아니다.

95 다음 중 드론에 관련된 제조물책임법(PL)에 대한 설명으로 올바르지 않은 것은?

① 드론은 일반 항공기와 달리 블랙박스가 없기 때문에 사고 원인을 규명하기 어렵다.

② 드론의 사고는 기체뿐만 아니라 통제소에 연관될 수도 있어 책임 소재를 구분하기 어렵다.

③ 드론의 기체 이상으로 인한 사고는 경미하기 때문에 법적인 이슈가 발생하지 않는다.

④ 드론도 제작상의 결함이 발견될 경우 제작자는 리콜 조치를 시행해야 한다.

해설 ▼

드론의 사고는 대부분 기체 파손과 같은 경미한 경우가 대부분이지만 화재, 인명 피해 등 대형 사고로 이어질 수도 있다.

96 다음 중 드론과 함께 제4차 산업혁명을 주도하고 있는 기술에 포함되지 않는 것은?

① 사물 인터넷(Iot)

② 인공 지능(AI)

③ 비메모리 반도체

④ 빅데이터(Big Data)

해설 ▼

제4차 산업혁명을 주도하고 있는 것은 사물 인터넷, 인공 지능, 빅데이터, 로봇 등이다.

정답 91 ② 92 ③ 93 ① 94 ④ 95 ③ 96 ③

97 **드론은 단순히 군사용과 레저용을 넘어 활용도가 많은 편이다. 다음 중 미래형 드론의 사용 목적에 포함되지 않는 것은?**

① 무선 인터넷 중계기　　② 무인 택배
③ 무인 감시　　④ 무인 전투

해설 ▼

무인 전투는 로봇 산업과 연계되어 있다.

98 **다음 중 드론을 군사용으로 활용할 경우 장점에 포함되지 않는 것은?**

① 조종사, 군인 등의 생명 위협을 최소화한다.
② 구입, 운용 등에 소요되는 비용이 저렴해진다.
③ 적정에 대한 정보 수집이 용이하다.
④ 작전 투입이 빠르고 장시간 작전 수행이 가능하다.

해설 ▼

드론을 구입하고 운용하는 것이 반드시 저렴한 것은 아니다. 일부 정찰용 드론의 경우 수천억 원이 소요되기도 하기 때문이다.

99 **다음 중 드론을 군사용으로 활용할 경우 단점에 포함되지 않는 것은?**

① 유인항공기에 비해 기동성이 떨어진다.
② 군사작전 수행 시 민간인 피해가 우려된다.
③ 적의 공격에 대한 방어 능력이 취약하다.
④ 유인항공기에 비해 지능화가 어렵다.

해설 ▼

드론에 대한 기술개발이 강화되면서 유인항공기에 비해 오히려 더 뛰어난 지능화가 진행되고 있다.

100 **다음 중 무인멀티콥터의 위치를 제어하는 부품은?**

① GPS　　② 온도감지계
③ 레이저 센서　　④ 자이로

101 다음 중 멀티콥터 운영 도중 비상사태가 발생할 시 가장 먼저 조치해야 할 사항은?

① 육성으로 주위 사람들에게 큰소리로 위험을 알린다.

② 에티켓 모드로 전환하여 조정을 한다.

③ 가장 가까운 곳으로 비상착륙을 한다.

④ 사람이 없는 안전한 곳에 착륙을 한다.

102 다음 중 드론 하강 시 조작해야 할 조종기의 레버는?

① 엘리베이터　　② 스로틀

③ 에어론　　④ 러더

103 다음 중 배터리 사용 시 주의사항으로 <u>틀린</u> 것은?

① 비행 시마다 배터리를 완충시켜 사용한다.

② 정해진 모델의 전용 충전기만 사용한다.

③ 비행 시 저전력 경고가 표시될 때 즉시 복귀 및 착륙시킨다.

④ 배부른 배터리를 깨끗이 수리해서 사용한다.

104 다음 중 조종자 리더십에 관한 설명으로 올바른 것은?

① 기체 손상 여부 관리를 의논한다.

② 다른 조종자의 험담을 한다.

③ 결점을 찾아내서 수정을 한다.

④ 편향적 안전을 위하여 의논한다.

정답 97 ④ 98 ② 99 ④ 100 ① 101 ① 102 ② 103 ④ 104 ③

105 **다음 중 초경량비행장치의 비행 전 조종기 테스트로 적당한 것은?**

① 기체와 30m 떨어져서 레인지 모드로 테스트한다.
② 기체와 100m 떨어져서 일반 모드로 테스트한다.
③ 기체 바로 옆에서 테스트한다.
④ 기체를 이륙해서 조종기를 테스트한다.

106 **다음 중 기체의 좌우가 불안할 경우 조종기의 조작을 어떻게 해야 하는가?**

① 에어론을 조작한다.
② 조종기의 전원을 ON, OFF한다.
③ 스로틀을 조작한다.
④ 러더를 조작한다.

107 **다음 중 무인멀티콥터가 비행할 수 없는 것은?**

① 전진 비행
② 후진 비행
③ 회전 비행
④ 배면 비행

108 **다음 중 배터리를 장기 보관할 때 적절하지 않은 것은?**

① 4.2V로 완전충전해서 보관한다.
② 상온 15~28℃에서 보관한다.
③ 밀폐된 가방에 보관한다.
④ 화로나 전열기 주변 등 뜨거운 곳에 보관하지 않는다.

109 **다음 중 초경량비행장치에 의하여 중사고가 발생한 경우 사고조사를 담당하는 기관은?**

① 관할 지방항공청
② 항공철도사고조사위원회
③ 교통안전공단
④ 항공교통 관제소

110 **다음 중 초경량비행장치 조종자 전문교육기관의 구비 조건이 아닌 것은?**

① 사무실 1개 이상　　② 강의실 1개 이상
③ 격납고　　④ 이착륙 공간

111 **다음 중 초경량비행장치를 운항할 때 거리 등을 계산해서 운항하는 항법은 무엇인가?**

① 지문항법　　② 위성항법
③ 추측항법　　④ 무선항법

112 **다음 중 동체의 좌우 흔들림을 잡아주는 센서는?**

① 자이로 센서　　② 자자계 센서
③ 기압 센서　　④ GPS

113 **다음 중 드론을 우측으로 이동할 때 각 모터의 형태를 바르게 설명한 것은?**

① 오른쪽 프로펠러의 힘이 약해지고 왼쪽 프로펠러의 힘이 강해진다.
② 왼쪽 프로펠러의 힘이 약해지고 오른쪽 프로펠러의 힘이 강해진다.
③ 왼쪽, 오른쪽 각각의 로터가 전체적으로 강해진다.
④ 왼쪽, 오른쪽 각각의 로터가 전체적으로 약해진다.

114 **다음 중 멀티콥터의 제어장치가 아닌 것은?**

① GPS　　② FC
③ 제어컨트롤　　④ 프로펠러

정답 105 ① 106 ③ 107 ④ 108 ① 109 ② 110 ③ 111 ③ 112 ① 113 ① 114 ④

115 **다음 중 모터의 설명으로 맞는 것은?**

① BLDC 모터는 브러시가 있는 모터이다.
② DC 모터는 BLDC 모터보다 수명이 짧다.
③ DC 모터는 영구적으로 사용할 수 없는 단점이 있다.
④ BLDC 모터는 변속기가 필요 없다.

116 **다음 중 멀티콥터의 무게중심은 어디인가?**

① 전진 모터의 뒤쪽
② 후진 모터의 뒤쪽
③ 기체의 중심
④ 래딩 스키드 뒤쪽

117 **다음 중 멀티콥터 착륙 지점으로 바르지 않은 것은?**

① 고압선이 없고 평평한 지역
② 바람에 날아가는 물체가 없는 평평한 지역
③ 평평한 해안지역
④ 평평하면서 경사진 곳

118 **다음 중 조종기를 장기간 사용하지 않을 시 보관방법으로 옳은 것은?**

① 케이스에 보관을 한다.
② 장기간 보관 시 배터리 커넥터를 분리한다.
③ 방전 후에 사용을 할 수 있다.
④ 온도에 상관없이 보관한다.

119 **다음 중 법령, 규정, 절차 및 시설 등의 변경이 장기간 예상되는 설명과 조언 정보를 통지하는 것은 무엇인가?**

① 항공고시보(NOTAM)

② 항공정보간행물(AIP)

③ 항공정보회람(AIC)

④ 항공정보관리절차(AIRAC)

120 **다음 중 비행정보를 고시할 때는 어디를 통해서 고시를 해야 하는가?**

① 관보

② 일간신문

③ 항공협회 회람

④ 항공협회 정기 간행물

정답 115 ③ 116 ③ 117 ④ 118 ② 119 ③ 120 ①

적중 예상문제

01 다음 중 회전익 무인비행장치의 탑재량에 영향을 미치는 것으로 가장 거리가 먼 것은?

① 주변 장애물과 비행 장소　　② 기온과 바람

③ 습도와 강우량　　④ 해발고도와 공기밀도

02 다음 중 초경량비행장치를 이용하여 비행할 시 유의사항이 아닌 것은?

① 태풍 및 돌풍 등 악기상 조건하에서는 비행하지 말아야 한다.

② 제원표에 표시된 최대이륙중량을 초과하여 비행하지 말아야 한다.

③ 주변에 지상장애물이 없는 장소에서 이착륙하여야 한다.

④ 날씨가 맑은 날이나 보름달 등으로 시야가 확보되면 야간비행도 가능하다.

해설 ▼

일몰 후부터 일출 전까지는 시야 확보 등 청명하여도 야간비행은 불가하다.

03 다음 중 무인비행장치들이 가지고 있는 일반적인 비행 모드가 아닌 것은?

① 수동 모드(Manual Mode)

② 고도제어 모드(Altitude Mode)

③ 자세제어 모드(Attitude Mode)

④ GPS 모드(GPS mode)

04 다음 중 무인비행장치 비행모드 중에서 자동복귀 모드에 대한 설명이 아닌 것은?

① 이륙 전 임의의 장소를 설정할 수 있다.

② 이륙 장소로 자동으로 되돌아올 수 있다.

③ 수신되는 GPS 위성 수에 상관없이 설정할 수 있다.

④ Auto-land(자동 착륙)와 Auto-hover(자동 제자리비행)를 설정할 수 있다.

해설 ▼

GPS 위성 숫자가 최소 4개 이상이면 설정이 가능하지만 일반적으로 6개 이상인 상태에서 설정이 되도록 프로그램되어 있다.

05 다음 중 비행 시 GPS 에러 경고등이 점등되었을 때의 원인과 조치로 가장 적절한 것은?

① 건물 근처에서는 발생하지 않는다.

② 자세제어 모드로 전환하여 자세제어 상태에서 수동으로 조종하여 복귀시킨다.

③ 마그네틱 센서의 문제로 발생한다.

④ GPS 신호는 전파 세기가 강하여 재밍의 위험이 낮다.

해설 ▼

① 건물 근처에서는 GPS 신호 전파가 쉽게 차단되어 에러가 발생한다.
③ GPS 수신기의 이상이나 신호 전파의 차단 상태에서 발생한다.
④ GPS 신호는 전파 세기가 미약해서 재밍에 취약하다.

06 다음 중 무선주파수 사용에 대해서 무선국 허가가 필요치 않은 경우는?

① 가시권 내의 산업용 무인비행장치가 미약 주파수 대역을 사용할 경우

② 가시권 밖에서 고출력 무선장비를 사용할 시

③ 항공촬영 영상 수신을 위해 5.8GHz의 3W 고출력 장비를 사용할 경우

④ 원활한 운용자 간 연락을 위해 고출력 산업용 무전기를 사용하는 경우

07 다음 중 무인비행장치 운용 간 통신장비 사용으로 적절한 것은?

① 송수신 거리를 늘리기 위한 임의의 출력 증폭 장비를 사용한다.

② 2.4GHz 주파수 대역에서는 미인증된 장비를 마음대로 쓸 수 있다.

③ 영상송수신용은 5.8GHz 대역의 장비는 미인증된 장비를 쓸 수밖에 없다.

④ 무인기 제어용으로 국제적으로 할당된 주파수는 5,030~5,091MHz이다.

정답 1① 2④ 3② 4③ 5② 6① 7④

08 **다음 중 무인멀티콥터의 비행 후 점검 사항이 아닌 것은?**

① 송신기와 수신기를 끈다.
② 비행체 각 부분을 세부적으로 점검한다.
③ 모터와 변속기의 발열 상태를 점검한다.
④ 프롭의 파손 여부를 점검한다.

해설 ▼

비행 후에는 비행체를 세부적으로 점검하기보다는 비행 간 문제가 발생될 수 있는 주요 부분과 항목 위주로 간단히 점검한다.

09 **다음 중 조종자의 역할과 책임으로 적절한 것은?**

① 공역통제에 대한 사항은 사전에 확인하고 관제기관과의 연락이 불필요하다.
② 멀티콥터는 조종이 쉬우므로 원리적인 이해는 불필요하다.
③ 조종사는 비행에 대한 최종적인 판단을 직접 한다.
④ 조종사는 부여된 임무를 수행하므로 사고 발생 시 책임은 없다.

해설 ▼

조종자는 비행에 관련된 모든 최종 권한을 가지며 병행하여 책임도 진다.

10 **다음 중 멀티콥터의 비행 시 모터 중 한두 개가 정지하여 비행이 불가할 시 가장 올바른 대처방법은?**

① 신속히 최기 안전지역에 수직 하강하여 착륙시킨다.
② 상태를 기다려 본다.
③ 조종 기술을 이용하여 최대한 호버링한다.
④ 최초 이륙지점으로 이동시켜 착륙한다.

11 **다음 중 비행 전 점검 사항이 아닌 것은?**

① 모터 및 기체의 전선 등을 점검한다.
② 조종기 배터리 부식 등을 점검한다.
③ 호버링을 한다.
④ 기체 배터리 및 전선 상태를 점검한다.

12 다음 멀티콥터 조종기 테스트 방법 중 가장 올바른 것은?

① 기체 가까이에서 한다.

② 기체에서 30m 정도 떨어진 곳에서 한다.

③ 기체에서 100m 정도 떨어진 곳에서 한다.

④ 기체의 먼 곳에서 한다.

해설 ▼

멀티콥터 실기시험 조종 시 조종자와 기체까지 권장 안전거리는 20m이다.

13 초경량비행장치 비행 중 조작불능 상태 시 가장 먼저 할 일은?

① 소리를 질러 주변 사람들에게 경고한다.

② 안전하게 착륙하도록 조종하고 불가능 시 불시착시킨다.

③ 원인을 파악한 후 착륙시킨다.

④ 안전한 지역으로 이동하여 착륙시킨다.

14 정상적으로 비행 중 기체에 진동을 느꼈을 때 비행 후 조치사항으로 틀린 것은?

① 로터에 균열이 있는지 정확히 확인한다.

② 조종기와 FC 간의 전파에 문제가 있는지 확인한다.

③ 기체의 이음새나 부품의 틈이 헐거워졌는지 확인 후 볼트, 너트 등을 조인다.

④ 짐벌이나 방제용기의 장착 상태를 정확히 확인한다.

정답 8 ② 9 ③ 10 ① 11 ③ 12 ② 13 ① 14 ②

15 **다음 중 회전익무인비행장치의 기체 및 조종기의 배터리 점검사항으로 틀린 것은?**

① 조종기에 있는 배터리 연결단자의 헐거워지거나 접촉 불량 여부를 점검한다.

② 기체의 배선과 배터리와의 고정 볼트의 고정 상태를 점검한다.

③ 배터리가 부풀어 오른 것을 사용하여도 문제없다.

④ 기체 배터리와 배선의 연결 부위의 부식을 점검한다.

해설 ▼

부풀어 오른 배터리는 사용해서는 안 된다.

16 **비행 중 조종기의 배터리 경고음이 울렸을 때 취해야 할 행동은?**

① 즉시 기체를 착륙시키고 엔진 시동을 정지시킨다.

② 경고음이 꺼질 때까지 예비 배터리로 교환한다.

③ 재빨리 송신기의 배터리를 예비 배터리로 교환한다.

④ 기체를 원거리로 이동시켜 제자리 비행으로 대기한다.

해설 ▼

송신기 배터리 경고음이 울리면 가급적 빨리 복귀시켜 엔진을 정지 후 조종기 배터리를 교체한다.

17 **다음 중 항공고시보(NOTAM)에 대한 설명으로 올바르지 않은 것은?**

① 조종사를 포함해 항공종사자들이 알아야 하는 정보를 고시하는 것이다.

② 항공고시보는 새로운 정보를 업데이트해 매일 발간한다.

③ 간행물의 유효일자 이후 최소 7일 이상 유효한 정보도 포함한다.

④ 한 번 간행물로 발간되면 전파망에서도 관련 내용을 제외한다.

해설 ▼

항공고시보(NOTAM)는 매일이 아니라 28일마다 간행물로 발간한다.

18 다음 중 비행 후 기체 점검사항으로 옳지 않은 것은?

① 동력계통 부위의 볼트 조임 상태 등을 점검하고 조치한다.

② 메인 블레이드, 테일 블레이드의 결합 상태, 파손 등을 점검한다.

③ 남은 연료가 있을 경우 호버링 비행하여 모두 소모시킨다.

④ 송수신기의 배터리 잔량을 확인하여 부족 시 충전한다.

19 다음 중 무인비행장치의 비상램프 점등 시 조치로서 옳지 않은 것은?

① GPS 에러 경고–비행 자세 모드로 전환하여 즉시 비상착륙을 실시한다.

② 통신 두절 경고–사전 설정된 RH 내용을 확인하고 그에 따라 대비한다.

③ 배터리 저전압 경고–비행을 중지하고 착륙하여 배터리를 교체한다.

④ IMU 센서 경고–자세모드로 전환하여 비상착륙을 실시한다.

해설 ▼

GPS가 에러가 생겼다고 즉각적인 비상착륙을 실시할 필요는 없다. 자세모드로 정상비행이 가능하므로 자세모드로 전환하여 정상적인 비행을 실시하고, GPS 모드로 비행을 할 임무인 경우 비행을 중지하고 착륙하여 정비를 실시한다.

20 다음 중 비행 전 조종기 점검사항으로 부적절한 것은?

① 각 버튼과 스틱들이 off 위치에 있는지 확인한다.

② 조종 스틱이 부드럽게 전 방향으로 움직이는지 확인한다.

③ 조종기를 켠 후 자체 점검 이상 유무와 전원 상태를 확인한다.

④ 조종기 트림은 자동으로 중립 위치에 설정되므로 확인이 필요 없다.

해설 ▼

조종기의 트림위치가 잘못되어 있으면 이륙 후 비정상적인 방향으로 비행체가 흐르거나 급기동할 수 있다.

정답 15 ③ 16 ① 17 ② 18 ③ 19 ① 20 ④

21 **다음 중 배터리 소모율이 가장 많은 경우는?**

① 이륙 시
② 비행 중
③ 착륙 시
④ 조종기 TRIM의 조작 시

22 **다음 중 항공시설 업무, 절차 또는 위험요소의 시설, 운영 상태 및 그 변경에 관한 정보를 수록하여 전기통신 수단으로 항공종사자들에게 배포하는 공고문은?**

① AIC
② AIP
③ AIRAC
④ NOTAM

23 **다음 중 비행교관이 범하기 쉬운 과오가 아닌 것은?**

① 자기 고유의 기술은 자기만의 것으로 소유하고 잘난체 하려는 태도
② 교관이라고 해서 교육생을 비인격적으로 대우
③ 교관이 당황하거나 화난 목소리나 어조로 교육 진행
④ 교육생의 과오에 대해서 필요 이상의 자기감정을 자제

해설 ▼

비행교관이 범하기 쉬운 과오: 과시욕, 비인격적인 대우, 과격한 언어 및 욕설, 구타, 비정상적인 수정 조작, 자기감정의 표출

24 **다음 중 회전익무인비행장치의 기본 비행단계에서의 교육지도 요령으로 부적절한 것은?**

① 초기 제자리 비행 교육 시 끌려다니지 않도록 기본조작 교육을 철저히 한다.
② 기체에 집중하여 시야를 좁혀가면서 주의력을 비행체에 집중하도록 훈련한다.
③ 파워, 피치, 러더의 삼타일치 조작에 대한 기본적인 원리를 설명해 준다.
④ 가급적 교육생이 혼자 스스로 조종한다는 느낌이 들도록 한다.

해설 ▼

[기본 비행단계에서의 교육지도 요령]
초기 제자리 비행교육 시 끌려다니지 않도록 기본 조작교육 철저 주의력 분배 교육, 삼타 일치 조작, 교육생보다 한 걸음 뒤에 서라, 교관의 설명을 점차 줄여 가라, 통제권 전환 시 확실한 확인 후 전환 실시

25 다음 중 비행교관의 적합한 교수방법이 아닌 것은?

① 학생에 맞는 교수방법을 적용한다.

② 정확한 표준조작을 요구한다.

③ 부정적인 면을 강조한다.

④ 교관이 먼저 비행 원리에 정통하고 적용한다.

해설 ▼

긍정적인 면을 강조해야 한다.

26 다음 중 회전익 무인비행장치 기본비행 단계에서의 교육지도 요령으로 부적절한 것은?

① 교육생보다 앞쪽이나 옆에 서서 교관의 조작을 잘 볼 수 있게 선다.

② 헬기에 집중하지 말고 시야를 점차 넓혀가면서 주의력을 분배하도록 훈련한다.

③ 파워, 피치, 러더의 삼타일치 조작에 대한 기본적인 원리를 설명한다.

④ 통제권 전환 시 확실한 확인 후 전환을 실시한다.

27 다음 중 안전관리제도에 대한 설명으로 틀린 것은?

① 이륙중량이 25kg 이상이면 안정성검사와 비행 시 비행승인을 받아야 한다.

② 자체 중량이 12kg 이하이면 사업을 하더라도 안정성검사를 받지 않아도 된다.

③ 무게가 약 2kg인 취미, 오락용 드론은 조종자 준수사항을 준수하지 않아도 된다.

④ 자체 중량이 12kg 이상이라도 개인 취미용으로 활용하면 조종자격증명이 필요 없다.

해설 ▼

무게에 상관없이 조종자 준수사항은 준수해야 한다.

정답 21 ④ 22 ① 23 ④ 24 ② 25 ③ 26 ① 27 ③

28 **다음 중 비행 교육의 특성과 교육요령으로 부적절한 것은?**

① 동기 유발: 스스로 하고자 하는 동기 부여

② 개별적 접근: 일대일 교육으로 교관과의 인간관계 원활할 때 효과 증대

③ 건설적인 강평: 잘못된 조작을 과도하고 충분한 시범으로 예시 제공

④ 비행 교시 과오 인정: 교관의 잘못된 교시는 과감하게 시인

해설 ▼

교육생이 잘못하는 부분에 대해 교관이 과도한 조작으로 시범을 보이면 교육생은 자신감을 상실하거나 공포감을 느끼게 되어 교육효과를 저감시킨다.

29 **다음 중 조종자 교육 시 논평(criticize)을 실시하는 목적은?**

① 잘못을 직접적으로 질책하기 위함이다.

② 지도조종자의 품위 유지를 위함이다.

③ 주변의 타 학생들에게 경각심을 주기 위함이다.

④ 문제점을 발굴하여 발전을 도모하기 위함이다.

30 **다음 중 현재 무인멀티콥터의 기술적 해결 과제로 볼 수 없는 것은?**

① 장시간 비행을 위한 동력 시스템

② 비행체 구성품의 내구성 확보

③ 농업 방재장치 개발

④ 비행제어시스템 신뢰성 개선

31 **다음 중 무인멀티콥터를 이용한 항공촬영 작업의 진행절차로 부적절한 것은?**

① 작업을 위해서 비행체를 신고하고 보험을 가입하였다.

② 초경량비행장치 사용사업등록을 실시하였다.

③ 국방부 촬영허가는 연중 한 번만 받고 작업을 진행하였다.

④ 작업 1주 전에 지방항공청에 비행승인을 신청하였다.

해설 ▼

항공촬영 작업의 경우 매번 국방부에 촬영허가 신청을 해야 한다.

32 다음 중 무인멀티콥터의 기수를 제어하는 부품은?

① 지자계센서 ② 온도
③ 레이저 ④ GPS

33 다음 중 운동하는 방향이 바뀌거나 다른 방향으로 옮겨지는 현상으로 토크 작용과 토크작용을 상쇄하는 꼬리날개의 추진력이 복합되어 기체가 우측으로 편류하려고 하는 현상을 무엇이라 하는가?

① 전이 성향 ② 전이 비행
③ 횡단류 효과 ④ 지면 효과

34 다음 중 지자기센서의 보정(Calibration)이 필요한 시기로 옳은 것은?

① 비행체를 처음 수령하여 시험비행을 한 후 다음 날 다시 비행할 때
② 10km 이상 이격된 지역에서 비행을 할 경우
③ 비행체가 GPS 모드에서 고도를 잘 잡지 못할 경우
④ 전진비행 시 좌측으로 바람과 상관없이 벗어나는 경우

해설 ▼

시험비행 시 보정을 한 후 매일 다시 할 필요는 없다.
약 60~70km 이상 벗어나는 경우 다시 보정을 해주는 것이 좋다.
GPS 모드에서 고도를 잘 유지하지 못한다면 GPS상의 어떠한 요인으로 오차가 커지거나 고도 처리를 잘못하고 있는 것으로 이 경우 자세모드로 비행하는 것이 좋다.

35 다음 중 무인항공 방재작업의 살포비행 조종 방법으로 옳은 것은?

① 비행고도는 항상 3m 이내로 한정하여 비행한다.
② 비행고도와 작물의 상태와는 상관이 없다.
③ 비행고도는 기종과 비행체 중량에 따라서 다르게 적용한다.
④ 살포 폭은 비행고도와 상관이 없이 일정하다.

정답 28 ③ 29 ④ 30 ③ 31 ③ 32 ① 33 ① 34 ④ 35 ③

36 **다음 중 멀티콥터나 회전익 항공기가 지면 가까이서 제자리 비행을 할 때 나타나는 현상이 아닌 것은?**

① 유도기류 ② 익단 원형와류
③ 지면 효과 ④ 회전운동의 세차

해설 ▼

회전운동의 세차란 회전하는 물체에 힘을 가하였을 때 힘을 가한 곳으로부터 90° 지난 지점에서 현상이 나타나는 것을 말한다.

37 **다음 중 법령, 규정, 절차 및 시설 등의 주요한 변경이 장기간 예상되거나 비행기 안전에 영향을 미치는 것의 통지와 기술, 법령 또는 순수한 행정사항에 관한 설명과 조언의 정보를 포함하는 것은?**

① 항공고시보(NOTAM)
② 항공정보간행물(AIP)
③ 항공정보회람(AIC)
④ 항공정보관리절차(AIRAC)

해설 ▼

항공정보회람(Aeronautical Information Contents)은 AIP 또는 항공고시보의 발간대상이 아닌 항공정보 공고를 위해 항공정보 회람을 발행한다.

38 **다음 중 무인동력비행장치의 전후진 비행을 위하여 조작해야 할 조종장치는?**

① 스로틀 ② 엘리베이터
③ 에어론 ④ 러더

39 **다음 중 무인동력비행장치의 수직 이착륙 비행을 위하여 조작해야 할 조종장치는?**

① 스로틀 ② 엘리베이터
③ 에어론 ④ 러더

40 **다음 중 멀티콥터의 수직착륙 시 조종 방법은?**

① 스로틀 상승 ② 스로틀 하강
③ 엘리베이터 전진 ④ 엘리베이터 후진

41 **다음 중 멀티콥터의 Heading을 원 선회 중심을 향한 상태에서 선회하기 위해 필요한 키의 조합으로 가장 적절한 것은? (단, 정지비행 상태에서 고도는 일정하다고 가정한다.)**

① 스로틀, 에어론 ② 에어론, 러더
③ 러더, 엘리베이터 ④ 엘리베이터, 스로틀

42 **다음 중 멀티콥터의 이동비행 시 속도가 증가될 때 통상 나타나는 현상은?**

① 고도가 올라간다.
② 고도가 내려간다.
③ 기수가 좌로 돌아간다.
④ 기수가 우로 돌아간다.

43 **X자형 멀티콥터가 우로 이동할 시 로터는 어떻게 회전하는가?**

① 왼쪽은 시계방향으로 오른쪽은 하단에서 반시계방향으로 회전한다.
② 왼쪽은 반시계방향으로 오른쪽은 하단에서 반시계방향으로 회전한다.
③ 왼쪽 2개가 빨리 회전하고 오른쪽 2개는 천천히 회전한다.
④ 왼쪽2개가 천천히 회전하고 오른쪽 2개는 빨리 회전한다.

정답 36 ④ 37 ③ 38 ② 39 ① 40 ② 41 ③ 42 ② 43 ③

44 **다음 중 쿼드 X형 멀티콥터가 전진비행 시 모터(로터 포함)의 회전속도 변화로 맞는 것은?**

① 앞의 두 개가 빨리 회전한다.
② 뒤의 두 개가 빨리 회전한다.
③ 좌측의 두 개가 빨리 회전한다.
④ 우측의 두 개가 빨리 회전한다.

45 **다음 중 멀티콥터 조종 시 옆에서 바람이 불고 있을 경우 기체 위치를 일정하게 유지하기 위해 필요한 조작으로 가장 알맞은 것은?**

① 스로틀을 올린다.
② 엘리베이터를 조작한다.
③ 에어론을 조작한다.
④ 랜딩기어를 내린다.

46 **다음 중 헥사콥터의 로터 하나가 비행 중에 회전수가 감소될 경우 발생할 수 있는 현상으로 가장 가능성이 높은 것은?**

① 전진을 시작한다.
② 상승을 시작한다.
③ 진동이 발생한다.
④ 요잉현상을 발생하면서 추락한다.

47 **다음 멀티콥터(고정피치)의 조종 방법 중 가장 위험을 동반하는 것은?**

① 수직으로 상승하는 조작
② 요잉을 반복하는 조작
③ 후진하는 조작
④ 급강하하는 조작

해설 ▼

급강하하는 조작이 가장 위험을 동반한다.

48 다음 중 GPS 장치의 구성으로 볼 수 없는 것은?

① 안테나 ② 변속기
③ 신호선 ④ 수신기

해설 ▼

GPS 구성품은 안테나, 수신기, 신호연결선 등으로 구성된다.

49 다음 물리량 중 벡터량이 아닌 것은?

① 속도 ② 가속도
③ 중량 ④ 질량

해설 ▼

백터량: 크기와 방향이 존재하는 물리량(속도, 가속도, 중량, 양력, 항력, 압력 등)
스칼라량: 크기만 존재하는 물리량(질량, 면적, 부피, 길이, 온도 등)

50 다음 중 위성항법시스템(GNSS)의 설명으로 틀린 것은?

① 위성항법시스템에는 GPS, 글로나스(GLONASS), 갈릴레오(Galileo), 베이더우(Beidou) 등이 있다.
② 우리나라에서는 글로나스(GLONASS)를 사용하지 않는다.
③ 위성신호별로 빛의 속도와 시간을 이용해 거리를 산출한다.
④ 삼각진법을 이용하여 위치를 계산한다.

해설 ▼

많은 시스템이 현재 GPS와 GLONASS를 동시에 사용하고 있다.

정답 44 ② 45 ③ 46 ④ 47 ④ 48 ② 49 ④ 50 ②

51 **무인멀티콥터 비행 중 조종기의 배터리 경고음이 울렸을 때 취해야 할 행동은?**

① 당황하지 말고 기체를 안전한 장소로 이동하여 착륙시켜 배터리를 교환한다.
② 경고음이 꺼질 때까지 기다려 본다.
③ 재빨리 송신기의 배터리를 예비 배터리로 교환한다.
④ 기체를 원거리로 이동시켜 제자리 비행으로 대기한다.

해설 ▼
배터리 경고음 설정은 통상 예비를 고려하여 설정하므로 경고음이 울리면 당황하지 않고 안전한 착륙지역으로 이동시켜 착륙시킨다.

52 **다음 중 국제민간항공기구(ICAO)에서 공식용어로 사용하는 무인항공기 용어는?**

① Drone ② UAV
③ RPV ④ RPAS

53 **다음 중 리튬폴리머(Li-Po) 배터리 취급에 대한 설명으로 올바른 것은?**

① 폭발 위험이나 화재 위험이 적어 충격에 잘 견딘다.
② 50℃ 이상의 환경에서 사용될 경우 효율이 높아진다.
③ 수중에 장비가 추락하였을 경우에는 배터리를 잘 닦아서 사용한다.
④ −10℃ 이하로 사용될 경우 영구히 손상되어 사용 불가 상태가 될 수 있다.

해설 ▼
리튬폴리머 배터리는 폭발의 위험이 있고 충격에 약하다. 고온에서 사용할 경우 폭발할 수 있고, 효율이 높아지지는 않는다. 수중에 추락한 경우 배터리는 가급적 교환하도록 한다.

54 **다음 중 비행제어시스템에서 자세 제어와 직접 관련이 있는 센서와 장치가 아닌 것은?**

① 가속도 센서 ② 자이로 센서
③ 변속기 ④ 모터

55 다음 중 무인항공 시스템에서 비행체와 지상통제시스템을 연결시켜 주어 지상에서 비행체를 통제 가능하도록 만들어 주는 장치는 무엇인가?

① 비행체
② 탑재 임무장비
③ 데이터 링크
④ 지상통제장비

해설 ▼

무인항공기 데이터링크는 비행체에 ADT(Airborne Data Terminal), 지상에 GDT(Ground Data Terminal)가 구성되어 무선으로 연결 데이터 통신을 실시한다.

56 다음 중 무인항공방제 작업 시 조종자, 신호자, 보조자에 대한 설명으로 부적합한 것은?

① 비행에 관한 최종판단은 작업 허가자가 한다.
② 신호자는 장애물 유무와 방제 끝부분 도착 여부를 조종자에게 알려 준다.
③ 보조자는 살포하는 약제, 연료 포장안내 등을 해준다.
④ 조종자와 신호자는 모두 유지자격자로서 교대로 조종작업을 수행하는 것이 안전하다.

해설 ▼

비행 실시의 최종적인 판단은 조종자가 한다.

57 다음 중 무인멀티콥터 조종기 사용에 대한 설명으로 바른 것은?

① 모드 1 조종기는 고도 조종 스틱이 좌측에 있다.
② 모드 2 조종기는 우측 스틱으로 전후좌우 방향을 모두 조종할 수 있다.
③ 비행모드는 자세제어모드와 수동모드로 구성된다.
④ 조종기 배터리 전압은 보통 6VDC 이하로 사용한다.

정답 51 ① 52 ④ 53 ④ 54 ④ 55 ③ 56 ① 57 ②

58 다음 중 비행교관의 심리적 지도기법에 대한 설명으로 타당하지 않은 것은?

① 교관의 입장에서 인간적으로 접근하여 대화를 통해 해결책을 강구한다.

② 노련한 심리학자가 되어 학생의 근심, 불안, 긴장 등을 해소시켜 준다.

③ 경쟁심리를 자극하지 않고 잠재적 장점을 표출한다.

④ 잘못에 대한 질책은 여러 번 반복한다.

59 다음 중 메인 블레이드의 밸런스 측정 방법으로 옳지 않은 것은?

① 메인 블레이드 각각의 무게가 일치하는지 측정한다.

② 메인 블레이드 각각의 무게중심(CG)이 일치하는지 측정한다.

③ 양손에 들어보아 가벼운 쪽에 밸런싱 테이프를 감아준다.

④ 양쪽 블레이드의 드래그 홀에 축을 끼워 앞전이 일치하는지 측정한다.

해설 ▼

손으로만 들어봐서는 테이프 감을 정도의 무게 차이를 알 수 없다.

60 다음 중 산업용 무인멀티콥터의 일반적인 비행 전 점검순서로 맞는 것은?

① 프로펠러 → 모터 → 변속기 → 붐/암 → 본체 → 착륙장치 → 임무장비

② 변속기 → 붐/암 → 프로펠러 → 모터 → 본체 → 착륙장치 → 임무장비

③ 임무장비 → 프로펠러 → 모터 → 변속기 → 붐/암 → 착륙장치 → 본체

④ 임무장비 → 프로펠러 →변 속기 → 모터 → 붐/암 → 본체 → 착륙장치

61 기체가 움직이는 동안 추력이 발생하는데 비틀림과 속도제어에 사용되는 센서는?

① 자이로 센서

② 엑셀레이터 센서

③ 온도 센서

④ 기압 센서

62 **다음 중 자동제어기술의 발달에 따른 항공사고 원인이 될 수 없는 것이 아닌 것은?**

① 불충분한 사전학습
② 기술의 진보에 따른 빠른 즉각적 반응
③ 새로운 자동화 장치의 새로운 오류
④ 자동화의 발달과 인간의 숙달 시간차

해설 ▼

기술 진보에 따라 상황에 대한 더 빠른 반응은 시스템의 성능을 향상시키는 요인이다.

63 **다음 중 프로펠러의 역할이 아닌 것은 무엇인가?**

① 양력 발생
② 추력 발생
③ 항력 발생
④ 중력 발생

64 **비행 중 조종기의 배터리 경고음이 울렸을 때 취해야 할 행동은?**

① 즉시 기체를 착륙시키고 엔진 시동을 정지시킨다.
② 경고음이 꺼질 때까지 기다려 본다.
③ 재빨리 송신기의 배터리를 예비 배터리로 교환한다.
④ 기체를 원거리로 이동시켜 제자리 비행으로 대기한다.

65 **다음 중 비행제어시스템의 내부 구성품으로 볼 수 없는 것은?**

① ESC
② IMU
③ PMU
④ GPS

정답 58 ④ 59 ③ 60 ① 61 ② 62 ② 63 ④ 64 ① 65 ①

적중 예상문제

66 **다음 중 멀티콥터가 사용하는 동력원으로 맞는 것은?**

① 전기모터
② 가솔린 엔진
③ 로터리 엔진
④ 터보 엔진

67 **다음 중 무인회전익비행장치에 사용되는 엔진으로 가장 부적합한 것은?**

① 왕복 엔진
② 로터리 엔진
③ 터보팬 엔진
④ 가솔린 엔진

68 **다음 중 리튬폴리머 배터리의 사용상의 설명으로 적절한 것은?**

① 비행 후 배터리 충전은 상온까지 온도가 내려간 상태에서 실시한다.
② 수명이 다 된 배터리는 그냥 쓰레기들과 같이 버린다.
③ 여행 시 배터리는 화물로 가방에 넣어서 운반이 가능하다.
④ 가급적 전도성이 좋은 금속 탁자 등에 두어 보관한다.

해설 ▼

② 완전히 방전시킨 후 특별히 정해진 재활용 박스에 버린다.
③ 여행 시 비행기 화물로는 운송될 수 없으며, 기내 화물로 2개까지 보유 가능하다.
④ 가급적 전도성이 좋은 금속 탁자 등에 두어서는 안 된다.

69 **다음 중 무인비행장치 탑재임무장비(payload)로 볼 수 없는 것은?**

① 주간(EO) 카메라
② 데이터링크 장비
③ 적외선(FLIR) 감시카메라
④ 통신중계 장비

70 다음 중 교육생에 대한 교관의 학습지원요령으로 부적절한 것은?

① 학생의 특성과 상관없이 표준화된 한 가지 교수방법을 적용한다.
② 정확한 표준 조작을 요구한다.
③ 긍정적인 면을 강조한다.
④ 교관이 먼저 비행 원리에 정통하고 적용한다.

71 다음 중 비행교관의 기본 구비자질로서 타당하지 않은 것은?

① 교육생에 대한 수용 자세: 교육생의 잘못된 습관이나 조작, 문제점을 지적하기 전에 그 교육생의 특성을 먼저 파악해야 한다.
② 외모 및 습관: 교관으로서 청결하고 단정한 외모와 침착하고 정상적인 비행 조작을 해야 한다.
③ 전문적 언어: 전문적인 언어를 많이 사용하여 교육생들의 신뢰를 얻어야 한다.
④ 화술 능력 구비: 교관으로서 학과과목이나 조종을 교육시킬 때 적절하고 융통성 있는 화술 능력을 구비해야 한다.

72 다음 중 비행준비 및 학과교육 단계에서의 교육요령으로 부적절한 것은?

① 교관이 먼저 비행 원리에 정통하고 적용한다.
② 시뮬레이션 교육을 최소화한다.
③ 안전교육을 철저히 한다.
④ 교육기록부 기록을 철저히 한다.

해설 ▼

시뮬레이션 교육을 철저히 시켜야 실기에서도 적응이 빠르다.

정답 66 ① 67 ③ 68 ① 69 ② 70 ① 71 ③ 72 ②

적중 예상문제

73 **다음 중 무인멀티콥터의 활용 분야로 볼 수 없는 것은?**

① 인원운송 사업 ② 항공촬영 분야 사업
③ 항공방재 사업 ④ 공간정보 활용

74 **다음 중 비상절차 단계의 교육훈련 내용으로 맞지 않는 것은?**

① 각 경고등 점등 시 의미 및 조치사항
② GPS 수신 불량에 대한 프로그램 이용 실습
③ 통신 두절로 인한 리턴홈(Return Home) 기능 시범식 교육
④ 제어시스템 에러사항에 대한 1회 설명 실시

75 **다음 중 무인항공방재 간 사고의 주된 요인으로 볼 수 없는 것은?**

① 방재 전날 사전답사를 하지 않았다.
② 숙달된 조종자로서 신호수를 배치하지 않는다.
③ 주조종자가 교대 없이 혼자서 방재작업을 진행한다.
④ 비행 시작 전에 조종자가 장애물 유무를 육안 확인한다.

76 **다음 중 초경량비행장치의 비행 가능한 지역은?**

① (RK)R-1 ② UFA ③ MOA ④ P65

77 **다음 중 비행장(헬기장 포함) 또는 활주로의 설치, 폐쇄 또는 운용상 중요한 변경, 비행금지구역, 비행제한구역, 위험구역의 설정, 폐지(발효 또는 해제 포함) 또는 상태의 변경 등의 정보를 수록하여 항공종사자들에게 배포하는 공고문은?**

① AIC ② AIP ③ AIRAC ④ NOTAM

해설 ▼

AIC(Aeronautical Information Contents): 항공정보회람
AIP(Aeronautical Information Publiction): 항공정보간행물

78 다음 중 초경량비행장치 운용제한에 관한 설명으로 틀린 것은?

① 인구밀집지역이나 사람이 운집한 장소 상공에서 비행하면 안 된다.

② 인명이나 재산에 위험을 초래할 우려가 있는 낙하물을 투하하면 안 된다.

③ 보름달이나 인공조명 등이 밝은 곳은 야간에 비행할 수 있다.

④ 안개 등으로 인하여 지상목표물을 육안으로 식별할 수 없는 상태에서 비행하여서는 안 된다.

79 다음 중 무인멀티콥터에서 비행 중에 열이 발생하는 부분으로 비행 후 필히 점검해야 할 부분이 아닌 것은?

① 프로펠러 (또는 로터)

② 비행제어장치(FCS)

③ 모터

④ 변속기

80 다음 중 위성항법시스템(GNSS) 대한 설명으로 옳은 것은?

① GPS는 미국에서 개발 및 운용하고 있으며 전 세계에 20개의 위성이 있다.

② 글로나스(Glonass)는 유럽에서 운용하는 것으로 24개의 위성이 구축되어 있다.

③ 중국은 독자 위성항법시스템이 없다.

④ 위성신호의 오차는 통상 10m 이상이며 이를 보정하기 위한 SBAS 시스템은 정지궤도위성을 이용한다.

해설 ▼

① GPS 위성을 30개 운용하고 있다.
② 글로나스는 러시아에서 운용하는 위성항법시스템이다.
③ 중국은 베이더우(Beidou) 시스템을 운용 중이다.

정답 73 ① 74 ④ 75 ④ 76 ② 77 ④ 78 ③ 79 ① 80 ④

항공기상

Chapter 1

지구의 개관

1 태양계

태양계에는 8개의 행성이 있는데 이들 행성은 태양의 인력에 의하여 태양 주위를 공전하고 있으며, 태양으로부터 수성, 금성, 지구, 화성, 목성, 토성, 천왕성, 해왕성의 순서로(명왕성은 2006년 국제천문연맹으로부터 행성으로서의 지위를 박탈당하고 왜소행성으로 지정) 정렬되어 있다.[1] 지구는 태양계의 행성 중 하나이다. 지구의 환경은 엷은 대기층으로 둘러싸여 있고, 한 개의 위성인 달을 가지며, 특유의 지구 자기장(지구 주변에 형성된 자기장으로 지구는 내부에 커다란 자석이 있는 것처럼 자기장을 형성한다. 나침반이 언제나 북쪽을 가리키는 이유는 바로 이 지구 자기장의 영향 때문이다)을 갖고 있다.

태양계 행성 출처 www.naver.com

2 지구의 모양

지구는 완전 원형체가 아닌 가로축과 세로축의 거리가 다른 타원체의 모양을 이루고 있다. 지구의 가로축인 중앙을 절단하여 위쪽을 북반구, 아래쪽을 남반구라 하고, 중앙을 적도라 한다. 세로축을 중심으로 북쪽 끝부분을 북극, 남쪽 끝부분을 남극이라고 한다. 적도의 직경은 12,756.27km이고, 세로축의 직경은

12,713.5km이다. 가로세로비는 약 0.996이다. 비록 약간 차이는 있지만 지구 전체로 보아 매우 작은 수치이므로 원형으로 간주하기도 한다.

3 자전과 공전

자전(Rotation)이란 지구 중심과 북극, 남극을 잇는 지축을 중심으로 회전하는 운동이다. 지구의 자전은 북극성에서는 반시계 방향으로 보인다. 지구의 자전 속도는 적도를 기준으로 약 465.1m/s이다. B-747 항공기의 속도가 1,000km/h라고 한다면, 이를 환산하면 277m/s이다. 지구의 자전 속도가 B-747 항공기보다 약 1.7배나 빠르게 회전하고 있음을 알 수 있다.

공전(Revolution)은 행성이나 혜성 등이 태양 둘레를 돌거나 위성이 모 행성의 둘레를 도는 것을 말한다. 즉, 한 천체가 다른 천체 주위를 주기적으로 회전하는 운동이다. 지구의 공전은 지구가 태양계 행성의 일원으로서 태양 주위를 일정한 궤도를 그리며 회전하는 운동이다. 지구의 공전 속도는 27.793km/s로서 지구의 자전 속도와는 비교가 되지 않을 정도로 빠르게 태양 주위를 돌고 있다. 지구는 자전 운동을 하면서 동시에 태양 주위를 공전하는데, 공전 궤도상에서 원래의 위치로 돌아오는 데 약 356일이 소요된다.

지구의 자전과 공전이 계속되면서 자전에 의한 낮과 밤이 연속적으로 이루어지고, 공전에 의하여 태양의 고도가 달라지고, 이에 따라 태양에너지의 양과 밤낮의 길이가 달라져 계절의 변화가 생기는 원인이 된다.

지구의 운동은 지구 환경과 기상 및 기후 변화에 큰 영향을 미친다. 지구의 모형에서 보는 바와 같이 지축이 오른쪽으로 약 23.5° 정도 기울어져 있는데 이를 자전축 기울기라고 한다.

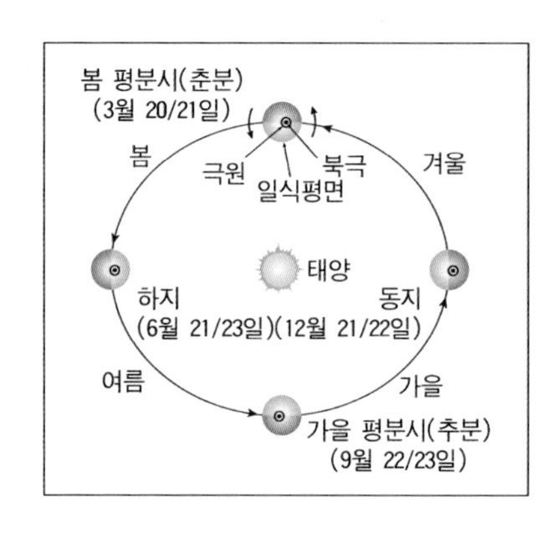

계절의 변화[2)]

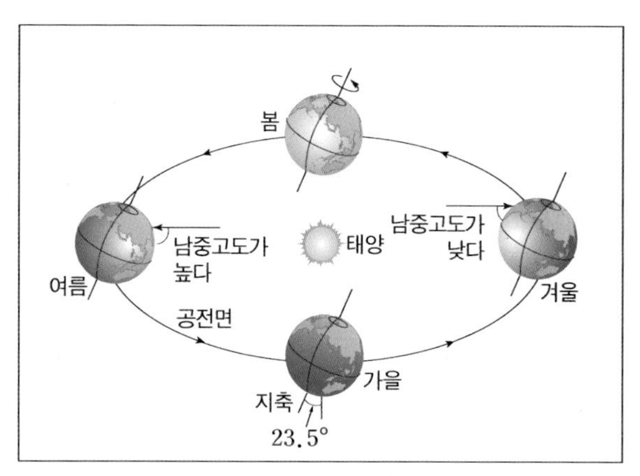

지축의 경사[3)]

4 지구의 구성 물질

지구의 표면은 약 29.2%의 육지와 70.8%의 물로 구성되어 있으며, 5개의 대양과 6개의 대륙으로 구분한다. 지표면의 70%가 물로 구성되어 있기 때문에 해수의 온도는 물론이고 대륙, 극지 기단의 특성이 지구 기상을 지배하는 요소일 수 있다.

물은 유체로서 어떠한 용기에 담더라도 표면은 항상 수평을 이룬다. 따라서 해수면의 높이를 '0'으로 선정한다. 해수면의 높이는 어느 해양에서는 비가 내려 증가하기도 할 것이나 어느 해양에서는 증발 현상이 발생할 수도 있기 때문에 어느 지역에서나 똑같을 수는 없다. 이러한 점을 고려하여 각국마다 해수면의 기준을 선정하여 활용하고 있는데, 우리나라는 인천만의 평균해수면을 기준으로 하고 있다.

5 방위

공중에서 방향을 결정하는 것을 방향 결정(Orientation)이라 하는데, 방향 결정의 중요한 수단은 나침반이다. 항공기에서 사용하는 나침반은 이를 작동하는 데 외부의 어떠한 전원이 필요하지 않은 방향지시계이다. 나침반은 수평 상태에 있을 때 가장 정확하게 지시한다. 항공기가 선회 또는 상승, 하강 중이면 수평 상태를 유지하기 어려워져 이를 판독하기가 어렵기 때문에 자이로 특성을 활용한 자이로 방향지시계가 활용되고 있다.

(1) 자북(Magnetic North)

지구의 자기장에 의한 방위이다. 나침반의 방위는 자북을 기준으로 지시된다. 항공기에 사용되는 나침반은 자북을 지시하고 이를 따라 비행하였을 때 항공기는 자기 북극에 도달할 것이다.

(2) 진북(True North)

항공기의 항법을 위해서 제작되는 시계비행 항공도는 지리적 북극을 기준으로 제작된다. 따라서 항공도에 표시된 북극 방위를 따라 비행하였을 때 항공기는 지리적 북극에 도달하게 된다.

(3) 편차

자북과 진북의 차이를 편차라고 한다. 자북과 진북 간에 상당한 지리적 차이가 있기 때문에 시계비행에서는 반드시 이를 수정해주어야 한다.

(4) 편각

북반구를 기준으로 지구상의 현재 위치에서 진북 방향과 자북 방향 사이의 각도를 말한다.

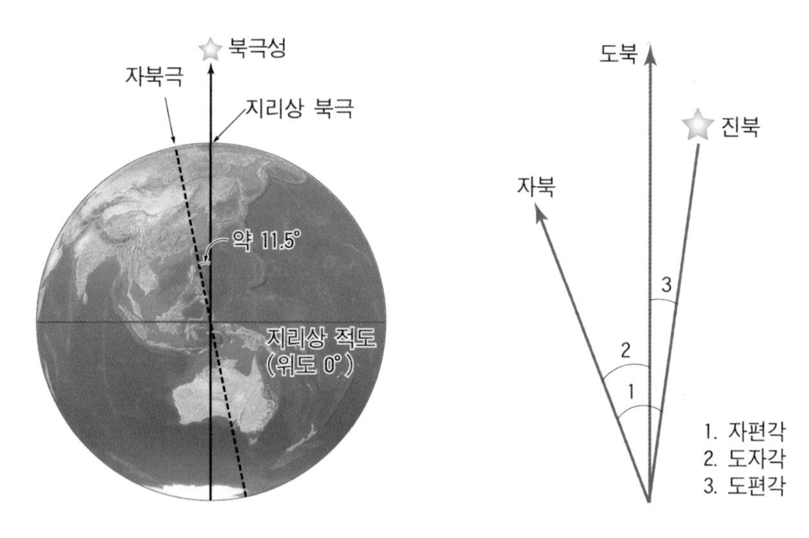

자북과 진북 출처 www.google.co.kr

6 중력

중력(Gravity)이란 지구 표면 및 상공의 모든 물체를 지구 중심으로 끌어당기는 힘이다. 즉, 중력은 지구 중심으로 작용하는 힘으로 지구 표면 어느 곳에서나 동일하게 작용하며, 지구 중심의 연직 방향으로 작용한다. 그래서 지구에 살고 있는 사람은 남반구에서나 북반구에서나 똑바로 서서 살아 갈 수 있다. 이를 뒷받침해주는 것이 만유인력이다. 또한 중력은 눈에 보이는 물체에만 한정되지 않는다. 대기를 구성하고 있는 기체 역시 중력의 영향을 받고 있기 때문에 지표면에서 가까울수록 공기의 밀도가 증가하고 고도가 올라갈수록 밀도가 감소하는 것 역시 중력의 영향이다.

7 대기의 구성

대기(Atmosphere)란 지구 중력에 의해서 지구를 둘러싸고 있는 기체로 지구의 대기는 공기이다. 대기는 다양한 물질로 구성되어 있는데 질소가 약 78%, 산소가 약 21%, 그리고 1% 미만의 여러 물질이 있다. 아르곤 0.93%, 이산화탄소 0.03%, 네온 0.0018%, 헬륨 0.0005%, 수소 0.00005% 등이다.

8 물의 순환

구름이나 안개를 구성하는 것은 물방울이다. 물의 특성 중에서 기상에 영향을 줄 수 있는 요소로는 높은 비열, 열전도, 표면장력, 물의 상태 변화(고체, 액체, 기체), 결빙 시 부피의 증가 등이 있다.

물은 액체, 기체, 고체 상태로 지표면과 대기에 존재하면서 기상 현상을 지배하는 요인이 된다. 물의 보존지가 다르게 존재할 수 있는 것은 증발, 응결, 우수, 침투, 승화, 용해, 그리고 지하수 흐름 등을 통해서 순환되기 때문이다. 증발은 지표면 어디서나 발생하지만, 특히 거대한 해양에서의 증발은 구름이나 안개와 같은 기상 현상과 밀접한 관련이 있다. 해양이나 대륙의 호수 등에서 증발한 수증기는 상층부에서 응결되면서 구름을 형성하는데, 이들 구름은 수평 이동에 의해서 대륙으로 진입할 수 있으며 다시 강수로 되어 지상으로 떨어진다.

(1) 증발은 물이 액체 상태에서 기체 상태로 변화하는 것이다. 모든 증발의 약 80%는 해양에서 이루어지고 나머지 20%는 내륙의 호수나 강 또는 식물 등에서 이루어진다.

(2) 응결이란 기체 상태의 물이 액체로 변화하는 것이다. 지표면 공기가 태양복사열에 의해서 가열되어 상승하면서 공기는 냉각되고 과도한 수증기는 구름방울을 형성하기 위해서 응결된다.

(3) 대류는 대기의 수직방향운동으로 지표면의 공기와 상층의 공기를 상호 교류하는 중요한 역할을 한다. 공기가 가열되면 증발 현상으로 상승하게 되고 건조하고 찬 공기에 노출되면 수증기는 냉각, 응결되어 구름방울을 형성하면서 비로 내리게 되는데, 이 과정이 순환하게 된다. 대류의 형태로는 사이클론에 의한 수렴, 전선에 의한 순환, 지형적 상승 등이 있다.

① **사이클론에 의한 수렴:** 태풍이나 허리케인과 같은 열대성 사이클론은 거대한 상승 공기가 동력원으로 작용한다. 저기압 구역에서 공기는 상승하여 냉각되고 응결되는 과정에서 잠열을 방출하여 고기압을 형성한다. 하층부 저기압과 상층부 고기압의 기압경도가 더욱 증가하면서 하층부에서는 더 많은 공기를 수렴하게 되고 거대한 상승이 발생한다.

② **전선에 의한 순환:** 전선은 두 개의 기단, 즉 온난전선과 한랭전선이 대치되어 있는 현상이다. 한랭전선이 이동할 때 차고 밀도가 높은 공기가 밀도가 낮고 가벼운 공기를 위로 밀어 올리는데, 더운 공기는 냉각되고 응결되어 구름과 강수를 발생한다. 한랭전선은 활발한 상승운동으로 소나기성 강수와 뇌우를 발생시킨다. 온난전선은 이동이 느리고 상승운동이 점진적으로 진행되어 지속성 강수가 발생한다.

③ **지형적 상승:** 이동 중인 공기가 높은 산맥에 도달하였을 때 공기는 산의 경사를 따라서 자연적으로 상승하는데, 이 과정에서 공기는 단열기온감률로 냉각 및 응결되어 지형성 구름을 형성한다.

(4) 이류란 바람, 습기, 열 등이 수평으로 어느 한 위치에서 다른 위치로 운반되는 현상이다. 적도 지방에서는 고온 다습한 기온이 위로 향하는 활발한 대류가 일어나고, 극지방에서는 차고 무거운 공기가 아래로 향하는 대류가 발생한다. 지구상의 기상은 상층에서는 적도 지방의 공기가 극지방으로 이동하는 상층 이류가, 하부에서는 극지방의 공기가 적도 지방으로 이동하는 하부 이류가 발생하면서 적정 기온을 유지한다.

(5) 강수는 대기에서 지표면으로 물을 운반하는 매체로 비, 눈, 우박, 진눈깨비 등으로 내린다. 강수의 형태를 결정하는 것은 지역의 기온에 달려 있다.

Chapter 2

대기의 구조

1 대기권의 구분

(1) 대기권(Atmosphere)

지구를 둘러싸고 있는 공간은 우주공간으로 무한하게 뻗쳐 있으며, 지구 표면에 가까운 곳은 공기가 가득 찬 대기권이다. 대기는 밀도가 희박한 2,000km 상공까지 존재한다고 추정되며 대기권 밖을 외공간(outer space)이라 한다. 대기권과 외공간을 합하여 공간(space)이라 한다.[4)]

(2) 대기권의 구분 및 특성

① 대기권은 지면에서 약 11km까지를 대류권, 11~50km의 고도를 성층권, 50~80km의 고도를 중간권, 80~300km의 고도를 열권이라 부르며, 그 이상의 고도를 극외권(exosphere)이라 한다. 국제민간항공기구(ICAO)는 성층권까지 규정하고 있다.

② **대류권(지면~11km)**: 대기의 최하층으로 공기의 대류 현상에 의한 복잡한 기상 변화가 발생하며 고도 상승에 따라 기온, 기압, 공기밀도가 낮아지는 특성이 있다. 대부분의 대기권 비행이 이 고도에서 이루어지기 때문에 기상 변화에 많은 관심이 있다. 대류권과 성층권의 경계를 대류권계면이라고 한다. 대류권계면에는 서풍인 제트 기류(jet stream)가 존재하는데, 고도 약 10km 부근에서 항공기 순항에 이용된다.

③ **성층권(11~50km)**: 열의 대류가 없어 고도 상승에 따른 기온 변화가 거의 없고, 비교적 기류가 안정된 층이다. 성층권은 하부성층권과 상부성층권으로 구분한다. 하부성층권(11~25km)은 기온이 영하 52~58℃의 등온층으로 기상 변화가 거의 없어 여객기가 많이 비행하는 고도이다. 상부성층권(11~25km)은 오존층이 존재하며, 오존층이 자외선을 흡수하기 때문에 기온이 고도 상승에 따라 증가하는 특성이 있다.

④ **중간권(50~80km)**: 중간권은 고도 상승에 따라 기온이 영하 100℃까지 감소하는 것이 특징이다. 성층권과 중간권의 사이를 성층권계면이라 하는데 +77℃의 온도를 갖는다.

⑤ **열권(80～300km)**: 중간권과 열권의 사이를 중간권계면이라 한다. 중간권계면에서는 고도가 높아짐에 따라 기온이 영하 30℃에서 점차 상승하여 최대 700℃까지 상승한다. 열권에는 기체가 이온화되어 전리 현상이 일어나는 전리층이 존재한다. 지상에서의 단파 전파는 전리층에서 반사되기 때문에 대기층을 관통하는 전파는 반드시 초단파나 극초단파이어야 한다.

⑥ **극외권(300km 이상)**: 대기의 최상층으로 공기가 외계의 진공으로 흡수되는 층이다. 공기 입자의 평균 자유운동거리가 대단히 커지며, 공기 입자는 지구 중력의 영향에서 벗어나 지구로부터 탈출한다. 공기 입자가 외계로 나가기만 하는 것이 아니고 외계로부터 들어오기도 한다.

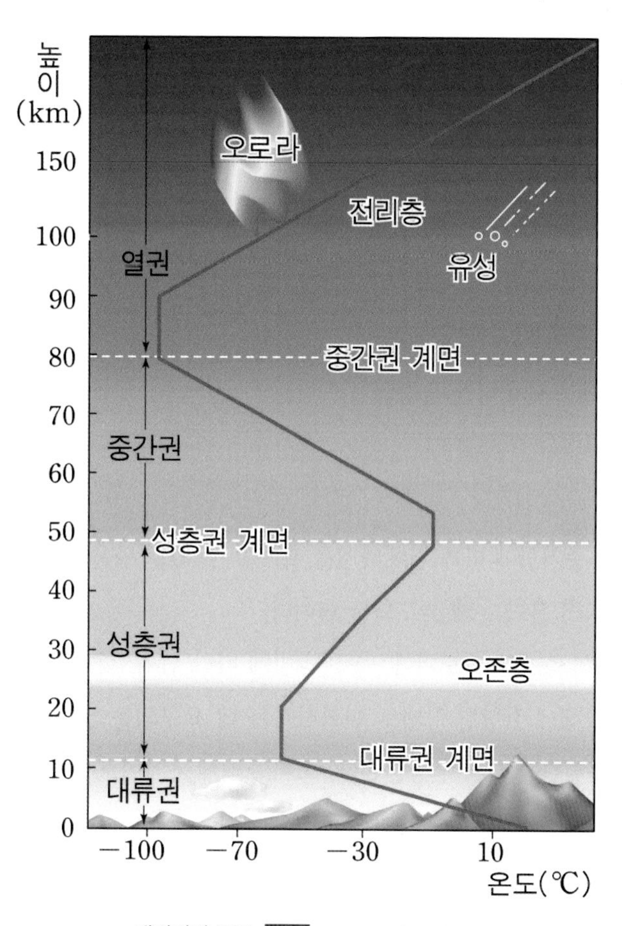

대기권의 구분 출처 www.google.co.kr

Chapter 3

기온과 습도

1 기온

(1) 온도(Temperature)

공기 분자의 평균 운동에너지의 속도를 측정한 값으로 정의된다. 즉, 온도는 물체의 뜨거운 정도 또는 강도를 측정한 것이다. 따라서 온도가 높을수록 물질 분자의 입자들이 더욱 빨리 움직인다고 할 수 있다.

(2) 열(Heat)

물체에 존재하는 열에너지의 양을 측정한 것이다.

(3) 용어

① 열량: 물질의 온도가 증가함에 따라 열에너지를 흡수할 수 있는 양을 의미한다.

② 비열: 물질 1g을 1℃ 더 올리는 데 요구되는 열이다.

③ 현열: 온도계에 의해서 측정된 온도이다. 측정 방법에 따라 섭씨, 화씨, 켈빈 등이 있다.

④ 잠열: 물질을 하위 상태에서 상위 상태로 변화시키는 데 요구되는 열에너지이다. 상위 상태에서 하위 상태로 변화될 때 동일한 에너지가 방출된다. 고체→액체→기체로 변화하는 과정에서는 열을 흡수하고, 반대로 기체→액체→고체로 될 때는 열을 방출한다.

(4) 기온의 정의

공기의 온도를 기온이라 한다.

(5) 기온의 단위

① 섭씨(Celsius, ℃): 표준대기압에서 순수한 얼음의 빙점을 0℃로 하고 비등점을 100℃로 한다.

② 화씨(Fahrenheit, ℉): 표준대기압에서 순수한 얼음의 빙점을 32℉로 하고 비등점을 212℉로 한다.

③ 켈빈(Kelvin, K): 얼음의 빙점을 273K로 하고 비등점을 373K로 한다. 절대영도는 0K이다.

④ 섭씨-화씨, 캘빈 변환 공식

$℃=\frac{5}{9}(℉-32)$

$K=℃+273.15$

(6) 기온의 측정

지표면의 기온은 지상으로부터 약 1.5m 높이에 설치된, 직사광선을 피하고 통풍이 잘되는 백엽상에서 측정된다.

(7) 기온의 변화

기온의 일일 변화는 밤낮의 기온차를 의미하며 주원인은 지구의 자전 현상 때문이다. 기온의 계절적 변화는 1년 주기로 태양 주위를 회전하는 공전으로 발생하며, 태양복사열의 변화가 주원인이다. 위도에 의한 변화는 태양복사열의 입사 각도에 의한 것으로 적도 지방은 태양열이 좁은 지역에 집중되고, 극지방은 보다 넓은 지역에 확산되어 지표면의 기온차를 발생시킨다. 지형에 따른 변화로 육지와 물, 사막, 눈 덮인 지형, 초목지형, 고도에 따라 기온차가 발생하기도 한다.

(8) 기온감률

기온감률이란 고도가 증가함에 따라 기온이 감소하는 비율이다.

① **환경기온감률**: 대기의 변화가 거의 없는 특정 시간과 장소에서 고도의 증가에 따른 실제 기온의 감소 비율이다. 국제민간항공기구(ICAO)에서 규정한 환경기온감률은 해수면에서 11km 상공까지 6.5℃/km(2℃/1,000ft)이다.

② **단열기온감률**: 공기가 외부로부터 열을 얻거나 상실함이 없는 상태에서의 기온감률이다. 건조단열 기온감률은 불포화 공기덩어리가 상승할 때 기온이 감소하는 비율로서 9.78℃/km이다. 습윤단열 기온감률은 공기가 노점에서 수증기로 포화되었을 때 적용하는 것으로 3℃에서부터 9.78℃/km이다

③ **기온역전**: 일반적으로는 고도가 증가함에 따라 기온이 감소하는데, 기온역전은 기온이 상승하는 현상을 말한다. 지표면 근처에서 미풍이 있는 맑고 서늘한 밤에 자주 형성된다.

2 습도

(1) 습도의 정의

습도는 대기 중에 함유된 수증기의 양을 나타내는 척도이다. 절대습도는 1m^3 체적의 공기가 함유하고 있는 수증기의 양으로 정의한다. 수증기는 대기의 구성 물질을 분석하였을 때 대기 중에 대략 1~4%에 불과하지만, 다양한 형태의 물방울과 강수의 구성요소로서 매우 중요한 역할을 한다.

(2) 상대습도

상대습도는 현재의 기온에서 최대 가용한 수증기에 대비해서 실제 공기 중에 존재하는 수증기량을 백분율로 표시한 것이다. 상대습도를 변화시킬 수 있는 요인은 수증기량과 기온이다.

① **포화 상태**: 상대습도가 100%가 되었을 때
② **불포화 상태**: 상대습도가 100% 이하일 때
③ **과포화 상태**: 상대습도가 100% 이상일 때

(3) 노점기온

노점기온이란 불포화 상태의 공기가 냉각되어 현재 공기 중의 수증기에 의해 포화 상태가 되는 기온이다. 상대습도가 100%에 도달하는 기온으로 과도한 수증기가 물방울과 같이 응결되는 온도이다.

(4) 응결핵

대기는 가스의 혼합물과 함께 먼지, 연소 부산물과 같은 미세한 입자들로 구성된다. 이들 미세 입자를 응결핵이라 한다. 일반적으로 산업이 발달한 지역에서 안개가 잘 발달할 수 있는 것은 안개를 형성할 수 있는 풍부한 응결핵이 존재하기 때문이다.

(5) 과냉각수

액체 물방울이 섭씨 0℃ 이하의 온도에서 응결되거나 액체 상태로 지속되어 남아있는 물방울을 과냉각수라 한다. 과냉각수가 노출된 표면에 부딪힐 때 충격으로 인하여 결빙되는 착빙 현상을 일으킬 수 있다.

(6) 이슬

바람이 없거나 미풍이 존재하는 맑은 야간에 복사냉각에 의해서 주변 공기의 노점 또는 그 이하까지 냉각되어 식물 잎사귀에 형성되는 습기를 이슬이라 한다. 결빙된 이슬은 맑고 단단하다.

(7) 서리

서리는 이슬과 같은 현상으로 형성되는데 주변 공기의 노점이 결빙 온도보다 낮아야 한다. 결빙된 서리는 하얗고 표면이 거칠다.

Chapter 4

대기압

1 대기압

대기압이란 물체 위의 공기에 작용하는 단위면적당 공기의 무게이다. 대기 중에 존재하는 기압은 어느 지역 또는 공역에서나 동일하지 않다.

기압을 측정할 수 있는 계기를 기압계라 하는데, 수은기압계는 용기 안에 수은을 채워 넣어 주변 기압을 측정하고 아네로이드 기압계는 연성 금속인 아네로이드의 수축 및 팽창 특성을 활용하여 주변 기압을 측정한다.

2 국제민간항공기구(ICAO)의 표준대기[5)]

대기 중을 비행하는 항공기의 성능은 대기의 온도, 압력, 밀도와 같은 물리적 상태량에 따라 좌우되며, 이들 물리적 상태량은 장소와 고도에 따라 시시각각으로 변화한다. 따라서 항공기의 성능을 비교하기 위해서는 표준으로 정한 대기, 즉 표준대기(standard atmosphere)가 필요하다. 국제민간항공기구(ICAO)에서 항공기 운항의 기초가 되는 대기의 표준을 정하였으며, 표준대기는 평균 중위도(40°N)의 해수면을 기준으로 지정된 값이다.

표준대기 기준값

- 기압(1기압): 760mmHg(29.92inHg)
- 온도: 15℃(59°F)
- 음속: 340m/s(1,116ft/s)
- 밀도: 1.225kg/m^3
- 기온감률: –6.5℃/km(–2℃/1,000ft)

3 고기압

고기압의 중심은 주변을 둘러싸고 있는 대기압보다 상대적으로 가장 높은 기압의 중심이다. 고기압역 내의 지상 부근에서는 공기가 주위를 향해서 발산한다. 공기는 고기압 중심으로부터 어느 방향으로나 이동할 수 있으며 멀어질수록 기압이 감소함을 의미한다. 북반구에서는 시계 방향(남반구에서는 반시계 방향)으로 회전한다. 고기압 중심의 주변에서는 공기가 침하하는 경향이 있고, 상승 기류를 억제하여 통상 하강 기류를 형성하므로 날씨는 맑다.

고기압은 크게 정체성 고기압, 이동성 고기압, 지형성 고기압으로 구분할 수 있다. 정체성 고기압은 북태평양 고기압 등과 같이 대규모적인 지형이나 해륙 분포에 대응해서 정상적으로 나타나는 것으로 규모가 크다. 이동성 고기압은 상층의 편서풍의 파동에 대응되는 것으로 반경 1,000~1,500km의 것들이 많다. 지형성 고기압은 지형에서 생기는 열적 요인으로 생기므로 일반적으로 수명은 짧다.

4 저기압

저기압의 중심은 주변을 둘러싸고 있는 대기압보다 상대적으로 가장 낮은 기압의 중심이다. 저기압역 내의 지상 부근에서는 공기가 주위에서 모여 들어온다. 공기는 저기압 중심으로부터 어느 방향으로나 이동할 수 있으며 멀어질수록 기압이 증가함을 의미한다. 북반구에서는 반시계 방향(남반구에서는 시계 방향)으로 회전한다.

저기압 중심의 주변에서는 공기가 상승하는 경향이 있고, 상승 기류를 유발하여 날씨는 전반적으로 나쁘고 비바람이 강하다. 중위도의 편서풍대 속에서 탁월한 것을 온대저기압, 열대역에 기원을 갖고 있는 것을 열대저기압이라고 한다.

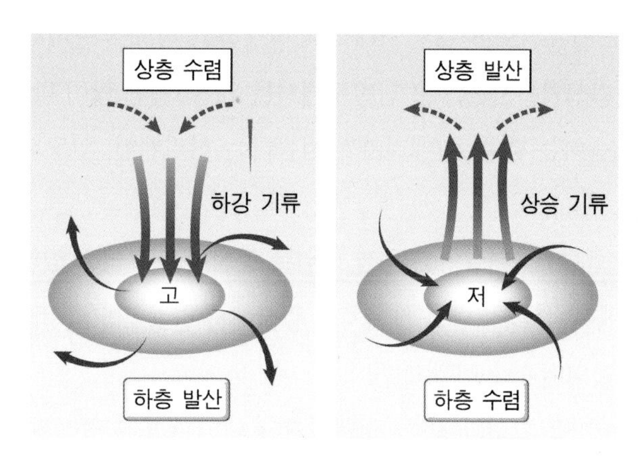

고기압과 저기압의 공기 흐름

(1) 온대저기압

열대 이외의 지역에서 발생하는 저기압을 온대저기압이라고 한다. 중고위도의 전선대에서 발생하는 이동성 저기압으로 계절적으로는 가을에서 봄에 걸쳐서 활발하고 여름에는 약하다.

온대저기압의 구조는 아래 그림(b)의 형상이다.[6] 중심에서 남동으로 온난전선이 남서로 연장되는 한랭전선에 의해 남쪽의 따뜻한 지역과 서북쪽, 동쪽의 한기가 갈라져 있다. 온대저기압은 최초에 양 기단이 정체전선에 의해 접촉되고 정체전선의 남쪽은 온난전선으로, 북쪽은 한랭전선으로 변한다. 진폭이 더욱 커지면 저기압의 중심 부근에서는 후방의 한랭전선이 전방의 온난전선을 추격해서 폐색전선을 형성한다. 폐색은 점차 남쪽으로 미치고 나서 차츰 소멸한다.

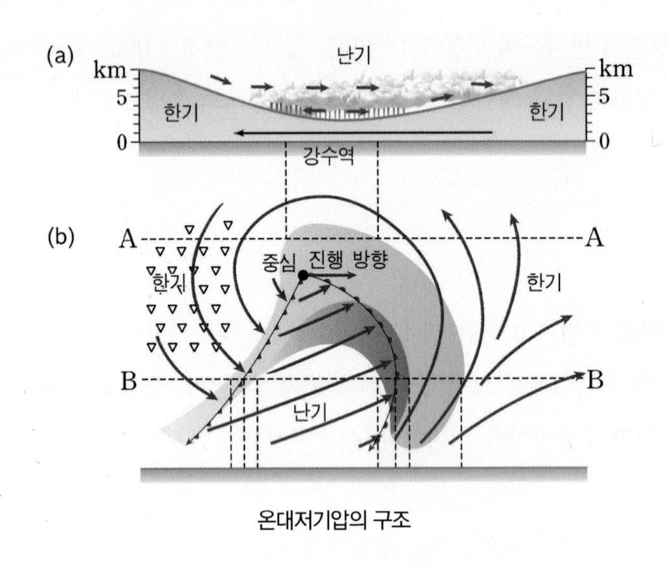

온대저기압의 구조

(2) 열대저기압

열대저기압은 대체로 남북위도 8~25° 지대에서 발생하고 적도 부근에서는 발생하지 않는다. 북반구에서는 6~2월에 많고 최성기는 9월이며, 남반구에서는 11~5월에 많이 발생하고 최성기는 2월이다. 한국, 일본, 중국 등을 내습하는 태풍, 아메리카를 엄습하는 허리케인, 인도 지역을 습격하는 사이클론 등이 유명하다.

열대저기압의 등압선은 거의 원형이고 중심 주위로 동심원을 그리고 있다. 중심에서의 기압은 현저히 낮고, 풍속은 중심에 접근할수록 대단히 강해지나 중심에서 반경 20km 범위는 반대로 바람이 약해지는데 이 범위를 열대저기압의 눈(eye)이라고 한다.

열대저기압의 구조는 다음 그림과 같다. 열대저기압 내의 온도는 중심부 상공을 향해서 높으며, 기압은 중심을 향해서 저하되는 모습이다.

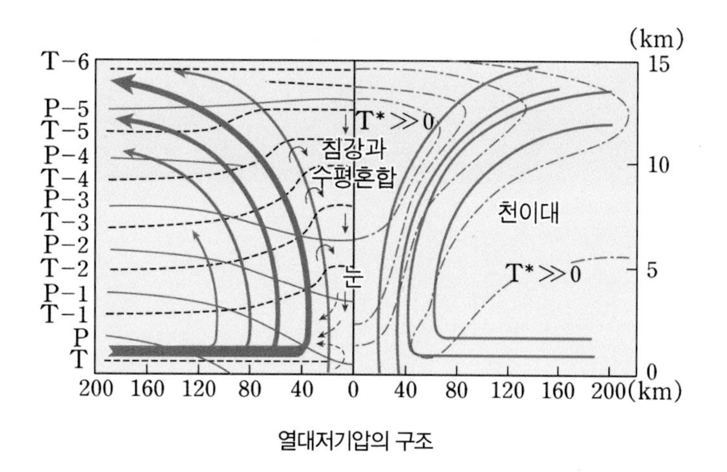

열대저기압의 구조

5 고도의 종류

(1) 진도도(True Altitude)

평균해수면으로부터 항공기까지의 높이이며, MSL(Mean Sea Level)로 표기한다.

(2) 절대고도(Absolute Altitude)

지표면으로부터 항공기까지의 높이이며, AGL(Above Ground Level)로 표기한다.

(3) 지시고도(Indicate Altitude)

고도계의 최근 수정치 값을 세팅시켰을 때 고도계가 지시하는 고도이다.

(4) 기압고도(Pressure Altitude)

고도계를 29.92inHg에 맞추어 놓고 기압고도계에서 읽은 고도이다. 표준대기 조건에서 측정된 고도이다.

(5) 밀도고도(Density Altitude)

기본 기압고도에서 비행고도에서의 표준온도와의 차를 보정한 고도이다.

Chapter 5 바람

1 바람의 정의

바람(Wind)은 '공기의 수평적인 운동 혹은 이동'이라고 정의할 수 있는데, 단순하게 공기의 수평적인 이동이라는 말보다는 공기덩어리가 어떠한 힘에 의해서 상대적으로 가속도를 가지는 것으로 이해하여야 한다. 공기의 존재를 육안으로 관찰할 수는 없지만 주변의 낙엽이나 나뭇가지가 흔들거린다든지 눈이 흩날리는 것을 볼 때 공기의 이동을 확인할 수 있다. 공기의 이동을 유발하는 근본 원인은 태양에너지에 의한 지표면의 불균형 가열로 인해 발생하는 기압 차이다. 기온이 높은 지역에서는 저기압이 발생하고 기온이 낮은 곳에서는 고기압이 발생한다.

바람은 수평으로 이동하는 것이 대부분이지만 때로는 수직 방향으로 이동하는 경우가 있다. 바람은 공항이나 기상관측소에 설치된 풍속계나 풍향계에 의해서 측정되며, 풍향풍속계는 지상으로부터 10m 높이에 설치된 것을 표준으로 활용된다. 풍향지시기는 윈드삭(wind sock), T형 지시기, 사면체(tetrahedron) 등 3가지가 있다.

풍향계

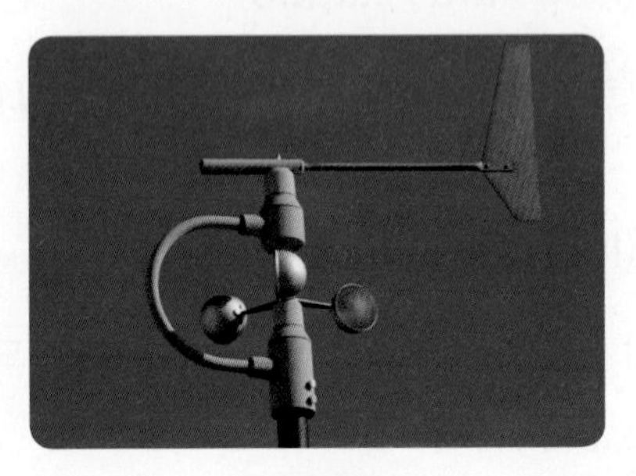

풍속계

풍향풍속계

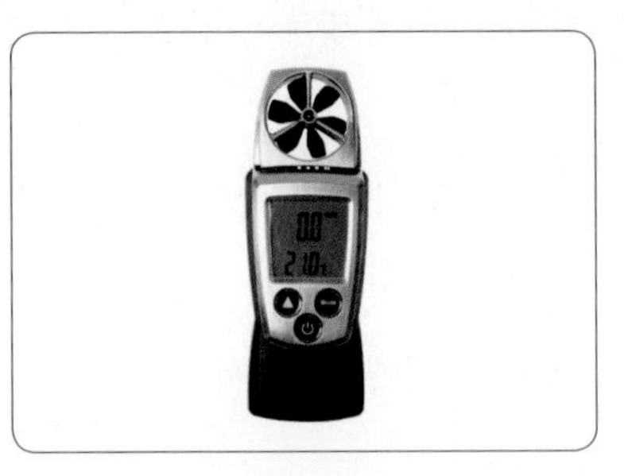

디지털 풍향풍속계

2 바람 방향의 활용

(1) 맞바람(Head Wind)

사람의 앞부분 또는 항공기 기수 방향을 향하여 정면으로 불어오는 바람이다. 항공기의 이착륙 성능을 현저히 증가시키지만 순항 중인 항공기의 효율을 저하시키는 요인으로 작용한다.

(2) 뒷바람(Tail Wind)

관측자의 뒷부분 또는 항공기 꼬리 방향을 향하여 불어오는 바람이다. 항공기의 이착륙 성능을 현저히 감소시키지만 항공기의 순항비행 성능을 현저히 증가시키는 요인이 된다.

(3) 측풍(Cross Wind)

관측자 또는 항공기의 왼쪽 또는 오른쪽에서 부는 바람이다. 측풍은 공기 흡입이 원활치 못해 엔진 성능을 저하시키거나 항공기가 균형을 잃게 할 수도 있어 항공기 조종을 어렵게 하거나 순간적으로 이착륙 중인 항공기를 활주로에서 벗어나게 하는 등 사고의 원인을 제공한다. 따라서 측풍의 세기가 기준 이상이면 항공기의 이착륙이 금지되기도 한다.

(4) 편류(Draft)

측풍의 영향으로 항공기가 원하는 비행 경로로부터 왼쪽이나 오른쪽으로 밀려나는 현상이다.

(5) 정풍과 배풍

정풍이란 앞에서 부는 바람으로 맞바람과 동일한 의미로 활용되며, 배풍은 뒤에서 부는 바람으로 뒷바람과 동일한 의미로 활용된다. 날개에 흐르는 공기의 이동을 관찰하였을 때 바람은 앞전을 통과해서 뒷전으로 흐르는데 날개를 통과하기 전의 바람은 풍상(upwind), 날개를 통과한 후의 바람은 풍하(downwind)라고 한다.

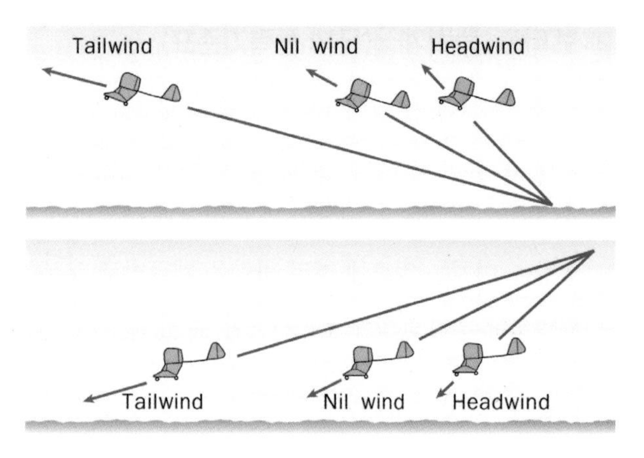

정풍의 이륙 효과(상)와 착륙 효과(하) 출처 www.google.co.kr

비행장에서 항공기가 이륙할 때는 양력

이 커지고 공기 흡입이 많이 되어 엔진의 추진력이 좋아져 이륙 거리가 짧아지기 때문에 정풍으로 이륙한다. 마찬가지로 착륙할 때는 양력이 커지고 착륙 거리를 짧게 하기 위해 정풍으로 착륙한다.

3 바람의 세기

(1) 윈드삭(Wind Sock)

윈드삭은 풍속계 및 풍향계가 없어도 바람의 방향과 세기를 가늠할 수 있는 장치이다. 다만, 유의해야 할 사항은 정확한 측정 방법은 아니라는 점이다. 그러나 주변에 설치되어 있는 윈드삭을 활용하면 개략적인 풍속을 예측하고 이해하는 데 많은 도움이 된다.

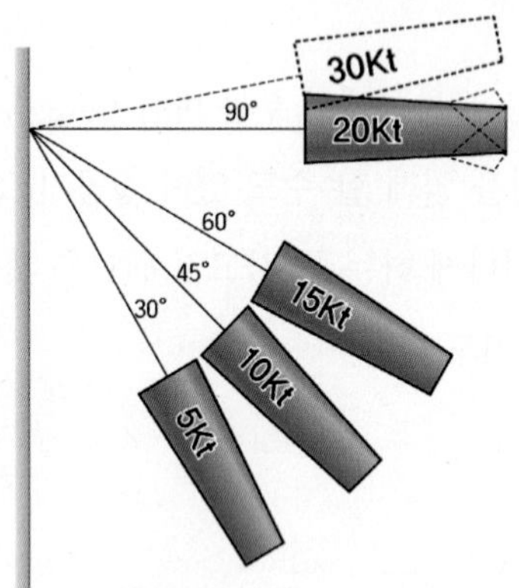

윈드삭의 각도	풍속	
	knot	m/s
0°	0	0
30°	5	2~3
45°	10	5
60°	15	7~8
90°	20	10
90° 이상	30 이상	15 이상

출처 www.google.co.kr

(2) 보퍼트 풍력계급(국제 풍력기준표)

풍속계가 없는 상태에서도 바람의 세기를 알 수 있도록 바람의 강약 정도를 단계적으로 나눈 것을 풍력계급(Beaufort wind force scale)이라고 한다. 1805년 영국의 해군 프랜시스 보퍼트(Francis Beaufort)가 고안해낸 것으로 해상의 파도 상황과 풍속과의 관련을 나타냄으로써 제안되었다. 풍력계급은 항해에 영향을 미치는 정도에 따라 바람을 계급별로 구분한 것으로, 처음에는 해상의 풍랑 상태에서부터 분류되었으나 후에 육상에서도 사용할 수 있도록 개량되었다.

등급	바람 이름	풍속		현상	비고
		m/s	knot		
0	고요 (calm)	0.5 이하	1 이하	연기가 수직 상승한다.	
1	실바람 (light air)	0.5~1.5	1~3	연기가 약간 흔들리나 풍향계에는 감지되지 않는다.	
2	남실바람 (light breeze)	2~3	4~6	나뭇잎이 흔들리고 풍향계가 회전한다.	
3	산들바람 (gentle breeze)	3.5~5	7~10	작은 나뭇가지가 흔들리고 깃발이 날린다.	
4	건들바람 (moderate breeze)	5.5~8	11~16	먼지가 일고 종이가 날린다.	
5	흔들바람 (fresh breeze)	8.5~10.5	17~21	작은 나무가 흔들리고 깃발이 펄럭인다.	
6	된바람 (strong breeze)	11~13.5	22~27	큰 나뭇가지가 흔들리고 바람소리가 들린다.	
7	센바람 (moderate gale)	14~16.5	28~33	큰 나무가 흔들리고 걷기가 힘들다.	
8	큰바람 (fresh gale)	17~20	34~40	나뭇가지가 부러지고 걷기가 불가능하다.	
9	큰센바람 (strong gale)	20.5~23.5	41~47	나무가 부러지고 지붕이 날아간다.	
10	노대바람 (whole gale)	24~27.5	48~55	나무뿌리가 뽑히고 건물이 파손된다.	
11	왕바람 (storm)	28~31.5	56~63	건물, 나무가 대대적으로 파괴된다.	
12	싹쓸바람 (hurricane)	32 이상	64 이상	심각한 파괴로 황폐화가 된다.	

※ 1knot=1,852m/h≒0.5m/s

4 바람에 작용하는 힘

일기도에서 기압은 동일한 기압대를 잇는 선으로 연결되어 있는데, 이 선을 등압선이라고 한다. 등압선은 4mb 간격으로 그려진다.

(1) 기압경도력(Pressure Gradient Force)

일정한 거리에 있는 두 지점 사이의 기압 차인 공기의 기압변화율을 기압경도라 하고, 이 힘을 기압경도력이라고 한다. 기압경도력의 크기는 기압 차에 비례하고 거리에 반비례한다. 가까운 두 지점에서 큰 기압 차를 가지면, 즉 기압경도력이 클수록 더 강한 바람이 불게 된다. 기압경도를 일으키는 주원인은 지표면의 불균형 가열이고, 기압의 변화는 바람을 일으키는 힘을 형성하는데 이 힘을 '기압 변화의 힘'이라고 한다.

(2) 전향력(Coriolis Force)

전향력은 지표면에서의 불균형 가열로 인하여 발생한 기압 차에 의한 기압경도가 고기압 지역에서 저기압 지역으로 흐를 때 지구의 자전으로 인하여 방향이 전환되는 현상이다. 북반구에서는 바람을 오른쪽으로 굽어지게 만들고, 남반구에서는 왼쪽으로 굽어지게 한다.

전향력은 적도에서는 발생하지 않고 양극에서 최대가 되며, 바람의 방향에만 영향을 미치고 풍속에는 영향을 미치지 않아 겉보기힘이라고도 부른다. 또한 지구가 24시간에 360°를 회전하기 때문에 상대적으로 작아서 일상생활에는 큰 영향을 미치지 않으나 장거리를 장시간 이동하는 대기의 운동이나 항공기의 운항에는 직접적인 영향을 미친다.

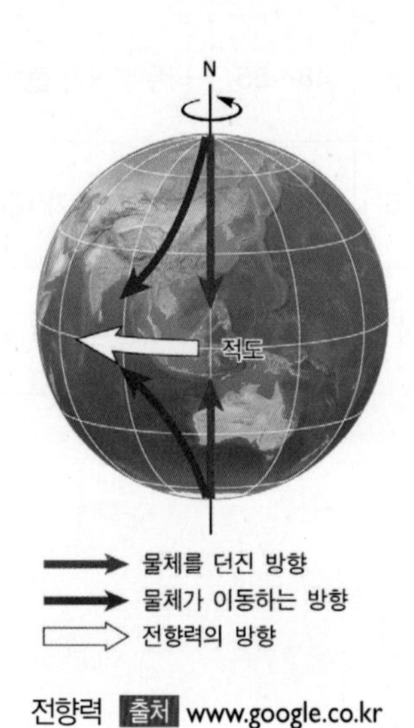

전향력 출처 www.google.co.kr

5 바람의 종류

(1) 지균풍

기압경도력과 전향력이 균형을 이루어 발생하는 바람이다. 바람은 고기압에서 저기압으로 흐르는데 최초에는 기압경도력만이 작용하다가 지구 자전에 의한 전향력에 의해 바람 방향이 오른쪽으로 당겨지게 되어 기압경도력과 전향력이 균형을 이루지 못하다가, 점차 두 힘이 일치되는 지점에 도달하게 되고 바람은 등압선과 평행하게 흐르게 된다. 이때의 바람을 지균풍이라 한다.

(2) 경도풍

바람이 고기압에서 저기압으로 흐를 때 기압경도력, 구심력, 전향력이 작용하고 이들 힘이 균형을 이루어 바람은 등압선을 따라서 흐르게 되는데, 이때의 바람을 경도풍이라 한다. 고기압 주변에서는 기압경도력보다 전향력이 크기 때문에 고기압 쪽으로 공기 흐름을 끌어당기게 된다. 그래서 고기압에서의 힘의 균형은 전향력=기압경도력+원심력이 되며, 저기압에서의 힘의 균형은 기압경도력=구심력+전향력이 된다.

(3) 지상풍

지표면으로부터 2,000ft 이하에서 낮은 산과 도심 지역의 인공 건축물 등으로 마찰력의 영향을 받는 바람이다. 마찰은 바람 속도를 감소시키면서 동시에 바람 방향을 변화시키는 요인으로 작용한다. 지표면과의 마찰은 고도가 높아짐에 따라 현저히 감소하고 약 2,000ft이상에서는 무시될 수 있다. 지상풍은 기압경도력이 전향력과 마찰력의 합력과 균형을 이루고 있다고 할 수 있다.

(4) 산바람과 골바람

지구의 자전과 공전에 의해서 태양복사열의 양이 다르기 때문에 가열과 냉각이 반복되는 순환 형태를 이루는 것이 열적 순환인데, 이 열적 순환에 의해서 발생하는 바람이 산바람과 골바람이다. 이 두 바람은 동일 구역에서 발생하지만 낮과 밤의 열적 순환에 의한 현상이다. 산바람은 야간에 발생하는 바람으로 산 정상에서 산 아래로 불어 내려오는 바람이고, 골바람은 주간에 발생하는 바람으로 산 아래에서 산 정상으로 불어 올라가는 바람이다.

골바람(주간, 좌)과 산바람(야간, 우)의 순환 개념도 출처 www.google.co.kr

(5) 해풍과 육풍

산바람과 골바람과 같이 동일한 지역에서 낮과 밤의 차이에 의한 현상이다. 해륙풍은 육지와 해양의 가열과 냉각이 다름에서 발생한다. 주간에는 육지가 해양보다 더 빨리 가열되면서 공기는 상승하고 이 자리에 수면의 찬 공기가 밀려오면서 해풍이 된다. 야간에는 주간과는 반대의 순환이 발생하게 되고 이는 육풍이 된다.

해풍(주간, 좌)과 육풍(야간, 우)의 순환 개념도 출처 www.google.co.kr

(6) 계절풍

계절풍은 산바람과 골바람, 해풍과 육풍과 같이 열적 순환에 의해 발생하는 것은 동일하나 규모 면에서 더 넓은 지역에서, 그리고 계절적 요인이 추가되는 것이 다르다. 여름에는 해양에서 대륙으로, 겨울에는 대륙에서 해양으로 향해 부는 바람이다. 계절풍의 원인은 육지와 해양의 현저한 비열의 차이다.

(7) 높새바람(푄 현상)

푄 현상에 의해서 발생하는 바람을 높새바람 또는 푄바람이라고 한다. 푄 현상은 습하고 찬 공기가 지형적 상승 과정을 통해서 고온 건조한 바람으로 변화되는 현상이다. 푄 현상이 발생할 수 있는 조건은 지형적 상승, 습한 공기의 이동, 단열기온감률이다. 즉, 습하고 찬 공기의 이동이 큰 산맥에 가로막혔을 때 바람은 경사를 따라 상승하는데 이 과정에서 공기의 기온이 점진적으로 떨어지면서 응결되기 시작하고 산 정상 부근에서는 많은 구름이 형성되고 결국 비가 되어 내린다. 공기는 산 정상을 통과하고 나서 산 경사를 따라 이동하면서 단열압축 과정을 통하여 기온이 다시 상승하게 된다. 이 바람이 평지에 도달하면 고온 건조한 상태로 변하게 된다.

우리나라는 자주 푄 현상이 발생하는데 태백산맥을 중심으로 차고 습한 공기가 동쪽으로 진행할 때 태백산맥 서쪽 지방에서는 구름을 형성하여 비를 내리고, 반대편인 동쪽 지방에서는 건조한 이상 고온이 발생한다.

(8) 제트 기류(Jet Stream)

대기 상층부(주로 대류권 상층부와 성층권 하부)에서 띠 형태로 빠르게 이동하는 바람으로 통상 수 km의 두께와 160km의 폭, 1,600km의 길이에 속도는 시속 92km 이상이며 때때로 386km에 달하기도 한다. 제트 기류는 서쪽에서 동쪽으로 흐르는데 서쪽에서 동쪽으로 비행하고자 할 때 제트 기류의 중심을 이용한 항로를 선정하면 추가적인 뒷바람을 받아 빠르게 이동할 수 있다.

Chapter 6

구름과 강수

1 구름

(1) 구름(Clouds)의 형성 조건

대기 중에 떠 있는 구름은 수많은 미세한 물방울과 다양한 입자로 구성되어 있다. 구름은 조종사에게 기상 상태를 예측할 수 있는 지표가 될 수 있으며, 기상전문가가 아니더라도 구름의 상태와 높이에 의해서 대략적인 기상 상태를 판단할 수 있다. 구름의 형성은 공기의 안정에 의해서 결정되는데, 대기가 안정된 상태에서는 다소 평평한 상태의 층운형 구름이 형성되고 지상에서는 안개로 인하여 시정이 매우 불량한 상태가 될 수 있다. 대기가 불안정한 상태에서는 수직으로 발달한 적운형 구름이 형성되기 때문에 많은 양의 강수를 동반할 수 있다. 대기 중에 구름이 형성되기 위해서는 풍부한 수증기, 응결핵, 냉각 작용이 조화되어야 하며, 아래와 같은 여러 요인이 복합적으로 작용되어야 한다.

① **지형적 상승**: 공기의 흐름이 높은 산과 같은 곳에서 공기는 산을 따라 상승하는 경향이 발생한다. 이 과정에서 중요한 것은 공기가 지형적으로 상승하면서 고도 1km당 10℃의 비율로 단열팽창되어 포화될 때까지 냉각이 발생한다는 것이다. 상승 중인 공기가 냉각되어 포화 상태에 이른다는 것은 가시적 물방울의 형성을 의미하는 것으로 구름의 발달을 가져온다.

② **대류 상승**: 대류의 기본 구조는 찬 공기는 밀도가 크고 무겁기 때문에 아래로 가라앉고, 더운 공기는 위로 올라가려는 현상 때문에 공기의 이동이 이루어지는 것이다. 지표면이 가열되면 지표면 주위의 공기는 데워지고 가벼워져 상승하고, 상승한 공기가 충분히 냉각되어 포화 상태가 되면 구름이 발생한다.

③ **전선성 상승**: 기단은 고유의 기온과 기압, 그리고 습도의 특성을 지닌 거대한 공기군을 말하며, 전선성 상승이란 서로 다른 기상 특성을 지닌 두 기단이 합쳐질 때 발생하는 상승이다. 상승 중인 덥고 가벼운 공기군은 팽창으로 인하여 냉각되면서 포화 상태에 이르면서 구름을 형성한다.

④ **복사냉각**: 복사냉각은 주로 안개를 형성하는 원인으로 작용한다. 태양열이 더 이상 공급되지 못하는 야간이 되면 지표면은 열을 상실하기 시작하고, 지표면은 장파 복사 형태로 에너지를 상실하게 되어 공기가 냉각되는 원인이 된다. 이 같은 복사냉각은 대기가 비교적 안정된 상태로 공기의 수직 및 수평 이동이 거의 없기 때문에 지표면 가까이에서 수증기가 응결되어 복사 안개가 형성된다.

(2) 구름의 관측

① **운고:** 지표면 위에서 구름층 하단까지의 높이를 의미한다. 구름이 50ft 이하에서 발생하였을 때는 안개로 분류한다.

② **운량:** 구름이 하늘을 덮고 있는 정도이다. 일반적으로 하늘을 덮은 구름을 8등분하여 구분한다.

㉠ 클리어(clear): 구름이 없는 상태, 운량이 1/8 이하일 때

㉡ 퓨(few): 운량이 1/8~2/8일 때

㉢ 스캐터드(scattered): 운량이 3/8~4/8일 때

㉣ 브로큰(broken): 운량이 5/8~7/8일 때

㉤ 오버캐스트(overcast): 구름이 완전히 하늘을 덮은 상태로 운량이 8/8 이상일 때

숫자부호	0	1	2	3	4	5	6	7	8	9
기호										
운량	구름 없음	10% 이하	20~30%	40%	50%	60%	70~80%	90%	100%	관측 불가
상태	clear	few		scattered		broken			over cast	

③ **차폐:** 하늘이 안개, 연기, 먼지 또는 강수로 인하여 시정이 7마일 이하로 감소될 때를 차폐 상태라고 한다. 운량이 7/8 이하일 때 부분 차폐라고 하고, 8/8 이상이면 완전 차폐라고 한다.

④ **실링(ceiling):** 운량이 최소한 브로큰 또는 오버캐스트로 형성된 가장 낮은 구름층 또는 차폐를 말한다.

(3) 구름의 분류

① 구름은 모양에 따라서 뚜렷한 층을 형성하는 층운형 구름과 쌓인다는 의미의 적운형 구름으로 대별된다. 높이에 따라서는 상층운, 중층운, 하층운, 수직운으로 분류된다.

㉠ **층운:** 수평으로 발달한 형태의 구름으로 안정한 공기가 존재한다.

㉡ **적운:** 수직으로 발달한 형태의 구름으로 불안정한 공기가 존재한다.

㉢ **하층운:** 6,500ft 이하의 구름으로 층적운, 층운, 난층운이 있다.

※ 대부분 물방울로 구성되어 있고 때로는 과냉각된 미세한 물방울로 이루어져 있다.

층적운(Stratocumulus, Sc)

층운(Stratus, St)

난층운(Nimbostratus, Ns)

ⓔ **중층운**: 6,500~20,000ft의 구름으로 고적운, 고층운이 있다.

※ 대부분 수분과 빙정, 과냉각된 물방울로 구성되어 있다.

고적운(Altocumulus, Ac)

고층운(Altostratus, As)

ⓜ **상층운**: 20,000ft 이상의 구름으로 권운, 권적운, 권층운이 있다.

※ 매우 높은 고도에 형성되는 구름으로 새털이나 띠와 같은 형태로 형성된다.

권운(Cirrus, Ci)

권적운(Cirrocumulus, Cc)

권층운(Cirrostratus, Cs)

ⓑ 수직운: 수직으로 발달한 구름으로 적운, 적란운이 있다.

※ 통상 구름은 수직으로 발달하고 많은 강수를 포함한다.

적운(Cumulus, Cu)

적란운(Cumulonimbus, Cb)

② 구름의 기본 운형(10종)[7)]

종류			국제 부호	국제명	잘 나타나는 고도	우리 이름
층상운	상층운	권운	Ci	Cirrus	• 열대 지방: 6~18km • 온대 지방: 5~13km • 극지방: 3~8km	(새)털구름
		권적운	Cc	Cirrocumulus		털쌘구름
		권층운	Cs	Cirrostratus		털층구름
	중층운	고적운	Ac	Altocumulus	• 열대 지방: 2~8km • 온대 지방: 2~7km • 극지방: 2~4km	높쌘구름
		고층운	As	Altostratus	보통 중층에 나타나지만 상층까지 퍼져 있는 경우가 많다.	높층구름
	하층운	난층운	Ns	Nimbostratus	보통 중층에서 나타나지만 상층에도 하층에도 퍼져 있는 일이 많다.	비층구름
		층적운	Sc	Stratocumulus	• 열대 지방: 모두 • 온대 지방: 지면 부근 • 극지방: ~2km	층쌘구름
		층운	St	Stratus		층구름
대류운	수직운	적운	Cu	Cumulus	운저는 보통 하층에 있으나 운정은 중층 및 상층까지 닿아 있는 경우가 많다.	쌘구름
		적란운	Cb	Cumulonimbus		쌘비구름

※ 구름의 유형과 위치

구름 유형은 하층에서 수직으로 발달하는 구름에는 '쌓인다'는 의미를 가진 'Cumulus'를, 넓게 깔리는 구름은 '층'을 뜻하는 'Stratus'를, 중층에서 비를 동반하는 경우에는 'Nimbus'를 사용하고, 중층운의 경우에는 높은 고도를 뜻하는 'Alto'를, 상층운의 경우에는 'Cirro'를 앞에 붙인다.

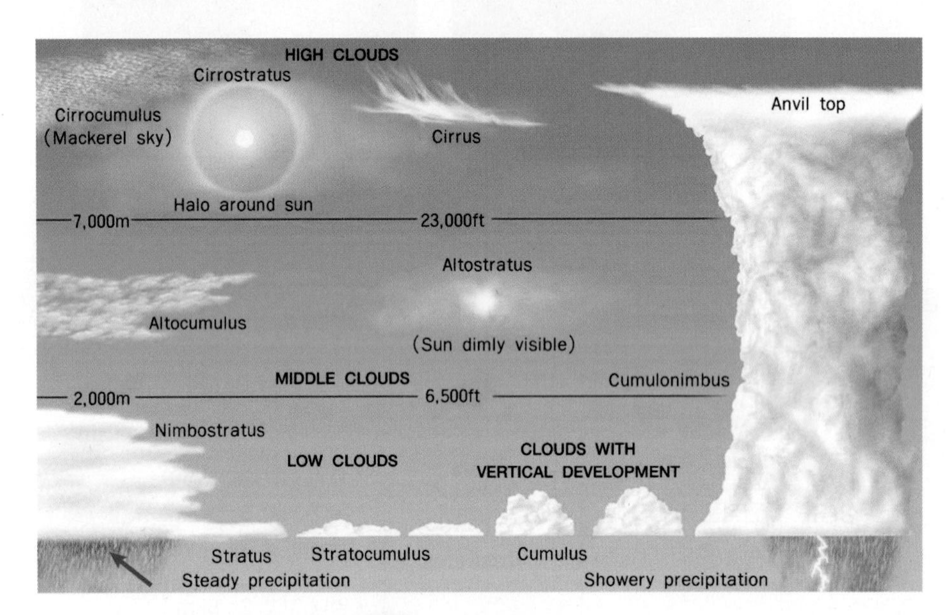

출처 www.google.co.kr

2 강수

(1) 강수(Precipitation)의 정의

강수란 비, 눈, 가랑비, 우박, 빙정 등을 모두 포함하는 용어로 이들 입자가 공기의 상승작용에 의해서 크기와 무게가 증가하여 더 이상 대기 중에 떠 있을 수 없을 때 지상으로 떨어진다. 강수의 충분조건은 구름이다.

강수는 항공기 운항에 직접적인 영향을 미치는 요소이다. 비와 눈과 같은 강수는 공중에서는 시정을 제한하고, 지상에서는 활주로의 미끄러움으로 항공기 이착륙 과정에서 사고의 직접적인 원인을 제공한다.

(2) 강수의 형성 과정

공중에 떠 있는 미세한 구름 입자들이 모두 강수로 발달하는 것은 아니다. 이들 미세한 구름 입자들이 합쳐져 구름 입자의 크기가 증가하였을 때 대기의 기온에 따라 비 혹은 눈 형태의 강수로 발달하게 된다.

빗방울의 크기가 대략 2mm 정도 된다고 하였을 때 구름 입자는 빗방울의 약 1/100 정도가 되기 때문에 공중에 떠 있을 수 있다. 이 같은 미세한 구름 입자들이 구름 속에서 충돌-병합, 빙정 과정을 거쳐서 강수를 형성하는 것으로 알려져 있다. 충돌-병합 과정은 기온이 비교적 온난할 때 구름 입자들이 충돌하면서 빗방울로 성장하는 과정이다. 구름 입자들 크기가 다르고 밀도가 높은 구름은 상대적으로 구름 입자 간의 충돌 가능성이 높다. 병합 과정이란 구름방울이 크면 클수록 떨어지는 속도가 빠르고 주변의 작은 구름방울을 흡수하는 것을 말한다.

(3) 강수의 구분

지상에 내리는 강수는 물의 상태에 따라 액체 강수(비, 가랑비), 어는 강수(어는 비, 어는 가랑비), 언 강수(눈, 싸라기눈, 우박, 빙정)로 구분한다.

(4) 강우량[8)]

지상에 떨어지는 비의 양을 강우량이라 하고 다음과 같이 구분한다.

① 매우 약한 비: 시간당 0.25mm 미만
② 약한 비: 시간당 0.25~1mm
③ 보통 비: 시간당 1~4mm
④ 많은 비: 시간당 4~16mm
⑤ 매우 많은 비: 시간당 16~50mm
⑥ 폭우: 시간당 50mm 이상

(5) 비의 생성 원인

① **지형성 비**: 풍부한 습기를 지닌 바람이 산과 같은 장애물을 만났을 때 자연적으로 상승하면서 냉각과 증발 과정을 거쳐 풍상 쪽에 형성된 비구름으로 인하여 내리는 비이다.
② **대류성 비**: 주로 열대 지방이나 한여름 오후 뜨거운 날에 발생할 수 있는 비이다. 폭우, 번개, 뇌우 등을 동반한다.
③ **전선성 비**: 전선이 형성되는 곳에서 발생하는 비이다. 한랭전선에서는 소나기성 비가 발달하고 심한 뇌우가 발생하기도 한다. 온난전선에서는 지속성 비 또는 눈이 내린다.

(6) 강수와 항공기 운항

① **수막 현상**: 비에 의해 지표면 또는 활주로가 젖어 있는 상태에서 일정 속도 이상으로 이동할 때 타이

어가 지표면과 타이어 사이에 형성된 수막 위로 이동하는 현상이다. 수막 현상은 조향과 제동 성능을 현저히 감소 또는 불능 상태가 될 수 있게 한다.

② **무특색 지형 착시**: 수면 상공이나 눈으로 완전히 덮인 지역을 비행하거나 접근할 때 주변 지형이 뚜렷한 형태가 없기 때문에 정확한 지형을 참고하기가 어렵고 이로 인하여 시각적 착각을 일으킬 수 있다.

③ **대기 현상에 의한 착시**: 비행 중 비나 눈과 강수 현상으로 인해서 시계가 가려져 활주로가 멀리 보일 때 조종사는 높은 고도에 있는 듯한 착각을 하게 된다. 특히 안개나 엷은 연무 현상은 활주로가 정상 거리보다 멀리 있는 듯한 착각을 일으켜 접근각과 속도 조절에 실패하여 급기동이나 급강하 접근을 유발한다.

Chapter

7 안개와 시정

1 안개

(1) 안개(Fog)의 정의

안개란 작은 물방울이나 빙정으로 구성된 구름의 형태이다. 주로 지표면 근처에서 형성되어 지표면 시정을 3마일 이하로 제한한다. 안개는 대기가 노점 상태로 냉각되었을 때 또는 지표면 근처의 습한 공기에 습한 공기가 유입되었을 때 쉽게 형성된다. 공장 지대에서는 연소 부산물이 안개 형성을 위한 응결핵으로 작용하기 때문에 안개 형성을 촉진시킨다.

안개는 미세한 물방울이 대기에 떠 있는 상태이다. 이들 미세 물방울은 빛을 산란시키기 때문에 불빛이 직진을 하지 못하여 조종사에게 매우 제한된 시정을 제공하여 항공기 운항에 지장을 초래한다.

(2) 안개의 종류

① **복사안개**: 복사안개는 야간에 냉각된 지형에 의해 냉각된 지면 위의 공기가 노점까지 냉각되었을 때 형성된다. 상대적으로 엷게 형성되어 지면에서 보았을 때는 하늘 전체 또는 일부를 가리는 정도이다. 바람이 없거나 미풍, 맑은 하늘, 상대습도가 높을 때, 기온과 노점분포가 작을 때, 평평한 저지대에서 쉽게 형성된다.

② **이류안개**: 습하고 더운 공기가 상대적으로 찬 지표면으로 이동할 때 하부로부터 냉각되며 공기 기온이 노점온도까지 감소될 때 형성된다. 이류안개는 찬 지표면에 불어오는 습하고 더운 공기를 포함한 바람에 달려 있으며, 주야간 어느 때든지 조건이 형성되면 빠르게 형성된다. 바람이 약 15kt 정도 불어올 때 더욱 짙어지며, 그 이상의 풍속에서는 상승하여 구름으로 변한다. 전형적인 이류안개는 해안지역에서 주로 발생하는데 이를 해무라고 한다.

복사안개

이류안개

③ **활승안개:** 활승안개는 습한 공기가 산 경사면을 따라 상승할 때 단열적으로 냉각되고 상승 공기가 노점까지 냉각되었을 때 형성된다. 구름의 존재와 관계없이 형성되고 공기를 상승시키는 바람이 없어지면 소멸된다.

④ **강수안개:** 강수안개는 한랭한 공기 속에 온난한 비나 가랑비가 내릴 때 증발에 의해 냉각된 공기가 포화되면서 형성된다. 통상 온난전선에서 발생하며 서서히 이동 중인 한랭전선이나 정체전선에서도 발생한다.

활승안개

강수안개

⑤ **스팀안개:** 스팀안개는 한랭한 공기가 온난하고 습한 지표면으로 불어올 때 습한 지표면으로부터 상승 중인 수증기가 노점까지 냉각될 때 형성된다. 공기온도가 물보다 10℃ 이상 높을 때 잘 형성되며, 매우 짙고 광범위하여 악시정을 유발한다.

⑥ **얼음안개:** 얼음안개는 기온이 결빙온도보다 훨씬 낮고 수증기가 직접 빙정으로 승화될 때 발생한다. 기온이 −32℃ 이하가 되어야 형성되므로 주로 북극 지역에서 발생한다.

스팀안개

얼음안개

2 시정

(1) 시정(Visibility)의 정의

시정은 특정 지점에서 계기 또는 관측자에 의해서 수평으로 측정된 지표면으로부터의 가시거리이다. 접근 중인 항공기의 조종사가 활주로를 내려다볼 수 있는 시정과 지상에서 관측할 수 있는 시정이 다를 수 있다.

(2) 시정의 종류

① **수직시정:** 수직시정은 관측자로부터 수직으로 보고된 시정이다. 활주로에서 하늘을 보았을 때 관측할 수 있는 최대가시거리이다.

② **우시정:** 우시정은 관측자가 서 있는 360° 주변으로부터 최소한 180° 이상의 수평 반원에서 가장 멀리 볼 수 있는 수평거리이다. 예를 들어 그림에서 주간에 물체를 식별할 수 있는 거리는 북서와 남동 일부를 제외하고 5마일 이하인데, 이 경우 우시정은 5마일이다. 우시정은 활주로 시정과 활주로 가시거리로 보고되며, 활주로 시정은 활주로상의 특정 지점에서 육안으로 관측할 수 있는 시정이고, 활주로 가시거리는 특정 계기 활주로에서 조종사가 표준 고광도등을 보고 식별할 수 있는 최대수평거리이다.

3 황사

(1) 황사(Sand Storm)의 의미

황사는 미세한 모래 입자로 구성된 먼지폭풍으로, 지표면이 수목 등이 없는 황량한 황토 또는 모래사막에서 큰 저기압이 발달하여 지표면의 모래 입자를 수렴하는 상승 기류에 의해 상층까지 운반된 후 편서풍을 타고 이동 및 주변으로 확산된다. 황사는 항공기 운항에 시정장애물로 간주되고, 항공기 엔진의 공기 흡입계통에 미세한 흙 또는 모래 입자 등의 이물질이 유입되어 엔진의 손상을 초래하기도 한다.

(2) 황사의 발원지

황사의 발원지는 중국 황하유역 및 타클라마칸 사막, 몽골 고비사막으로 알려져 있으며 중국의 급속한 산업화와 산림개발로 토양 유실 및 사막화가 급속히 진행되어 발생 빈도가 증가하고 있는 추세이다. 중국은 매년 2%의 국토가 사막화되어 가고 있으며, 몽골 국토의 90%가 사막화 위기에 처해져 있는 것으로 알려져 있다.

(3) 황사의 이동

중국과 몽골 사막에서 발생한 황사가 우리나라까지 이동하기 위해서는 모래 먼지를 고도 5.5km까지 상승시킬 수 있어야 하고 상공에는 편서풍이 존재해야 한다. 상층까지 부유할 수 있는 모래 먼지의 입자 크기는 대부분 1~10μm이다. 이들 입자가 한반도 상공까지 도달하기까지 다소 변수가 있으나 평균적으로 타클라마칸 사막으로부터는 약 4~8일, 고비사막으로부터는 3~5일 정도 소요된다.

(4) 황사의 영향

상층의 모래 먼지는 태양 빛을 차단하거나 산란시켜 심각한 저시정을 초래한다. 이는 항공기 이착륙을 어렵게 하고 공중에서는 시계비행을 어렵게 한다. 또한 구제역 바이러스의 전파, 인간과 동물의 호흡기를 통하여 폐질환 유발, 반도체 등 정밀기계의 작동에 치명적 결함 초래 등의 피해를 유발한다.

반면에 구름 생성을 위한 응결핵 제공, 황사에 내재된 알칼리 성분이 산성비를 중화시켜 토양의 산성화 방지, 식물과 해양 플랑크톤에 유지염류 제공으로 생물학적 생명력 증가 등의 이점도 있다.

4 기타

(1) 연무(Haze)

연무는 안정된 공기 속에 산재되어 있는 미세한 소금 입자 또는 기타 건조한 입자가 제한된 층에 집중되어 시정에 장애를 주는 요소로서 15,000ft까지 형성되기도 한다. 한정된 높이 이상에서는 수평 시정이 양호하나 하향 시정은 불량하고 경사 시정은 더욱 불량하다.

(2) 스모그(Smog)

스모그는 연기(smoke)와 안개가 혼합된 시정장애물로 광범위한 지역에 매우 불량한 시정을 형성한다. 안개가 형성된 조건에서 이들 지역을 둘러싸고 있는 지리적 또는 지형적 장애물로 인하여 안정된 공기가 대기오염 물질과 혼합되었을 때 뚜렷하게 나타나고 시정을 더욱 감소시킨다.

Chapter 8 기단과 전선

1 기단

(1) 기단(Air Mass)의 정의

기단이란 기온, 수증기량 등의 물리적인 성질이 균일하거나 그 변화가 매우 완만한 특성을 지닌 수백 km^2에서부터 수천 km^2에 분포되는 거대한 공기덩어리이다. 이 같이 거대한 공기군이 균일한 기온과 습도 특성을 지니기 위해서는 지구의 대기 분포와 밀접한 관계가 있다. 대륙에서 발생하는 공기군과 해양에서 발생하는 공기군의 특성이 다르고, 적도 지방의 공기군과 극지방 공기군의 특성이 다르다. 기단의 이상적인 발원지 특성을 가지기 위한 요건으로 수평적으로 평평한 지역이고, 균일한 조성을 가져야 하고, 공기의 이동이 정체되거나 미약하게 존재하는 지역이어야 한다.

기단의 생애는 기단이 발원지로부터 온도와 습도 등의 주요 특성을 획득하는 단계, 기단이 통과해 가는 지역의 특성에 따라 변질되는 단계, 마지막으로 기단이 본래의 발원지로부터 멀어짐에 따라 본래의 특성을 잃게 되는 단계로 나누어진다.

(2) 기단의 분류[9)]

① 위도에 따른 분류

㉠ 적도기단(E; equatorial Airmass): 적도지역의 따뜻한 기단

㉡ 열대기단(T; tropical, 북위 및 남위 15~36°): 열대 지방의 따뜻한 기단

㉢ 한랭기단/극기단(P; polar, 북위 및 남위 40~60°): 한대 지방의 찬 기단

㉣ 한대기단(A 또는 AA; arctic 또는 antarctic, 북위 및 남위 60~90°): 극지방의 대단히 한랭한 기단

② 지표면 특성에 분류

㉠ 대륙성(C; continental, 건조한 특성): 수증기량이 적어 응결 곤란

㉡ 열대기단(M; maritime, 습도가 높음): 수증기량이 많아 응결 용이

③ 발원지에 따른 분류

㉠ 한대기단

㉡ 대륙성 한랭기단

㉢ 해양성 한랭기단

㉣ 대륙성 열대기단

㉤ 해양성 열대기단

㉥ 적도기단

(3) 기단의 특성

① **한대기단:** 북극이나 남극 지방의 상공에서 발달하는 기단으로 지표면이 주로 얼음으로 덮여 극도로 추운 특성을 갖는다. 극히 저온 건조하다.

② **대륙성 한랭기단:** 대륙에서 발달한 고위도 지방의 특성을 지닌 기단으로 기온은 한대기단보다 조금 높으며 매우 건조하다. 저온 건조하다.

③ **해양성 한랭기단:** 고위도 지방의 해양에서 발달한 기단으로 기온은 매우 한랭하고 해수면에서 발생하는 증발로 대륙성 한랭기단보다는 덜 건조하다. 저온 다습하다.

④ **대륙성 열대기단:** 아열대 지방의 대륙에서 발달한 기단으로 매우 무더운 특성을 지니고 건조하다. 고온 건조하다.

⑤ **해양성 열대기단:** 아열대 지방의 해양에서 발달한 기단으로 매우 무더운 특성을 지니고 습도도 매우 높다. 고온 다습하다.

⑥ **적도기단:** 적도 지방에서 발달한 기단으로 기온은 극도로 높고 습도 역시 극도로 높다. 극히 고온 건조하다.

(4) 기단 변형

기단 변형이란 어느 한 지역에 머물고 있던 기단이 주위를 둘러싸고 있는 외부 기상의 영향을 받아 서서히 이동하면서 최초에 지녔던 기단의 특성이 사라지고 새로 이동한 지역의 기상 특성에 맞게 변화하는 현상이다. 기단 변형은 기단의 이동 속도, 새로운 지역의 기상 특성 및 기온에 달려 있으며, 기단 하부의 가열 및 냉각, 수증기량의 증감에 따라 변형된다.

(5) 우리나라의 주요 기단

① **시베리아 기단(대륙성 한랭기단):** 주로 겨울철에 발생하며 한파를 유발한다. 겨울철의 긴 밤과 강한 복사냉각이 반복되어 기온은 급강하하나 대기는 매우 안정되어 날씨는 맑은 편이다.

② **오호츠크해 기단(해양성 한랭기단):** 북서쪽의 오호츠크해로부터 발달한 기단으로 많은 습기를 함유하고

있으면서 비교적 찬 공기의 특성을 지녔다. 5~8월에 발생하며 안개를 형성하거나 지속적인 비를 내린다.

③ **북태평양 기단(해양성 열대기단)**: 적도 지방으로부터의 뜨거운 공기와 해양의 많은 습기를 포함한 기단으로 여름철의 주요 기상 현상을 초래한다. 하층의 고온 다습한 공기는 많은 구름을 형성하여 많은 비를 내리고, 급격한 기온의 상승으로 적운형 구름과 뇌우를 발생한다.

④ **양쯔강 기단(대륙성 열대기단)**: 주로 봄과 가을에 이동성 고기압과 동진하는 기단으로 온난 건조하다.

⑤ **적도 기단(해양성 기단)**: 적도 해상에서 발달한 기단으로 매우 습하고 덥다. 주로 7~8월에 태풍과 함께 발생한다.

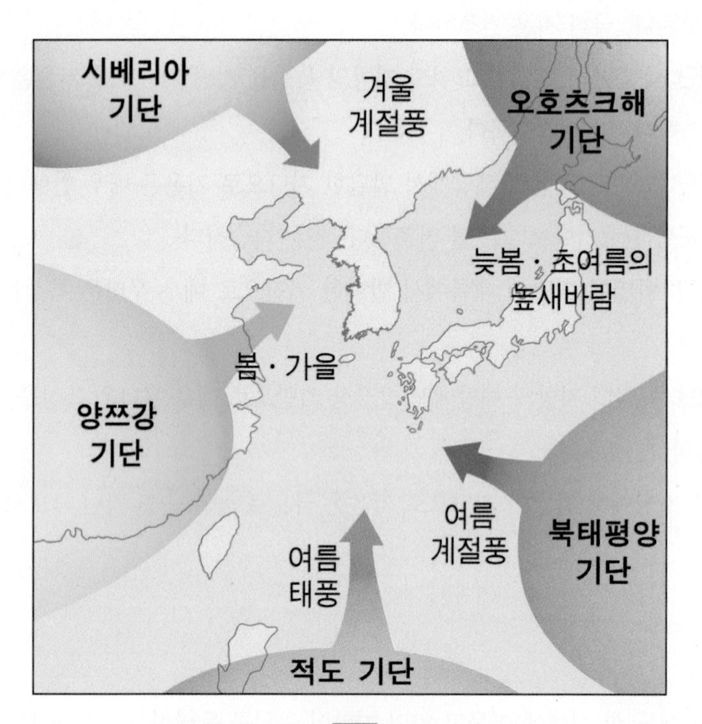

우리나라의 주요 기단 출처 www.google.co.kr

2 전선

(1) 전선(Fronts)의 정의

서로 다른 기상 특성을 지닌 기단과 접촉하면서 두 기단 사이에 하나의 완충지대가 형성되는데 이 완충지대를 전선이라고 한다. 기단의 특성에 따라 한랭전선, 온난전선, 정체전선, 폐색전선 등으로 구분한다. 찬 기단이 강하여 세력을 확장할 때 상대적으로 세력이 약한 온난기단은 밀려나면서 한랭전선이 형성된다. 반대로 온난기단의 세력이 강하여 한랭기단을 밀어낼 때 상대적으로 세력이 약한 한랭기단은 밀려나면서 온난전선을 형성한다.

(2) 전선의 식별

서로 다른 기상 특성을 지닌 두 기단이 인접하였을 때, 두 기단은 서로 흡수하거나 소멸되지 않고 고유의 특성을 갖는다. 두 전선이 통과하는 지역에서는 현저한 기상 변화가 발생하고 다음의 변화로 전선을 식별할 수 있다.

먼저, 기온은 전선의 통과를 가장 쉽게 식별할 수 있는 기상요소이다.

둘째, 기온과 노점분포의 변화로 전선의 통과를 식별할 수 있으며 구름과 안개의 형태를 예측할 수 있다.

셋째, 전선을 통과하는 바람은 방향과 속도가 급격하게 변한다.

넷째, 전선 지역에서 찬 공기 지역으로 직접 횡단 비행 시 기압은 급격히 상승하고, 더운 공기 지역으로 비행 시 기압은 전선을 통과할 때까지 감소한 후 일정 기압을 유지한다.

(3) 전선의 종류

① **한랭전선:** 한랭기단이 온난기단을 밀어낼 때 이동하는 한랭기단의 전방 부분이다. 한랭전선은 찬 공기가 이동하면서 습하고 더운 공기를 위로 밀어 올리기 때문에 상층부의 전선 형태는 둥그런 모양으로 형성된다. 일기도상에 한랭전선은 파란색 삼각형으로 그려지고, 삼각형의 지시 방향이 전선의 이동 방향이다.

한랭전선은 대기를 불안정하게 하며, 한랭전선의 통과는 적운 또는 적란운과 같이 수직으로 발달한 구름이 형성되고 뇌우, 심한 난기류 등의 악기상을 동반한다.

② **온난전선:** 온난기단의 전방 부분이다. 온난전선은 이동 시 찬 공기를 흡수하거나 대치한다. 찬 공기는 지면에 깔리는 경향이 있고, 더운 공기를 상승시킬 만한 충분한 세력이 없기 때문에 전선의 형태는 쐐기 모양을 형성한다. 일기도상에 온난전선은 빨간색 반원으로 그려지고, 반원형의 지시 방향이 전선의 이동 방향이다.

온난전선은 찬 공기가 밑으로 깔려 대기는 안정된다. 안정된 공기로 인하여 층운형 구름이 형성되는데 일반적으로 난층운, 고층운, 권층운 순으로 형성된다. 지표면 전선보다 훨씬 앞쪽에서 구름이 만들어지고 비가 내리기도 한다. 온난전선은 저층의 층운형 구름을 형성하고, 시정이 불량하고 안개와 비가 증가하는 것이 특징이다.

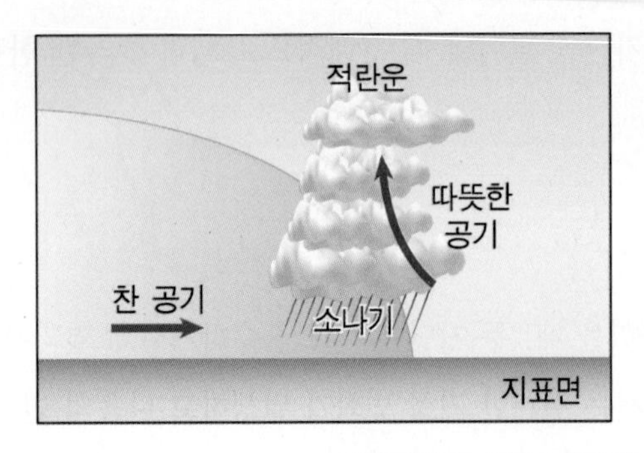

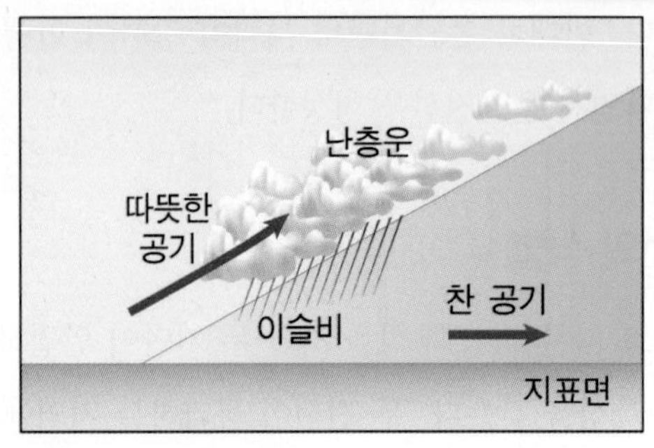

한랭전선(좌)과 온난전선(우) 출처 www.google.co.kr

③ **정체전선**: 두 기단이 인접하였을 때, 두 기단의 세력이 거의 동등하여 어느 방향으로나 이동이 없이 대치되어 있는 상태의 전선이다. 움직임이 거의 없는 형태이지만 어느 한쪽의 세력이 강해지면 한랭전선 또는 온난전선으로 변하게 된다.
정체전선은 두 전선이 상호 교차되어 표기되고 파란색 삼각형은 더운 공기군 쪽을, 빨간색 반원은 찬 공기군을 향하여 그려진다. 바람은 전선지대를 따라 평행하게 부는 경향이 있다.

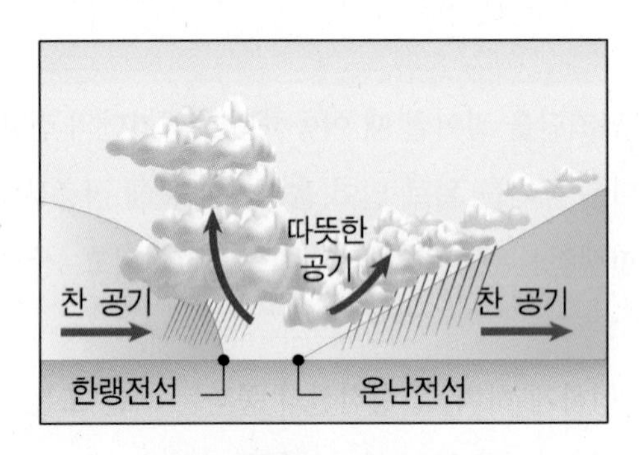

정체전선 출처 www.google.co.kr

④ **폐색전선**: 일반적으로 한랭전선이 온난전선보다 빠르게 이동하는 경향이 있기 때문에 가끔 한랭전선이 온난전선을 덮치는 경우가 있는데, 이 과정에서 형성된 전선이다. 일기도상의 폐색전선은 삼각형 모양과 반원 모양이 전선의 이동 방향을 향하여 그려진다.
한랭전선 폐색은 한랭전선이 느리게 이동 중인 온난전선의 전방 공기보다 차가울 때 발생한다. 이때 지표면의 찬 공기는 더운 공기를 위로 밀어 올리게 되어 공기는 밀도가 높고 안정된다.
온난전선 폐색은 한랭전선이 느리게 이동 중인 온난전선의 전방 공기보다 더워질 때 발생한다. 상층부 공기는 습하고 불안정하게 되고 심한 악기상이 발생한다.

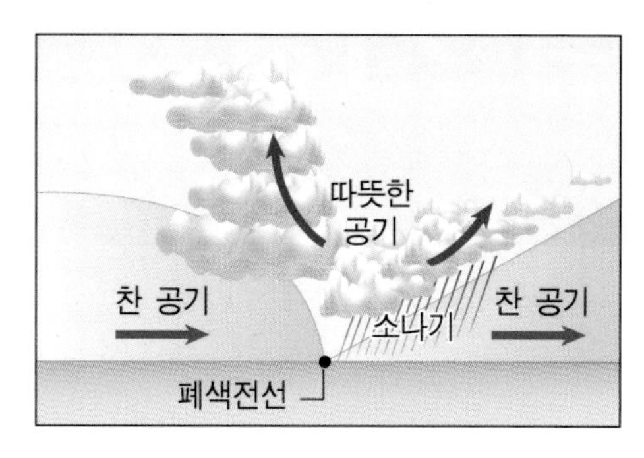

폐색전선 출처 www.google.co.kr

(4) 전선의 기호

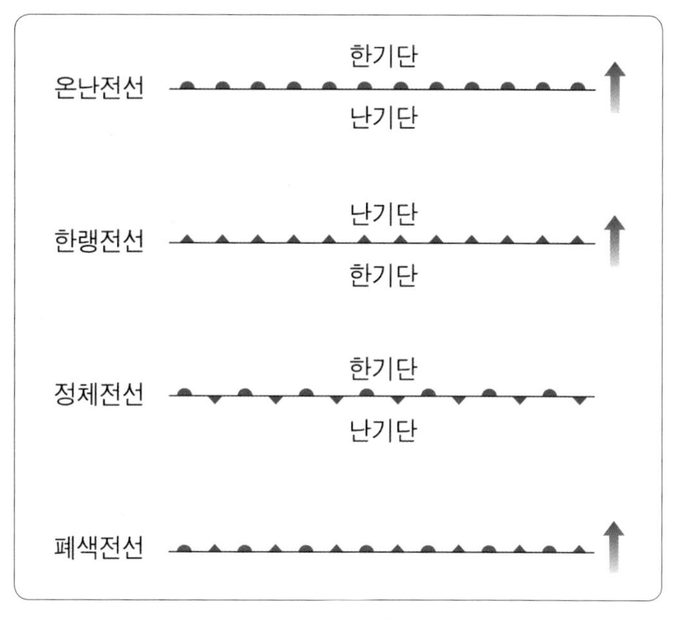

⇧는 진행 방향

(5) 전선과 구름

① 한랭전선에서는 전선의 경사가 비교적 크기 때문에 적운형 구름이 많다. 강수는 통상 전선의 뒤쪽에서 내리며, 소나기성 강수와 뇌우가 발생한다.

② 온난전선에서는 일반적으로 층운형 구름이 형성된다. 강수는 통상 전선의 앞쪽에서 내리며, 약한 비의 형태이고 지속성 강수가 발달한다.

Chapter 9 기타 기상요소

1 착빙[10)]

(1) 착빙(Icing)의 정의

빙결 온도 이하에서 대기에 노출된 물체에 과냉각 물방울 혹은 구름 입자가 충돌하여 얼음의 피막이 형성하는 것을 착빙이라 한다. 발생 고도는 5,000~15,000ft로 전체 착빙의 50%를 차지한다.

항공기 착빙(좌)과 날개 착빙(우) 출처 www.google.co.kr

(2) 착빙 형성의 조건

① 비 또는 구름 속의 대기 중에 과냉각 물방울이 존재할 때

② 항공기 표면의 자유대기온도가 0℃ 미만일 때

(3) 착빙의 종류

① **서리 착빙(frost icing)**: 고요하고 맑은 날 밤에 복사냉각에 의하여 항공기 기체가 0℃ 이하로 냉각되었을 때 기체에 접촉된 수증기가 승화해서 착빙이 생긴다. 서리 착빙 상태에서 비행하면 유선이 흐트러져서 이륙 속도에 달할 수 없게 되거나 벗겨진 얼음이 창에 닿아서 시계를 방해하고, 보조익의 움직임을 방해하거나 무선의 수신 효율을 저하시킬 수 있고, 실속을 5~10% 증가시킬 수 있다. 따라서 부착된 서리는 이륙 전에 깨끗이 제거해야만 한다.

서리 착빙

② **거친 착빙(rime icing)**: 저온인 작은 입자의 과냉각 물방울이 충돌하였을 때 발생한다. 과냉각 물방울이 많은 0~-20℃의 기온에서 주로 발생한다. 착빙의 표면은 거칠고 갈라지기 쉬운 결정 구조를 가지며, 결정 속에는 기포가 많이 포함되어 있어 구멍이 많고 백색이나 우유빛으로 나타나며 비교적 부서지기 쉽다. 영향으로는 날개의 공기역학적 특성을 변화시키며, 공기흡입구 가장자리를 막아 공기의 유입량을 줄어들게 하기도 한다.

③ **맑은 착빙(clear icing)**: 0~-10℃의 온도에서 큰 입자의 과냉각 물방울이 충돌할 때나 눈, 작은 우박 등 고체 강수가 섞인 0℃ 이하의 비 또는 물방울로 된 구름을 통과할 때 발생한다. 투명 또는 반투명의 딱딱한 얼음 피막으로 비행체로부터 쉽게 벗겨지지 않으며, 피막이 부서질 때는 상당히 큰 파편으로 비산하므로 위험하다. 착빙 가운데 가장 위험하다.

④ **혼합 착빙(mixed icing)**: 거친 착빙과 맑은 착빙의 중간 형태로 주로 맑은 착빙이 발생한 이후에 눈이나 얼음 입자들이 달라붙어 매우 거칠게 쌓인 착빙이다. 온도가 -10~-15℃인 적운형 구름 속에서 자주 발생한다.

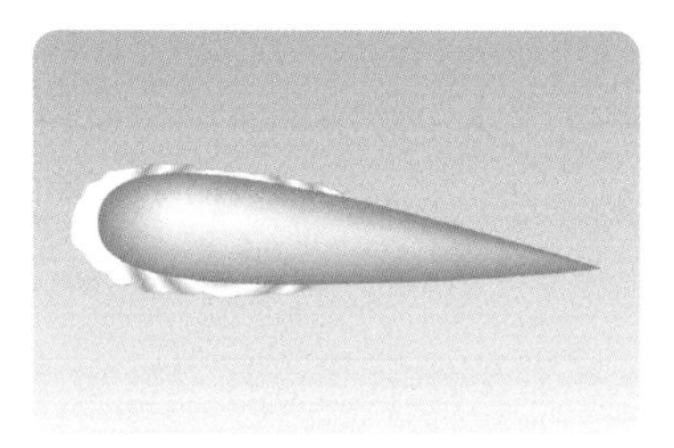

거친 착빙

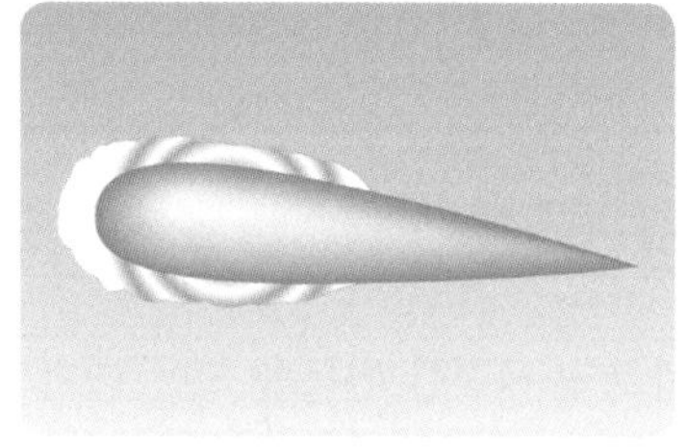

맑은 착빙

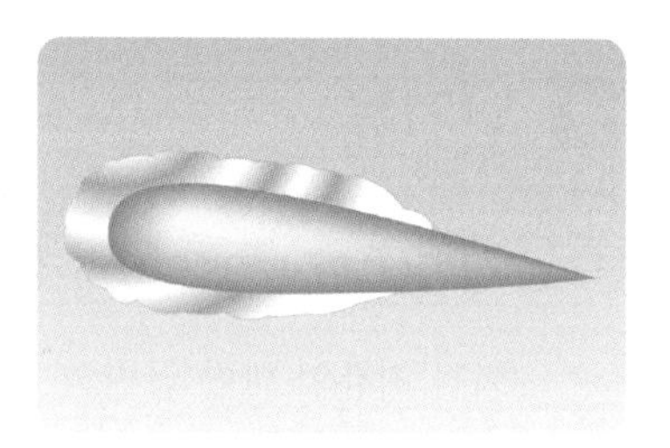

혼합 착빙

출처 www.google.co.kr

(4) 착빙의 특징[11)]

착빙형	색조	구조	강도	생성 원인
서리 착빙	백색	결정	얇고 부드럽다.	수증기가 0℃ 이하의 물체에 승화하여 발생한다.
거친 착빙	백색, 우유빛, 불투명	입자 모양의 집합체, 기포	부서지기 쉽다.	구름 입자나 안개 입자 중에서 비교적 작은 과냉각 수적이 부딪혀 발생하며 −10℃ 이하에서 많이 발생한다.
맑은 착빙	비교적 투명	얼음 형상	견고하다.	구름 입자나 안개 입자 중에서 비교적 작은 과냉각 수적이 부딪혀 발생하며 −10℃ 이하에서 많이 발생한다.

(5) 착빙의 영향

① 날개의 착빙은 항력이 증가되고 양력은 감소한다.

② 항공기 표면의 착빙은 지상에서 움직일 때 항공기 조작에 영향을 준다.

③ 비행조종면의 착빙은 조종 조작이 방해를 받는다.

④ 엔진 공기흡입구의 착빙은 공기 유입을 방해하고 얼음조각, 즉 외부 물질에 의한 손상(FOD)을 유발한다.

⑤ 피토트(Pitot), 안테나의 착빙은 속도계, 고도계의 오작동과 통신 두절 또는 기능을 저하시킨다.

2 난기류

(1) 난기류(Turbulence)의 정의

회전 기류와 바람 급변의 결과로 불규칙한 변동을 하는 대기의 흐름을 뜻한다. 바람이 강한 날 운동장에서 맴도는 조그만 소용돌이부터 대기 상층의 수십 km에 달하는가 하면 시간적으로도 수 초에서 수 시간까지 분포한다. 난류를 만나면 비행 중인 항공기는 동요하게 되고, 승무원과 승객은 심각한 피해를 입기도 한다. 난류는 와도, 즉 소용돌이와 밀접한 관계가 있는데 와도는 여러 요인에 의해 수평 기류의 변화가 있거나 상승 · 하강 기류가 존재할 때 수반되어 발생한다. 역학적 요인으로는 수평 기류가 시간적으로 변화거나 공간적인 분포가 다를 경우 윈드시어(wind shear)가 유도되고, 소용돌이가 발생하며, 지형이 복잡한 하층에서부터 윈드시어가 큰 상층까지 발생할 가능성이 크다. 열역학적 요인으로는 공기의 열적인 성질의 변질 및 이동으로 현저한 상승 · 하강 기류가 존재할 때 발생하며, 열적인 변동이 큰 대류권 하층에서 빈번하다.

(2) 난기류의 강도

난기류의 강도는 수직 방향의 가속도의 정도를 중력가속도(g)를 사용하여 표시한다. 다음 표의 내용은 미국 NASA에서 분류한 난류의 강도이다.

강도	중력가속도 (g)	체감강도			gust (ft/sec)	풍속 (ft/sec)
		항공기	승객	물체		
약한 난류 (light)	0.1~0.3	약간의 규칙적인 동요	• 좌석벨트 착용 • 보행 가능	비고정 물체 약간 이동	5~20	5
중간 난류 (moderate)	0.4~0.8	• 상당한 동요 • 조종성 유지	• 벨트가 조여짐 • 보행 곤란	비고정 물체 흐트러짐	20~35	15
심한 난류 (severe)	0.9~1.2	• 급격한 고도, 속도 변화 • 순간적인 조종 상실	• 벨트가 강한 힘을 받음 • 보행 불가능	비고정 물체 튕겨짐	35~50	25
극심한 난류 (extreme)	1.2 이상	• 조종 불능 상태 • 구조적 파손	• 벨트 미착용 • 승객은 튕겨 나감		50 이상	30 이상

(3) 난기류의 분류

① 대류에 의한 난류(convective turbulence): 대류권 하층의 기온 상승으로 대류가 일어나면 더운 공기가 상승하고, 상층의 찬 공기는 보상유로서 하강하는 대기의 연직 흐름이 생겨 발생한다.

② 기계적 난류(mechanical turbulence): 대기와 불규칙한 지형 · 장애물의 마찰 때문에 풍향이나 풍속의 급변이 이루어져 발생한다.

③ 윈드시어(wind shear)에 의한 난류: 윈드시어가 직접적인 원인으로 발생한다.

④ 항적에 의한 난류(vortex wake turbulence): 비행 중인 비행체의 후면에서 발생하는 소용돌이로 인공 난류라고도 한다.

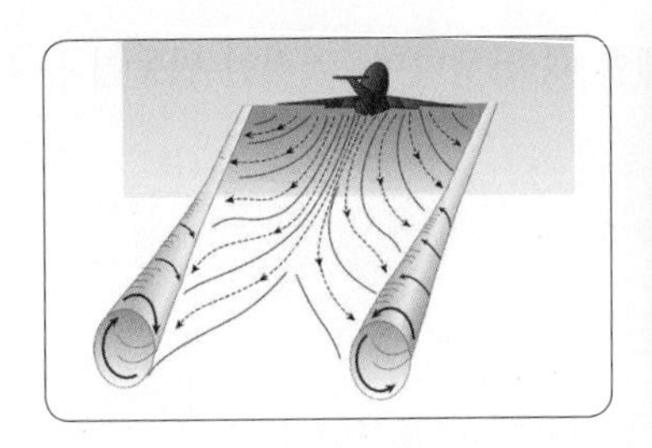  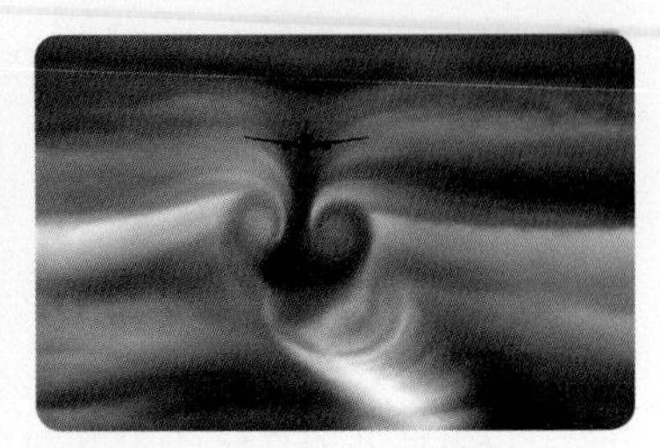

출처 www.google.co.kr

(4) 난기류 지역 비행 시 주의사항

① 강한 난류가 보고되거나 예보지역을 비행할 경우 난류와 조우한 초기 단계에서는 속도를 조절해야 한다.
② 상층 일기도상에서 등온선의 간격이 조밀한 곳에서는 주의를 요한다.
③ 제트 기류에 동반하는 난류와 조우한 경우 비행 속도나 비행 코스를 우선 변경하여야 한다.
④ 기압골에 평행하게 비행하는 것보다는 기압골을 횡단하는 코스를 채택하는 것이 좋다.

3 뇌우

(1) 뇌우(Thunderstorm)의 정의

적운이나 적란운이 모여 발달한 국지적인 폭풍우로서 항공기에 가해지는 가장 위험한 기상요소를 포함하고 있다. 거의 대부분 강한 돌풍과 심한 난류, 번개, 폭우, 심한 착빙을 동반한다.

(2) 뇌우의 형성 조건

뇌우 형성의 기본적인 조건은 불안정 대기, 상승 작용, 높은 습도이다.

(3) 생성 원인에 따른 종류

① **전선뇌우**: 한랭전선, 온난전선, 정체전선, 폐색전선 등 어느 형태의 전선상에서도 형성될 수 있다. 따뜻하고 습윤하며 불안정한 공기가 전선면을 따라 상승하면서 발생한다.
② **기단뇌우**: 전선과는 무관하게 따뜻하고 습윤한 기단 내에서 생성되며, 열뇌우라고도 한다. 동일한 기단 내에서 하층 가열, 하층 바람의 수렴 또는 습윤하고 불안정한 대기가 산악에 의해 상승되면서 상승력을 받을 때 발생한다.

③ **스콜선(squall line) 뇌우**: 전선이 아닌 좁은 띠 모양으로 나타나는 활동적인 불안정선을 뜻하며, 여기서 발생하는 뇌우를 말한다. 습윤하고 불안정한 대기 속을 빠르게 이동하는 한랭전선의 전면 50~300마일 지점에 형성된다.

(4) 뇌우의 생애

① **발생기**: 지표면 부근의 기류들이 상승하여 적운을 만들고, 그 구름이 어느 고도(freezing level)를 넘어서서 발달하기 시작하는 단계이다. 지표면 부근의 수렴과 상승 기류에 의해서 구름의 키가 빠르게 자라기 시작해서 탑 모양으로 높게 발달하기 시작한다는 의미에서 솟은 적운기(towering cumulus stage)라고도 한다.

② **성숙기**: 뇌우 속의 상승 기류가 점점 강화되어 구름이 거의 대류권계면 고도까지 도달하기 시작하고, 대류권계면에 도달한 상승 기류가 더 이상 상승하지 못하고 옆으로 펴져나가면서 최상층부에 모루구름(anvil cloud)을 형성하는 단계이다. 성숙기에 도달한 뇌우 속에는 상대적으로 따뜻한 상승 기류가 존재하는 영역과 차갑고 강수에 동반된 하강 기류가 존재하는 영역으로 뚜렷하게 구분된다.

③ **쇠퇴기**: 뇌우 발생 약 30분에서 45분 후 성숙기가 끝나고 쇠퇴기에 들어간다. 더 이상 지상에서 구름으로 향하는 상승 기류가 존재하지 않고 약한 하강 기류만 존재하며, 20,000ft 이하의 구름들은 강수와 증발로 인해서 거의 모습이 사라진다. 상층에 남아 있는 구름들도 더 이상 적운 형태가 아니라 층운 형태로 관측되기 시작하며, 지상에서도 더 이상 돌풍이나 강수가 관측되지 않는다.

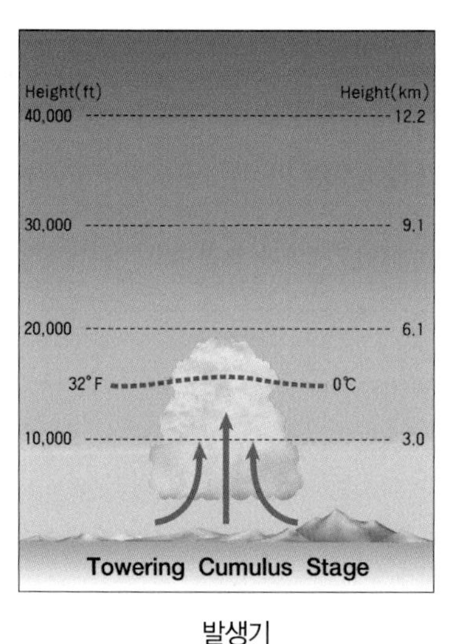

발생기

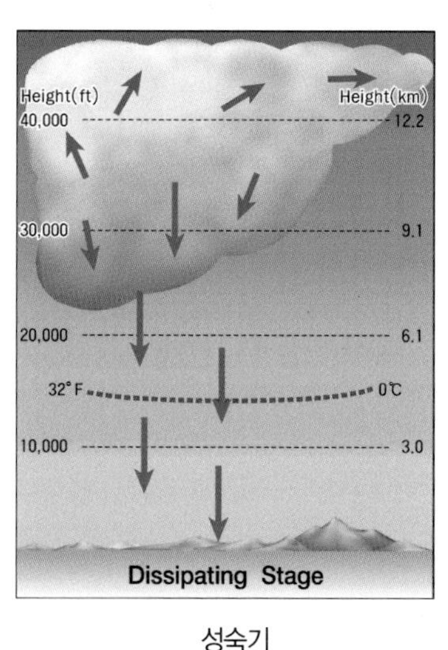

성숙기

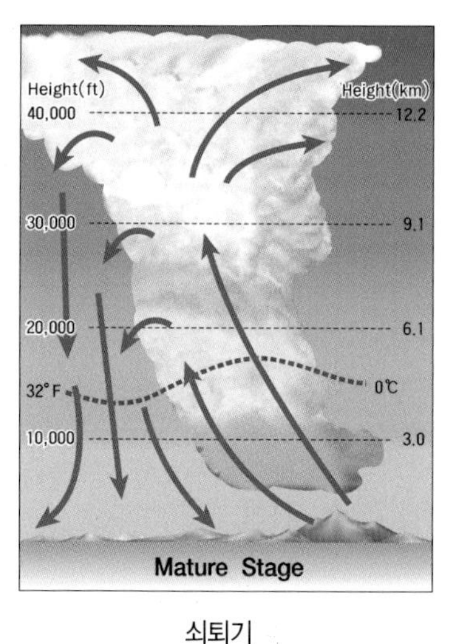

쇠퇴기

출처 www.google.co.kr

Chapter 10 기상보고

1 일기도 기입 형식

일기예보는 대기의 현재 상황의 파악과 그 장래 상황의 예측에 근거해서 특정의 영역에서 장래에 일어날 수 있는 대기 현상이나 일기를 예측하고, 방재와 일상생활의 정보로서 일반 사회에 제공하는 것이다.

일기도는 국제적으로 정해진 방식에 의해 세계 각지에서 보내져 온 관측 자료를 세계 공통의 기호를 이용해서 작성한다. 일기예보에 기초 자료로 이용되기 위해서 세계기상기구(WMO; World Meteorological Organization)에서 정한 국제적인 기준이 설정되어 있다.

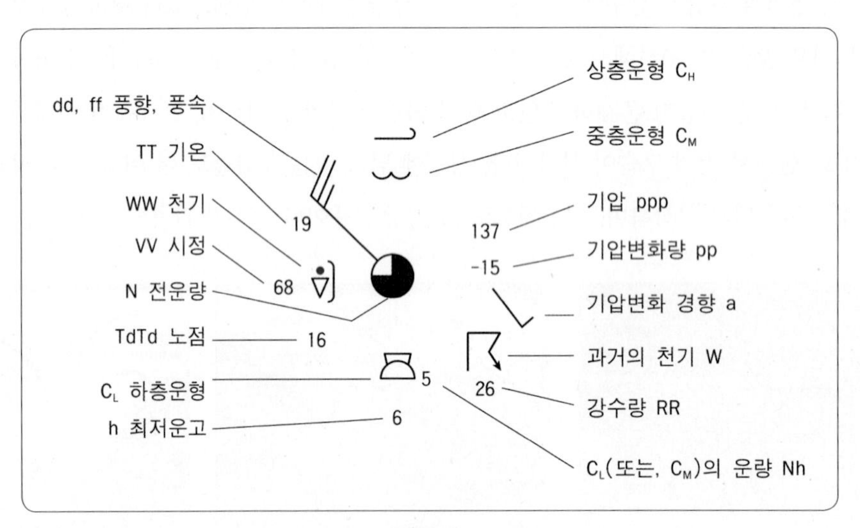

국제식 기입 형식 출처 www.google.co.kr

(1) 강수 기호

비 진눈깨비 안개 소나기 눈 뇌우 가랑비 소나눈

(2) 풍속 기호

(3) 운량 기호

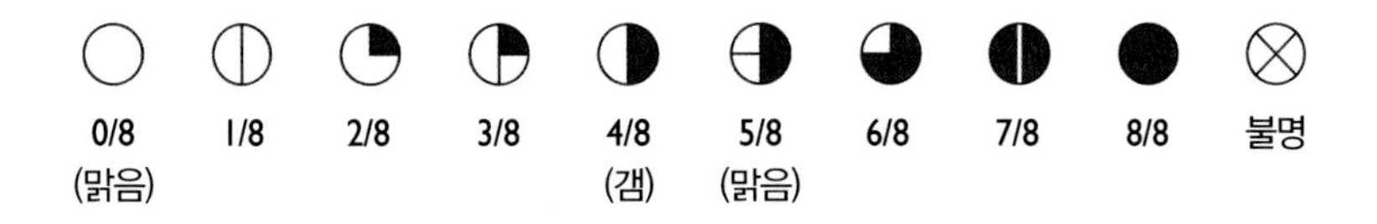

(4) 전선 기호

2 정기 기상보고(METAR)

(1) 분류

① METAR: 정시 항공기상 관측(30분 혹은 1시간 간격)

※ METAR; Meteorological Aviation Report

② SPECI: 특별항공기상 관측(정시관측 외 기상현상 변화 시 기준에 의거)

(2) 구성요소

① 보고형식(Type of Report)

② ICAO 비행장 식별부호(ICAO Station Identifier)

③ 보고 일자와 시간(Date and Time Report)

④ 보조 수식용어(Modifier)

⑤ 풍향/풍속(Wind)

⑥ 시정(Visibility)

⑦ 활주로 가시거리(RVR; Runway Visual Range)

⑧ 기상 현황(Weather Phenomena)

⑨ 하늘 상태(Sky Condition)

⑩ 온도와 노점온도(Temperature/Dew Point)

⑪ 기압(Altimeter)

⑫ 보충정보(Supplementary Information)

⑬ 경향예보(Trend forecast)

(3) 예문 및 세부 해설[12)]

① 예문

METAR ① RKSI ② 290001Z ③ 31010G20KT280V350 ⑤ 1000 ⑥ R15R/1300 ⑦

−SHRABR ⑧ SCT003 BKN005 SCT020CB OVC025 ⑨ 02/M01 ⑩

Q1013A2992 ⑪ WS RWY 33R ⑫ FM0100 BKN008 ⑬

② 세부 해설

구분	해설
① METAR	보고형식을 표시. METAR와 SPECI로 나눈다. METAR는 매시 정시보고이고, SPECI는 METAR 보고 발표 후 특별한 보고 상황이 야기된 기상일 경우 발표하는 형식이다.
② RKSI	ICAO 비행장 식별부호로서 각 국가별 주요 공항에 대하여 네 문자로 구성된 부호이다. 예) RKSI(인천공항), RKPC(제주공항), RJAA(일본 나리타 공항)
③ 290001Z	관측일시를 의미. 관측이 이루어진 날짜와 시간을 6개 숫자로 표시한다. 앞의 2개 숫자는 날짜를 뜻하고, 나머지 4개 숫자는 국제표준시인 UTC를 의미한다. 예) 290001Z: 29일 0001UTC(coordinated universal time)
④	보조 수식용어는 ASOS(자동 지상관측 보고시스템) 기상보고에서만 사용하는 용어이다. 필요시 관련 내용을 보다 명료하게 하거나 데이터 원처를 알리는 수식어로 사용한다.
⑤ 31010G20KT280V350	풍향과 풍속을 나타내며, 5개 숫자로 표현. 처음 3개 숫자는 풍향을 진북 기준으로 10단위로 표시하고, 나머지 2개 숫자는 풍속의 세기를 knot 단위로 표시한다. 예) 310–풍향(진북기준), 10–풍속(10kts), G20KT–gust20kts(gust는 평균 풍속과 10kts 이상 차이 시 발표), V(variable)–풍향이 60도 이상 가변적이고 풍속이 6kts 이상일 때 사용 ※ 바람과 관련된 부호 및 숫자의 의미 – G(gust): 돌풍을 뜻하며 평균 풍속과 10kts 이상 차이가 있을 시에 사용 – VRB03: 풍속이 3kts 이하이고 풍향이 60도 이상 가변적일 경우 사용

	– VRB12: 풍속이 4kts 이하이고 풍향이 180도 이상 가변적일 경우 사용 – V(variable): 풍속이 4kts 이상이고 풍향이 60도에서 180도 사이로 가변적일 경우 사용. 처음 풍향은 가변적인 풍향에서 주로 제일 많이 부는 방향을 지칭
⑥ 1000	시정 관측은 우시정(prevailing visibility)과 악시정(minimum visibility)으로 구별. 우시정은 수평면원 절반 이상이 최대 시정과 같거나 그 이상일 경우이다. 한국, 미국, 일본은 우시정을 사용하고 악시정은 유럽 국가에서 사용 지표면 시정은 미리 지정된 물체나 지형을 보고 거리를 산출하는 방식이다. 이것은 통상 10km 이내 시정일 때 사용하며, 이때 시정 장애 요인인 안개, 연무, 연기 등도 언급한다. 시정표시는 4개의 숫자로 구성되고 단위는 m 또는 km를 사용 – 시정이 10km 이상일 경우: 9999 – 시정이 5km 이상 10km 이하인 경우 1,000m 단위로 사용 – 시정이 800m 이상 5km 미만인 경우 100m 단위로 사용 – 시정이 800m 이하인 경우 50m 단위로 사용 예) 1000: 우시정 1,000m
⑦ R15R/1300	활주로 가시거리 수치는 4자리 숫자로 구성되어 있으며, 단위는 m을 사용. 미국은 ft를 사용 – R33L/1400U: U 부호는 5분간 시정이 100m 증가된 경우 – R33R/1400D: D 부호는 5분간 시정이 100m 하강된 경우 – R15R/1000N: N 부호는 시정 변동이 없을 경우 – R33L/P1800U: P 부호는 RVR 수치한계 이상인 경우 – R33L/M0200D: M 부호는 RVR 수치한계 이하인 경우 – R33L/////: //// 부호는 RVR 수치관측이 안 되었거나 제공하지 못할 때 – R33L/M1000V4000: V 부호는 RVR 변동 수치를 가장 낮은 것과 높은 것을 명시할 때 예) R15R/1300: RWY15R 방향 RVR 1,300m(RVR 상한–2,000m, RVR 하한–50m) – 상태 표시: P – 초과, M – 미만 – 변화 경향: D – 악화, U–호전, N–변화 없음, V–가변적
⑧ -SHRABR	현재 일기의 강도 및 인접성을 표현. 공항 반경 10km 이내 기상 현황을 다음과 같은 순서대로 명시 1) 강도(intensity) 가) 비(rain)의 강도는 3가지로 분류 ■ – (light): – 부호는 지속시간에 관계없이 지면을 완전히 적시지 못할 정도로 흩날리는 물방울이 쉽게 보이는 현상 ■ ( ) (moderate): no symbol로 보통 정도로 물방울이 쉽게 구별되지는 않으나 포장된 면이나 마른 부분에서 물보라 현상 ■ + (heavy): 심한 정도로 비가 한 장의 판처럼 보이며 오는 현상이며, 물보라가 몇 인치까지 관찰되는 현상 예) +SN: 폭설, TSRA: 뇌전 동반 보통 비 나) 얼음덩어리 ■ light: 지속시간에 관계없이 흩어진 덩어리들이 지면을 완전히 덮지 못하고 시정은 영향을 받지 않는다.

- moderate: 지면에 천천히 쌓인다. 시정이 7마일 이하로 저하된다.
- heavy: 지면에 빨리 쌓인다. 시정이 3마일 미만으로 저하된다.

다) 진눈개비
- light: 1/2마일 이상 시정인 경우
- moderate: 1/4~1/2마일 시정인 경우
- heavy: 1/4마일 이하의 시정인 경우

2) 근접도(proximity): 관측 지점 부근 공항 8km 범위 내 발생하는 기상 현상은 VC(vicinity of airport) 용어를 사용한다.

예) VCSH: shower in the vicinity

3) 강수 현상 구분(descriptor): 8가지로 구분하여 사용

가) TS(thunderstorm): 뇌전, 번개, 천둥
나) DR(low drifting): 미미한 쓸림. 풍속이 2m 미만인 경우
다) SH(shower): 소나기
라) MI(shallow): 농도가 낮은 현상
마) FZ(freezing): 착빙
바) BC(patches): 여러 곳에 산재
사) BL(blowing): 날아가는 현상으로 풍속이 2m 이상인 경우
아) PR(partial): 부분적으로 일어나는 현상

4) 강수 형태(precipitation): 9가지로 구분하여 명시

⑧ -SHRABR

가) RA(rain): 비
나) GR(hail): 우박 덩어리. 크기가 1/4인치 이상인 경우
다) DZ(drizzle): 이슬비
라) GS(small hail, snow pellets): 싸라기눈, 작은 알갱이 우박
마) SN(snow): 눈
바) SG(snow grains): 송이 눈
사) PL(ice pellets): 얼음 알갱이
아) IC(ice cristal/diamond dust): 수정빛 얼음. 시정이 1~5km인 경우
자) UP(unknown precipitation): 미확인 자동관측 시스템에서만 사용

5) 시정장애요인(obstruction to visivility): 8가지로 분류하여 보고

가) FG(fog): 안개, 시정이 1,000m 미만인 경우
나) HZ(haze): 아지랑이, 시정이 5,000m 이하인 경우
다) BR(mist): 박무, 시정이 1,000m 이상~5,000m 미만인 경우
라) FU(smoke): 연무, 시정이 5,000m 이하인 경우
마) PY(spray): 분사무
바) VA(volcanic ash): 화산재
사) SA(sand): 황사, 시정이 5,000m 이하인 경우
아) DU(dust): 먼지, 시정이 5,000m 이하인 경우

6) 기타(others)

가) SQ(squall): 국지성 폭우나 눈, 진눈개비를 동반한 돌풍

	나) SS(sandstorm): 황사폭풍 다) DS(duststorm): 먼지폭풍 라) PO(dust/sand whirls): 황사먼지 회오리바람 마) FC(funnel/tornado/water spout): 용오름 현상 예) –SHRABR: 비와 소나기가 오고, 박무 현상이 있음. 강도는 약함(–)
⑨ SCT003 BKN005 SCT020CB OVC025	하늘 상태는 3가지로 분류하여 보고 1) 운량(amount): 하늘의 구름 상태를 8등분하여 나타내며, 단위는 oktas이다. 가) SKC(sky clear): 구름이 없을 시 나) FEW(few): 구름이 1/8~2/8oktas 덮여 있을 때 다) SCT(scatter): 구름이 3/8~4/8oktas 덮여 있을 때 라) BKN(broken): 구름이 5/8~7/8oktas 덮여 있을 때 마) OVC(overcast): 구름이 8/8oktas. 관측자 중심으로부터 하늘 전체가 덮여 있을 때 (ceiling) 2) 운고(height): 구름높이는 AGL기준 3자리 숫자로 구성. 지상으로부터 100단위씩 증가 수치로 표시. 단위는 ft이다. 예) SCT030: 3,000ft에 scatter, BKN003: 300ft에 broken 3) 운형(type of clouds): METAR나 ASOS에서 관측보고 시 구름 형태는 CB(cumulonimbus), TCU(towering cumulus) 구름만 명시 가) FG(fog): 안개, 시정이 1,000m 미만인 경우 나) HZ(haze): 아지랑이, 시정이 5,000m 이하인 경우 다) BR(mist): 박무, 시정이 1,000m 이상 5,000m 미만인 경우 라) FU(smoke): 연무, 시정이 5,000m 이하인 경우 마) PY(spray): 분사무 바) VA(volcanic ash): 화산재 사) SA(sand): 황사, 시정이 5,000m 이하인 경우 아) DU(dust): 먼지, 시정이 5,000m 이하인 경우 4) 기타 용어해설 가) CB W MOV E: 서쪽에서 동쪽으로 구름이 이동 나) CB DSNT S: 남쪽 10마일 이상 거리에 비구름 현상 표시 다) TCU OHD: 현재 관측 지점 위치 바로 상공에 탑 모양 비구름 라) CAVOK(cloud & visibility OK): 시정 10km 이상 5,000ft 이하에 구름이 없으며 비구름이나 강수 현상이 없을 때 마) NSC(nil significant cloud): 5,000ft 이하에 구름이 없을 때 바) NSW(nil significant werther): 강수 현상이나 위험기상이 없는 경우 사) VV003(vertical visibility): 수직시정이 300ft 아) VV///(vertical visibility indefinite ceiling): 수직시정 관측 불가능 시 차폐 현상 표시로 ///함 예) SCT003 – 300ft scatter, BKN005 – 500ft broken, SCT020CB – 2,000ft CB 구름 scatter, OVC025 – 2500ft에 overcast 상태임

⑩ 02/M01	온도 및 노점온도는 2자리 숫자로 나타내며, 단위는 섭씨이다. 영하일 경우 M으로 표시한다. 예) 02: 온도 2℃, 노점온도: −1℃
⑪ Q1013A2992	기압고도, hPa이나 inHg로 표시 예) Q1013: QNH 기압 1013hPa(Q; 고도수정치) A2992: 29.92inHg(A; 고도설정치)
⑫ WS RWY 33R	보충정보(supplementary information) 1) 최근 기상상황: 관측 전 30분 이내에 강수 현상이 있었을 때 RE 사용 2) 저고도 윈드시어(low level windshear): 최근 고도 1,600ft 이하의 이착륙 지역에서 저고도 난류가 발생하였다고 관측되거나 보고되었다면 비고란에 표기 예) WS RWY 33R: 저고도 난류가 33R 활주로에서 관측됨 3) 기타 부호 가) NOSIG: 경향형 예보시간에 중대한 변화가 발생하지 않을 것으로 예상될 때 나) NSW: 중요 일기 현상이 종료될 때 다) WR: 활주가 젖어 있는 상태 라) SLR 군데군데 눈이 녹아 물이 고여 있는 상태 마) IR: 활주로에 얼음이 깔려 있음 바) RADAT: 빙결고도정보(예 RADAT39015–상대습도 39%, 빙결고도 1,500ft) 사) RI++: 관측시간에 시간당 30mm 이상 강수량 예상 경우 예) WS RWY 33R: WS(wind shear)가 RWY 33R에 존재 WS ALL RWY: 전 활주로 방향에 난류가 존재
⑬ FM0100 BKN008	착륙예보(trend)를 비고란에 언급한 내용이다. 예) 0100Z부터 900ft에 broken 예상

1) 이강희, 《항공기상》, 비행연구원, 2015.

2) 이강희, 《항공기상》, 비행연구원, 2015.

3) 소선섭, 《대기과학》, 청문각, 2014.

4) 한국항공우주학회, 《항공우주학개론》, 경문사, 2013.

5) 한국항공우주학회, 《항공우주학개론》, 경문사, 2013.

6) 소선섭, 《대기과학》, 청문각, 2014.

7) 소선섭, 《대기과학》, 청문각, 2014.

8) 소선섭, 《대기과학》, 청문각, 2014.

9) 소선섭, 《대기과학》, 청문각, 2014.

10) 공군73기상전대, 《기상총감》, 국군인쇄창, 2010.

11) 공군73기상전대, 《기상총감》, 국군인쇄창, 2010.

12) 교통안전공단, 《2017 항공정보매뉴얼(제7호)》, 2017.

기출 및 연습문제

01 **대류권에서는 고도로 올라갈수록 기온이 하락한다. 고도 1,000ft를 상승할 때마다 기온은 몇 ℃씩 내려가는가?**

① 1℃ ② 2℃
③ 3℃ ④ 4℃

해설 ▼

대류권에서 고도가 1,000m 상승하면 기온은 6.5℃씩 떨어진다. 1,000ft는 약 304m이다.

02 **기온은 직사광선을 피해서 측정을 해야 한다. 다음 중 기온을 측정하는 높이는?**

① 3m ② 5m
③ 2m ④ 1.5m

해설 ▼

기온은 땅 표면의 복사열로부터 영향을 받지 않도록 1.2~1.5m 높이에서 측정한다.

03 **다음 대기권 중 기상 변화가 일어나는 층으로 고도가 상승할수록 온도가 내려가는 층은?**

① 성층권 ② 중간권
③ 열권 ④ 대류권

해설 ▼

대류권은 지상에서 11km까지를 말하며 고도가 1,000m 상승하면 기온은 6.5℃씩 떨어진다.

04 **다음 중 대기권을 고도에 따라 낮은 곳부터 높은 곳까지 순서대로 올바르게 분류한 것은?**

① 대류권–성층권–열권–중간권 ② 대류권–중간권–열권–성층권
③ 대류권–중간권–성층권–열권 ④ 대류권–성층권–중간권–열권

해설 ▼

대기권은 낮은 고도에 따라 대류권, 성층권, 중간권, 열권, 극외권으로 구분된다.

05 다음 중 진고도(true altitude)에 대한 설명으로 올바른 것은?

① 모든 오차를 수정한 해면으로부터의 실제 높이

② 지표면으로부터의 고도

③ 표준기준면으로부터의 고도

④ 고도계가 지시하는 고도

해설 ▼

절대고도는 지표면으로부터의 고도를 말한다.

06 다음 중 절대고도에 대한 설명으로 올바른 것은?

① 고도계가 지시하는 고도

② 지표면으로부터의 고도

③ 표준기준면에서의 고도

④ 계기오차를 보정한 고도

해설 ▼

절대고도는 지표면으로부터 항공기까지의 실제 높이이기 때문에 절대고도는 지표면에 따라 달라진다.

07 다음 중 기압고도에 대한 설명으로 올바른 것은?

① 고도계가 지시하는 고도

② 표준대기압에 맞춘 상태에서 고도계가 지시하는 고도

③ 진고도와 절대고도를 합한 고도

④ 비표준기압을 보정한 고도

정답 1② 2④ 3④ 4④ 5① 6② 7②

08 다음 중 기압고도(pressure altitude)에 대한 설명으로 올바른 것은?

① 항공기와 지표면의 실측 높이이며 AGL 단위를 사용한다.

② 고도계 수정치를 표준대기압(29.92inHg)에 맞춘 상태에서 고도계가 지시하는 고도이다.

③ 기압고도에서 비표준온도와 기압을 수정해서 얻은 고도이다.

④ 고도계를 해당 지역이나 인근 공항의 고도계 수정치 값에 수정하였을 때 고도계가 지시하는 고도이다.

해설 ▼

①은 절대고도, ③은 밀도고도, ④는 지시고도에 대한 설명이다.

09 다음 중 진고도(true altitude)에 대한 설명으로 올바른 것은?

① 평균 해면고도로부터 항공기까지의 실제 높이이다.

② 고도계 수정치를 표준 대기압(29.92inHg)에 맞춘 상태에서 고도계가 지시하는 고도이다.

③ 항공기와 지표면의 실측 높이이며 AGL 단위를 사용한다.

④ 고도계를 해당지역이나 인근 공항의 고도계 수정치 값에 수정하였을 때 고도계가 지시하는 고도이다.

10 다음 중 해면고도로부터 항공기까지의 고도는?

① 진고도

② 밀도고도

③ 지시고도

④ 절대고도

해설 ▼

항공도에 그려진 공항표고, 각종 장애물의 높이 등은 모두 진고도로 표시된다.

11

다음 중 기압고도계를 장비한 비행기가 일정한 계기 고도를 유지하면서 기압이 낮은 곳에서 높은 곳으로 비행할 때 기압고도계의 지침 상태는?

① 실제 고도보다 높게 지시한다.

② 실제 고도와 일치한다.

③ 실제 고도보다 낮게 지시한다.

④ 실제 고도보다 높게 지시한 후에 서서히 일치한다.

해설 ▼

저기압에서 고기압으로 비행하였을 때 지시고도는 진고도보다 낮게 지시한다.

12

다음 중 항공기로부터 그 비행 당시의 지면까지의 거리를 나타내는 고도는?

① 진고도

② 압력고도

③ 객실고도

④ 절대고도

해설 ▼

절대고도는 비행기에 있는 송선 안테나로부터 지상을 향해 전파를 발사하고 되돌아오는 전파의 지연 현상을 측정해 계산한다.

13

다음 중 착빙 현상(icing)에 대한 내용으로 올바르지 않은 것은?

① 항공기의 무게를 증가시켜 양력을 감소시킨다.

② 항공기의 표면마찰을 일으켜 항력을 가중시킨다.

③ 항공기의 이륙을 어렵게 하거나 불가능하게 할 수도 있다.

④ 착빙 현상은 지표면의 기온이 낮은 겨울철에만 조심하면 된다.

해설 ▼

착빙 현상은 높은 고도에서 여름철에도 발생한다.

정답 8 ② 9 ① 10 ① 11 ③ 12 ④ 13 ④

14 **지표면과 해수면의 가열 정도와 속도가 달라 바람이 형성된다. 다음 중 주간에는 해수면에서 육지로 불며 야간에는 육지에서 해수면으로 부는 바람은?**

① 해풍 ② 계절풍 ③ 해륙풍 ④ 국지풍

해설 ▼

주간에는 바다에서 육지로 바람이 불며 이를 해풍이라고 한다. 반면 밤에는 육지에서 바다로 바람이 부는데 이를 육풍이라고 한다.

15 **다음 중 지구의 기상에서 모든 변화의 가장 근본적인 원인은?**

① 지구 표면에 받아들이는 태양에너지의 변화
② 지표면 위의 공기 압력에서 변화
③ 공기군(air masses)의 이동
④ 공기군(air masses)의 정지

해설 ▼

태양에너지가 대기상의 공기를 뜨겁게 데워 뜨거운 공기가 이동하면서 구름, 바람, 안개 등을 생성한다.

16 **다음 중 바람의 원인으로 올바른 것은?**

① 지구의 자전 ② 공기군의 변형
③ 기압 차 ④ 지구의 공전

해설 ▼

바람은 태양에너지에 의해 데워진 공기가 고기압에서 저기압으로 이동하면서 발생한다.

17 **다음 중 북반구에서의 바람은 어떠한 힘에 의해서 어느 방향으로 편향되는가?**

① 코리올리 힘에 의해서 우측으로 ② 지면 마찰에 의해서 우측으로
③ 코리올리 힘에 의해서 좌측으로 ④ 지면 마찰에 의해서 좌측으로

해설 ▼

태풍이 북반구에서는 반시계 방향으로 소용돌이가 생기고 남반구에서는 반대로 생기는 현상도 코리올리의 힘에 의한 것이다.

18 다음 중 풍속을 측정하는 깃발이 90° 이상 날리면 바람의 속도는?

① 약 5knot 이상
② 약 10knot 이상
③ 약 15knot 이상
④ 약 20knot 이상

해설 ▼

풍속을 측정하는 깃발이 날리는 각도가 90° 이상이면 풍속이 최소한 20knot 이상이라고 볼 수 있다.

19 다음 중 공기의 기압에 대한 설명으로 올바르지 <u>않은</u> 것은?

① 고기압은 주위보다 기압이 높은 곳을 말한다.
② 고기압과 저기압은 상대적인 개념이다.
③ 공기는 고기압에서 저기압으로 이동한다.
④ 공기는 저기압 지역에서 하강한다.

해설 ▼

고기압에서는 공기가 하강해 구름이 소멸되어 날씨가 맑아진다. 반면 저기압에서는 공기가 상승해 구름이 생성되면서 날씨가 흐리거나 비가 내린다.

20 다음 중 제트기류의 강도와 위치에 대한 설명으로 옳은 것은?

① 겨울에 보다 강하고 북상한다.
② 여름에 보다 약하고 북상한다.
③ 여름에 보다 강하고 북상한다.
④ 겨울에 보다 약하고 북상한다.

해설 ▼

제트기류는 여름보다 겨울에 강하고, 북반구의 경우 여름에는 북위 35~45°에 위치하지만 겨울에는 북위 20~25°까지만 내려간다.

정답 14 ③ 15 ① 16 ③ 17 ① 18 ④ 19 ④ 20 ②

21 다음 중 전선 횡단의 불연속성을 가장 쉽게 인지할 수 있는 것은?

① 기온변화
② 구름 덮임의 증가
③ 상대습도의 증가
④ 상대습도의 감소

22 다음 중 안정된 공기의 특성으로 올바른 것은?

① 양호한 기상 적운구름
② 층운형 구름
③ 무제한 시정
④ 북극

해설 ▼

층운형 구름은 일정한 두께의 기층 안에서 넓은 지역에 발달하는 구름을 말하며 대기가 안정되어야 생긴다.

23 다음 중 불안정한 공기의 일반적인 특성으로 올바른 것은?

① 양호한 시정, 소나기성 강우, 적운형 구름
② 양호한 시정, 지속성 강우, 층운형 구름
③ 불량한 시정, 간헐적 강우, 적운형 구름
④ 대류권−성층권−중간권−열권

해설 ▼

적운형 구름은 빠른 상승 기류에 의해 수직으로 발달하는 구름으로 눈이나 비가 내리며 가시거리가 짧아진다.

24 다음 중 강우의 발생률을 높이는 것은?

① 수평 활동
② 상승 기류
③ 사이클로닉 이동
④ 국지풍

해설 ▼

지상의 따뜻한 공기가 상승하면서 수직으로 적운형 구름이 생겨 비가 내린다.

25 다음 중 층운형 구름을 형성하는 필수적인 조건으로 상승작용에 포함되는 것은?

① 불안정하고 건조한 공기　② 안정되고 습한 공기
③ 불안정하고 습한 공기　④ 안정되고 건조한 공기

26 다음 중 이류(advective) 안개가 가장 잘 발생하는 지역은?

① 해안선 지역　② 산 경사지역
③ 수평 내륙지역　④ 산 정상지역

해설 ▼

이류안개는 차가운 지면이나 수면 위로 따뜻한 공기가 이동하면서 발생한다.

27 다음 중 고도 10,000ft에서 표준온도는?

① −5℃　② −15℃
③ +5℃　④ +15℃

해설 ▼

고도 10,000ft는 약 3,000m에 해당된다.

28 다음 중 실제 공기온도와 이슬점 온도 분포에 대한 설명으로 올바른 것은?

① 상대습도가 감소함에 따라 감소한다.
② 상대습도가 증가함에 따라 감소한다.
③ 상대습도가 증가함에 따라 증가한다.
④ 상대습도가 감소함에 따라 증가한다.

해설 ▼

이슬점 온도는 상대습도가 100%가 될 때의 온도이며, 공기가 포화되지 않을 경우 이슬점 온도는 실제 기온보다 항상 낮게 나타난다.

정답 21 ① 22 ② 23 ③ 24 ② 25 ② 26 ① 27 ① 28 ②

29 **다음 중 구름의 명칭에 사용되는 접미사 'nimbus'의 의미로 올바른 것은?**

① 광범위하게 수직으로 발달한 구름

② 비구름

③ 어두운 구름군

④ 솟구치는 구름

30 **아래 사진은 무슨 구름인가?**

① 권운 ② 권층운

③ 권적운 ④ 고층운

31 **아래 사진은 무슨 구름인가?**

① 권운 ② 권층운

③ 권적운 ④ 고층운

32 아래 사진은 무슨 구름인가?

① 권층운　　② 고층운
③ 난층운　　④ 층적운

33 다음 중 높은 구름의 대부분을 구성하고 있는 것은?

① 오존　　② 응축 핵
③ 빙정　　④ 미세먼지

해설 ▼

빙정(ice crystal)은 대기 중의 얼음 결정을 말하며 보통 6각 기둥의 형태를 띤다.

34 다음 중 일반적으로 뇌우의 적운 단계와 관련 있는 것은?

① 말린 구름
② 지속적인 상승 기류
③ 지표면에 비가 내리기 시작
④ 안개

해설 ▼

뇌우가 발생할 때 3단계를 거치는데 적운 단계에서는 강한 상승 기류와 폭풍우를 동반하고, 성숙 단계에서는 강한 강수가 내리고, 소멸 단계에서는 강수는 약해지고 구름이 증발하기 시작한다.

정답 29 ② 30 ② 31 ④ 32 ③ 33 ③ 34 ②

35 **다음 중 공기군의 안정성을 증가시키는 요인은?**

① 하부로부터의 가열
② 하부로부터의 냉각
③ 수증기 증가
④ 수증기 감소

36 **다음 중 우박을 동반하는 구름은?**

① 적운 구름
② 적난운 구름
③ 층적운 구름
④ 말린 구름

해설 ▼

적란운은 수직으로 길게 뻗은 구름으로 많은 비를 뿌리며 폭우를 동반한다. 구름 속의 빙정이 얼음덩어리로 발전해 떨어지면 우박이 된다.

37 **다음 중 굴뚝의 연기가 60° 이상 기울여져 퍼지면 바람의 속도는?**

① 약 5knot
② 약 10knot
③ 약 15knot
④ 약 20knot

해설 ▼

굴뚝의 연기가 60° 이상 기울어지면 바람이 최소한 15knot 이상으로 불고 있다고 판단할 수 있다.

38 **다음 중 기단의 안정성을 감소시키는 것은?**

① 하층부터 가열
② 하층부터 냉각
③ 수증기량의 감소
④ 1.5m 기단의 침하

해설 ▼

하층으로부터 가열된 공기가 상승하면 수직으로 적운형 구름이 생성되며 난기류가 형성된다.

39 다음 중 권적운이 렌즈 모양을 할 경우 예상되는 기상 현상은?

① 소낙비 ② 난류
③ 착빙 ④ 폭풍

해설 ▼

권적운이 렌즈 모양이 되면 UFO와 혼동하기도 하지만 난류가 발생한다.

40 다음 중 바람이 발생하는 근본적인 원인은?

① 기압 차이 ② 고도 차이
③ 공기밀도 차이 ④ 지구의 자전

해설 ▼

바람은 기압의 차이에서 발생하며 고기압에서 저기압으로 이동한다.

41 다음 중 대기 중의 수증기량을 나타낸 것은?

① 기압 ② 안개
③ 습도 ④ 이슬비

해설 ▼

습도는 공기 중에 수증기가 포함된 정도로 수증기의 질량(g)의 비율을 백분율로 나타낸다.

42 다음 중 뇌우가 발생할 경우에 항상 함께 동반되는 기상 현상은?

① 소나기 ② 스콜
③ 안개 ④ 번개

해설 ▼

뇌우(thunderstorm)는 번개와 천둥을 발생시키는 폭풍우를 말한다. 스콜은 열대 지방에 내리는 소나기이다.

정답 35 ② 36 ② 37 ③ 38 ① 39 ② 40 ① 41 ③ 42 ④

43 **다음 중 태풍의 세력이 약해져 소멸되기 직전 또는 소멸되어 변하는 기상 현상은?**

① 열대성 고기압 ② 열대성 저기압
③ 온대성 고기압 ④ 온대성 저기압

해설 ▼

태풍은 적도 부근에서 발생한 열대성 저기압을 말하며, 육지에 상륙한 이후 온대성 저기압으로 바뀌면서 소멸된다.

44 **다음 중 하층운으로 분류되는 구름은?**

① St(층운) ② Cu(적운) ③ As(고층운) ④ Ci(권운)

해설 ▼

하층운(층운, 층적운), 중층운(고층운, 고적운), 상층운(권층운, 권적운)

45 **다음 중 열대성 저기압에 대한 설명으로 올바르지 않은 것은?**

① 열대 지방을 발원지로 하고 폭풍우를 동반한 저기압을 총칭해서 열대성 저기압이라고 한다.
② 미국을 강타하는 허리케인과 인도 지방을 강타하는 사이클론이 있다.
③ 발생 수는 7월경부터 증가해 8월에 가장 왕성하고 9월, 10월에 서서히 줄어든다.
④ 하층에는 태풍 진행 방향의 좌측 반원에서 태풍 기류와 일반 기류가 같은 방향이 되기 때문에 풍속이 더욱 강해진다.

해설 ▼

태풍의 바람은 진행 방향의 우측이 좌측보다 강하고, 하층 바람은 지표마찰에 의해 상층보다 약하다.

46 **다음 중 겨울에는 대륙에서 해양으로, 여름에는 해양에서 대륙으로 부는 바람은?**

① 편서풍 ② 계절풍
③ 해풍 ④ 대륙풍

해설 ▼

계절풍은 몬순(monsoon)이라고도 하는데 아라비아어로 계절을 뜻하는 말이다. 여름에는 바다에서 대륙으로 불고 겨울에는 대륙에서 바다로 분다.

47

다음 중 산악 지방에서 주간에 산 사면이 햇빛을 받아 온도가 상승해 산 사면을 타고 올라가는 바람은?

① 산풍 ② 곡풍

③ 육풍 ④ 푄(foehn) 현상

해설 ▼

산 정상에서 산 아래로 이동하는 것은 산풍, 골짜기에서 산 정상으로 이동하는 것은 곡풍이라고 한다.

48

다음 중 평균 풍속보다 10knots 이상의 차이가 있으며 순간 최대 풍속이 17knots 이상 수 초 동안 지속되는 바람은?

① 돌풍(gust) ② 스콜(squall)

③ 윈드시어(wind shear) ④ 태풍(typhoon)

해설 ▼

돌풍은 평균 풍속이 수 초 동안 10knots 이상 차이가 나야 하고, 스콜은 10knots 이상의 차이가 나는 바람이 수 분 동안 이어져야 한다.

49

다음 중 공기의 온도가 증가하면 기압이 낮아지는 이유에 대한 설명으로 올바른 것은?

① 가열된 공기는 가볍기 때문이다. ② 가열된 공기는 무겁기 때문이다.

③ 가열된 공기는 유동성이 있기 때문이다. ④ 가열된 공기는 유동성이 없기 때문이다.

50

지표면의 바람이 일기도상의 등압선과 일치하지 않는 것은 지표면 지형의 형태에 따라 마찰력이 작용해 심하게 굴곡되기 때문이다. 다음 중 마찰층의 범위는?

① 1,000ft 이내 ② 2,000ft 이내

③ 3,000ft 이내 ④ 4,000ft 이내

해설 ▼

마찰층은 지표면에서의 마찰에 의해 대기의 운동이 뚜렷하게 영향을 받는 층으로 대게 1km 이내를 말한다.

정답 43 ② 44 ① 45 ④ 46 ② 47 ② 48 ① 49 ① 50 ③

51 **다음 중 일정 기압의 온도를 하강시켰을 때 대기가 포화되어 수증기가 작은 물방울로 변하기 시작할 때의 온도를 무엇이라고 하는가?**

① 포화온도 ② 노점온도

③ 대기온도 ④ 상대온도

해설 ▼

노점온도(dew point temperature)는 습한 공기가 냉각되면서 공기 중의 수증기가 응결되기 시작하는 온도를 말한다.

52 **다음 중 한랭전선의 특징에 포함되지 않는 것은?**

① 적운형 구름을 발생시킨다. ② 따뜻한 기단 위에 형성된다.

③ 좁은 지역에 소나기나 우박이 내린다. ④ 온난전선에 비해 이동 속도가 빠르다.

해설 ▼

한랭전선은 따뜻한 기단 아래에 형성되며 적란운을 발생시켜 소나기가 내린다.

53 **다음 중 찬 기단이 따뜻한 기단 쪽으로 이동할 때 생기는 전선은?**

① 온난전선 ② 한랭전선

③ 정체전선 ④ 폐색전선

해설 ▼

한랭전선은 찬 공기가 따뜻한 공기 밑으로 파고 들어가 형성된다.

54 **다음 중 따뜻한 해면 위를 덮고 있던 기단이 차가운 해면으로 이동하였을 때 발생하는 안개는?**

① 방사 안개 ② 활승안개

③ 증기안개 ④ 바다안개

해설 ▼

바다안개는 따뜻한 해면의 공기가 찬 해면으로 이동할 때 생기며 우리나라에서는 4~10월에 주로 나타난다.

55

다음 중 방사안개라고도 하며 습윤한 공기로 덮혀 있는 지표면이 방사 방열한 결과로 하층부터 냉각되어 포화 상태에 도달하면서 발생하는 안개는?

① 증기안개　　② 증기안개
③ 활승안개　　④ 계절풍 안개

해설 ▼

방사안개는 복사안개라고도 하며, 맑은 날 밤 바람이 없고 상대습도가 높을 때 잘 생긴다.

56

다음 중 안개에 대한 설명으로 올바르지 않은 것은?

① 공중에 떠돌아다니는 작은 물방울의 집단으로 지표면 가까이에서 발생한다.
② 수평 가시거리가 3km 이하가 되었을 때 안개라고 한다.
③ 공기가 냉각되고 포화 상태에 도달하고 응결하기 위한 핵이 필요하다.
④ 바다에서 바람을 동반하면 넓은 지역으로 확대된다.

해설 ▼

안개는 수평 가시거리가 1km 미만인 경우를 말한다.

57

다음 중 강우가 예상되는 구름은?

① Cu(적운)　　② St(층운)
③ As(고층운)　　④ Ci(권운)

58

다음 중 바람의 방향, 즉 풍향을 파악할 수 있는 참조물에 포함되지 않는 것은?

① 굴뚝의 높이　　② 나뭇가지의 흔들림
③ 강물의 물결 방향　　④ 구름의 움직임

해설 ▼

굴뚝의 높이는 바람의 방향을 파악하는 참조물에 포함되지 않는다. 굴뚝에서 나오는 연기의 방향으로 풍향을 파악할 수 있다.

정답 51 ② 52 ② 53 ② 54 ④ 55 ② 56 ② 57 ① 58 ①

59 **다음 중 바람이 생성되는 근본적인 원인은?**

① 지구의 자전
② 태양의 복사에너지의 불균형
③ 구름의 흐름
④ 대류와 이류 현상

60 **다음 중 안개가 발생하기 적합한 조건에 포함되지 않는 것은?**

① 대기가 안정될 것
② 냉각 작용이 있을 것
③ 강한 난류가 존재할 것
④ 대기 중에 습도가 많을 것

해설 ▼

바람이 불지 않고 대기가 안정되어야 안개가 발생한다.

61 **다음 중 하층운에 속하는 구름은?**

① 층적운　② 고층운
③ 권적운　④ 권운

해설 ▼

하층운에는 층적운, 층운, 적운, 적란운이 있다.

62 **다음 중 대류성 기류에 의해 형성되는 구름은?**

① 층운　② 적운
③ 권층운　④ 고층운

해설 ▼

대류성 기류가 상승하면서 지상 500m가량에 적운을 형성해 비를 내리게 된다.

63 다음 중 국제적으로 통일된 하층운의 높이는?

① 4,500ft ② 5,500ft ③ 6,500ft ④ 7,500ft

해설 ▼

하층운은 고도 2,000m 이하에서 형성되는 구름을 말하며 6,500ft에 해당된다.

64 다음 중 섭씨(celsius) 0℃는 화씨(fahrenheit) 몇 도인가?

① 0°F ② 32°F ③ 64°F ④ 212°F

해설 ▼

섭씨–화씨 변환 공식: $℃=\frac{5}{9}\times(℉-32)$

섭씨 0℃는 화씨 32°F에 해당된다.

65 다음 기압에 대한 설명 중 올바르지 않은 것은?

① 해수면 기압 또는 동일한 기압대를 형성하는 지역을 따라서 그은 선을 등압선이라 한다.

② 고기압 지역에서 공기 흐름은 시계 방향으로 돌면서 밖으로 흘러나간다.

③ 일반적으로 고기압권에서는 날씨가 맑고 저기압권에서는 날씨가 흐린 경향을 보인다.

④ 일기도의 등압선이 넓은 지역은 강한 바람이 예상된다.

해설 ▼

등압선이 좁은 지역에서 강한 바람이 분다.

66 다음 중 투명하고 단단한 얼음으로 처음 물방울이 얼어버리기 전에 다음 물방울이 붙기 때문에 전체가 하나의 덩어리가 되며 0℃일 때 잘 발생하는 착빙(icing)은?

① 서리 착빙(frost icing) ② 거친 착빙(rime icing)

③ 맑은 착빙(clear icing) ④ 혼합 착빙(mixed icing)

해설 ▼

맑은 착빙과 거친 착빙은 모두 –10℃ 이하에서 생성된다.

정답 59 ② 60 ③ 61 ① 62 ② 63 ③ 64 ② 65 ④ 66 ①

67 **다음 중 바람이 고기압에서 저기압 중심부로 불어갈수록 북반구에서는 우측으로 90° 휘게 되는 원인은?**

① 편향력 ② 지향력

③ 기압경도력 ④ 지면 마찰력

해설 ▼

편향력(deviating force)은 지구 자전의 영향으로 그 속도에 비례하고 운동 방향이 북반구에서는 오른쪽, 남반구에서는 왼쪽 방향에 수직으로 작용하는 힘이다. 일명 코리올리 힘(coriolis force)이라고도 한다.

68 **다음 중 주로 봄과 가을에 이동성 고기압과 함께 동진해 와서 한반도에 따뜻하고 건조한 일기를 나타내는 기단은?**

① 오호츠크해 기단 ② 양쯔강 기단

③ 북태평양 기단 ④ 적도 기단

해설 ▼

양쯔강 기단은 중국의 양쯔강에서 발생한 고온 건조한 기단을 말한다.

69 **다음 중 해양의 특성인 많은 습기를 함유하고 비교적 찬 공기 특성을 지니고 늦봄, 초여름에 높새바람과 장마전선을 동반하는 기단은?**

① 오호츠크해 기단 ② 양쯔강 기단

③ 북태평양 기단 ④ 적도기단

70 **다음 중 해양성 기단으로 매우 습하고 더우면서 주로 7~8월에 태풍과 함께 한반도 상공으로 이동하는 기단은?**

① 오호츠크해 기단 ② 양쯔강 기단

③ 북태평양 기단 ④ 적도 기단

71 다음 우리나라에 영향을 미치는 기단 중 해양성 한대 기단으로 초여름 장마기에 불연속선의 장마전선을 이루어 영향을 미치는 기단은?

① 시베리아 기단
② 양쯔강 기단
③ 오호츠크해 기단
④ 북태평양 기단

72 공기 중의 수증기의 양을 나타내는 것이 습도이다. 다음 중 습도의 양은 무엇에 따라 달라지는가?

① 지표면의 물의 양
② 바람의 세기
③ 기압의 상태
④ 온도

기온이 높아지면 습도가 낮아진다.

73 일반적으로 한랭전선이 온난전선보다 빨리 이동해 온난전선에 따라 붙고 이어서 온난기단은 한랭전선 위를 타고 올라가게 되어 난기가 지상으로 닫혀버린다. 한랭전선이 온난전선에 따라 붙어 합쳐져 중복된 부분을 무엇이라 부르는가?

① 정체전선
② 대류성 한랭전선
③ 북태평양 고기압
④ 폐색전선

정체전선은 거의 이동하지 않고 일정한 자리에 머물러 있거나 움직여도 매우 느리게 움직이는 전선을 말하며, 한반도에서 초여름에 형성되는 장마전선이 대표적이다.

74 다음 중 북반구 고기압과 저기압의 회전 방향으로 올바른 것은?

① 고기압–시계 방향, 저기압–시계 방향
② 고기압–시계 방향, 저기압–반시계 방향
③ 고기압–반시계 방향, 저기압–시계 방향
④ 고기압–반시계 방향, 저기압–반시계 방향

정답 67 ① 68 ② 69 ① 70 ④ 71 ③ 72 ④ 73 ④ 74 ②

75 **다음 중 착빙(icing)에 대한 설명으로 올바르지 않은 것은?**

① 양력과 무게를 증가시켜 항력을 증가시킨다.

② 착빙은 항공기 날개의 공기역학에 심각한 영향을 줄 수 있다.

③ 착빙은 항공기 기체 구조에도 영향을 줄 수 있다.

④ 습한 공기가 기체 표면에 부딪히면서 얼음이 발생하는 현상이다.

해설 ▼

착빙은 항공기의 무게를 증가시킨다.

76 **다음 중 착빙 현상이 기체에 주는 영향에 대한 설명으로 올바르지 않은 것은?**

① 항공기 항력은 증가시키고 양력은 감소시킨다.

② 전방시계를 방해해 항공기 조작에 부정적인 영향을 준다.

③ 항공기 중력이 감소되어 추진력이 강해진다.

④ 엔진 입구에 착빙 현상이 발생하면 공기 흐름을 방해한다.

해설 ▼

착빙 현상이 기체에 주는 영향은 다음과 같다. 항공기의 항력과 중력이 증가되고 양력은 감소된다. 전방시계, 승무원 시정 등이 악화되어 항공기 조작에 부정적인 영향이 미친다. 장비 기능이 저하될 수 있으며 프로펠러의 경우 떨림 현상이 발생할 수 있다.

77 **다음 중 착빙(icing)에 대한 설명으로 올바르지 않은 것은?**

① 착빙은 지표면의 기온이 낮은 겨울철에만 발생한다.

② 항공기의 이륙을 어렵게 하거나 불가능하게도 할 수 있다.

③ 항공기의 양력을 감소시킨다.

④ 항공기의 추력을 감소시키고 항력은 증가시킨다.

해설 ▼

착빙 현상은 항공기의 비행고도가 높을 경우 계절에 관계없이 발생한다.

78 **다음 중 물방울이 비행장치의 표면에 부딪히면서 표면을 덮은 수막이 천천히 얼어붙어 투명하고 단단한 착빙은?**

① 혼합 착빙(mixed icing)

② 거친 착빙(rime icing)

③ 서리 착빙(frost icing)

④ 맑은 착빙(clear icing)

해설 ▼

맑은 착빙은 수적이 크고 기온이 0~10℃인 경우에 항공기 표면을 따라 고르게 흩어지면서 결빙한다.

79 **대기권 중에서 지면에서 약 11km까지를 말하며 대기의 최하층으로 끊임없이 대류가 발생해 기상 현상이 나타나는 부분은?**

① 성층권 ② 대류권

③ 중간권 ④ 열권

해설 ▼

대류권은 고도가 상승할수록 기온이 떨어지면서 대부분의 기상 현상이 발생한다.

80 **다음 중 표준대기의 혼합기체의 비율로 맞는 것은?**

① 산소 78%, 질소 21%, 기타 1%

② 산소 50%, 질소 50%, 기타 1%

③ 산소 21%, 질소 1%, 기타 78%

④ 산소 21%, 질소 78%, 기타 1%

해설 ▼

표준대기는 국제민간항공기구(ICAO)에서 정한 것으로 해면 위 기온이 15℃이고 공기는 완전기체여야 한다.

정답 75 ① 76 ③ 77 ① 78 ④ 79 ② 80 ④

81 다음 중 등압선(isobar)에 대한 설명으로 올바르지 않은 것은?

① 등압선은 기압이 일정한 지역을 연결한 선이다.

② 등압선의 간격이 좁으면 강풍이 있다.

③ 등압선의 간격이 넓으면 바람이 안정되어 있다.

④ 등압선은 등고선과 밀접하게 연관되어 있다.

해설 ▼

등압선은 기압이 일정한 지역을 연결한 선이고, 등고선은 고도가 동일한 지역을 연결한 선으로 서로 관계가 없다.

82 다음 중 해수면에서의 표준온도와 표준압은?

① 15℃, 29.92inHg

② 59℃, 29.92inHg

③ 59°F, 1013.2inHg

④ 15℃, 1013.2inHg

83 다음 중 ICAO의 표준 대기조건에서 1,000ft당 기온은 몇 ℃씩 떨어지는가?

① 1℃ ② 2℃

③ 3℃ ④ 4℃

해설 ▼

고도가 1,000ft 상승하면 기온은 2℃씩 떨어진다(1k당 6.5℃씩 떨어짐).

84 다음 중 적도 부근에서 발생하는 태풍은?

① 열대성 고기압 ② 열대성 저기압

③ 열대성 폭풍 ④ 온대성 저기압

해설 ▼

태풍은 열대성 저기압으로 주로 필리핀 근해에서 발생해 동남아시아, 중국, 일본 등에 영향을 미친다.

85 다음 중 나무로 풍속을 측정할 때 나뭇잎이 흔들리기 시작할 때의 풍속은?

① 0.3~3.3m/s ② 3.4~5.4m/s
③ 5.5~7.9m/s ④ 8.0m/s 이상

해설 ▼

나뭇잎이 흔들리면 초속 0.3~3.3m/s 정도 분다고 볼 수 있다.

86 다음 중 기온 차이가 나는 큰 공기덩어리가 서로 만나는 면은?

① 기단 ② 등압선
③ 등고선 ④ 전선

해설 ▼

기단은 성질이 일정한 공기덩어리를 말하며, 찬 공기와 더운 공기가 서로 만나는 면을 전선이라고 한다.

87 다음 중 해륙풍과 산곡풍에 대한 설명으로 올바르지 않은 것은?

① 낮에 바다에서 육지로 공기가 이동하는 것을 해풍이라 한다.
② 밤에 육지에서 바다로 공기가 이동하는 것을 육풍이라 한다.
③ 낮에 골짜기에서 산 정상으로 공기가 이동하는 것을 곡풍이라 한다.
④ 밤에 산 정상에서 산 아래로 공기가 이동하는 것을 곡풍이라 한다.

해설 ▼

산 정상에서 산 아래로 부는 바람을 산풍이라고 한다.

88 다음 중 시정(visibility)의 종류에 포함되지 않는 것은?

① 기상학적 시정 ② 우시정(우세시정)
③ 활주로 시정 ④ 좌시정

해설 ▼

시정의 종류에는 기상학적 시정, 우시정(우세시정), 활주로 시정, 활주로 가시거리, 수직시정, 경사시정 등이 있다. 좌시정은 없다.

정답 81 ④ 82 ① 83 ② 84 ② 85 ① 86 ③ 87 ④ 88 ④

89 다음 중 우시정(우세시정, prevailing visibility)에 대한 설명으로 올바르지 않은 것은?

① 방향에 따라 보이는 시정이 다를 때 다루는 시정 값이다.

② 방향별 시정에 해당하는 각도를 최대치부터 더해 시정 값을 구한다.

③ 방향별 시정 각도 합이 180° 이상이 될 때 우시정으로 한다.

④ 국제적으로 사용되고 있는 일반적인 시정이다.

해설 ▼

국제적으로 사용되고 있는 시정은 최단시정(minimum visibility)이다.

90 다음 중 한국에 영향을 주는 계절별 기단에 대한 설명으로 올바른 것은?

① 겨울—양쯔강 기단

② 봄 · 가을—시베리아 기단

③ 초여름—오호츠크해 기단

④ 가을—적도 기단

해설 ▼

겨울철에는 시베리아 기단, 봄과 가을에는 양쯔강 기단, 여름에는 북태평양 기단 및 적도 기단(주로 태풍기), 초여름에는 오호츠크해 기단의 영향을 받는다.

91 다음 중 과냉각수와 이슬점에 대한 설명으로 올바르지 않은 것은?

① 과냉각수는 0℃ 이하로 온도가 내려가도 응결되지 않고 액체 상태로 남아있는 경우이다.

② 과냉각수의 대표적인 예는 강수의 원인이 되는 수분의 과냉각적 상태인 수적이다.

③ 이슬점은 포화 상태의 공기가 냉각되면서 불포화 상태에 도달해 수증기 응결이 시작되는 온도이다.

④ 이슬점은 다른 말로 노점이라고도 한다.

해설 ▼

이슬점(결로점)은 불포화 상태의 공기를 서서히 냉각시켜 어떤 온도에 다다르면 포화 상태에 도달해 수증기의 응결이 시작되는 온도를 말한다.

92 다음 중 안개에 대한 설명으로 올바르지 않은 것은?

① 상대습도가 97%가 되면 안개가 발생한다.

② 대기 중의 수증기가 응결해 커지면서 지표면에 접해 있는 것이다.

③ 농도에 따라 안개, 실안개, 옅은 안개, 언 안개 등으로 구분할 수 있다.

④ 해상에서는 한랭 건조한 공기가 찬 지면으로 이류해 발생한다.

해설 ▼

해상에서의 안개는 온난 다습한 공기가 찬 지면으로 이류해 발생한다. 참고로 안개의 가시거리는 수평 가시거리가 1km 이하일 때이다.

93 다음 중 태풍(Typhoon)의 지역별 명칭이 올바르게 연결된 것은?

① 필리핀 근해: 허리케인(Hurricane)

② 북대서양, 카리브해, 멕시코만, 북태평양 동부: 태풍(Typhoon)

③ 인도양, 아라비아해, 뱅골만: 사이클론(Cyclone)

④ 북태평양 부근: 윌리윌리(Willy-Willy)

해설 ▼

① 필리핀 근해에서 발생하는 것을 태풍(Typhoon), ② 북대서양, 카리브해, 멕시코만, 북태평양 동부에서 발생하는 것은 허리케인(Hurricane), ③ 인도양, 아라비아해, 뱅골만 등에서 생기는 것은 사이클론(Cyclone), ④ 오스트레일리아 부근 남태평양에서 발생하는 것은 윌리윌리(Willy-Willy)라고 부른다.

94 다음 항공기상 용어 중 'WIND CALM'의 의미는?

① 바람의 세기가 무풍이거나 5kts 이하이다.

② 바람의 세기가 5kts 이상이다.

③ 바람의 세기가 10kts 이상이다.

④ 바람의 세기가 15kts 이상이다.

해설 ▼

무풍 상태는 바람이 없거나 5kts 이하일 때를 말한다. 무풍활주로는 지상풍의 풍속이 5kts 이하일 때 사용하는 활주로이다.

정답 89 ④ 90 ③ 91 ③ 92 ④ 93 ③ 94 ①

95 **다음 중 항공고시보(NOTAM)의 유효기간으로 적당한 것은?**

① 1개월 ② 3개월
③ 6개월 ④ 1년

해설 ▼

항공고시보는 28일마다 발간되는데 간행물의 유효일자 이후 최소 7일 이상 유효한 정보도 포함한다.

96 **다음 난기류의 등급 중 항공기의 고도와 자세의 변화를 초래하지만 조종이 가능한 상태는?**

① 약한 난기류 ② 보통 난기류
③ 심한 난기류 ④ 극심한 난기류

해설 ▼

항공기의 고도와 자세가 변할 정도의 바람이 세지만 조종이 가능한 상태는 보통 난기류가 발생하였을 때이다.

97 **다음 중 비행 후류(wake turbulence)가 가장 크게 발생하는 항공기는?**

① 가볍고 빠른 항공기 ② 무겁고 빠른 항공기
③ 가볍고 느린 항공기 ④ 무겁고 느린 항공기

해설 ▼

비행 후류는 무겁고 느린 항공기일수록 크게 작용한다.

98 **바람의 방향이나 세기가 갑자기 바뀌는 현상을 윈드시어(wind shear)라고 한다. 다음 중 윈드시어의 원인에 포함되지 않는 것은?**

① 대규모 전선대 ② 지구의 자전 속도
③ 빠른 해륙풍 ④ 복사 역전층

해설 ▼

지구의 자전 속도는 일정하기 때문에 윈드시어의 원인이라고 보기 어렵다.

99 다음 지역별로 부는 바람 중 적도와 북위 30° 사이에서 일정하게 부는 바람은?

① 무역풍　② 편서풍
③ 편동풍　④ 계절풍

해설 ▼

무역풍은 적도와 북위 30° 내에서 일정하게 북동풍이나 동풍이 부는 것을 말한다.

100 다음 중 항공기상특보의 종류에 포함되지 않는 것은?

① 시그멧 정보(SIGMET Information)
② 에어멧 정보(AIRMET Information)
③ 공항정보(Aerodrome Warnings)
④ 항공정보(Aeronautical Information)

해설 ▼

항공기상특보에는 항공정보가 아니라 윈드시어 정보(Wind Shear Warnings and Alerts)가 포함된다.

정답 95 ① 96 ② 97 ④ 98 ② 99 ① 100 ④

적중 예상문제

01 **다음 중 우리나라 평균해수면 높이를 0m로 선정하여 평균해수면의 기준이 되는 지역은?**

① 영일만　　② 순천만
③ 인천만　　④ 강화만

02 **다음 중 지구의 기상에서 일어나는 변화의 가장 근본적인 원인은?**

① 해수면의 온도 상승
② 구름의 양
③ 지구 표면에 받아들이는 태양에너지의 변화
④ 구름의 대이동

03 **다음 중 가열된 공기와 냉각된 공기의 수직순환 형태를 무엇이라고 하는가?**

① 복사　　② 전도
③ 대류　　④ 이류

04 **다음 중 유체의 수평적 이동 현상으로 맞는 것은?**

① 복사　　② 이류
③ 대류　　④ 전도

05 **대기 중에서 가장 많은 기체는 무엇인가?**

① 산소　　② 질소
③ 이산화탄소　　④ 수소

06 다음 중 기상 7대 요소는 무엇인가?

① 기압, 전선, 기온, 습도, 구름, 강수, 바람
② 기압, 기온, 습도, 구름, 강수, 바람, 시정
③ 해수면, 전선, 기온, 난기류, 시정, 바람, 습도
④ 기압, 기온, 대기, 안정성, 해수면, 바람, 시정

07 다음 대기권의 분류 중 지구 표면으로부터 형성된 공기층으로 평균 12km 높이로 지표면에서 발생하는 대부분의 기상 현상이 발생하는 지역은?

① 대류권
② 대류권계면
③ 성층권
④ 전리층

08 다음 중 이슬, 안개 또는 구름이 형성될 수 있는 조건은?

① 수증기가 응축될 때
② 수증기가 존재할 때
③ 기온과 노점이 같을 때
④ 수증기가 없을 때

09 다음 중 물질 1g의 온도를 1℃ 올리는 데 요구되는 열은?

① 잠열
② 열량
③ 비열
④ 현열

정답 1③ 2③ 3③ 4② 5② 6② 7① 8① 9③

10 **다음 중 물질을 상위 상태로 변화시키는 데 요구되는 열에너지는 무엇인가?**

① 잠열 ② 열량 ③ 비열 ④ 현열

해설 ▼

잠열: 물질을 상위 상태로 변화시키는 데 요구되는 열에너지
열량: 물질의 온도가 증가함에 따라 열에너지를 흡수할 수 있는 양
비열: 물질 1g의 온도를 1℃ 올리는 데 요구되는 열
현열: 일반적으로 온도계에 의해서 측정된 온도

11 **다음 물체의 온도와 열에 관한 용어의 정의 중 틀린 것은?**

① 물질의 온도가 증가함에 따라 열에너지를 흡수할 수 있는 양은 열량이다.
② 물질 1g의 온도를 1℃ 올리는 데 요구되는 열은 비열이다.
③ 일반적인 온도계에 의해 측정된 온도를 현열이라 한다.
④ 물질을 하위 상태로 변화시키는 데 요구되는 열에너지를 잠열이라 한다.

12 **다음 중 기온에 관한 설명으로 틀린 것은?**

① 태양열을 받아 가열된 대기(공기)의 온도이며 햇빛이 잘 비치는 상태에서 얻어진 온도이다.
② 1.25~2m 높이에서 관측된 공기의 온도를 말한다.
③ 해상에서 측정할 때는 선박의 높이를 고려하여 약 10m의 높이에서 측정한 온도를 사용한다.
④ 흡수된 복사열에 의한 대기의 열을 기온이라 하고 대기 변화의 중요한 매체가 된다.

해설 ▼

햇빛이 가려진 상태에서 10분간 통풍을 하여 얻어진 온도이다.

13 **다음 중 해수면에서 1,000ft 상공의 기온은 얼마인가? (단, 국제 표준대기 조건하)**

① 9℃ ② 11℃ ③ 13℃ ④ 15℃

해설 ▼

기온감률은 1,000ft당 2℃ 감소한다.

14 **다음 중 액체 물방울이 섭씨 0℃ 이하의 기온에서 응결되거나 액체 상태로 지속되어 남아있는 물방울을 무엇이라 하는가?**

① 물방울 ② 과냉각수
③ 빙정 ④ 이슬

해설 ▼

과냉각수는 항공기나 드론 등 비행체에 붙어서 결빙되면 착빙이 된다.

15 **대기 중의 수증기량을 나타내는 것은?**

① 습도 ② 기온
③ 밀도 ④ 기압

해설 ▼

습도는 대기 중에 함유된 수증기의 양을 나타내는 척도이다.

16 **다음 중 공기밀도가 높아지면 나타나는 현상으로 맞는 것은?**

① 입자가 증가하고 양력이 증가한다.
② 입자가 증가하고 양력이 감소한다.
③ 입자가 감소하고 양력이 증가한다.
④ 입자가 감소하고 양력이 감소한다.

17 **다음 중 해수면의 기온과 표준기압은?**

① 15℃와 29.92inHg ② 15℃와 29.92inmb
③ 15℉와 29.92inHg ④ 15℉와 29.92inmb

정답 10 ① 11 ④ 12 ① 13 ③ 14 ② 15 ① 16 ① 17 ①

18 **다음 중 국제민간항공기구(ICAO)의 표준대기 조건이 잘못된 것은?**

① 대기는 수증기가 포함되어 있지 않은 건조한 공기이다.

② 대기의 온도는 통상적인 0℃를 기준으로 하였다.

③ 해면상의 대기압력은 수은주의 높이 760mm를 기준으로 하였다.

④ 고도에 따른 온도 강하는 −56.5℃(−69.7℉)가 될 때까지는 −2℃/1,000ft이다.

해설 ▼

표준대기 온도는 해면상의 −15℃를 기준으로 하였다.

19 **다음 중 공기밀도에 관한 설명으로 틀린 것은?**

① 온도가 높아질수록 공기밀도도 증가한다.

② 일반적으로 공기밀도는 하층보다 상층이 낮다.

③ 수증기가 많이 포함될수록 공기밀도는 감소한다.

④ 국제표준대기(ISA)의 밀도는 건조 공기로 가정하였을 때의 밀도이다.

해설 ▼

온도가 높으면 공기밀도가 희박하여 감소한다.

20 **다음 중 고기압에 대한 설명으로 잘못된 것은?**

① 고기압은 주변 기압보다 상대적으로 기압이 높은 곳으로 주변의 낮은 곳으로 시계 방향으로 불어간다.

② 주변에는 상승 기류가 있고 단열승온으로 대기 중 물방울은 증발한다.

③ 구름이 사라지고 날씨가 좋아진다.

④ 중심 부근은 기압경도가 비교적 작아서 바람은 약하다

해설 ▼

고기압 주변에는 하강 기류가 있다.

21 다음 중 저기압에 대한 설명으로 잘못된 것은?

① 저기압은 주변보다 상대적으로 기압이 낮은 부분이다. 1기압이라도 주변 상태에 의해 저기압이 될 수 있고, 고기압이 될 수 있다.
② 하강 기류에 의해 구름과 강수 현상이 있고 바람도 강하다.
③ 저기압 내에서는 주위보다 기압이 낮으므로 사방으로부터 바람이 불어 들어온다.
④ 일반적으로 저기압 내에서는 날씨가 나쁘고 비바람이 강하다.

해설 ▼

저기압은 상승 기류에 의해 구름과 강수 현상이 있고 바람도 강하다.

22 다음 중 북반구에서 고기압의 바람 방향과 형태로 맞는 것은?

① 고기압을 중심으로 시계 방향으로 회전하고 발산한다.
② 고기압을 중심으로 시계 방향으로 회전하고 수렴한다.
③ 고기압을 중심으로 반시계 방향으로 회전하고 발산한다.
④ 고기압을 중심으로 반시계 방향으로 회전하고 수렴한다.

23 다음 고기압에 대한 설명 중 틀린 것은?

① 중심 부근에는 하강 기류가 있다.
② 북반구에서의 바람은 시계 방향으로 회전한다.
③ 구름이 사라지고 날씨가 좋아진다.
④ 고기압권 내에서는 전선 형성이 쉽게 된다.

해설 ▼

고기압권 내에서는 전선 형성이 어렵다.

정답 18 ② 19 ① 20 ② 21 ② 22 ① 23 ④

24 다음 저기압에 대한 설명 중 틀린 것은?

① 주변보다 상대적으로 기압이 낮은 부분이다.

② 하강 기류에 의해 구름과 강수 현상이 있다.

③ 저기압은 전선의 파동에 의해 생긴다.

④ 저기압 내에서는 주위보다 기압이 낮으므로 사방으로부터 바람이 불어 들어온다.

해설 ▼

저기압 지역의 기류는 상승 기류이다.

25 다음 중 기압에 대한 설명으로 틀린 것은?

① 일반적으로 고기압권에서는 날씨가 맑고 저기압권에서는 날씨가 흐린 경향을 보인다.

② 북반구 고기압 지역에서 공기 흐름은 시계 방향으로 회전하면서 확산된다.

③ 등압선의 간격이 클수록 바람이 약하다.

④ 해수면 기압 또는 동일한 기압대를 형성하는 지역을 따라서 그은 선을 등고선이라 한다.

해설 ▼

등고선이 아니라 등압선이라 한다.

26 다음 중 일기도상에서 등압선에 대한 설명으로 맞는 것은?

① 조밀하면 바람이 강하다.

② 조밀하면 바람이 약하다.

③ 서로 다른 기압 지역을 연결한 선이다.

④ 조밀한 지역은 기압경도력이 매우 작은 지역이다.

27 다음 중 바람이 존재하는 근본적인 원인은?

① 기압 차이
② 고도 차이
③ 공기밀도 차이
④ 자전과 공전 현상

해설 ▼

바람의 근본 원인은 지표면에서 발생하는 불균형적인 가열에 의해 발생한 기압 차이이며, 바람은 고기압 지역에서 저기압 지역으로 흐르는 공기군의 흐름에 의해 발생한다.

28 다음 중 바람이 생성되는 근본적인 원인은 무엇인가?

① 지구의 자전
② 태양의 복사에너지의 불균형
③ 구름의 흐름
④ 대류와 이류 현상

29 다음 중 바람에 대한 설명으로 틀린 것은?

① 풍속의 단위는 m/s, Knot 등을 사용한다.
② 풍향은 지리학상의 진북을 기준으로 한다.
③ 풍속은 공기가 이동한 거리와 이에 소요되는 시간의 비이다.
④ 바람은 기압이 낮은 곳에서 높은 곳으로 흘러가는 공기의 흐름이다.

해설 ▼

기압은 높은 곳에서 낮은 곳으로 이동한다.

30 다음 중 바람을 느끼고 나뭇잎이 흔들리기 시작할 때의 풍속은 어느 정도인가?

① 0.3~1.5m/sec
② 1.6~3.3m/sec
③ 3.4~5.4m/sec
④ 5.5~7.9m/sec

정답 24 ② 25 ④ 26 ① 27 ① 28 ② 29 ④ 30 ②

31 다음 중 공기의 고기압에서 저기압으로의 직접적인 흐름을 방해하는 힘은?

① 구심력 ② 원심력
③ 전향력 ④ 마찰력

32 다음 중 맞바람과 뒷바람이 항공기에 미치는 영향에 대한 설명으로 틀린 것은?

① 맞바람은 항공기의 활주 거리를 감소시킨다.
② 뒷바람은 항공기의 활주 거리를 감소시킨다.
③ 뒷바람은 상승률을 저하시킨다.
④ 맞바람은 상승률을 증가시킨다.

33 다음 산바람과 골바람에 대한 설명 중 맞는 것은?

① 산악지역에서 낮에 형성되는 바람은 골바람으로 산 아래에서 산 위(정상)로 부는 바람이다.
② 산바람은 산 정상 부분으로 불고 골바람은 산 정상에서 아래로 부는 바람이다.
③ 산바람과 골바람 모두 산의 경사 정도에 따라, 가열되는 정도에 따른 바람이다.
④ 산바람은 낮에, 골바람은 밤에 형성된다.

34 다음 해풍에 대하여 설명한 것 중 가장 적절한 것은?

① 여름철 해상에서 육지 방향으로 부는 바람
② 낮에 해상에서 육지 방향으로 부는 바람
③ 낮에 육지에서 바다로 부는 바람
④ 밤에 해상에서 육지 방향으로 부는 바람

35 다음 중 푄현상의 발생 조건이 아닌 것은?

① 지형적 상승 현상
② 습한 공기
③ 건조, 습윤단열 기온감률
④ 강한 기압경도력

해설 ▼

지형적 상승, 습한 공기의 이동, 건조단열 기온감률 및 습윤단열 기온감률

36 다음 중 운량의 구분 시 하늘의 상태가 5/8~7/8인 경우를 무엇이라 하는가?

① Sky Clear(SKC/CLR)
② Scattered(SCT)
③ Broken(BKN)
④ Overcast(OVC)

37 다음 중 구름의 형성 조건이 아닌 것은?

① 풍부한 수증기
② 냉각작용
③ 응결핵
④ 시정

38 다음 구름의 종류 중 하층운(2km 미만)이 아닌 것은?

① 층적운
② 층운
③ 난층운
④ 권층운

해설 ▼

권층운은 상층운에 해당한다.

정답 31 ③ 32 ② 33 ① 34 ② 35 ④ 36 ③ 37 ④ 38 ④

39 다음 구름의 종류 중 비가 내리는 구름은?

① Ac ② Ns ③ St ④ Sc

40 다음 중 강수의 필요충분조건은 무엇인가?

① 이류 현상 ② 수증기 ③ 구름 ④ 바람

41 다음 중 강수 발생률을 강화시키는 것은?

① 온난한 하강 기류 ② 수직 활동
③ 상승 기류 ④ 수평 활동

해설 ▼

강한 상승 기류가 존재하는 적운에서는 폭우, 우박 등을 형성한다.

42 다음 중 이슬비란 무엇인가?

① 빗방울 크기가 직경 0.5mm 이하일 때 ② 빗방울 크기가 직경 0.7mm 이하일 때
③ 빗방울 크기가 직경 0.9mm 이하일 때 ④ 빗방울 크기가 직경 1mm 이하일 때

43 다음 중 안개가 발생하기 적합한 조건이 아닌 것은?

① 대기의 성층이 안정할 것 ② 냉각 작용이 있을 것
③ 강한 난류가 존재할 것 ④ 바람이 없을 것

해설 ▼

안개 발생 조건
- 공기 중 수증기를 다량 함유해야 한다.
- 공기가 노점온도 이하로 냉각되어야 한다.
- 공기 중에 응결핵이 많아야 하고 공기 속으로 많은 수증기 유입되어야 한다.
- 바람이 약하고 상공에 기온이 역전되어야 한다.

44 다음 중 구름과 안개의 구분 시 발생 높이의 기준은?

① 구름의 발생이 AGL 50ft 이상 시 구름, 50ft 이하에서 발생 시 안개
② 구름의 발생이 AGL 70ft 이상 시 구름, 70ft 이하에서 발생 시 안개
③ 구름의 발생이 AGL 90ft 이상 시 구름, 90ft 이하에서 발생 시 안개
④ 구름의 발생이 AGL 120ft 이상 시 구름, 120ft 이하에서 발생 시 안개

45 다음 중 이류안개가 가장 많이 발생하는 지역은 어디인가?

① 산 경사지
② 해안지역
③ 수평 내륙지역
④ 산간 내륙지역

해설 ▼

전형적인 이류안개는 해안지역에서 발생하는 해무라고 한다.

46 다음 중 기온과 이슬점 기온의 분포가 5% 이하일 때 예측 대기 현상은?

① 서리
② 이슬비
③ 강수
④ 안개

47 다음 중 안개에 관한 설명으로 <u>틀린</u> 것은?

① 적당한 바람만 있으면 높은 층으로 발달해 간다.
② 공중에 떠돌아다니는 작은 물방울 집단으로 지표면 가까이에서 발생한다.
③ 수평 가시거리가 3km 이하가 되었을 때 안개라고 한다.
④ 공기가 냉각되고 포화 상태에 도달하고 응결하기 위한 핵이 필요하다.

정답 39 ② 40 ③ 41 ③ 42 ① 43 ③ 44 ① 45 ② 46 ④ 47 ③

48 **다음 중 일반적으로 안개, 연무, 박무를 구분하는 시정 조건이 틀린 것은?**

① 안개–1km 미만
② 박무–2km 미만
③ 연무–2~5km
④ 해무–3km 미만

49 **다음 중 안개의 발생조건인 수증기 응결과 관련이 없는 것은?**

① 공기 중에 수증기를 다량 함유해야 한다.
② 공기가 노점온도 이하로 냉각되어야 한다.
③ 공기 중 흡습성 미립자, 즉 응결핵이 많아야 한다.
④ 지표면 부근의 기온 역전이 해소되어야 한다.

50 **다음 중 가을에서 겨울에 걸쳐 개활지 일대에 빈번히 발생하고 야간에 지형적인 복사가 표면을 냉각시키고 표면 위의 공기가 노점까지 냉각되었을 때 응결에 의해 형성되는 안개는?**

① 활승안개
② 이류안개
③ 증기안개
④ 복사안개

51 **다음 중 습윤하고 온난한 공기가 한랭한 육지나 수면으로 이동해 오면 하층부터 냉각되어 공기 속의 수증기가 응결되어 생기는 안개로 바다에서 주로 발생하는 것은?**

① 활승안개
② 이류안개
③ 증기안개
④ 복사안개

52 **다음 중 습한 공기가 산 경사면을 타고 상승하면서 팽창함에 따라 공기가 노점 이하로 단열냉각되면서 발생하며 주로 산악지대에서 관찰되고 구름의 존재에 관계없이 형성되는 안개는?**

① 활승안개
② 이류안개
③ 증기안개
④ 복사안개

53 다음 중 시정에 관한 설명으로 틀린 것은?

① 시정이란 정상적인 눈으로 먼 곳의 목표물을 볼 때 인식될 수 있는 최대가시거리이다.
② 시정을 나타내는 단위는 mile(마일)이다.
③ 한랭기단 속에서는 시정이 나쁘고 온난기단에서는 시정이 좋다
④ 시정이 가장 나쁜 날은 안개 낀 날이며 습도가 70%를 넘으면 급격히 나빠진다.

해설 ▼

한랭기단 속에서는 시정이 좋고, 온난기단에서는 시정이 나쁘다.

54 다음 중 시정장애물의 종류가 아닌 것은?

① 황사
② 바람
③ 먼지 및 화산재
④ 연무

55 다음 중 시정에 직접적으로 영향을 미치지 않는 것은?

① 바람
② 안개
③ 황사
④ 연무

56 다음 중 국제 구름 기준에 따라 구름을 잘 구분한 것은?

① 높이에 따른 상층운, 중층운, 하층운, 수직으로 발달한 구름
② 층운, 적운, 난운, 권운
③ 층운, 적란운, 권운
④ 운량에 따라 작은 구름, 중간 구름, 큰구름 그리고 수직으로 발달한 구름

해설 ▼

국제적으로 통일된 구름의 분류는 상층운, 중층운, 하층운, 수직운이다.

정답 48 ④ 49 ④ 50 ④ 51 ② 52 ① 53 ③ 54 ② 55 ① 56 ①

57 **다음 중 고기압이나 저기압 시스템의 설명으로 맞는 것은?**

① 고기압 지역 또는 마루에서 공기는 올라간다.
② 고기압 지역 또는 마루에서 공기는 내려간다.
③ 저기압 지역 또는 골에서 공기는 정체한다.
④ 저기압 지역 또는 골에서 공기는 내려간다.

58 **다음 중 온난전선의 특징으로 틀린 것은?**

① 층운형 구름이 발생한다.
② 넓은 지역에 걸쳐 적은 양의 따뜻한 비가 오랫동안 내린다.
③ 찬 공기가 밀리는 방향으로 기상 변화가 진행된다.
④ 천둥과 번개, 그리고 돌풍을 동반한 강한 비가 내린다.

59 **다음 중 온난전선이 지나가고 난 뒤 일어나는 현상은?**

① 기온이 올라간다.
② 기온이 내려간다.
③ 바람이 강해진다.
④ 기압이 내려간다.

해설 ▼

온난전선이 지나간 후 기온은 올라가고, 바람은 약해지고, 기압은 일정해진다.

60 **다음 중 한랭기단의 찬 공기가 온난기단의 따뜻한 공기 쪽으로 파고들 때 형성되며 전선 부근에 소나기나 뇌우, 우박 등 궂은 날씨를 동반하는 전선은 무엇인가?**

① 한랭전선
② 온난전선
③ 정체전선
④ 폐색전선

61 다음 중 한랭전선의 특징으로 틀린 것은?

① 적운형 구름이 발생한다.
② 좁은 범위에 많은 비가 한꺼번에 쏟아지거나 뇌우를 동반한다.
③ 기온이 급격히 떨어지고 천둥과 번개, 돌풍을 동반한 강한 비가 내린다.
④ 층운형 구름이 발생하고 안개가 형성된다.

62 다음 중 찬 공기와 따뜻한 공기의 세력이 비슷할 때는 이동하지 않고 오랫동안 같은 장소에 머무르는 전선은?

① 한랭전선　② 온난전선
③ 정체전선　④ 폐색전선

63 다음 중 뇌우 발생 시 동반하지 않는 것은?

① 폭우　② 우박
③ 소나기　④ 번개

해설 ▼

뇌우 발생 시 동반하는 현상은 폭우, 우박, 번개, 눈, 천둥, 토네이도 등이다.

64 다음 중 뇌우 발생 시 항상 함께 동반되는 기상 현상은?

① 강한 소나기　② 스콜라인
③ 과냉각 물방울　④ 번개

해설 ▼

뇌우는 번개와 천둥을 동반하는 폭풍이다.

정답 57 ② 58 ④ 59 ① 60 ① 61 ④ 62 ③ 63 ③ 64 ④

65 **다음 중 뇌우의 형성 조건이 아닌 것은?**

① 대기의 불안정
② 풍부한 수증기
③ 강한 상승 기류
④ 강한 하강 기류

66 **다음 번개와 뇌우에 관한 설명 중 틀린 것은?**

① 번개가 강할수록 뇌우도 강하다.
② 번개가 자주 일어나면 뇌우도 계속 성장하고 있다는 것이다.
③ 번개와 뇌우의 강도와는 상관없다.
④ 밤에 멀리서 수평으로 형성되는 번개는 스콜라인이 발달하고 있음을 나타내는 것이다.

67 **다음 중 착빙에 관한 설명으로 틀린 것은?**

① 착빙은 지표면의 기온이 낮은 겨울철에만 발생하며 조심하면 된다.
② 항공기의 이륙을 어렵게 하거나 불가능하게도 할 수 있다.
③ 양력을 감소시킨다.
④ 마찰을 일으켜 항력을 증가시킨다.

68 **다음 중 항공기 착빙에 대한 설명으로 틀린 것은?**

① 양력 감소
② 항력 증가
③ 추진력 감소
④ 실속 속도 감소

69 **다음 중 착빙의 종류에 포함되지 않는 것은?**

① 서리 착빙
② 거친 착빙
③ 맑은 착빙
④ 이슬 착빙

70 **다음 착빙의 종류 중 투명하고, 견고하며, 고르게 매끄럽고, 가장 위험한 착빙은?**

① 서리 착빙 ② 거친 착빙
③ 맑은 착빙 ④ 혼합 착빙

71 **다음 착빙(icing)에 대한 설명 중 틀린 것은?**

① 양력과 무게를 증가시켜 추진력을 감소시키고 항력은 증가시킨다.
② 거친 착빙도 항공기 날개의 공기역학에 심각한 영향을 줄 수 있다.
③ 착빙은 날개뿐만 아니라 카뷰레터, 피토관 등에도 발생한다.
④ 습한 공기가 기체 표면에 부딪히면서 결빙이 발생하는 현상이다.

해설 ▼
착빙의 영향: 양력 감소와 항력 증가, 무게 증가와 추력 감소

72 **다음 중 태풍의 세력이 약해져서 소멸되기 직전 또는 소멸되어 무엇으로 변하는가?**

① 열대성 고기압 ② 열대성 저기압
③ 열대성 폭풍 ④ 편서풍

73 **다음 중 난기류(turbulence) 발생의 주요인이 아닌 것은?**

① 안정된 대기 상태
② 바람의 흐름에 대한 장애물
③ 대형 항공기에서 발생하는 후류의 영향
④ 기류의 수직 대류 현상

해설 ▼
난기류 발생의 주원인: 대류성 기류, 바람의 흐름에 대한 장애물, 비행 난기류, 전단풍 등

정답 65 ④ 66 ③ 67 ① 68 ④ 69 ④ 70 ③ 71 ① 72 ② 73 ①

74 **다음은 난류의 종류 중 무엇을 설명한 것인가?**

> 항공기가 슬립(편요, 요잉), 피칭, 롤링을 느낄 수 있으며 상당한 동요를 느끼고 몸이 들썩할 정도로 항공기 평형과 비행 방향 유지를 위해 극심한 주의가 필요하다. 지상풍이 25kts 이상의 지상풍일 때 존재한다.

① 약한 난류 ② 보통 난류
③ 심한 난류 ④ 극심한 난류

75 **다음 중 난류의 강도에 대한 설명으로 맞지 않는 것은?**

① 약한 난류(LGT)는 항공기 조종에 크게 영향을 미치지 않으며 비행 방향과 고도 유지에 지장이 없다.
② 보통 난류(MOD)는 상당한 동요를 느끼고 몸이 들썩할 정도로 순간적으로 조종 불능 상태가 될 수도 있다.
③ 심한 난류(SVR)는 항공기 고도 및 속도가 급속히 변화되고 순간적으로 조종 불능 상태가 되는 정도이다.
④ 극심한 난류(XTRM)는 항공기가 심하게 튀거나 조종 불가능한 상태를 말하고 항공기 손상을 초래할 수 있다.

76 **다음 중 짧은 거리 내에서 순간적으로 풍향과 풍속이 급변하는 현상으로 뇌우, 전선, 깔때기 형태의 바람, 산악파 등에 의해 형성되는 것은?**

① 윈드시어 ② 돌풍
③ 회오리바람 ④ 토네이도

77 **다음 중 항공정기기상보고에서 바람 방향, 즉 풍향의 기준은 무엇인가?**

① 자북 ② 진북
③ 도북 ④ 자북과 진북

78 **METAR(항공정기기상보고)에서 +RA FG는 무엇을 의미하는가?**

① 보통비와 안개가 낌
② 강한 비와 강한 안개
③ 보통비와 강한 안개
④ 강한 비 이후 안개

해설 ▼

+ 강함, – 약함, 중간은 없음

79 **현재의 지상 기온이 31℃일 때 3,000ft 상공의 기온은? (단, 조건은 ISA)**

① 25℃
② 37℃
③ 29℃
④ 34℃

80 **다음 중 구름의 형성 요인과 가장 관련이 없는 것은?**

① 냉각(cooling)
② 수증기(water vapor)
③ 온난전선(warm front)
④ 응결핵(condensation nuclei)

해설 ▼

구름의 발생 조건: 풍부한 수증기, 응결핵, 냉각 작용

정답 74 ② 75 ② 76 ① 77 ② 78 ④ 79 ① 80 ③

항공법규

Chapter 1

항공법에 대한 기본 이해

1 항공법의 개념

항공법이란 항공기에 의하여 발생하는 법적 관계를 규율하기 위한 법규의 총체로서 항공기와 그 운항, 이용 및 이에 수반하여 일어나는 제 관계(諸關係)를 규율하는 법규의 전체이다.[1)]

2 항공법의 분류

(1) 항공법은 형식적 의미의 항공법과 실질적 의미의 항공법으로 구분된다. 형식적 의미의 항공법은 「항공법」이라는 명칭하에 제정 · 공포되어 시행 중인 모든 법령을 말한다. 항공안전법, 항공사업법, 공항시설법 등이 해당한다. 실질적 의미의 항공법은 항공기에 의하여 발생하는 법적 관계를 규율하는 법규의 전체를 포함하는 개념으로서 항공기저당법 등이 해당한다.

(2) 또한 항공법은 항공기 및 항공기의 운항에 관련된 공법상의 법률관계를 규율하는 항공공법과 항공기 및 그 운항과 관련된 법률 분야 중 사법상의 법률관계를 규율하는 항공사법으로 구분된다.

(3) 그리고 적용되는 범위에 따라 국제적으로 적용되는 국제항공법과 각국의 국내에 적용되는 국내항공법으로 구분된다.

3 우리나라의 항공법

(1) 우리나라의 항공법은 1961년 3월 7일에 법률 제591호로 공포, 3개월의 경과 기간을 거쳐 동년 6월 7일에 시행되었다.

(2) 그러나 동 항공법은 항공안전, 항공사업, 공항시설 등 항공 관련 전 분야를 망라하고 있어 그 내용이 방대하여 국제 기준의 변화 등 시대적 흐름에 따르지 못하고 탄력적으로 대응하지 못하는 문제점이 있었다.

(3) 이에 정부에서는 국제 기준의 변화에 탄력적으로 대응하고 국민이 보다 쉽게 접근하고 이해할 수 있도록 2011년 항공법의 분법을 추진하는 작업에 착수하여 항공법을 ① 항공안전법, ② 항공사업법, ③ 공항시설법으로 분법하고 2016년 3월 29일 공포, 2017년 3월 30일부터 시행하고 있다.

4 국제민간항공기구(ICAO)와 국제민간항공협약

(1) 국제민간항공기구(ICAO; International Civil Aviation Organization)는 1944년 12월 미국 시카고에서 체결된 국제민간항공협약을 근거로 설립된 국제연합(UN) 산하의 국제기구이다. 설립 목적은 ① 국제민간항공의 발달 및 안전의 확립 도모, ② 능률적 · 경제적 항공운송의 실현, ③ 체약국의 권리 존중, ④ 국제항공기업의 기회균등 보장 등에 두고 있으며, 전 세계 민간항공을 관장하고 있다.

(2) 국제민간항공협약(Convention on International Civil Aviation, Chicago Convention)은 1944년 12월 시카고 회의 결과 채택된 협약이며, 국제민간항공의 안전하고 정연한 발달과 건전하고 경제적인 운영을 위한 가장 기본이 되는 국제협약이다. 시카고 회의에서 채택되었다고 하여 일명 '시카고 협약'으로도 불린다. 동 협약은 전문과 4부, 22장, 96조항으로 구성되어 있다. 동 협약 제8조에 '무조종사 항공기'라고 하여 1944년 당시 이미 무인항공기에 관한 규정을 두고 있는 것은 놀랄 만한 일이라고 할 수 있다.

5 국제 표준과 권고 방식

(1) 항공에 관한 기준은 안전을 위해 전 세계적으로 통일성을 요하므로 국제민간항공기구(ICAO)에서는 국제민간항공협약 제37조에 국제 표준과 권고 방식(SARPs; International Standards and Recommended Practices)을 규정하고 있다. 그 구체적 표준은 19개의 부속서상에 규정하고 있다.

(2) 19개의 부속서는 다음과 같다.

① **제1 부속서:** 항공종사자의 면허(Personnel Licensing)

② **제2 부속서:** 항공규칙(Rules of the Air)

③ **제3 부속서:** 국제항공을 위한 기상업무(Meteorological Service for International Air Navigation)

④ **제4 부속서:** 항공도(Aeronautical Charts)

⑤ **제5 부속서:** 공지통신에 사용되는 측정단위(Units of Measurement to be Used in Air and Ground Operations)

⑥ 제6 부속서: 항공기의 운항(Operation of Aircraft)

⑦ 제7 부속서: 항공기의 국적과 등록기호(Aircraft Nationality and Registration Mark)

⑧ 제8 부속서: 항공기의 감항성(Airworthiness of Aircraft)

⑨ 제9 부속서: 출입국의 간소화(Facilitation)

⑩ 제10 부속서: 항공통신(Aeronautical Telecommunication)

⑪ 제11 부속서: 항공교통업무(Air Traffic Services)

⑫ 제12 부속서: 수색구조업무(Search and Rescue)

⑬ 제13 부속서: 항공기 사고조사(Aircraft Accident Investigation)

⑭ 제14 부속서: 비행장(Aerodromes)

⑮ 제15 부속서: 항공정보업무(Aeronautical Information Services)

⑯ 제16 부속서: 환경보호(Environmental Protection)

⑰ 제17 부속서: 보안(Security)

⑱ 제18 부속서: 위험물의 안전운송(The Safe Transport of Dangerous Goods)

⑲ 제19 부속서: 안전관리(Safety Management)

(3) 상기 국제민간항공협약과 부속서는 우리나라 항공법의 법원(法源)으로서의 역할을 하며 기본이 되고 있다.

Chapter 2 초경량비행장치

1 초경량비행장치의 개념

(1) 초경량비행장치란 항공기와 경량항공기 외에 공기의 반작용으로 뜰 수 있는 장치로서 자체 중량, 좌석 수 등 국토교통부령으로 정하는 기준에 해당하는 동력비행장치, 행글라이더, 패러글라이더, 기구류 및 무인비행장치 등을 말한다.(항공안전법 제2조)

(2) 무인비행장치란 사람이 탑승하지 않은 다음의 비행장치(항공안전법 시행규칙 제5조)를 말한다.

① **무인동력비행장치**: 연료의 중량을 제외한 자체 중량이 150kg 이하인 무인비행기, 무인헬리콥터 또는 무인멀티콥터

② **무인비행선**: 연료의 중량을 제외한 자체 중량이 180kg 이하이고 길이가 20m 이하인 무인비행선

(3) 초경량비행장치비행구역이란 초경량비행장치의 안전을 확보하기 위하여 국토교통부장관이 지정한 초경량비행장치 비행활동을 보장하는 공역을 말한다.

(4) 초경량비행장치사용사업이란 다른 사람의 수요에 맞추어 초경량비행장치(무인비행장치에 한한다)를 사용하여 유상으로 비료, 농약, 씨앗 뿌리기 등 농업 지원, 사진 촬영, 측량, 관측, 탐사, 조종 교육 등을 제공하는 사업을 말한다.

2 초경량비행장치의 분류[2)]

3 초경량비행장치의 종류[3)]

동력비행장치	 타면조종형비행장치	현재 국내에 가장 많이 있는 종류로서 자중(115kg) 및 좌석 수(1인승)가 제한되어 있을 뿐 구조적으로 일반 항공기와 거의 같다고 할 수 있다. 조종면, 동체, 엔진, 착륙장치의 4가지로 이루어져 있으며 타면조종형이라고 하는 이유는 주날개 및 꼬리날개에 있는 조종면(도움날개, 방향타, 승강타)을 움직여 양력의 불균형을 발생시킴으로써 조종할 수 있기 때문이다.

<table>
<tr><td></td><td>
체중이동형비행장치</td><td>활공기의 일종인 행글라이더를 기본으로 발전해왔으며, 높은 곳에서 낮은 곳으로 활공할 수밖에 없는 단점을 개선하여 평지에서도 이륙할 수 있도록 행글라이더에 엔진을 부착하였다. 타면조종형과 같이 자중(115kg) 및 좌석 수(1인승)의 제한을 받는다. 타면조종형비행장치의 고정된 날개와는 달리 조종면이 없어 체중을 이동하여 비행장치의 방향을 조종한다. 날개를 가벼운 천으로 만들어 분해와 조립이 용이하며 신소재의 개발로 점차 경량화되어 가고 있는 추세이다.</td></tr>
<tr><td rowspan="2">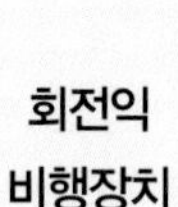
회전익 비행장치</td><td>
초경량헬리콥터</td><td>일반 항공기의 헬리콥터와 구조적으로 같지만 자중(115kg) 및 좌석 수(1인승)의 제한을 받는다. 엔진을 이용하여 동체 위에 있는 주회전날개를 회전시킴으로써 양력을 발생시키고, 주회전날개의 회전면을 기울여 양력이 발생하는 방향을 변화시키면 앞으로 전진할 수 있는 추진력이 발생된다. 꼬리회전날개에서 발생하는 힘을 이용하여 비행장치의 방향 조종을 할 수 있다.</td></tr>
<tr><td>
초경량자이로플레인</td><td>고정익과 회전익의 조합형이라고 할 수 있으며 공기력 작용에 의하여 회전하는 1개 이상의 회전익에서 양력을 얻는 비행장치이다. 자중(115kg) 및 좌석 수(1인승)의 제한을 받는다. 헬리콥터는 주회전날개에 엔진 동력을 전달하여 추력과 양력을 얻는 데 반해, 자이로플레인은 동력을 프로펠러에 전달하여 추력을 얻고 비행장치가 전진함에 따라 공기가 아래에서 위로 흐르면서 주회전날개를 회전시켜 양력을 얻는다.</td></tr>
<tr><td colspan="2">
유인자유기구</td><td>기구란 기체의 성질이나 온도 차 등으로 발생하는 부력을 이용하여 하늘로 오르는 비행장치로서 비행기처럼 자기가 날아가고자 하는 쪽으로 방향을 전환하는 장치가 없다. 한 번 뜨면 바람이 부는 방향으로만 흘러 다니는, 그야말로 풍선이다. 운용 목적에 따라 계류식기구와 자유기구로 나눌 수 있는데 비행훈련 등을 위해 케이블이나 로프를 지상과 연결하여 일정고도 이상 오르지 못하도록 하는 것을 계류식기구라고 하고, 이러한 고정을 위한 장치 없이 자유롭게 비행하는 것을 자유기구라고 한다.</td></tr>
<tr><td colspan="2">
동력패러글라이더</td><td>낙하산류에 추진력을 얻는 장치를 부착한 비행장치이다. 조종자의 등에 엔진을 매거나 패러글라이더에 동체(trike)를 연결하여 비행하는 두 가지 타입이 있으며, 조종줄을 사용하여 비행장치의 방향과 속도를 조종한다. 높은 산에서 평지로 뛰어내리는 것에 비해 낮은 평지에서 높은 곳으로 날아올라 비행을 즐길 수 있다.</td></tr>
</table>

구분	종류	설명
무인비행장치	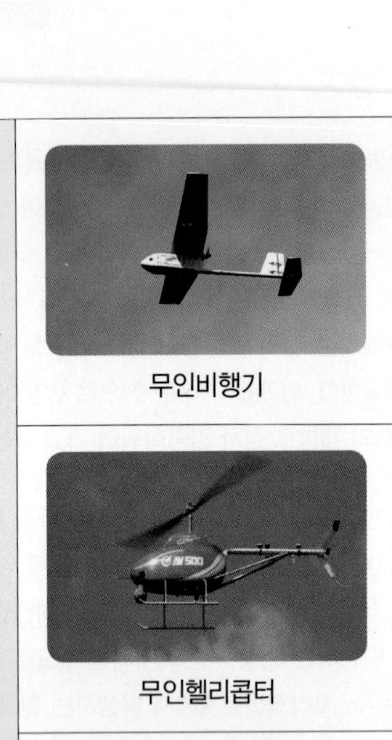 무인비행기	사람이 타지 않고 무선통신장비를 이용하여 조종하거나 내장된 프로그램에 의해 자동으로 비행하는 비행체이다. 구조적으로 일반 항공기와 거의 같고 레저용으로 쓰이거나 정찰, 항공촬영, 해안감시 등에 활용되고 있다.
	무인헬리콥터	사람이 타지 않고 무선통신장비를 이용하여 조종하거나 내장된 프로그램에 의해 자동으로 비행하는 비행체이다. 구조적으로 일반 회전익항공기와 거의 같고 항공촬영, 농약살포 등에 활용되고 있다.
	 무인멀티콥터	사람이 타지 않고 무선통신장비를 이용하여 조종하거나 내장된 프로그램에 의해 자동으로 비행하는 비행체이다. 구조적으로 헬리콥터와 유사하나 양력을 발생하는 부분이 회전익이 아니라 프로펠러 형태이며, 각 프로펠러의 회전수를 조정하여 방향 및 양력을 조정한다. 항공촬영, 농약살포 등에 널리 활용되고 있다.
	 무인비행선	가스기구와 같은 기구비행체에 스스로의 힘으로 움직일 수 있는 추진장치를 부착하여 이동이 가능하도록 만든 비행체이다. 추진장치는 전기식 모터, 가솔린 엔진 등이 사용되며 각종 행사 축하비행, 시범비행, 광고에 많이 쓰인다.
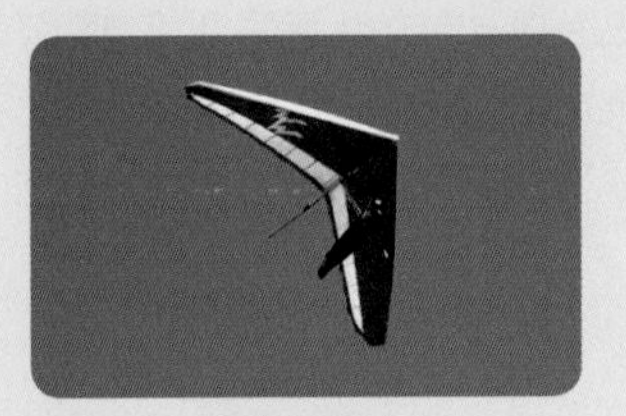 행글라이더		가벼운 알루미늄합금 골조에 질긴 나일론 천을 씌운 활공기로서 쉽게 조립하고 분해할 수 있다. 약 20~35kg의 경량이기 때문에 사람의 힘으로 운반할 수 있으며, 사람의 체중을 이동시켜 조종한다.
 패러글라이더		낙하산과 행글라이더의 특성을 결합한 것으로 낙하산의 안정성, 분해 · 조립 · 운반의 용이성과 행글라이더의 활공성, 속도성을 장점으로 가지고 있다.

 낙하산류	항력을 발생시켜 대기 중을 낙하하는 사람 또는 물체의 속도를 느리게 하는 비행장치이다.

4 초경량비행장치 조종자의 구분

자격 종류	자가용 조종사	경량항공기 조종사	초경량비행장치 조종자
조종 기체	항공기	경량항공기	초경량비행장치
기체 종류	비행기, 헬리콥터, 활공기, 비행선, 항공우주선	타면조종형비행기, 체중이동형비행기, 경량헬리콥터, 자이로플레인, 동력패러슈트	동력비행장치, 회전익비행장치, 유인자유기구, 동력패러글라이더, 무인비행기, 무인비행선, 무인멀티콥터, 무인헬리콥터, 행글라이더, 패러글라이더, 낙하산류
기체 구분 (비행기 기준)	초경량비행장치 및 경량항공기 초과 기체	• 좌석 2개 이하 • 자체 중량 115kg 초과 • 최대이륙중량 600kg 이하 • 최대수평비행속도 120knots 이하 • 최대실속속도 45knots 이하 • 단발 왕복발동기 • 조종석 여압장치 미장착 • 비행 중 프로펠러 각도 조정 불가 • 고정된 착륙장치 장착	• 좌석 1개 • 자체 중량 115kg 이하
등록	지방항공청	지방항공청	지방항공청
검사	지방항공청	교통안전공단	교통안전공단
보험	보험 가입 필수	보험 가입 필수	사용사업에 사용할 때
조종 교육	사업용 조종사+조종교육 증명 보유자	경량항공기 조종사+조종교육증명 보유자	공단에 등록한 지도조종자

Chapter 3

항공안전법

1 목적

항공안전법은 국제민간항공협약 및 같은 협약의 부속서에서 채택된 표준과 권고되는 방식에 따라 항공기, 경량항공기 또는 초경량비행장치가 안전하게 항행하기 위한 방법을 정함으로써 생명과 재산을 보호하고, 항공기술 발전에 이바지함을 목적으로 한다.

2 용어 정의(항공안전법 제2조)

(1) 항공기란 공기의 반작용으로 뜰 수 있는 기기로서 최대이륙중량, 좌석 수 등 국토교통부령으로 정하는 기준에 해당하는 비행기, 헬리콥터, 비행선, 활공기와 그 밖에 대통령령으로 정하는 기기를 말한다.

항공기의 기준(항공안전법 시행규칙 제2조)

「항공안전법」 제2조 제1호 각 목 외의 부분에서 "최대이륙중량, 좌석 수 등 국토교통부령으로 정하는 기준"이란 다음 각 호의 기준을 말한다.

1. 비행기 또는 헬리콥터
   가. 사람이 탑승하는 경우: 다음의 기준을 모두 충족할 것
      1) 최대이륙중량이 600kg(수상비행에 사용하는 경우에는 650kg)을 초과할 것
      2) 조종사 좌석을 포함한 탑승좌석 수가 1개 이상일 것
      3) 동력을 일으키는 기계장치(이하 "발동기"라 한다)가 1개 이상일 것
   나. 사람이 탑승하지 않고 원격 조종 등의 방법으로 비행하는 경우: 다음의 기준을 모두 충족할 것
      1) 연료의 중량을 제외한 자체 중량이 150kg을 초과할 것
      2) 발동기가 1개 이상일 것
2. 비행선
   가. 사람이 탑승하는 경우 다음의 기준을 모두 충족할 것
      1) 발동기가 1개 이상일 것
      2) 조종사 좌석을 포함한 탑승좌석 수가 1개 이상일 것
   나. 사람이 탑승하지 않고 원격 조종 등의 방법으로 비행하는 경우 다음의 기준을 모두 충족할 것
      1) 발동기가 1개 이상일 것

2) 연료의 중량을 제외한 자체 중량이 180kg을 초과하거나 비행선의 길이가 20m를 초과할 것
3. 활공기: 자체 중량이 70kg을 초과할 것

(2) 경량항공기란 항공기 외에 공기의 반작용으로 뜰 수 있는 기기로서 최대이륙중량, 좌석 수 등 국토교통부령으로 정하는 기준에 해당하는 비행기, 헬리콥터, 자이로플레인 및 동력패러슈트 등을 말한다.

(3) 초경량비행장치란 항공기와 경량항공기 외에 공기의 반작용으로 뜰 수 있는 장치로서 자체 중량, 좌석 수 등 국토교통부령으로 정하는 기준에 해당하는 동력비행장치, 행글라이더, 패러글라이더, 기구류 및 무인비행장치 등을 말한다.

초경량비행장치의 기준(항공안전법 시행규칙 제5조)

「항공안전법」 제2조 제3호 "자체 중량, 좌석 수 등 국토교통부령으로 정하는 기준에 해당하는 동력비행장치, 행글라이더, 패러글라이더, 기구류 및 무인비행장치 등"이란 다음 각 호의 기준을 충족하는 동력비행장치, 행글라이더, 패러글라이더, 기구류, 무인비행장치, 회전익비행장치, 동력패러글라이더 및 낙하산류 등을 말한다.
1. 동력비행장치: 동력을 이용하는 것으로서 다음 각 목의 기준을 모두 충족하는 고정익비행장치
   가. 탑승자, 연료 및 비상용 장비의 중량을 제외한 자체 중량이 115kg 이하일 것
   나. 좌석이 1개일 것
2. 행글라이더: 탑승자 및 비상용 장비의 중량을 제외한 자체 중량이 70kg 이하로서 체중이동, 타면조종 등의 방법으로 조종하는 비행장치
3. 패러글라이더: 탑승자 및 비상용 장비의 중량을 제외한 자체 중량이 70kg 이하로서 날개에 부착된 줄을 이용하여 조종하는 비행장치
4. 기구류: 기체의 성질 · 온도 차 등을 이용하는 다음 각 목의 비행장치
   가. 유인자유기구 또는 무인자유기구
   나. 계류식(繫留式)기구
5. 무인비행장치: 사람이 탑승하지 아니하는 것으로서 다음 각 목의 비행장치
   가. 무인동력비행장치: 연료의 중량을 제외한 자체 중량이 150kg 이하인 무인비행기, 무인헬리콥터 또는 무인멀티콥터
   나. 무인비행선: 연료의 중량을 제외한 자체 중량이 180kg 이하이고 길이가 20m 이하인 무인비행선
6. 회전익비행장치: 제1호 각 목의 동력비행장치의 요건을 갖춘 헬리콥터 또는 자이로플레인
7. 동력패러글라이더: 패러글라이더에 추진력을 얻는 장치를 부착한 다음 각 목의 어느 하나에 해당하는 비행장치
   가. 착륙장치가 없는 비행장치
   나. 착륙장치가 있는 것으로서 제1호 각 목의 동력비행장치의 요건을 갖춘 비행장치
8. 낙하산류: 항력(抗力)을 발생시켜 대기(大氣) 중을 낙하하는 사람 또는 물체의 속도를 느리게 하는 비행장치
9. 그 밖에 국토교통부장관이 종류, 크기, 중량, 용도 등을 고려하여 정하여 고시하는 비행장치

(4) 항공업무란 항공기의 운항업무, 항공교통관제 업무, 항공기의 운항관리 업무, 정비 · 수리 · 개조된 항공기 · 발동기 · 프로펠러, 장비품 또는 부품에 대하여 안전하게 운용할 수 있는 성능(감항성)이 있는지를 확인하는 업무를 말한다.

(5) 초경량비행장치사고란 초경량비행장치를 사용하여 비행을 목적으로 이륙하는 순간부터 착륙하는 순간까지 발생한 초경량비행장치에 의한 사람의 사망, 중상 또는 행방불명의 경우, 초경량비행장치의 추락, 충돌 또는 화재 발생의 경우, 초경량비행장치의 위치를 확인할 수 없거나 초경량비행장치에 접근이 불가능한 경우로서 국토교통부령으로 정하는 것을 말한다.

(6) 비행정보구역이란 항공기, 경량항공기 또는 초경량비행장치의 안전하고 효율적인 비행과 수색 또는 구조에 필요한 정보를 제공하기 위한 공역으로서 국제민간항공협약 및 같은 협약 부속서에 따라 국토교통부장관이 그 명칭, 수직 및 수평범위를 지정 · 공고한 공역을 말한다.

(7) 항공종사자란 「항공안전법」 제34조에 따른 항공종사자 자격증명을 받은 사람을 말한다.

(8) 비행장이란 항공기 · 경량항공기 · 초경량비행장치의 이륙과 착륙을 위하여 사용되는 육지 또는 수면(水面)의 일정한 구역으로서 대통령령으로 정하는 것을 말한다.

(9) 공항이란 공항시설을 갖춘 공공용 비행장으로서 국토교통부장관이 그 명칭 · 위치 및 구역을 지정 · 고시한 것을 말한다.

(10) 항행안전시설이란 유선통신, 무선통신, 인공위성, 불빛, 색채 또는 전파를 이용하여 항공기의 항행을 돕기 위한 시설로서 국토교통부령으로 정하는 시설을 말한다.

(11) 관제권이란 비행장 또는 공항과 그 주변의 공역으로서 항공교통의 안전을 위하여 국토교통부장관이 지정 · 공고한 공역을 말한다.

(12) 관제구란 지표면 또는 수면으로부터 200m 이상 높이의 공역으로서 항공교통의 안전을 위하여 국토교통부장관이 지정 · 공고한 공역을 말한다.

3 초경량비행장치에 관련한 항공안전법

(1) 항공안전정책기본계획의 수립(항공안전법 제6조)

① 국토교통부장관은 국가 항공안전정책에 관한 기본계획을 5년마다 수립하여야 한다.

② 항공안전정책기본계획에는 다음 각 호의 사항이 포함되어야 한다.

1. 항공안전정책의 목표 및 전략
2. 항공기사고 · 경량항공기사고 · 초경량비행장치사고 예방 및 운항 안전에 관한 사항
3. 항공기 · 경량항공기 · 초경량비행장치의 제작 · 정비 및 안전성 인증체계에 관한 사항
4. 비행정보구역 · 항공로 관리 및 항공교통체계 개선에 관한 사항
5. 항공종사자의 양성 및 자격관리에 관한 사항
6. 그 밖에 항공안전의 향상을 위하여 필요한 사항

(2) 항공안전프로그램(항공안전법 제58조)

다음 각 호의 어느 하나에 해당하는 자는 제작, 교육, 운항 또는 사업 등을 시작하기 전까지 제1항에 따른 항공안전프로그램에 따라 항공기사고 등의 예방 및 비행안전의 확보를 위한 항공안전관리시스템을 마련하고, 국토교통부장관의 승인을 받아 운용하여야 한다. 승인받은 사항 중 국토교통부령으로 정하는 중요 사항을 변경할 때에도 또한 같다.

항공안전관리시스템에 포함되어야 할 사항(항공안전법 시행규칙 제132조)

1. 안전정책 및 안전목표
2. 위험도 관리
3. 안전성과 검증
4. 안전관리 활성화
5. 그 밖에 국토교통부장관이 항공안전 목표 달성에 필요하다고 정하는 사항

(3) 항공안전 의무보고(항공안전법 제59조)

항공기사고, 항공기준사고 또는 항공안전장애를 발생시켰거나 항공기사고, 항공기준사고 또는 항공안전장애가 발생한 것을 알게 된 항공종사자 등 관계인은 국토교통부장관에게 그 사실을 보고하여야 한다.

(4) 항공안전 자율보고(항공안전법 제61조)

① 항공안전을 해치거나 해칠 우려가 있는 사건 · 상황 · 상태 등을 발생시켰거나 항공안전 위해요인이 발생한 것을 안 사람 또는 항공안전 위해요인이 발생될 것이 예상된다고 판단하는 사람은 국토교통부장관에게 그 사실을 보고할 수 있다.

② 누구든지 항공안전 자율보고를 한 사람에 대하여 이를 이유로 해고 · 전보 · 징계 · 부당한 대우 또는 그 밖에 신분이나 처우와 관련하여 불이익한 조치를 해서는 아니 된다.

(5) 공역 등의 지정(항공안전법 제78조)

① 국토교통부장관은 공역을 체계적이고 효율적으로 관리하기 위하여 필요하다고 인정할 때에는 비행정보구역을 다음 각 호의 공역으로 구분하여 지정 · 공고할 수 있다.

1. 관제공역: 항공교통의 안전을 위하여 항공기의 비행 순서 · 시기 및 방법 등에 관하여 국토교통부장관 또는 항공교통업무증명을 받은 자의 지시를 받아야 할 필요가 있는 공역으로서 관제권 및 관제구를 포함하는 공역
2. 비관제공역: 관제공역 외의 공역으로서 항공기의 조종사에게 비행에 관한 조언 · 비행정보 등을 제공할 필요가 있는 공역
3. 통제공역: 항공교통의 안전을 위하여 항공기의 비행을 금지하거나 제한할 필요가 있는 공역
4. 주의공역: 항공기의 조종사가 비행 시 특별한 주의 · 경계 · 식별 등이 필요한 공역

공역위원회의 구성(항공안전법 시행령 제10조)

공역위원회 위원장 1명과 부위원장 1명을 포함하여 15명 이내의 위원으로 구성한다.

(6) 항공정보의 제공(항공안전법 제89조)

국토교통부장관은 항공기 운항의 안전성 · 정규성 및 효율성을 확보하기 위하여 필요한 정보를 비행정보구역에서 비행하는 사람 등에게 제공하여야 한다.

항공정보(항공안전법 시행규칙 제255조)

① 법 제89조 제1항에 따른 항공정보의 내용은 다음 각 호와 같다.

1. 비행장과 항행안전시설의 공용의 개시, 휴지, 재개(再開) 및 폐지에 관한 사항
2. 비행장과 항행안전시설의 중요한 변경 및 운용에 관한 사항
3. 비행장을 이용할 때에 있어 항공기의 운항에 장애가 되는 사항

4. 비행의 방법, 결심고도, 최저강하고도, 비행장 이륙 · 착륙 기상 최저치 등의 설정과 변경에 관한 사항
5. 항공교통업무에 관한 사항
6. 다음 각 목의 공역에서 하는 로켓 · 불꽃 · 레이저광선 또는 그 밖의 물건의 발사, 무인기구의 계류 · 부양 및 낙하산 강하에 관한 사항
7. 그 밖에 항공기의 운항에 도움이 될 수 있는 사항

② 제1항에 따른 항공정보는 다음 각 호의 어느 하나의 방법으로 제공한다.

1. 항공정보간행물(AIP)
2. 항공고시보(NOTAM)
3. 항공정보회람(AIC)
4. 비행 전 · 후 정보(Pre-Flight and Post-Flight Information)를 적은 자료

(7) 초경량비행장치 신고(항공안전법 제122조)

① 초경량비행장치를 소유하거나 사용할 수 있는 권리가 있는 자(이하 "초경량비행장치 소유자 등"이라 한다)는 초경량비행장치의 종류, 용도, 소유자의 성명, 제129조 제4항에 따른 개인정보 및 개인위치정보의 수집 가능 여부 등을 국토교통부령으로 정하는 바에 따라 국토교통부장관에게 신고하여야 한다. 다만, 대통령령으로 정하는 초경량비행장치는 그러하지 아니하다.

② 신고번호를 발급받은 초경량비행장치 소유자 등은 그 신고번호를 해당 초경량비행장치에 표시하여야 한다.

초경량비행장치 신고서류(항공안전법 시행규칙 제301조)

1. 초경량비행장치를 소유하거나 사용할 수 있는 권리가 있음을 증명하는 서류
2. 초경량비행장치의 제원 및 성능표
3. 초경량비행장치의 사진(가로 15cm, 세로 10cm의 측면사진)

신고를 필요로 하지 아니하는 초경량비행장치의 범위(항공안전법 시행령 제24조)

「항공사업법」에 따른 항공기대여업 · 항공레저스포츠사업 또는 초경량비행장치사용사업에 사용되지 아니하는 것을 말한다.

1. 행글라이더, 패러글라이더 등 동력을 이용하지 아니하는 비행장치
2. 계류식 기구류(사람이 탑승하는 것은 제외한다)
3. 계류식 무인비행장치
4. 낙하산류
5. 무인동력비행장치 중에서 연료의 무게를 제외한 자체 무게(배터리 무게를 포함)가 12kg 이하인 것
6. 무인비행선 중에서 연료의 무게를 제외한 자체 무게가 12kg 이하이고, 길이가 7m 이하인 것

7. 연구기관 등이 시험 · 조사 · 연구 또는 개발을 위하여 제작한 초경량비행장치
8. 제작자 등이 판매를 목적으로 제작하였으나 판매되지 아니한 것으로서 비행에 사용되지 아니하는 초경량비행장치
9. 군사 목적으로 사용되는 초경량비행장치

(8) 초경량비행장치 변경신고(항공안전법 제123조)

① 초경량비행장치 소유자 등은 제122조에 따라 신고한 초경량비행장치가 멸실되었거나 그 초경량비행장치를 해체(정비 등, 수송 또는 보관하기 위한 해체는 제외한다)한 경우에는 그 사유가 발생한 날부터 15일 이내에 국토교통부장관에게 말소신고를 하여야 한다.

② 초경량비행장치 소유자 등이 제2항에 따른 말소신고를 하지 아니하면 국토교통부장관은 30일 이상의 기간을 정하여 말소신고를 할 것을 해당 초경량비행장치 소유자 등에게 최고하여야 한다.

(9) 초경량비행장치 안전성 인증(항공안전법 제124조)

국토교통부령으로 정하는 초경량비행장치를 사용하여 비행하려는 사람은 국토교통부령으로 정하는 기관 또는 단체의 장으로부터 그가 정한 안정성 인증의 유효기간 및 절차 · 방법 등에 따라 그 초경량비행장치가 국토교통부장관이 정하여 고시하는 비행안전을 위한 기술상의 기준에 적합하다는 안전성 인증을 받지 아니하고 비행하여서는 아니 된다.

(10) 초경량비행장치 안전성 인증 검사

"안전성 인증 검사"는 초경량비행장치가 국토교통부장관이 정하여 고시한 "초경량비행장치의 비행안전을 확보하기 위한 기술상의 기준(이하 "초경량비행장치 기술 기준"이라 한다)"에 적합함을 증명하는 검사로서 다음과 같이 구분된다.

① **초도검사**: 국내에서 설계 · 제작하거나 외국에서 국내로 도입한 초경량비행장치를 사용하여 비행하기 위하여 최초로 안전성 인증을 받기위하여 하는 검사

② **정기검사**: 안전성 인증의 유효기간 만료일이 도래되어 새로운 안전성 인증을 받기 위하여 실시하는 검사

③ **수시검사**: 초경량비행장치의 비행안전에 영향을 미치는 대수리 또는 대개조 후 초경량비행장치 기술기준에 적합한지를 확인하기 위하여 하는 검사

④ **재검사**: 초도검사, 정기검사 또는 수시검사에서 초경량비행장치 기술 기준에 부적합한 사항에 대하여 정비한 후 다시 실시하는 검사(불합격 통지일로부터 6개월 이내)

초경량비행장치 안전성 인증 대상(항공안전법 시행규칙 제305조)

1. 동력비행장치
2. 행글라이더, 패러글라이더 및 낙하산류(항공레저스포츠사업에 사용되는 것만 해당한다)
3. 기구류(사람이 탑승하는 것만 해당한다)
4. 무인비행장치
   가. 무인비행기, 무인헬리콥터 또는 무인멀티콥터 중에서 최대이륙중량이 25kg을 초과하는 것
   나. 무인비행선 중에서 연료의 중량을 제외한 자체 중량이 12kg을 초과, 길이가 7m를 초과하는 것
5. 회전익비행장치
6. 동력패러글라이더

(11) 초경량비행장치 조종자 증명(항공안전법 제125조)

① 동력비행장치 등 국토교통부령으로 정하는 초경량비행장치를 사용하여 비행하려는 사람은 국토교통부령으로 정하는 기관 또는 단체의 장으로부터 그가 정한 해당 초경량비행장치별 자격 기준 및 시험의 절차 · 방법에 따라 해당 초경량비행장치의 조종을 위하여 발급하는 증명을 받아야 한다.

초경량비행장치의 조종자 증명 대상(항공안전법 시행규칙 제306조)

1. 동력비행장치
2. 행글라이더, 패러글라이더 및 낙하산류(항공레저스포츠사업에 사용되는 것만 해당한다)
3. 유인자유기구
4. 초경량비행장치사용사업에 사용되는 무인비행장치. 다만 다음 각 목은 제외한다.
   가. 무인비행기, 무인헬리콥터 또는 무인멀티콥터 중에서 자체 중량이 12kg 이하인 것
   나. 무인비행선 중에서 연료의 자체 중량이 12kg 이하이고, 길이가 7m 이하인 것
5. 회전익비행장치
6. 동력패러글라이더

② 국토교통부장관은 초경량비행장치 조종자 증명을 받은 사람이 다음 각 호의 어느 하나에 해당하는 경우에는 초경량비행장치 조종자 증명을 취소하거나 1년 이내의 기간을 정하여 그 효력의 정지를 명할 수 있다. 다만, 제1호 또는 제8호의 어느 하나에 해당하는 경우에는 초경량비행장치 조종자 증명을 취소하여야 한다.

1. 거짓이나 그 밖의 부정한 방법으로 초경량비행장치 조종자 증명을 받은 경우
2. 이 법을 위반하여 벌금 이상의 형을 선고받은 경우
3. 초경량비행장치의 조종자로서 업무를 수행할 때 고의 또는 중대한 과실로 초경량비행장치사고를 일으켜 인명 피해나 재산 피해를 발생시킨 경우

4. 초경량비행장치 조종자의 준수사항을 위반한 경우
5. 주류 등을 섭취하고 초경량비행장치를 사용하여 비행한 경우
6. 초경량비행장치를 사용하여 비행하는 동안에 주류 등을 섭취하거나 사용한 경우
7. 주류 등의 섭취 및 사용 여부의 측정 요구에 따르지 아니한 경우
8. 이 조에 따른 초경량비행장치 조종자 증명의 효력정지기간에 초경량비행장치를 사용하여 비행한 경우

⑿ 초경량비행장치 전문교육기관의 지정(항공안전법 제126조)

① 국토교통부장관은 초경량비행장치 조종자를 양성하기 위하여 국토교통부령으로 정하는 바에 따라 초경량비행장치 전문교육기관을 지정할 수 있다.

② 국토교통부장관은 초경량비행장치 전문교육기관이 초경량비행장치 조종자를 양성하는 경우에는 예산의 범위에서 필요한 경비의 전부 또는 일부를 지원할 수 있다.

③ 초경량비행장치 전문교육기관의 교육과목, 교육방법, 인력, 시설 및 장비 등의 지정 기준은 국토교통부령으로 정한다.

초경량비행장치 조종자 전문교육기관의 지정(항공안전법 시행규칙 제307조)

① 법 제126조 제1항에 따른 초경량비행장치 조종자 전문교육기관으로 지정받으려는 자는 별지 제120호 서식의 초경량비행장치 조종자 전문교육기관 지정신청서에 다음 각 호의 사항을 적은 서류를 첨부하여 교통안전공단에 제출하여야 한다.
1. 전문교관의 현황
2. 교육시설 및 장비의 현황
3. 교육훈련계획 및 교육훈련규정

② 초경량비행장치 조종자 전문교육기관의 지정 기준
1. 다음 각 목의 전문교관이 있을 것
   가. 비행시간이 200시간(무인비행장치의 경우 조종 경력이 100시간) 이상이고, 국토교통부장관이 인정한 조종교육교관과정을 이수한 지도조종자 1명 이상
   나. 비행시간이 300시간(무인비행장치의 경우 조종 경력이 150시간) 이상이고 국토교통부장관이 인정하는 실기평가과정을 이수한 실기평가조종자 1명 이상
2. 다음 각 목의 시설 및 장비(시설 및 장비에 대한 사용권을 포함한다)를 갖출 것
   가. 강의실 및 사무실 각 1개 이상
   나. 이륙 · 착륙 시설
   다. 훈련용 비행장치 1대 이상
3. 교육과목, 교육시간, 평가방법 및 교육훈련규정 등 교육훈련에 필요한 사항으로서 국토교통부장관이 정하여 고시하는 기준을 갖출 것

⒀ 초경량비행장치 비행승인(항공안전법 제127조)

① 초경량비행장치를 사용하여 국토교통부장관이 고시하는 초경량비행장치 비행제한공역에서 비행하려는 사람은 국토교통부령으로 정하는 바에 따라 미리 국토교통부장관으로부터 비행승인을 받아야 한다. 다만, 비행장 및 이착륙장의 주변 등 대통령령으로 정하는 제한된 범위에서 비행하려는 경우는 제외한다.

② 비행승인 대상이 아닌 경우라 하더라도 국토교통부령으로 정하는 고도 이상에서 비행하는 경우, 관제공역 · 통제공역 · 주의공역 중 국토교통부령으로 정하는 구역에서 비행하는 경우에는 국토교통부장관의 비행승인을 받아야 한다.

⒁ 초경량비행장치 조종자 등의 준수사항(항공안전법 제129조)

① 초경량비행장치의 조종자는 초경량비행장치로 인하여 인명이나 재산에 피해가 발생하지 아니하도록 국토교통부령으로 정하는 준수사항을 지켜야 한다.

② 초경량비행장치 조종자는 무인자유기구를 비행시켜서는 아니 된다. 다만, 국토교통부령으로 정하는 바에 따라 국토교통부장관의 허가를 받은 경우에는 그러하지 아니하다.

③ 초경량비행장치 조종자는 초경량비행장치사고가 발생하였을 때에는 국토교통부령으로 정하는 바에 따라 지체 없이 국토교통부장관에게 그 사실을 보고하여야 한다. 다만, 초경량비행장치 조종자가 보고할 수 없을 때에는 그 초경량비행장치 소유자 등이 초경량비행장치사고를 보고하여야 한다.

④ 무인비행장치 조종자는 무인비행장치를 사용하여 개인정보 또는 개인위치정보 등 개인의 공적 · 사적 생활과 관련된 정보를 수집하거나 이를 전송하는 경우 타인의 자유와 권리를 침해하지 아니하도록 하여야 한다.

초경량비행장치 조종자의 준수사항(항공안전법 시행규칙 제310조)

① 초경량비행장치 조종자는 법 제129조 제1항에 따라 다음 각 호의 어느 하나에 해당하는 행위를 하여서는 아니 된다. 다만, 무인비행장치의 조종자에 대해서는 제4호 및 제5호를 적용하지 아니한다.

1. 인명이나 재산에 위험을 초래할 우려가 있는 낙하물을 투하(投下)하는 행위
2. 인구가 밀집된 지역이나 그 밖에 사람이 많이 모인 장소의 상공에서 인명 또는 재산에 위험을 초래할 우려가 있는 방법으로 비행하는 행위
3. 관제공역 · 통제공역 · 주의공역에서 비행하는 행위. 다만, 비행승인을 받은 경우와 다음 각 목의 행위는 제외한다.
   가. 군사 목적으로 사용되는 초경량비행장치를 비행하는 행위
   나. 아래 비행장치 중 관제권 또는 비행금지구역이 아닌 곳에서 최저비행고도(150m) 미만의 고도에서 비행하는 행위

1) 무인비행기, 무인헬리콥터 또는 무인멀티콥터 중 최대이륙중량이 25kg 이하인 것

2) 무인비행선 중 연료의 무게를 제외한 자체 무게가 12kg 이하이고, 길이가 7m 이하인 것

4. 안개 등으로 인하여 지상목표물을 육안으로 식별할 수 없는 상태에서 비행하는 행위
5. 별표 24에 따른 비행시정 및 구름으로부터의 거리 기준을 위반하여 비행하는 행위
6. 일몰 후부터 일출 전까지의 야간에 비행하는 행위. 다만, 최저비행고도(150m) 미만의 고도에서 운영하는 계류식 기구 또는 허가를 받아 비행하는 초경량비행장치는 제외한다.
7. 마약류 또는 환각물질 등의 영향으로 조종업무를 정상적으로 수행할 수 없는 상태에서 조종하는 행위 또는 비행 중 주류 등을 섭취하거나 사용하는 행위
8. 그 밖에 비정상적인 방법으로 비행하는 행위

② 초경량비행장치 조종자는 항공기 또는 경량항공기를 육안으로 식별하여 미리 피할 수 있도록 주의하여 비행하여야 한다.

③ 동력을 이용하는 초경량비행장치 조종자는 모든 항공기, 경량항공기 및 동력을 이용하지 아니하는 초경량비행장치에 대하여 진로를 양보하여야 한다.

④ 무인비행장치 조종자는 해당 무인비행장치를 육안으로 확인할 수 있는 범위에서 조종하여야 한다.

⒂ 초경량비행장치의 벌칙(항공안전법 제161조)

① 3년 이하의 징역 또는 3,000만 원 이하의 벌금

1. 주류 등의 영향으로 초경량비행장치를 사용하여 비행을 정상적으로 수행할 수 없는 상태에서 초경량비행장치를 사용하여 비행을 한 사람
2. 초경량비행장치를 사용하여 비행하는 동안에 주류 등을 섭취하거나 사용한 사람
3. 국토교통부장관의 측정 요구에 따르지 아니한 사람

② 1년 이하의 징역 또는 1,000만 원 이하의 벌금

안전성 인증을 받지 아니한 초경량비행장치를 사용하여 초경량비행장치 조종자 증명을 받지 아니하고 비행을 한 사람

③ 1,000만 원 이하의 벌금

주류 섭취 · 제한 등의 초경량비행장치사용사업의 안전을 위한 명령을 이행하지 아니한 초경량비행장치사용사업자

④ 6개월 이하의 징역 또는 500만 원 이하의 벌금

초경량비행장치의 신고 또는 변경신고를 하지 아니하고 비행을 한 사람

⑤ 200만 원 이하의 벌금

승인을 받지 아니하고 초경량비행장치 비행제한공역을 비행한 사람

⒃ 초경량비행장치의 과태료(항공안전법 제166조)

① 500만 원 이하의 과태료

초경량비행장치의 비행안전을 위한 기술상의 기준에 적합하다는 안전성 인증을 받지 아니하고 비행한 사람

② 300만 원 이하의 과태료

초경량비행장치 조종자 증명을 받지 아니하고 초경량비행장치를 사용하여 비행을 한 사람

③ 200만 원 이하의 과태료

1. 조종자 준수사항을 따르지 아니하고 초경량비행장치를 이용하여 비행한 사람
2. 비행제한공역에서 승인을 받지 아니하고 초경량비행장치를 이용하여 비행한 사람
3. 야간비행 등 국토교통부장관이 승인한 범위 외에서 비행한 사람

④ 100만 원 이하의 과태료

신고번호를 해당 초경량비행장치에 표시하지 아니하거나 거짓으로 표시한 초경량비행장치 소유자 등

⑤ 30만 원 이하의 과태료

1. 말소신고를 하지 아니한 초경량비행장치 소유자 등
2. 초경량비행장치사고에 관한 보고를 하지 아니하거나 거짓으로 보고한 조종자 또는 그 소유자 등

※ 과태료는 대통령령으로 정하는 바에 따라 국토교통부장관이 부과 · 징수한다.

Chapter 4

항공사업법

1 목적

항공사업법은 항공정책의 수립 및 항공사업에 관하여 필요한 사항을 정하여 대한민국 항공사업의 체계적인 성장과 경쟁력 강화 기반을 마련하는 한편, 항공사업의 질서유지 및 건전한 발전을 도모하고 이용자의 편의를 향상시켜 국민경제의 발전과 공공복리의 증진에 이바지함을 목적으로 한다.

2 용어 정의(항공사업법 제2조)

(1) 항공사업이란 항공사업법에 따라 국토교통부장관의 면허, 허가 또는 인가를 받거나 국토교통부장관에게 등록 또는 신고하여 경영하는 사업을 말한다.

(2) 초경량비행장치란 항공기와 경량항공기 외에 공기의 반작용으로 뜰 수 있는 장치로서 자체 중량, 좌석 수 등 국토교통부령으로 정하는 기준에 해당하는 동력비행장치, 행글라이더, 패러글라이더, 기구류 및 무인비행장치 등을 말한다.

(3) 항공기대여업이란 타인의 수요에 맞추어 유상으로 항공기, 경량항공기 또는 초경량비행장치를 대여하는 사업(항공레저스포츠 대여서비스사업은 제외한다)을 말한다.

(4) 초경량비행장치사용사업이란 타인의 수요에 맞추어 국토교통부령으로 정하는 초경량비행장치를 사용하여 유상으로 농약살포, 사진촬영 등 국토교통부령으로 정하는 업무를 하는 사업을 말한다.

(5) 초경량비행장치사용사업자란 국토교통부장관에게 초경량비행장치사용사업을 등록한 자를 말한다.

(6) 항공레저스포츠사업이란 타인의 수요에 맞추어 유상으로 다음 각 목의 어느 하나에 해당하는 서비스를 제공하는 사업을 말한다.

가. 항공기(비행선과 활공기에 한정한다), 경량항공기 또는 국토교통부령으로 정하는 초경량비행장치를 사용하여 조종교육, 체험 및 경관조망을 목적으로 사람을 태워 비행하는 서비스

나. 다음 중 어느 하나를 항공레저스포츠를 위하여 대여하여 주는 서비스

1) 활공기 등 국토교통부령으로 정하는 항공기

2) 경량항공기

3) 초경량비행장치

다. 경량항공기 또는 초경량비행장치에 대한 정비, 수리 또는 개조서비스

(7) 항공보험이란 여객보험, 기체보험(機體保險), 화물보험, 전쟁보험, 제3자 보험 및 승무원보험과 그 밖에 국토교통부령으로 정하는 보험을 말한다.

3 초경량비행장치에 관련한 항공사업법

(1) 항공정책기본계획의 수립(항공사업법 제3조)

① 국토부장관은 국가 항공정책에 관한 기본계획을 5년마다 수립하여야 한다.

② 항공정책기본계획에는 다음 각 호의 사항이 포함되어야 한다.

1. 국내외 항공정책 환경의 변화와 전망
2. 국가 항공정책의 목표, 전략계획 및 단계별 추진계획
3. 국내 항공운송사업, 항공기정비업 등 항공산업의 육성 및 경쟁력 강화에 관한 사항
4. 공항의 효율적 개발 및 운영에 관한 사항
5. 항공교통이용자 보호 및 서비스 개선에 관한 사항
6. 항공전문인력의 양성 및 항공안전기술 · 항공기정비기술 등 항공산업 관련 기술의 개발에 관한 사항
7. 항공교통의 안전관리에 관한 사항
8. 항공보안에 관한 사항
9. 항공레저스포츠 활성화에 관한 사항
10. 그 밖에 항공운송사업, 항공기정비업 등 항공산업의 진흥을 위하여 필요한 사항

③ 항공정책기본계획은 「항공보안법」 항공보안 기본계획, 항공안전정책기본계획 및 「공항시설법」 공항개발 종합계획에 우선하며, 그 계획의 기본이 된다.

항공정책기본계획의 중요한 사항의 변경(항공사업법 시행령 제2조)

「항공사업법」 제3조 제4항에서 "대통령령으로 정하는 중요한 사항"이란 다음 각 호의 어느 하나에 해당하는 사항을 말한다.

1. 국가 항공정책의 목표 및 전략계획
2. 국내 항공운송사업의 육성
3. 공항의 효율적 개발
4. 항공교통이용자의 보호
5. 항공안전기술의 개발
6. 그 밖에 국토교통부장관이 정하는 사항

항공정책위원회의 위원(항공사업법 시행령 제4조)

「항공사업법」 제4조 제3항에서 "대통령령으로 정하는 행정각부의 차관"이란 다음 각 호의 사람을 말한다. (위원장은 국토부장관)

1. 기획재정부 제2차관
2. 과학기술정보통신부 제1차관
3. 외교부 제2차관
4. 국방부차관
5. 문화체육관광부 제1차관
6. 산업통상자원부 제1차관

(2) 항공사업의 정보화(항공사업법 제6조)

① 국토교통부장관은 항공 관련 정보의 관리, 활용 및 제공 등의 업무를 전자적으로 처리하기 위하여 다음 각 호의 사업을 추진할 수 있다.

1. 운항 · 비행정보를 관리하기 위한 비행정보시스템 구축 · 운영
2. 항공물류정보를 관리하기 위한 항공물류정보시스템 구축 · 운영
3. 항공교통 및 항공산업 관련 정보제공을 위한 항공정보포털시스템 구축 · 운영
4. 항공종사자 자격증명시험 정보를 관리하기 위한 상시원격학과시험시스템 구축 · 운영
5. 항공인력양성 및 관리를 위한 항공인력양성사업정보화시스템 구축 · 운영
6. 그 밖에 항공 관련 업무의 전자적 처리를 위하여 필요하여 대통령령으로 정하는 사업

(3) 항공기대여업의 등록(항공사업법 제46조)

① 항공기대여업을 경영하려는 자는 국토교통부령으로 정하는 바에 따라 신청서에 사업계획서와 그 밖

에 국토교통부령으로 정하는 서류를 첨부하여 국토교통부장관에게 등록하여야 한다. 등록한 사항 중 국토교통부령으로 정하는 사항을 변경하려는 경우에는 국토교통부장관에게 신고하여야 한다.

② 제1항에 따른 항공기대여업을 등록하려는 자는 다음 각 호의 요건을 갖추어야 한다.

1. 자본금 또는 자산평가액이 3,000만 원 이상으로서 대통령령으로 정하는 금액 이상일 것
2. 항공기, 경량항공기 또는 초경량비행장치 1대 이상 등 대통령령으로 정하는 기준에 적합할 것
3. 그 밖에 사업 수행에 필요한 요건으로서 국토교통부령으로 정하는 요건을 갖출 것

③ 다음 각 호의 어느 하나에 해당하는 자는 항공기대여업의 등록을 할 수 없다.

1. 제9조 각 호의 어느 하나에 해당하는 자
2. 항공기대여업 등록의 취소처분을 받은 후 2년이 지나지 아니한 자. 다만, 제9조 제2호에 해당하여 제47조 제8항에 따라 항공기대여업 등록이 취소된 경우는 제외한다.

(4) 초경량비행장치사용사업의 등록(항공사업법 제48조)

① 초경량비행장치사용사업을 경영하려는 자는 국토교통부령으로 정하는 바에 따라 신청서에 사업계획서와 그 밖에 국토교통부령으로 정하는 서류를 첨부하여 국토교통부장관에게 등록하여야 한다.

② 초경량비행장치사용사업을 등록하려는 자는 다음 각 호의 요건을 갖추어야 한다.

1. 자본금 또는 자산평가액이 3,000만 원 이상으로서 대통령령으로 정하는 금액 이상일 것. 다만, 최대이륙중량이 25kg 이하인 무인비행장치만을 사용하여 초경량비행장치사용사업을 하려는 경우는 제외한다.
2. 초경량비행장치 1대 이상 등 대통령령으로 정하는 기준에 적합할 것
3. 그 밖에 사업 수행에 필요한 요건으로서 국토교통부령으로 정하는 요건을 갖출 것

초경량비행장치사용사업의 사업범위(항공사업법 시행규칙 제6조)

① "국토교통부령으로 정하는 초경량비행장치"란 「항공안전법 시행규칙」에 따른 무인비행장치를 말한다.

② "농약살포, 사진촬영 등 국토교통부령으로 정하는 업무"란 다음에 해당하는 업무를 말한다.

1. 비료 또는 농약 살포, 씨앗 뿌리기 등 농업 지원
2. 사진촬영, 육상 · 해상 측량 또는 탐사
3. 산림 또는 공원 등의 관측 또는 탐사
4. 조종교육
5. 그 밖의 업무로서 다음 각 목의 어느 하나에 해당하지 아니하는 업무
   가. 국민의 생명과 재산 등 공공의 안전에 위해를 일으킬 수 있는 업무
   나. 국방 · 보안 등에 관련된 업무로서 국가 안보를 위협할 수 있는 업무

초경량비행장치사용사업의 등록(항공사업법 시행규칙 제47조)

초경량비행장치사용사업을 하려는 자는 등록신청서에 다음 각 호의 서류(전자문서를 포함한다)를 첨부하여 지방항공청장에게 제출하여야 한다. 이 경우 지방항공청장은 법인 등기사항증명서(신청인이 법인인 경우만 해당한다)와 부동산 등기사항증명서(타인의 부동산을 사용하는 경우는 제외한다)를 확인하여야 한다.

1. 등록요건을 충족함을 증명하거나 설명하는 서류
2. 다음 각 목의 사항을 포함하는 사업계획서
   가. 사업목적 및 범위
   나. 초경량비행장치의 안전성 점검 계획 및 사고 대응 매뉴얼 등을 포함한 안전관리대책
   다. 자본금
   라. 상호 · 대표자의 성명과 사업소의 명칭 및 소재지
   마. 사용시설 · 설비 및 장비 개요
   바. 종사자 인력의 개요
   사. 사업 개시 예정일
3. 부동산을 사용할 수 있음을 증명하는 서류(타인의 부동산을 사용하는 경우만 해당한다)

(5) 무인항공 분야 항공산업의 안전증진 및 활성화(항공사업법 제69조)

국가는 무인비행장치 및 무인항공기의 인증, 정비 · 수리 · 개조, 사용 또는 이와 관련된 서비스를 제공하는 무인항공 분야 항공산업의 안전증진 및 활성화를 위하여 대통령령으로 정하는 바에 따라 다음 각 호의 사업을 추진할 수 있다.

1. 무인항공 분야 항공산업의 발전을 위한 기반 조성
2. 무인항공 분야 항공산업에 대한 현황 및 관련 통계의 조사 · 연구
3. 무인비행장치 및 무인항공기의 안전기술, 운영 · 관리체계 등에 대한 연구 및 개발
4. 무인비행장치 및 무인항공기의 조종, 성능평가 · 인증, 안전관리, 정비 · 수리 · 개조 등 전문인력의 양성
5. 무인항공 분야의 우수한 기업의 지원 및 육성
6. 무인비행장치 및 무인항공기의 사용 촉진 및 보급
7. 무인비행장치 및 무인항공기의 안전한 운영 · 관리 등을 위한 인프라 또는 비행시험 시설의 구축 · 운영
8. 무인항공 분야 항공산업의 발전을 위한 국제협력 및 해외진출의 지원
9. 그 밖에 무인항공 분야 항공산업의 안전증진 및 활성화를 위하여 필요한 사항

(6) 항공보험 등의 가입의무(항공사업법 제70조)

초경량비행장치를 초경량비행장치사용사업, 항공기대여업 및 항공레저스포츠사업에 사용하려는 자는 국토교통부령으로 정하는 보험 또는 공제에 가입하여야 한다.

(7) 영리 목적 사용금지(항공사업법 제71조)

누구든지 경량항공기 또는 초경량비행장치를 사용하여 비행하려는 자는 다음 각 호의 어느 하나에 해당하는 경우를 제외하고는 경량항공기 또는 초경량비행장치를 영리 목적으로 사용해서는 아니 된다.

1. 항공기대여업에 사용하는 경우
2. 초경량비행장치사용사업에 사용하는 경우
3. 항공레저스포츠사업에 사용하는 경우

(8) 초경량비행장치의 벌칙(항공사업법 제77조, 제78조)

① 5년 이하의 징역 또는 5,000만 원 이하의 벌금

항공사업의 보조금, 융자금을 거짓이나 그 밖의 부정한 방법으로 교부받은 사람

② 3년 이하의 징역 또는 3,000만 원 이하의 벌금

국가 보조금, 융자금을 교부 목적 외의 목적에 사용한 항공사업자

③ 1년 이하의 징역 또는 1,000만 원 이하의 벌금

1. 등록을 하지 아니하고 항공기대여업을 경영한 자, 초경량비행장치사용사업을 경영한 자, 항공레저스포츠사업을 경영한 자
2. 명의대여 등의 금지를 위반한 항공기대여업자, 초경량비행장치사용사업자, 항공레저스포츠사업자

④ 1,000만 원 이하의 벌금

사업개선명령 위반한 항공기대여업자, 초경량비행장치사용사업자, 항공레저스포츠사업자

⑤ 6개월 이하의 징역 또는 500만 원 이하의 벌금

초경량비행장치를 영리 목적으로 사용한 자

⑥ 500만 원 이하의 벌금

검사 공무원의 검사 또는 출입을 거부 · 방해하거나 기피한 자

(9) 초경량비행장치의 과태료(항공사업법 제84조)

① 500만 원 이하의 과태료

1. 항공기대여업, 초경량비행장치사용사업, 항공레저스포츠사업의 폐업 절차를 위반하여 폐업하거나 폐업신고를 하지 아니하거나 거짓으로 신고한 자
2. 보험 또는 공제에 가입하지 아니하고 초경량비행장치를 사용하여 비행한 자
3. 항공보험 가입에 따른 자료를 제출하지 아니하거나 거짓으로 자료를 제출한 자
4. 검사 공무원의 검사 또는 출입에 따른 보고 등을 하지 아니하거나 거짓 보고 등을 한 자
5. 검사 공무원의 검사 또는 출입에 따른 질문에 대하여 거짓으로 진술한 자

Chapter 5 공항시설법

1 목적

공항시설법은 공항 · 비행장 및 항행안전시설의 설치 및 운영 등에 관한 사항을 정함으로써 항공산업의 발전과 공공복리의 증진에 이바지함을 목적으로 한다.

2 용어 정의(공항시설법 제2조)

(1) 비행장이란 항공기 · 경량항공기 · 초경량비행장치의 이륙과 착륙을 위하여 사용되는 육지 또는 수면(水面)의 일정한 구역으로서 대통령령으로 정하는 것을 말한다.

비행장의 구분(공항시설법 시행령 제2조)

「공항시설법」 제2조에서 "대통령령으로 정하는 것"이란 다음 각 호의 것을 말한다.

1. 육상비행장
2. 육상헬기장
3. 수상비행장
4. 수상헬기장
5. 옥상헬기장
6. 선상(船上)헬기장
7. 해상구조물헬기장

(2) 공항이란 공항시설을 갖춘 공공용 비행장으로서 국토교통부장관이 그 명칭 · 위치 및 구역을 지정 · 고시한 것을 말한다.

(3) 공항구역이란 공항으로 사용되고 있는 지역과 공항 · 비행장개발예정지역 중 「국토의 계획 및 이용에 관한 법률」에 따라 도시 · 군계획시설로 결정되어 국토교통부장관이 고시한 지역을 말한다.

(4) 공항시설이란 공항구역에 있는 시설과 공항구역 밖에 있는 시설 중 대통령령으로 정하는 시설로서 국토교통부장관이 지정한 다음 각 목의 시설을 말한다.

가. 항공기의 이륙 · 착륙 및 항행을 위한 시설과 그 부대시설 및 지원시설

나. 항공 여객 및 화물의 운송을 위한 시설과 그 부대시설 및 지원시설

(5) 비행장시설이란 비행장에 설치된 항공기의 이륙 · 착륙을 위한 시설과 그 부대시설로서 국토교통부장관이 지정한 시설을 말한다.

(6) 활주로란 항공기 착륙과 이륙을 위하여 국토교통부령으로 정하는 크기로 이루어지는 공항 또는 비행장에 설정된 구역을 말한다.

(7) 장애물 제한표면이란 항공기의 안전운항을 위하여 공항 또는 비행장 주변에 장애물(항공기의 안전운항을 방해하는 지형 · 지물 등을 말한다)의 설치 등이 제한되는 표면으로서 대통령령으로 정하는 구역을 말한다.

장애물 제한표면의 구분(공항시설법 시행령 제5조)

「공항시설법」 제2조 제14호에서 "대통령령으로 정하는 구역"이란 다음 각 호의 것을 말한다.

1. 수평표면
2. 원추표면
3. 진입표면 및 내부진입표면
4. 전이(轉移)표면 및 내부전이표면
5. 착륙복행(着陸復行)표면

(8) 항행안전시설이란 유선통신, 무선통신, 인공위성, 불빛, 색채 또는 전파(電波)를 이용하여 항공기의 항행을 돕기 위한 시설로서 국토교통부령으로 정하는 시설을 말한다.

항행안전시설(NAVAID)의 정의[4)]

유선통신, 무선통신, 인공위성, 불빛, 색채 또는 전파를 이용하여 항공기의 항행을 돕기 위한 시설을 총칭하는 것으로 기상 상태와 관계없이 안전하게 비행과 이착륙이 가능하도록 지원해주는 시설을 말한다. 일반적으로 항공기의 항행을 돕기 위한 시설을 NAVAIDS 또는 NAVAID라고 하는데 그 어원은 NAVIGATION(항행, 항법)과 AIDS(지원시설들)의 합성어이다.

(9) 항공등화란 불빛, 색채 또는 형상(形象)을 이용하여 항공기의 항행을 돕기 위한 항행안전시설로서 국토교통부령으로 정하는 시설을 말한다.

항공등화의 종류(공항시설법 시행규칙 별표 3)

1. 비행장등대(Aerodrome Beacon): 항행 중인 항공기에 공항 · 비행장의 위치를 알려주기 위해 공항 · 비행장 또는 그 주변에 설치하는 등화
2. 비행장식별등대(Aerodrome Identification Beacon): 항행 중인 항공기에 공항 · 비행장의 위치를 알려주기 위해 모르스 부호에 따라 명멸하는 등화
3. 진입등시스템(Approach Lighting Systems): 착륙하려는 항공기에 진입로를 알려주기 위해 진입구역에 설치하는 등화
4. 진입각지시등(Precision Approach Path Indicator): 착륙하려는 항공기에 착륙 시 진입각의 적정 여부를 알려주기 위해 활주로의 외측에 설치하는 등화
5. 활주로등(Runway Edge Lights): 이륙 또는 착륙하려는 항공기에 활주로를 알려주기 위해 그 활주로 양측에 설치하는 등화
6. 활주로시단등(Runway Threshold Lights): 이륙 또는 착륙하려는 항공기에 활주로의 시단을 알려주기 위해 활주로의 양 시단에 설치하는 등화
7. 활주로시단연장등(Runway Threshold Wing Bar Lights): 활주로 시단등의 기능을 보조하기 위해 활주로 시단 부분에 설치하는 등화
8. 활주로중심선등(Runway Center Line Lights): 이륙 또는 착륙하려는 항공기에 활주로의 중심선을 알려주기 위해 그 중심선에 설치하는 등화
9. 접지구역등(Touchdown Zone Lights): 착륙하고자 하려는 항공기에 접지구역을 알려주기 위해 접지구역에 설치하는 등화
10. 활주로거리등(Runway Distance Marker Sign): 활주로를 주행 중인 항공기에 전방의 활주로 종단까지의 남은 거리를 알려주기 위해 설치하는 등화
11. 활주로종단등(Runway End Lights): 이륙 또는 착륙하려는 항공기에 활주로의 종단을 알려주기 위해 설치하는 등화
12. 활주로시단식별등(Runway Threshold Identification Lights): 착륙하려는 항공기에 활주로 시단의 위치를 알려주기 위해 활주로 시단의 양쪽에 설치하는 등화
13. 선회등(Circling Guidance Lights): 체공 선회 중인 항공기가 기존의 진입등시스템과 활주로등만으로는 활주로 또는 진입지역을 충분히 식별하지 못하는 경우에 선회비행을 안내하기 위해 활주로의 외측에 설치하는 등화
14. 유도로등(Taxiway Edge Lights): 지상 주행 중인 항공기에 유도로 · 대기지역 또는 계류장 등의 가장자리를 알려주기 위해 설치하는 등화
15. 유도로중심선등(Taxiway Center Line Lights): 지상 주행 중인 항공기에 유도로의 중심 · 활주로 또는 계류장의 출입경로를 알려주기 위해 설치하는 등화
16. 활주로유도등(Runway Leading Lighting Systems): 활주로의 진입경로를 알려주기 위해 진입로를 따라 집단으로 설치하는 등화
17. 일시정지위치등(Intermediate Holding Position Lights): 지상 주행 중인 항공기에 일시 정지해야 하는 위치를 알려주기 위해 설치하는 등화

18. 정지선등(Stop Bar Lights): 유도정지 위치를 표시하기 위해 유도로의 교차 부분 또는 활주로 진입정지 위치에 설치하는 등화
19. 활주로경계등(Runway Guard Lights): 활주로에 진입하기 전에 멈추어야 할 위치를 알려주기 위해 설치하는 등화
20. 풍향등(Illuminated Wind Direction Indicator): 항공기에 풍향을 알려주기 위해 설치하는 등화
21. 지향신호등(Signalling Lamp, Light Gun): 항공교통의 안전을 위해 항공기 등에 필요한 신호를 보내기 위해 사용하는 등화
22. 착륙방향지시등(Landing Direction Indicator): 착륙하려는 항공기에 착륙의 방향을 알려주기 위해 T자형 또는 4면체형의 물건에 설치하는 등화
23. 도로정지위치등(Road-holding Position Lights): 활주로에 연결된 도로의 정지 위치에 설치하는 등화
24. 정지로등(Stop Way Lights): 항공기를 정지시킬 수 있는 지역의 정지로에 설치하는 등화
25. 금지구역등(Unserviceability Lights): 항공기에 비행장 안의 사용금지구역을 알려주기 위해 설치하는 등화
26. 회전안내등(Turning Guidance Lights): 회전구역에서의 회전경로를 보여주기 위해 회전구역 주변에 설치하는 등화
27. 항공기주기장식별표지등(Aircraft Stand Identification Sign): 주기장으로 진입하는 항공기에 주기장을 알려주기 위해 설치하는 등화
28. 항공기주기장안내등(Aircraft Stand Maneuvering Guidance Lights): 시정이 나쁠 경우 주기 위치 또는 제빙 · 방빙시설을 알려주기 위해 설치하는 등화
29. 계류장조명등(Apron Floodlighting): 야간에 작업을 할 수 있도록 계류장에 설치하는 등화
30. 시각주기유도시스템(Visual Docking Guidance System): 항공기에 정확한 주기 위치를 안내하기 위해 주기장에 설치하는 등화
31. 유도로안내등(Taxiway Guidance Sign): 지상 주행 중인 항공기에 목적지, 경로 및 분기점을 알려주기 위해 설치하는 등화
32. 제빙 · 방빙시설출구등(De/Anti-Icing Facility Exit Lights): 유도로에 인접해 있는 제빙 · 방빙시설을 알려주기 위해 출구에 설치하는 등화
33. 비상용등화(Emergency Lighting): 항공등화의 고장 또는 정전에 대비하여 갖추어 두는 이동형 비상등화
34. 헬기장등대(Heliport Beacon): 항행 중인 헬기에 헬기장의 위치를 알려주기 위해 헬기장 또는 그 주변에 설치하는 등화
35. 헬기장진입등시스템(Heliport Approach Lighting System): 착륙하려는 헬기에 그 진입로를 알려주기 위해 진입구역에 설치하는 등화
36. 헬기장진입각지시등(Heliport Approach Path Indicator): 착륙하려는 헬기에 착륙할 때의 진입각의 적정 여부를 알려주기 위해 설치하는 등화
37. 시각정렬안내등(Visual Alignment Guidance System): 헬기장으로 진입하는 헬기에 적정한 진입 방향을 알려주기 위해 설치하는 등화
38. 진입구역등(Final Approach & Take-off Area Lights): 헬기장의 진입구역 및 이륙구역의 경계 윤곽을 알려주기 위해 진입구역 및 이륙구역에 설치하는 등화

39. 목표지점등(Aiming Point Lights): 헬기장의 목표 지점을 알려주기 위해 설치하는 등화
40. 착륙구역등(Touchdown & Lift-off Area Lighting System): 착륙구역을 조명하기 위해 설치하는 등화
41. 견인지역조명등(Winching Area Floodlighting): 야간에 사용하는 견인지역을 조명하기 위해 설치하는 등화
42. 장애물조명등(Floodlighting of Obstacles): 헬기장 지역의 장애물에 장애등을 설치하기가 곤란한 경우에 장애물을 표시하기 위해 설치하는 등화
43. 간이접지구역등(Simple Touchdown Zone Lights): 착륙하려는 항공기에 복행을 시작해도 되는지를 알려주기 위해 설치하는 등화
44. 진입금지선등(No-entry Bar): 교통수단이 부주의로 인하여 탈출전용 유도로용 유도로에 진입하는 것을 예방하기 위해 하는 등화

(10) 항행안전무선시설이란 전파를 이용하여 항공기의 항행을 돕기 위한 시설로서 국토교통부령으로 정하는 시설을 말한다.

항행안전무선시설(공항시설법 시행규칙 제7조)

「공항시설법」 제2조 제17호에서 "국토교통부령으로 정하는 시설"이란 다음 각 호의 시설을 말한다.

1. 거리측정시설(DME)
2. 계기착륙시설(ILS/MLS/TLS)
3. 다변측정감시시설(MLAT)
4. 레이더시설(ASR/ARSR/SSR/ARTS/ASDE/PAR)
5. 무지향표지시설(NDB)
6. 범용접속데이터통신시설(UAT)
7. 위성항법감시시설(GNSS Monitoring System)
8. 위성항법시설(GNSS/SBAS/GRAS/GBAS)
9. 자동종속감시시설(ADS, ADS-B, ADS-C)
10. 전방향표지시설(VOR)
11. 전술항행표지시설(TACAN)

(11) 항공정보통신시설이란 전기통신을 이용하여 항공교통업무에 필요한 정보를 제공 · 교환하기 위한 시설로서 국토교통부령으로 정하는 시설을 말한다.

항공정보통신시설(공항시설법 시행규칙 제8조)

「공항시설법」 제2조 제18호에서 "국토교통부령으로 정하는 시설"이란 다음 각 호의 시설을 말한다.

1. 항공고정통신시설
   가. 항공고정통신시스템(AFTN/MHS)
   나. 항공관제정보교환시스템(AIDC)
   다. 항공정보처리시스템(AMHS)
   라. 항공종합통신시스템(ATN)
2. 항공이동통신시설
   가. 관제사 · 조종사 간 데이터링크 통신시설(CPDLC)
   나. 단거리이동통신시설(VHF/UHF Radio)
   다. 단파데이터이동통신시설(HFDL)
   라. 단파이동통신시설(HF Radio)
   마. 모드 S 데이터통신시설
   바. 음성통신제어시설(VCCS, 항공직통전화시설 및 녹음시설을 포함한다)
   사. 초단파디지털이동통신시설(VDL, 항공기출발허가시설 및 디지털공항정보방송시설을 포함한다)
   아. 항공이동위성통신시설[AMS(R)S]
3. 항공정보방송시설: 공항정보방송시설(ATIS)

3 초경량비행장치에 관련한 공항시설법

(1) 공항시설 및 비행장시설의 설치 기준(공항시설법 제24조)

「공항시설법」 제6조 제1항 및 제2항에 따른 개발사업에 필요한 공항시설 또는 비행장시설 및 항행안전시설의 설치에 관한 기준(이하 "시설설치 기준"이라 한다)은 대통령령으로 정한다.

공항시설 및 비행장시설의 설치 기준(공항시설법 시행령 제31조)

「공항시설법」 제24조에 따른 개발사업에 필요한 공항시설 및 비행장시설의 설치 기준은 다음 각 호와 같다.

1. 공항 또는 비행장 주변에 항공기의 이륙 · 착륙에 지장을 주는 장애물이 없을 것
2. 공항 또는 비행장의 체공선회권이 인접한 공항 또는 비행장의 체공선회권과 중복되지 아니할 것
3. 공항 또는 비행장의 활주로 · 착륙대 · 유도로의 길이 및 폭과 각 표면의 경사도 및 공항 또는 비행장의 표지시설 등이 국토교통부령으로 정하는 기준에 적합할 것

(2) 항공장애 표시등의 설치(공항시설법 제36조)

① 국토교통부장관 또는 사업시행자 등은 장애물 제한표면에서 수직으로 지상까지 투영한 구역에 있는 구조물로서 국토교통부령으로 정하는 구조물에는 국토교통부령으로 정하는 항공장애 표시등 및 항공장애 주간(晝間)표지의 설치 위치 및 방법 등에 따라 표시등 및 표지를 설치하여야 한다.

② 국토교통부장관은 국토교통부령으로 정하는 바에 따라 제1항 및 제2항에 따른 구조물 외의 구조물이 항공기의 항행안전을 현저히 해칠 우려가 있으면 구조물에 표시등 및 표지를 설치하여야 한다.

③ 국토교통부장관 외의 자가 제1항 또는 제2항에 따라 표시등 또는 표지를 설치하려는 경우에는 국토교통부장관과 미리 협의하여야 하며, 해당 시설을 설치한 날부터 15일 이내에 국토교통부령으로 정하는 바에 따라 국토교통부장관에게 신고하여야 한다.

④ 제1항부터 제3항까지에 따라 표시등 또는 표지가 설치된 구조물을 소유 또는 관리하는 자가 해당 구조물에 설치된 표시등 또는 표지를 철거하거나 변경하려는 경우에는 국토교통부장관과 미리 협의하여야 하며, 해당 시설을 철거 또는 변경한 날부터 15일 이내에 국토교통부령으로 정하는 바에 따라 국토교통부장관에게 신고하여야 한다.

표시등 및 표지의 설치신고 및 관리(공항시설법 시행규칙 제29조)

「공항시설법」 제36조 제5항에 따라 표시등 또는 표지가 설치된 구조물을 소유 또는 관리하는 자는 별지 제19호 서식의 신고서에 다음 각 호의 서류를 첨부하여 지방항공청장에게 제출하여야 한다.

1. 표시등 또는 표지의 종류 · 수량 및 설치 위치가 포함된 도면
2. 표시등 또는 표지의 설치사진(전체적 위치를 나타내는 것)
3. 그 밖에 국토교통부장관이 정하여 고시하는 사항

(3) 항행안전시설의 설치(공항시설법 제43조)

① 항행안전시설은 국토교통부장관이 설치한다.

② 국토교통부장관 외에 항행안전시설을 설치하려는 자는 국토교통부령으로 정하는 바에 따라 국토교통부장관의 허가를 받아야 한다. 이 경우 국토교통부장관은 항행안전시설의 설치를 허가할 때 해당 시설을 국가에 귀속시킬 것을 조건으로 하거나 그 시설의 설치 및 운영 등에 필요한 조건을 붙일 수 있다.

(4) 항행안전시설 설치 실시계획의 수립 · 승인(공항시설법 제44조)

① 항행안전시설을 설치하려는 자는 대통령령으로 정하는 바에 따라 항행안전시설 설치를 시작하기 전에 실시계획을 수립하여야 한다.

② 제1항에 따른 실시계획에는 다음 각 호의 사항이 포함되어야 한다.

1. 사업시행에 필요한 설계도서
2. 자금조달계획
3. 시행기간
4. 그 밖에 국토교통부령으로 정하는 사항

(5) 항행안전시설의 완성검사(공항시설법 제45조)

① 제43조 제2항에 따른 항행안전시설 설치자는 해당 시설의 공사가 끝난 경우에는 사용 개시 이전에 국토교통부령으로 정하는 바에 따라 국토교통부장관의 완성검사를 받아야 한다.

(6) 항행안전시설 사용료(공항시설법 제50조)

① 항행안전시설설치자 등은 국토교통부령으로 정하는 바에 따라 항행안전시설을 사용하거나 이용하는 자에게 사용료(이하 "항행안전시설 사용료"라 한다)를 받을 수 있다.

② 국토교통부장관 외의 항행안전시설설치자 등이 제1항에 따라 항행안전시설 사용료를 받으려면 그 사용료의 금액을 정하여 국토교통부장관에게 신고하여야 한다. 항행안전시설 사용료를 변경하려는 경우에도 또한 같다.

(7) 금지행위(공항시설법 제56조)

① 누구든지 국토교통부장관, 사업시행자 등 또는 항행안전시설설치자 등의 허가 없이 착륙대, 유도로, 계류장, 격납고 또는 항행안전시설이 설치된 지역에 출입해서는 아니 된다.

② 누구든지 활주로, 유도로 등 그 밖에 국토교통부령으로 정하는 공항시설 · 비행장시설 또는 항행안전시설을 파손하거나 이들의 기능을 해칠 우려가 있는 행위를 해서는 아니 된다.

③ 누구든지 항공기, 경량항공기 또는 초경량비행장치를 향하여 물건을 던지거나 그 밖에 항행에 위험을 일으킬 우려가 있는 행위를 해서는 아니 된다.

④ 누구든지 항행안전시설과 유사한 기능을 가진 시설을 항공기 항행을 지원할 목적으로 설치 · 운영해서는 아니 된다.

⑤ 항공기와 조류의 충돌을 예방하기 위하여 누구든지 항공기가 이륙 · 착륙하는 방향의 공항 또는 비행장 주변지역 등 국토교통부령으로 정하는 범위에서 공항 주변에 새들을 유인할 가능성이 있는 오물처리장 등 국토교통부령으로 정하는 환경을 만들거나 시설을 설치해서는 아니 된다.

⑥ 누구든지 국토교통부장관, 사업시행자 등, 항행안전시설설치자 등 또는 이착륙장을 설치 · 관리하는 자의 승인 없이 해당 시설에서 다음 각 호의 어느 하나에 해당하는 행위를 해서는 아니 된다.

1. 영업행위
2. 시설을 무단으로 점유하는 행위
3. 상품 및 서비스의 구매를 강요하거나 영업을 목적으로 손님을 부르는 행위
4. 그 밖에 제1호부터 제3호까지의 행위에 준하는 행위로서 해당 시설의 이용이나 운영에 현저하게 지장을 주는 대통령령으로 정하는 행위

금지행위(공항시설법 시행규칙 제47조)

「공항시설법」 제56조 제2항에서 "국토교통부령으로 정하는 공항시설 · 비행장시설 또는 항행안전시설"이라 함은 다음 각 호의 시설을 말한다.

1. 착륙대, 계류장 및 격납고
2. 항공기 급유시설 및 항공유 저장시설

금지행위(공항시설법 시행령 제50조)

「공항시설법」 제56조 제6항 제4호에서 "대통령령으로 정하는 행위"란 다음 각 호의 행위를 말한다.

1. 노숙하는 행위
2. 폭언 또는 고성방가 등 소란을 피우는 행위
3. 광고물을 설치 · 부착하거나 배포하는 행위
4. 기부를 요청하거나 물품을 배부 또는 권유하는 행위
5. 그 밖에 항공안전 확보 등을 위하여 국토교통부령으로 정하는 행위

(8) 초경량비행장치의 벌칙(공항시설법 제64~67조)

① 2,000만 원 이하의 벌금

1. 금지행위를 위반한 자
2. 시정명령에 따라 허가가 취소된 시설을 사용한 자

② 1년 이하의 징역 또는 1,000만 원 이하의 벌금

1. 공항 · 비행장개발예정지역으로 지정 · 고시된 지역에서 허가 또는 변경허가를 받아야 할 사항을 허가 또는 변경허가를 받지 아니하고 건축물의 건축 등의 행위를 하거나 거짓 또는 부정한 방법으로 허가를 받은 자
2. 공항 · 비행장개발예정지역으로 지정 · 고시된 지역에서 사업시행자의 토지출입 및 사용에 따른 행위를 방해하거나 거부한 자

3. 이착륙장 사용중지 명령을 위반한 자

4. 시정명령 또는 허가 · 승인 취소처분을 위반한 자

③ 500만 원 이하의 벌금

1. 검사 공무원의 검사 · 출입을 거부, 방해하거나 보고를 거짓으로 한 자 및 기피한 자

(9) 초경량비행장치의 과태료(공항시설법 제69조)

① 500만 원 이하의 과태료

1. 항공장애 표시등 및 표지를 설치 또는 관리하지 아니한 자

2. 사업시행자 등, 이착륙장을 설치 · 관리하는 자의 승인 없이 영업행위, 시설무단점유행위 등의 금지행위를 하는 자

② 200만 원 이하의 과태료

1. 유사등화의 가림 또는 소등명령을 위반한 자

(10) 이행강제금(공항시설법 제70조)

시정명령을 받은 후 그 정한 기간 이내에 그 명령을 이행하지 아니하는 자에게 이행강제금을 부과한다.

① 항공장애등 또는 표지의 설치명령을 위반한 경우: 1,000만 원 이하

② 항공장애등 또는 표지의 시정명령을 위반한 경우: 500만 원 이하

Chapter 6

초경량비행장치 벌칙 종합

1 과태료

위규 내용	처벌 및 행정처분			비고
	징역	벌금	과태료	
◦ 안전성 인증을 받지 아니하고 비행한 사람			500만 원 이하	항공안전법
◦ 항공기대여업, 초경량비행장치사용사업, 항공레저스포츠 사업의 폐업 절차를 위반하여 폐업하거나 폐업신고를 하지 아니하거나 거짓으로 신고한 자				항공사업법
◦ 보험 또는 공제에 가입하지 아니하고 비행한 자				항공사업법
◦ 항공보험 가입에 따른 자료를 제출하지 아니하거나 거짓으로 자료를 제출한 자				항공사업법
◦ 검사 공무원의 검사 또는 출입에 따른 보고 등을 하지 아니하거나 거짓 보고 등을 한 자				항공사업법
◦ 검사 공무원의 검사 또는 출입에 따른 질문에 대하여 거짓으로 진술한 자				항공사업법
◦ 항공장애 표시등 및 표지를 설치 또는 관리하지 아니한 자				공항시설법
◦ 이착륙장을 설치 · 관리하는 자의 명령에 따르지 아니한 자				공항시설법
◦ 조종자 증명을 받지 아니하고 비행을 한 사람			300만 원 이하	항공안전법
◦ 조종자 준수사항을 따르지 아니하고 비행한 사람			200만 원 이하	항공안전법
◦ 비행제한공역에서 승인을 받지 아니하고 비행한 사람				항공안전법
◦ 야간비행 등 승인한 범위 외에서 비행한 사람				항공안전법
◦ 유사등화의 가림 또는 소등명령을 위반한 자				공항시설법
◦ 신고번호를 표시 않거나 거짓으로 표시한 장치소유자			100만 원 이하	항공안전법
◦ 말소신고를 하지 아니한 장치소유자 등			30만 원 이하	항공안전법
◦ 사고보고를 않거나 거짓 보고한 조종자 또는 그 소유자				항공안전법

2 징역 및 벌금

위규 내용	처벌 및 행정처분			비고
	징역	벌금	과태료	
◦ 국가 보조금, 융자금을 거짓이나 그 밖의 부정한 방법으로 교부받은 사람	5년 이하	5,000만 원 이하		항공사업법
◦ 주류 등의 영향으로 비정상 상태에서 비행을 한 사람 ◦ 비행하는 동안에 주류 등을 섭취하거나 사용한 사람 ◦ 측정 요구에 따르지 아니한 사람 ◦ 국가 보조금, 융자금을 교부 목적 외의 목적에 사용한 항공사업자	3년 이하	3,000만 원 이하		항공안전법 항공안전법 항공안전법 항공사업법
◦ 안전성 인증을 받지 않고, 조종자 증명 없이 비행을 한 사람 ◦ 등록을 하지 아니하고 항공기대여업을 경영한 자, 초경량비행장치 사용사업을 경영한 자, 항공레저스포츠사업을 경영한 자 ◦ 명의대여 등의 금지를 위반한 항공기대여업자, 초경량비행장치사용사업자, 항공레저스포츠사업자 ◦ 공항 · 비행장개발예정지역으로 지정 · 고시된 지역에서 허가 또는 변경허가를 받지 아니하고 건축물의 건축 등의 행위를 하거나 거짓 또는 부정한 방법으로 허가를 받은 자 ◦ 공항 · 비행장개발예정지역으로 지정 · 고시된 지역에서 사업시행자의 토지출입 및 사용에 따른 행위를 방해하거나 거부한 자 ◦ 이착륙장 사용중지 명령을 위반한 자 ◦ 시정명령 또는 허가 · 승인 취소처분을 위반한 자	1년 이하	1,000만 원 이하		항공안전법 항공사업법 항공사업법 공항시설법 공항시설법 공항시설법 공항시설법
◦ 신고 또는 변경신고를 하지 아니하고 비행을 한 사람 ◦ 초경량비행장치를 영리 목적으로 사용한 자	6개월 이하	500만 원 이하		항공안전법 항공사업법
◦ 금지행위를 위반한 자 ◦ 시정명령에 따라 허가가 취소된 시설을 사용한 자		2,000만 원 이하		공항시설법 공항시설법
◦ 주류 섭취 · 제한 등의 초경량비행장치사용사업의 안전을 위한 명령을 이행하지 아니한 초경량비행장치사용사업자 ◦ 사업개선명령을 위반한 항공기대여업자, 초경량비행장치사용사업자, 항공레저스포츠사업자		1,000만 원 이하		항공안전법 항공사업법

◦ 검사 공무원의 검사 또는 출입을 거부 · 방해하거나 기피한 자 ◦ 검사 공무원의 검사 · 출입을 거부, 방해하거나 보고를 거짓으로 한 자 및 기피한 자		500만 원 이하		항공사업법 공항시설법
◦ 승인을 받지 아니하고 비행제한공역을 비행한 사람		200만 원 이하		항공안전법

※ 이행강제금(공항시설법 제70조)

시정명령을 받은 후 그 정한 기간 이내에 그 명령을 이행하지 아니하는 자에게는 이행강제금을 부과한다.

◦ 항공장애등 또는 표지의 설치명령을 위반한 경우: 1,000만 원 이하

◦ 항공장애등 또는 표지의 시정명령을 위반한 경우: 500만 원 이하

1) 김종복, 《신국제항공법》, 한국학술정보, 2015.

2) 국방부, 《국방부 초경량비행장치 비행승인업무 지침서》, 2015.

3) 교통안전공단, 《초경량비행장치 조종자 증명 시험 종합 안내서》, 2017.

4) 교통안전공단, 《2017 항공정보매뉴얼(제7호)》, 2017.

기출 및 연습문제

01

다음 중 항공법을 제정한 목적에 포함되지 않는 것은?

① 항공기 항행의 안전을 도모한다.

② 항공시설의 설치와 관리를 효율적으로 한다.

③ 항공의 발전과 공공복리 증진에 이바지한다.

④ 국제민간항공기구(ICAO)에 대응한 국내 항공산업을 보호하기 위한 것이다.

해설 ▼

국제민간항공기구(ICAO)의 규정에 협력해 국내 항공산업을 발전시키기 위한 목적이다.

02

다음 중 우리나라의 항공관련법을 제정한 목적은?

① 항공기의 안전한 항행과 항공운송사업 등 질서를 확립한다.

② 항공기 등 안전항행 기준을 법으로 정한다.

③ 국제 민간항공의 안전한 항행과 발전을 도모한다.

④ 국내 민간항공의 안전한 항행과 발전을 도모한다.

해설 ▼

우리나라의 항공안전법 등 항공관련법은 항공기 등이 안전하게 항행하기 위한 방법을 정함으로써 국민의 생명과 재산을 보호하고 항공기술 발전을 도모하기 위해 제정되었다.

03

다음 중 우리나라 항공안전법의 제정 목적으로 틀린 것은?

① 항공기, 경량항공기 또는 초경량비행장치가 안전하게 항행하기 위한 방법을 정한다.

② 국민의 생명과 재산을 보호한다.

③ 항공기술 발전에 이바지한다.

④ 국제민간항공기구에 대응한 국내 항공산업을 보호한다.

해설 ▼

항공안전법의 목적(항공안전법 제1조): 항공기, 경량항공기 또는 초경량비행장치가 안전하게 항행하기 위한 방법을 정함으로써 생명과 재산을 보호하고 항공기술의 발전에 이바지함을 목적으로 한다.

정답 1④ 2① 3④

04 다음 중 인력활공기의 표준 기준 무게는?

① 70kg 이하

② 115kg 이하

③ 150kg 이하

④ 225kg 이하

05 다음 중 항공기의 정의에 대한 설명으로 올바른 것은?

① 민간항공에 사용되는 대형항공기를 말한다.

② 민간항공에 사용할 수 있는 비행기, 헬리콥터, 비행선, 활공기를 말한다.

③ 민간항공에 사용하는 비행선과 활공기를 제외한 모든 것을 말한다.

④ 활공기, 회전익항공기, 비행기, 비행선을 말한다.

해설 ▼

「항공안전법」 제2조에서 항공기란 공기의 반작용으로 뜰 수 있는 기기로서 비행기, 헬리콥터, 비행선, 활공기 등을 말한다.

06 다음 중 항공안전법에서 규정하는 항공기의 정의는?

① 공기보다 가벼운 기기로 조종에 의해서 비행할 수 있는 날틀

② 국토부령으로 정하는 것으로 항공에 사용할 수 있는 것

③ 공기의 반작용으로 뜰 수 있는 기기로 비행기, 헬리콥터, 비행선, 활공기

④ 사람이 탑승하여 항공의 용으로 사용할 수 있는 기기

해설 ▼

항공안전법은 항공기를 공기의 반작용으로 뜰 수 있는 기기로 정의한다.

07 다음 중 비행정보구역(FIR)을 지정하는 목적에 포함되지 않는 것은?

① 영공통과료 징수를 위한 경계설정

② 항공기 수색 · 구조에 필요한 정보제공

③ 항공기 안전을 위한 정보제공

④ 항공기 효율적인 운항을 위한 정보제공

해설 ▼

비행정보구역은 항공기, 경량항공기 또는 초경량비행장치의 안전하고 효율적인 비행과 수색 또는 구조에 필요한 정보를 제공하기 위한 공역을 말한다.

08 다음 중 비행장의 정의로 가장 올바른 것은?

① 이착륙할 수 있는 지표면과 착륙대

② 항공기 운항에 필요한 일정 지표면과 공역

③ 항공기 운항에 필요한 특정 시설을 갖춘 공항

④ 항공기 이착륙에 사용되는 육지 또는 수면

해설 ▼

비행장은 항공기 등의 이착륙을 위해 사용되는 육지 또는 수면의 일정한 구역을 말한다.

09 다음 중 공공용 비행장으로 명칭, 위치 및 구역이 고시된 지역을 무엇이라 하는가?

① 비행장

② 활주로

③ 공항

④ 공공비행장

해설 ▼

공항은 공공시설을 갖춘 공공용 비행장이다.

정답 4① 5② 6③ 7① 8④ 9③

10 **다음 중 항공기 이착륙에 사용되는 육지 또는 수면은 무엇인가?**

① 유도로 ② 착륙대
③ 비행장 ④ 비행지역

해설 ▼

비행장은 항공기, 경량항공기, 초경량비행장치의 이륙, 착륙을 위해 사용되는 육지 또는 수면의 일정한 구역을 말한다.

11 **다음 중 초경량비행장치가 비상착륙 시 적합하지 않은 장소는?**

① 해안선 ② 평야지대
③ 웅덩이 ④ 간헐지

해설 ▼

웅덩이, 저수지, 강, 바다 등은 초경량비행장치가 비상착륙하기에는 적합하지 않은 장소이다.

12 **다음 중 공항시설의 기본시설로 볼 수 없는 것은?**

① 공항 이용객 편의시설 ② 항공보안시설
③ 항공기의 이착륙 시설 ④ 기상관측시설

해설 ▼

공항의 기본시설은 활주로, 유도로, 주기장, 항공안전시설 등이 있다.

13 **다음 중 비행금지구역은 누가 지정하는가?**

① 해당 지역 지방항공청장
② 국무회의
③ 국토교통부장관
④ 국회

해설 ▼

비행금지구역은 국토교통부장관이 지정하고 금지구역 내 비행허가는 지방항공청장의 권한에 속한다.

14 다음 중 항공기의 비행이 그 상공에 있어서 전면적으로 금지되는 구역은?

① 비행통제구역

② 비행제한구역

③ 비행금지구역

④ 비행경고구역

해설 ▼

비행금지구역은 안전, 국방, 그 밖의 일로 항공기의 비행을 금지하는 육지, 영하 상공에 설정된 일정 범위의 공역을 말한다.

15 다음 중 항공기의 항행안전을 저해할 우려가 있는 장애물 높이가 지표 또는 수면으로부터 몇 m 이상이면 항공장애 표시등 및 항공장애 주간표지를 설치해야 하는가?

① 50m　　② 100m

③ 150m　　④ 200m

해설 ▼

항공장애 표시등은 건물의 높이가 150m 이상이면 의무적으로 설치해야 한다.

16 다음 중 초경량비행장치를 영리 목적으로 사용을 할 경우 보험에 가입할 필요가 <u>없는</u> 것은?

① 항공기대여업에 사용

② 초경량비행장치사용사업에 사용

③ 초경량비행장치 조종교육에 사용

④ 초경량비행장치의 판매 시 사용

초경량비행장치를 판매하는 것은 초경량비행장치를 영리 목적으로 이용하는 행위에 포함되지 않는다.

정답 10 ③ 11 ③ 12 ① 13 ③ 14 ③ 15 ③ 16 ④

17 **다음 중 항공기의 활주로 이탈을 대비하여 설치된 직사각형 형태의 안전지대는?**

① 진입표면
② 안전표면
③ 착륙대
④ 기본표면

18 **다음 중 항공교통의 안전을 위하여 지정 · 고시한 비행장 및 그 주변의 공역을 무엇이라 하는가?**

① 항공로
② 관제권
③ 관제구
④ 항공교통구역

해설 ▼

관제권은 비행장과 그 주변의 공역으로서 항공교통의 안전을 위해 지정한 공역을 말한다.

19 **다음 중 용어의 정의가 올바르지 않은 것은?**

① 관제공역은 항공교통의 안전을 위해 항공기의 비행순서 · 시기 및 방법 등에 관해 국토교통부 장관의 지시를 받아야 할 필요가 있는 공역으로서 관제권 및 관제구를 포함한다.
② 비관제공역은 관제공역 외의 공역으로서 항공기에게 비행에 필요한 조언 · 비행정보 등을 제공하는 공역을 말한다.
③ 통제공역은 항공교통의 안전을 위하여 항공기의 비행을 금지 또는 제한할 필요가 있는 공역을 말한다.
④ 경계공역은 항공기의 비행 시 조종사의 특별한 주의 · 경계 · 식별 등을 요구할 필요가 있는 공역을 말한다.

해설 ▼

④에 대한 설명은 경계공역이 아니라 주의공역에 해당된다.

20 다음 중 항공사업법에서 규정한 항공기사용사업이란?

① 사용자를 위해 여객 또는 화물을 운송하는 사업

② 항공기를 사용해 유상으로 여객 또는 화물을 운송하는 사업

③ 항공기를 사용해 유상으로 여객 또는 화물의 운송 외의 사업

④ 항공기를 정비, 급유, 하역하는 사업

해설 ▼

「항공사업법」 제2조는 항공기사용사업을 항공운송 외의 사업으로 타인의 수요에 맞추어 항공기를 사용해 유상으로 농약살포, 건설자재 등의 운반, 사진촬영, 항공기를 이용한 비행훈련 등 국토교통부령으로 정하는 업무로 규정하고 있다.

21 다음 중 반드시 등록을 필해야 하는 항공기는?

① 군용기

② 세관이나 정찰용 항공기

③ 외국에 임대할 목적으로 도입한 항공기

④ 대통령 전용기로 사용되는 민간항공기

해설 ▼

국내에서 사용하는 민간항공기는 반드시 등록해야 한다.

22 다음 중 항공기의 등록사항과 관계없는 것은?

① 항공기 형식

② 항공기 제작자

③ 항공기 제작번호

④ 항공기 감항성

해설 ▼

항공기의 감항성은 항공기가 안전하게 운용될 수 있도록 최적의 성능을 유지하는 것을 말한다.

정답 17 ③ 18 ② 19 ④ 20 ③ 21 ④ 22 ④

23 **다음 중 유선통신, 무선통신, 불빛, 색채 또는 형상을 이용해 항공기의 항행을 돕기 위한 시설은?**

① 항공등화 ② 무지향표지시설
③ 항공보안시설 ④ 항행안전시설

해설 ▼

항행안전시설은 항공기의 안전한 항행을 돕기 위한 시설이다.

24 **다음 중 항행안전시설에 포함되지 않는 것은?**

① 불빛으로 항공기 항행을 유도하는 시설
② 전파를 이용하여 항행을 유도하는 시설
③ 전파를 이용하여 항공기를 관제하는 시설
④ 색채에 의해 항공기의 항행을 유도하는 시설

해설 ▼

항공기를 관제하는 것은 포함되지 않는다.

25 **다음 중 공항시설법상 유도로등의 색은?**

① 녹색 ② 청색
③ 백색 ④ 황색

해설 ▼

유도로등이란 지상 주행 중인 항공기에 유도로, 대기지역 또는 계류장 등의 가장자리를 알려주기 위하여 설치하는 등으로 청색이다.

26 **다음 중 관제구의 높이는 지표면으로부터 몇 m인가?**

① 200m 이상 ② 250m 이상
③ 300m 이상 ④ 350m 이상

해설 ▼

관제구는 지표면 또는 수면으로부터 200m 이상 높이의 공역을 말한다.

27 다음 중 항공업무로 볼 수 없는 것은?

① 항공기 운항　　② 조종연습

③ 항공교통관제　　④ 운항관리

해설 ▼

항공업무(항공안전법 제2조 제5호): 항공기의 운항업무, 항공교통관제업무, 항공기의 운항관리업무, 정비 · 수리 · 개조된 항공기 · 발동기 · 프로펠러, 장비품 또는 부품에 대하여 안전하게 운용할 수 있는 성능이 있는지를 확인하는 업무이다. 조종연습은 항공업무에 포함되지 않는다.

28 다음 중 등록된 항공기의 소유권을 이전하는 경우는?

① 이전등록　　② 임차등록

③ 변경등록　　④ 임대등록

29 다음 중 운송금지 물건에 포함되지 않는 것은?

① 화약류　　② 고압가스

③ 인화성 물질　　④ 중요 기밀서류

해설 ▼

운송금지 물건은 화재나 테러 위험이 있는 것으로 중요 기밀서류를 포함하지 않는다.

30 초경량비행장치를 소유한 자는 지방항공청장에게 신고해야 한다. 이때 첨부해야 할 것들이 아닌 것은?

① 비행장치를 소유하고 있음을 증명하는 서류

② 비행장치의 제원 및 성능표

③ 비행장치의 사진

④ 비행장치의 안전을 입증할 수 있는 사람

해설 ▼

비행장치의 안전에 관한 서류요건은 2013년에 삭제되었고, 보험 가입을 증명할 수 있는 서류를 제출해야 한다.

정답 23 ④ 24 ③ 25 ② 26 ① 27 ② 28 ① 29 ④ 30 ④

31 **다음 중 초경량비행장치를 사용해 비행하고자 하는 경우 자격증명이 필요한 것은?**

① 회전익비행장치

② 패러글라이더

③ 계류식 기구

④ 낙하산

해설 ▼

자격증명은 동력비행장치, 회전익비행장치(자이로플레인, 초경량헬리콥터)에만 적용된다.

32 **다음 중 영리를 목적으로 조종자 자격증명 없이 초경량비행장치에 타인을 탑승시켜 비행을 한 자의 처벌은?**

① 1년 이하의 징역 또는 1,000만 원 이하의 벌금

② 500만 원 이하의 과태료

③ 200만 원 이하의 과태료

④ 2년 이하의 징역 또는 3,000만 원 이하의 벌금

해설 ▼

조종자 증명을 받지 않고 타인을 영리 목적으로 탑승시켜 비행한 사람은 1년 이하의 징역 또는 1,000만 원 이하의 벌금에 처한다.

33 **다음 중 초경량비행장치의 멸실 등의 사유로 신고를 말소할 경우에 그 사유가 발생한 날부터 며칠 이내에 말소등록을 신청해야 하는가?**

① 5일

② 10일

③ 15일

④ 30일

해설 ▼

초경량비행장치 신고요령에 따라 초경량비행장치가 멸실된 경우에는 사유가 있는 날부터 15일 이내에 관할 지방항공청장에게 말소신고를 해야 한다.

34 다음 중 영리를 목적으로 초경량비행장치를 이용해 제한공역을 승인 없이 비행을 한 자의 처벌은?

① 과태료 500만 원 이하

② 과태료 200만 원 이하

③ 1년 이하의 징역 또는 1,000만 원 이하의 벌금

④ 과태료 300만 원 이하

해설 ▼

비행금지구역에서 허가 없이 비행할 경우 200만 원 이하의 벌금 또는 과태료 처분을 받는다.

35 다음 중 항공기의 등록사항이 변경되었을 경우에 며칠 이내에 신청해야 하는가?

① 10일　　② 15일

③ 20일　　④ 25일

해설 ▼

「항공안전법」 제13조에 따라 항공기 등록사항이 변경되었을 경우 소유자 변경 15일 이내에 국토교통부장관에게 변경등록을 신청해야 한다.

36 다음 중 영리를 목적으로 초경량비행장치를 이용해 비행제한공역을 승인 없이 비행을 한 자의 처벌은?

① 과태료 200만 원 이하

② 벌금 200만 원 이하

③ 1년 이하 징역 또는 1,000만 원 이하의 벌금

④ 과태료 300만 원 이하

정답 31 ① 32 ① 33 ③ 34 ② 35 ② 36 ②

37 **다음 중 초경량 무인회전익비행장치를 조종자 자격을 득하지 않고 비행한 경우 그에 대한 처벌은?**

① 1,000만 원 이하의 벌금

② 500만 원 이하의 벌금

③ 300만 원 이하의 과태료

④ 200만 원 이하의 과태료

해설 ▼

초경량비행장치의 조종자 증명을 받지 않고 비행하면 1년 이하의 징역 또는 1,000만 원 이하의 벌금에 처한다.

38 **다음 중 항공안전법상 신고하지 않아도 되는 초경량비행장치에 해당되지 않는 것은?**

① 동력을 이용하지 않는 비행장치

② 낙하산류

③ 무게를 제외한 자체 무게가 12kg 이하인 무인비행기

④ 군사 목적으로 사용하는 초경량비행장치

해설 ▼

자체 무게가 12kg 이하인 무인비행장치는 신고하지 않아도 된다.

39 **다음 중 초경량비행장치사용사업의 범위에 포함되지 않는 것은?**

① 비료 또는 농약살포, 씨앗뿌리기 등 농업지원

② 사진촬영, 육상 및 해상 측량 또는 탐사

③ 산림 또는 공원 등 관측 및 탐사

④ 지방행사 시 시범비행

해설 ▼

지방행사 시에 시범비행은 사용사업과는 관련이 없다. 지방행사의 개최지는 중앙정부, 지방자치단체를 불문한다.

40 다음 중 초경량비행장치의 말소신고에 대한 설명으로 올바르지 않은 것은?

① 사유발생일로부터 30일 이내에 신고해야 한다.

② 비행장치가 멸실된 경우 실시해야 한다.

③ 비행장치의 존재 여부가 2개월 이상 불분명한 경우 실시한다.

④ 비행장치가 외국에 매도되는 경우 실시한다.

해설 ▼

말소등록은 사유가 발생한 날로부터 15일 이내에 해야 한다.

41 다음 중 초경량비행장치의 신고 시 지방항공청장에게 제출할 서류가 아닌 것은?

① 초경량비행장치를 소유하고 있음을 증명하는 서류

② 초경량비행장치의 제원 및 성능표

③ 초경량비행장치의 가격표

④ 초경량비행장치의 보험 가입을 증명할 수 있는 서류

해설 ▼

초경량비행장치의 가격은 신고하지 않아도 된다.

42 초경량비행장치 인증 검사 종류 중 안전성인증서의 유효기간이 도래해 새로운 안전성인증서를 교부받기 위해 실시하는 검사는 무엇인가?

① 정기검사

② 초도검사

③ 수시검사

④ 재검사

해설 ▼

인증서의 유효기간이 만료되어 하는 검사는 정기검사이다.

정답 37 ① 38 ③ 39 ④ 40 ① 41 ③ 42 ①

43 **다음 중 임차기간의 만료 등으로 항공기를 사용할 수 있는 권리가 상실된 경우에 하는 등록은?**

① 변경등록 ② 임차등록 ③ 말소등록 ④ 임대등록

44 **다음 중 초경량비행장치를 운용해 법규를 위반한 경우 벌칙에 대한 설명으로 올바르지 않은 것은?**

① 장치신고, 변경신고, 이전신고를 하지 않고 운용한 자는 6개월의 징역 또는 500만 원의 벌금에 처한다.

② 조종자격 증명 없이 비행한 자는 200만 원의 과태료에 처한다.

③ 안전성 인증을 받지 않고 비행한 자는 500만 원의 과태료에 처한다.

④ 조종자 준수사항을 따르지 않고 비행한 자는 200만 원의 과태료에 처한다.

해설 ▼

조종자격 증명 없이 비행한 경우에는 300만 원 이하의 과태료에 처한다.

45 **다음 중 초경량비행장치를 운용해 법규를 위반한 경우 벌칙에 대한 설명으로 올바르지 않은 것은?**

① 변경신고, 이전신고, 말소신고를 하지 않은 자는 30만 원의 과태료에 처한다.

② 신고번호 표시를 하지 않거나 거짓으로 한 자는 100만 원의 과태료에 처한다.

③ 안전성 인증을 받지 않고 비행한 자는 500만 원의 과태료에 처한다.

④ 비행제한구역을 승인 없이 비행한 자는 200만 원의 벌금에 처한다.

해설 ▼

안전성 인증을 받지 않고 비행한 경우에는 200만 원 이하의 과태료에 처한다.

46 **다음 중 안전성 인증 검사를 받지 않은 초경량비행장치를 비행에 사용하다 적발되었을 경우 부과되는 과태료는?**

① 200만 원 이하의 벌금

② 300만 원 이하의 벌금

③ 400만 원 이하의 벌금

④ 500만 원 이하의 벌금

47 다음 중 무인초경량비행장치 조종자 자격시험에 응시할 수 있는 최소 연령은?

① 만 12세 이상

② 만 14세 이상

③ 만 18세 이상

④ 만 20세 이상

해설 ▼

우리나라의 경우 만 14세 이상은 응시할 수 있다.

48 다음 초경량비행장치 조종자격 증명시험 응시자의 자격에 대한 설명으로 올바른 것은?

① 나이에 관계없다.

② 나이가 만 14세 이상이어야 한다.

③ 나이가 만 12세 이상이어야 한다.

④ 나이가 만 20세 이상이어야 한다.

49 다음 중 초경량동력비행장치의 자격증명 응시자격 연령은?

① 만 12세　　② 만 14세

③ 만 16세　　④ 만 18세

50 다음 중 자격증명 취소처분 후 재응시할 수 있는 기간은?

① 2년　　② 3년　　③ 4년　　④ 5년

해설 ▼

자격증명이 취소된 후 2년이 지나면 다시 응시할 수 있다.

정답 43 ③ 44 ② 45 ③ 46 ① 47 ② 48 ② 49 ② 50 ①

51 다음 중 무인초경량비행장치를 신고할 때 지방항공청장에게 제출해야 하는 서류에 포함되지 않는 것은?

① 비행장치의 보험증명서

② 비행장치의 안전증명서

③ 비행장치의 제원 및 성능표

④ 비행장치의 사진

해설 ▼

과거에는 초경량비행장치가 안전하다는 기술 관련 증명서를 첨부해야 하였는데 2013년 관련 규정을 개정하면서 삭제되었다.

52 초경량비행장치의 운행 시 관련 법규를 위반할 경우 과태료 규정에 대한 설명으로 올바르지 않은 것은?

① 안전성 인증 검사를 받지 아니하고 비행한 자: 500만 원 이하

② 보험에 가입하지 아니하고 초경량비행장치를 사용해 비행한 자: 500만 원 이하

③ 초경량비행장치를 신고하지 아니하고 비행한 자: 200만 원 이하

④ 규정에 의한 비행승인을 받지 아니하고 비행한 자: 200만 원 이하

해설 ▼

초경량비행장치를 신고하지 않고 비행할 경우에는 징역 6개월 또는 500만 원의 벌금에 처한다.

53 초경량비행장치에 관련된 법규를 위반할 경우 처분되는 벌금 중 가장 큰 것은?

① 변경신고, 이전신고, 말소신고를 하지 않은 자

② 초경량비행장치를 신고하지 않은 자

③ 조종자 자격증명 없이 초경량비행장치를 비행한 자

④ 음주 후 초경량비행장치를 비행한 자

해설 ▼

음주 후 초경량비행장치를 비행하면 3년 이하의 징역 또는 3,000만 원 이하의 벌금에 처한다.

54 다음 중 초경량비행장치의 기체등록을 신청하는 대상은?

① 지방항공청장
② 국토교통부장관
③ 국방부장관
④ 지방경찰청장

해설 ▼

기체등록은 국토교통부, 비행승인은 지방항공청장이 한다.

55 다음 중 무인초경량비행장치 운영 시 범칙금으로 가장 높은 것은?

① 신고변경을 하지 않을 경우
② 음주 후 비행한 경우
③ 조종자 증명을 받지 않고 비행한 경우
④ 안전성 인증 검사를 받지 않고 비행한 경우

해설 ▼

초경량비행장치에 관련된 범죄행위 중 음주 후 비행한 경우에는 3년 이하의 징역 또는 3,000만 원 이하의 벌금에 처할 수 있다.

56 다음 중 국토교통부장관에게 소유신고를 하지 않아도 되는 초경량비행장치는?

① 동력을 이용하는 비행장치
② 초경량헬리콥터
③ 초경량자이로플레인
④ 계류식 무인비행장치

해설 ▼

신고하지 않아도 되는 초경량비행장치는 행글라이더, 패러글라이더 등 동력을 이용하지 않는 비행장치와 계류식 기구류, 계류식 무인비행장치 등이 해당된다.

57 다음 항공기가 비행하는 공역 중 주의공역에 포함되지 않는 것은?

① 훈련구역
② 비행제한구역
③ 위험구역
④ 군작전구역

해설 ▼

주의공역은 훈련구역, 군작전구역, 위험구역, 경계구역 등이 있으며 비행제한구역은 통제공역에 해당된다.

정답 51 ② 52 ② 53 ④ 54 ① 55 ② 56 ④ 57 ②

58 **다음 초경량비행장치 중 건설교통부령으로 정하는 보험에 가입해야 하는 것은?**

① 영리 목적으로 사용되는 인력활공기
② 개인의 취미생활에 사용되는 행글라이더
③ 영리 목적으로 사용되는 동력비행장치
④ 개인의 취미생활에 사용되는 낙하산

해설 ▼

보험 가입은 영리 목적으로 비행하는 동력, 회전익, 패러플레인, 유인자유기구에 적용된다.

59 **다음 중 초경량비행장치 조종자 전문교육기관 지정 기준으로 적합한 것은?**

① 비행시간이 100시간 이상인 지도조종자 1명 이상 보유
② 비행시간이 100시간 이상인 지도조종자 2명 이상 보유
③ 비행시간이 150시간 이상인 지도조종자 1명 이상 보유
④ 비행시간이 150시간 이상인 지도조종자 2명 이상 보유

해설 ▼

비행시간이 100시간 이상인 지도조종자 1명 이상, 비행시간이 150시간 이상인 실기평가조종자 1명 이상을 보유해야 한다.

60 **다음 중 초경량비행장치를 사용해 비행할 때 자격증이 필요하지 않는 것은?**

① 패러글라이더
② 낙하산
③ 회전익비행장치
④ 행글라이더

해설 ▼

초경량비행장치 중 자격증을 취득해야 하는 것은 동력비행장치, 회전익비행장치, 동력패러글라이더, 무인비행기, 무인헬리콥터, 패러글라이더, 행글라이더 등이 있다.

61 **다음 중 신고를 하지 않아도 되는 초경량비행장치는?**

① 동력비행장치
② 인력활공기
③ 회전익비행장치
④ 초경량헬리콥터

62 다음 중 무인초경량비행장치를 소유한 자가 신고해야 하는 기관은?

① 지방항공청장 ② 국토교통부 첨단항공과

③ 국토교통부 자격과 ④ 한국교통안전공단

해설 ▼

초경량비행장치의 신고 및 비행승인은 국토부장관에게 해야 하지만 국토부장관이 지방항공청장에게 위임해 지방항공청장에게 신고해야 한다.

63 다음 중 항공기의 등록 일련번호 등을 부여하는 기관은?

① 국토교통부장관 ② 지방항공청장

③ 항공협회장 ④ 한국교통안전공단 이사장

해설 ▼

항공기를 소유하거나 임차해 항공기를 사용할 수 있는 권리가 있는 자는 항공기를 국토교통부장관에게 등록해야 한다.

64 다음 중 초경량비행장치의 기체등록을 처리하는 기관은?

① 국토교통부 ② 교통안전공단

③ 지방항공청 ④ 공항공사

해설 ▼

현행법상 12kg 초과, 150kg 이하인 초경량비행장치(드론)는 지방항공청에 등록해야 한다.

65 다음 중 신고하지 않아도 되는 초경량비행장치에 포함되지 않는 것은?

① 행글라이더 ② 계류식 기구류

③ 무게 12kg(연료 제외) 이하 무인비행선 ④ 길이 8m인 무인비행선

해설 ▼

무인비행선 중에서 연료의 무게를 제외한 자체 무게가 12kg 이하이고 길이가 7m 이하인 것은 신고가 필요하지 않다.

정답 58 ③ 59 ① 60 ② 61 ② 62 ① 63 ① 64 ③ 65 ④

66 다음 중 항공종사자의 주류에 대한 행정처분 기준(혈중 알코올 농도)은?

① 0.01% ② 0.02%
③ 0.03% ④ 0.04%

해설 ▼

2016년 3월 22일 국토교통부 항공법시행령 및 시행규칙 입법예고에서 항공종사자 및 객실승무원의 룰에 대한 행정처분 기준 가운데 혈중 알코올 농도를 0.03%에서 0.02%로 변경하였다.

67 다음 중 항공종사자가 업무를 정상적으로 수행할 수 없는 혈중 알코올 농도는?

① 0.02% 이상 ② 0.03% 이상
③ 0.05% 이상 ④ 0.5% 이상

기존에는 0.03%였지만 2016년에 0.02%로 강화되었다.

68 다음 중 초경량비행장치의 안전성 인증을 처리하는 기관은?

① 국토교통부 ② 교통안전공단
③ 항공안전기술원 ④ 도로교통공단

해설 ▼

안전성 인증은 기존에는 교통안전공단에서 담당하였지만 2017년 11월 4일부로 항공안전기술원으로 업무를 이관하였다.

69 다음 중 초경량비행장치 조종사 자격시험에 응시 가능한 연령은?

① 만 17세 이상 ② 만 14세 이상
③ 연령제한 없음 ④ 만 18세 이상

해설 ▼

만 17세 이상은 경량비행장치 조종사, 만 18세 이상은 항공정비사 및 사업용 조종사 자격시험 등에 응시 가능하다.

70

다음 중 특별비행 미승인 및 허용범위 외 무인비행장치를 운용할 때 부과하는 과태료는?

① 1차 10만 원, 2차 50만 원, 3차 100만 원

② 1차 50만 원, 2차 100만 원, 3차 200만 원

③ 1차 20만 원, 2차 100만 원, 3차 200만 원

④ 1차 100만 원, 2차 200만 원, 3차 300만 원

해설 ▼

항공안전법에 따라 비행장치의 불법운용 시 최대 200만 원 이하의 과태료를 부과하고 있다.

71

다음 중 야간비행 승인을 위해 준비해야 할 서류 및 제출기관에 대한 설명으로 올바르지 않은 것은?

① 서류–드론의 성능 및 제원

② 서류–조작방법

③ 제출기관–국토교통부

④ 제출기관–항공안전기술원

해설 ▼

국토교통부는 2017년 11월 10일부로 드론 규제개선, 지원근거 마련 등 산업 육성을 위한 제도로 '드론 특별승인제'를 시행하였다. 그동안 금지되었던 야간시간대, 육안거리 밖 비행을 사례별로 검토 및 허용하는 제도이다. 야간비행 승인을 위해서는 드론의 성능 및 제원, 조작 방법, 비행계획서, 비상상황 매뉴얼 등 관련 서류를 국토교통부에 제출해야 한다. 제출된 서류를 바탕으로 안전기준 검사를 수행하는 곳이 항공안전기술원이다.

72

다음 중 무인초경량비행장치 조종자 전문교육기관이 확보해야 할 지도조종자의 최소비행시간은?

① 50시간

② 100시간

③ 150시간

④ 200시간

해설 ▼

지도조종사는 100시간, 실기평가 조종자는 150시간 이상을 요구한다.

정답 66 ② 67 ① 68 ③ 69 ② 70 ③ 71 ④ 72 ②

73 **다음 중 미국의 무인항공기 운행제한에 대한 설명으로 올바르지 않은 것은?**

① 55파운드(25kg) 이하만 운행할 수 있다.

② 육안으로 식별할 수 있는 거리에서만 운용할 수 있다.

③ 모든 무인기는 일출 후부터 일몰 전까지만 운용할 수 있다.

④ 이동하는 차량 위에서 운영할 수 없다.

해설 ▼

충돌방지 등의 기능을 보유하고 있는 드론의 경우에는 일출 및 일몰 전후 30분까지 운행이 가능하다.

74 **다음 중 미국의 무인항공기 운행면허를 취득할 수 있는 나이는?**

① 만 14세 이상

② 만 16세 이상

③ 만 18세 이상

④ 만 20세 이상

해설 ▼

미국에서 무인항공기의 조종면허를 취득할 수 있는 나이는 만 16세 이상이다.

75 **다음 중 미국의 무인항공기 원격조종자의 면허와 책임에 대한 설명으로 올바르지 않은 것은?**

① 무인항공기로 인한 부상사고가 발생한 경우 연방항공청에 보고해야 한다.

② 연방항공청이 요구할 경우 면허 등 관련 서류를 제공해야 한다.

③ 자격증을 소지하거나 소지한 사람의 감독하에 운행할 수 있다.

④ 해외에서 면허를 취득한 경우에는 운행할 수 있다.

해설 ▼

해외에서 드론조종사 면허를 취득하였더라도 미국 연방항공청의 면허를 다시 취득해야 한다.

76 다음 중 유럽항공안전청(EASA)에서 규제하는 무인항공기 운행조건에 포함되지 않는 것은?

① 25kg 이하만 가능

② 2인 이상의 군중 위에서 비행금지

③ 150m 이하 비행 가능

④ 직접 시야 내에서만 비행 가능

해설 ▼

유럽항공안전청은 12인 이상의 군중 위에서 비행을 금지하고 있다.

77 다음 중 영국에서 무인항공기를 운행할 수 없는 경우에 포함되지 않는 것은?

① 사람으로부터 10m 이내

② 인구 과밀지역의 150m 이내

③ 구조물의 50m 이내

④ 1,000명 이상이 모인 옥외집회 150m 이내

해설 ▼

영국은 사람으로부터 30m 이내에서 드론을 이착륙시키거나 운행하지 못하도록 규정하고 있다.

78 다음 중 독일의 무인항공기의 운행규제에 대한 설명으로 올바르지 않은 것은?

① 25kg 이하의 드론을 여가용으로 운영하는 것은 전면적으로 허용한다.

② 25kg 이하의 드론이 개인소유지 위를 비행하는 것은 금지한다.

③ 드론을 활용해 타인의 사진을 촬영하는 것은 금지된다.

④ 드론을 활용해 타인의 소유지를 촬영하는 것은 금지된다.

해설 ▼

드론을 활용해 타인의 사진을 촬영하는 것은 허용되지만 공개하는 것은 제한된다.

정답 73 ③ 74 ② 75 ④ 76 ② 77 ① 78 ③

79 **다음 중 일본의 무인항공기의 운행규제에 대한 설명으로 올바르지 않은 것은?**

① 2kg 미만의 무인항공기는 규제에서 제외된다.
② 사람이 모인 장소의 상공에서 비행은 금지된다.
③ 원칙적으로 일출부터 일몰까지 주간비행만 가능하다.
④ 직접 눈으로 감시할 수 있는 범위 내에서만 허용된다.

해설 ▼

일본은 200g 미만의 드론만 규제에서 제외될 정도로 엄격하게 관리하고 있다.

80 **다음 중 중국의 무인항공기의 운행규제에 대한 설명으로 올바르지 않은 것은?**

① 자체 중량은 7kg 이하만 허용한다.
② 가시거리 내 반경 500m 비행만 허용한다.
③ 비행고도는 120m 이하만 허용한다.
④ 자격증 취득을 엄격하게 요구한다.

해설 ▼

중국은 자체 중량이 7kg 이하를 운용할 경우 면허를 취득할 필요가 없다.

정답 79 ① 80 ④

적중 예상문제

01 **다음 중 우리나라 항공관련법규(항공안전법, 항공사업법, 공항시설법)의 기본이 되는 국제법은?**

① 미국의 항공법
② 일본 동경협약
③ 몬트리올협약
④ 국제민간항공협약 및 같은 협약의 부속서

해설 ▼

「항공안전법」 제1조의 목적에 '이 법은 국제민간항공협약 및 같은 협약의 부속서에서 채택된 표준과 권고되는 방식에 따른다'고 명시되어 있다.

02 **다음 중 우리나라 항공사업법의 제정 목적으로 틀린 것은?**

① 우리나라 항공사업의 체계적인 성장과 경쟁력 강화 기반 마련
② 항공사업의 질서유지 및 건전한 발전 도모
③ 이용자의 편의를 향상시켜 국민경제의 발전과 공공복리의 증진에 이바지
④ 국제민간항공기구에 대응한 국내 항공산업을 보호

해설 ▼

항공사업법의 목적(항공사업법 제1조): 항공정책의 수립 및 항공사업에 관하여 필요한 사항을 정하여 대한민국 항공사업의 체계적인 성장과 경쟁력 강화 기반을 마련하는 한편, 항공사업의 질서유지 및 건전한 발전을 도모하고 이용자의 편의를 향상시켜 국민경제의 발전과 공공복리의 증진에 이바지함을 목적으로 한다.

03 **다음 중 항공안전법에서 정한 용어의 정의가 맞는 것은?**

① 관제구라 함은 평균해수면으로부터 500m 이상 높이의 공역으로서 항공교통의 통제를 위하여 지정된 공역을 말한다.
② 항공등화라 함은 전파, 불빛, 색채 등으로 항공기 항행을 돕기 위한 시설을 말한다.
③ 관제권이라 함은 비행장 및 그 주변의 공역으로서 항공교통의 안전을 위하여 지정된 공역을 말한다.
④ 항행안전시설이라 함은 전파에 의해서만 항공기 항행을 돕기 위한 시설을 말한다.

해설 ▼

① 관제구: 지표면 또는 수면으로부터 200m 이상 높이의 공역으로서 항공교통의 안전을 위하여 지정한 공역
② 항공등화: 불빛을 이용하여 항공기의 항행을 돕기 위한 항행안전시설
④ 항행안전시설: 유선통신, 무선통신, 불빛, 색채 또는 형상을 이용하여 항공기의 항행을 돕기 위한 시설

정답 1 ④ 2 ④ 3 ③

04 다음 중 지표면 또는 수면으로부터 200m 이상 높이의 공역으로서 항공교통의 안전을 위하여 지정한 공역은?

① 관제권 ② 관제구
③ 비행정보구역 ④ 항공로

05 다음 중 초경량비행장치의 지표면과의 실측 높이와 단위는?

① 고도 500ft AGL ② 고도 500m AGL
③ 고도 500ft MSL ④ 고도 500m MSL

06 다음 초경량비행장치의 종류 중 자이로플레인은 어디에 포함되는가?

① 동력비행장치 ② 회전익비행장치
③ 무인비행장치 ④ 기구류

해설 ▼

회전익비행장치에는 초경량헬리콥터와 초경량자이로플레인이 포함된다.

07 다음 중 초경량비행장치의 변경신고는 사유발생일로부터 며칠 이내에 신고하여야 하는가?

① 30일 ② 60일
③ 90일 ④ 180일

해설 ▼

변경신고는 30일 이내, 말소신고는 15일 이내에 신고하여야 한다.

08 다음 중 초경량비행장치의 용도가 변경되거나 소유자의 성명, 명칭 또는 주소가 변경되었을 시 신고기간은?

① 15일 ② 30일
③ 50일 ④ 60일

09 다음 중 초경량비행장치 소유자의 주소변경 시 신고기간은?

① 15일
② 30일
③ 60일
④ 90일

10 다음 중 초경량비행장치의 말소신고의 설명으로 올바른 것은?

① 사유발생일로부터 30일 이내에 신고하여야 한다.
② 비행장치가 정비 등으로 해체된 경우에 실시한다..
③ 비행장치의 존재 여부가 3개월 이상 불분명할 경우 실시한다.
④ 비행장치가 멸실된 경우 실시한다.

해설 ▼

무인비행장치가 멸실되었거나 해체(정비 등, 수송 또는 보관하기 위한 경우는 제외)한 경우 실시한다.

11 다음 중 초경량비행장치를 멸실하였을 경우 신고기간은?

① 15일
② 30일
③ 3개월
④ 6개월

12 다음 중 신고한 초경량비행장치가 멸실되었거나 그 초경량비행장치를 해체(정비 등, 수송 또는 보관하기 위한 경우는 제외)한 경우에 하는 신고는?

① 해체신고
② 변경신고
③ 이전신고
④ 말소신고

해설 ▼

초경량비행장치 소유자 등은 신고한 초경량비행장치가 멸실되었거나 그 초경량비행장치를 해체(정비 등, 수송 또는 보관하기 위한 경우는 제외)한 경우에는 그 사유가 발생한 날로부터 15일 이내에 국토교통부장관에게 말소신고를 하여야 한다.

정답 4② 5① 6② 7① 8② 9② 10④ 11① 12④

13 **다음 중 초경량동력비행장치의 시험비행 허가를 받기 위한 첨부서류에 포함되지 않는 것은?**

① 초경량비행장치의 사진

② 시험비행계획서

③ 해당 초경량비행장치에 대한 소개서

④ 안전관리 매뉴얼

해설 ▼

「항공안전법 시행규칙」 제304조(초경량비행장치의 시험비행허가 서류): 해당 초경량비행장치에 대한 소개서, 초경량비행장치의 설계가 초경량비행장치 기술 기준에 충족함을 입증하는 서류, 설계도면과 일치되게 제작되었음을 입증하는 서류, 완성 후 상태, 지상 기능점검 및 성능시험 결과를 확인할 수 있는 서류, 초경량비행장치 조종절차 및 안전성 유지를 위한 정비방법을 명시한 서류, 초경량비행장치 사진, 시험비행계획서를 첨부하여 국토교통부장관에게 제출하여야 한다.

14 **다음 중 지방항공청장에게 기체신고 시 필요 없는 것은?**

① 초경량비행장치를 소유하거나 사용할 수 있는 권리가 있음을 증명하는 서류

② 초경량비행장치의 제원 및 성능표

③ 초경량비행장치의 사진

④ 초경량비행장치의 제작자

15 **다음 중 초경량비행장치의 기준이 잘못된 것은?**

① 동력비행장치는 1인석에 115kg 이하

② 행글라이더 및 패러글라이더는 중량 70kg 이하

③ 무인동력비행장치는 연료 제외 자체 중량 115kg

④ 무인비행선은 연료 제외 자체 중량 180kg 이하

해설 ▼

무인동력비행장치는 연료 제외 자체 중량 150kg이다.

16

다음 중 항공안전법상 신고를 필요로 하지 아니하는 초경량비행장치의 범위가 아닌 것은?

① 동력을 이용하지 아니하는 비행장치

② 낙하산류

③ 무인동력비행장치 중에서 연료의 무게를 제외한 자체 무게가 12kg 이하인 것

④ 군사 목적으로 사용되지 아니하는 초경량비행장치

해설 ▼

군사 목적으로 사용되는 초경량비행장치는 신고를 필요로 하지 않는다.

17

다음 중 초경량비행장치에 속하지 않는 것은?

① 동력비행장치　　② 초급활공기

③ 낙하산류　　④ 동력패러글라이더

해설 ▼

초경량비행장치: 동력비행장치, 회전익비행장치, 동력패러글라이더, 행글라이더/패러글라이더, 무인비행장치, 기구류, 낙하산류, 기타

18

다음 중 신고를 필요로 하지 않는 초경량비행장치의 범위가 아닌 것은?

① 길이 7m를 초과하고 연료 제외 자체 무게가 12kg을 초과하는 무인비행선

② 제작자 등이 판매를 목적으로 제작하였으나 판매되지 아니한 것으로 비행에 사용되지 아니하는 초경량비행장치

③ 연구기관 등이 시험, 조사, 연구 또는 개발을 위해 제작한 초경량비행장치

④ 군사 목적으로 사용되는 초경량비행장치

해설 ▼

길이 7m 이하이고, 연료 제외 자체 무게가 12kg 이하 무인비행선은 신고가 불필요하다.

정답 13 ④ 14 ④ 15 ③ 16 ④ 17 ② 18 ①

19 **다음 중 초경량비행장치의 기준 중 행글라이더 및 패러글라이더의 무게 기준은?**

① 자체 중량 115kg 이하
② 자체 중량 70kg 이하
③ 자체 중량 150kg 이하
④ 자체 중량 180kg 이하

해설 ▼

동력비행장치, 회전익비행장치, 동력패러글라이더: 115kg 이하
행글라이더 및 패러글라이더: 70kg
무인동력비행장치: 150kg
무인비행선: 180kg 이하

20 **다음 중 초경량비행장치의 비행계획 승인이나 각종 신고는 누구에게 하는가?**

① 대통령
② 국토부장관
③ 지방항공청장
④ 시도지사

21 **다음 중 초경량비행장치 무인멀티콥터의 안정성 인증은 어느 기관에서 실시하는가?**

① 교통안전공단
② 지방항공청
③ 항공안전기술원
④ 국방부

22 **국토교통부령으로 정하는 초경량비행장치를 사용하여 비행하려는 사람은 비행안전을 위한 기술상의 기준에 적합하다는 안전성 인증을 받아야 한다. 다음 중 안전성 인증대상이 아닌 것은?**

① 무인기구류
② 무인비행장치
③ 회전익비행장치
④ 착륙장치가 없는 동력패러글라이더

해설 ▼

안전성 인증을 받아야 하는 초경량비행장치: 동력비행장치, 회전익비행장치, 동력패러글라이더, 기구류(사람이 탑승하는 것만 해당), 무인비행장치 등

23

초경량비행장치의 인증 검사 종류 중 비행장치의 비행안전에 영향을 미치는 부품의 교체 또는 수리 및 개조 후 비행장치 안전기준에 적합한지를 확인하기 위하여 행하는 검사는 무엇인가?

① 정기검사　　② 초도검사
③ 수시검사　　④ 재검사

해설 ▼

1. 초도검사: 비행장치 설계 및 제작 후 최초로 안전성 인증을 받기 위해 행하는 검사
2. 정기검사: 초도검사 이후 안전성인증서의 유효기간이 도래하여 새로운 안전성인증서를 교부받기 위하여 실시하는 검사
3. 수시검사: 비행장치의 비행안전에 영향을 미치는 엔진 및 부품의 교체 또는 수리 및 개조 후 비행장치 안전기준에 적합한지를 확인하기 위하여 행하는 검사
4. 재검사: 정기검사 또는 수시검사에서 불합격 처분된 항목에 대하여 보완 또는 수정 후 행하는 검사

24

다음 중 초경량비행장치의 설계 및 제작 후 최초로 안정성 인증을 받기 위해 행하는 검사는?

① 초도검사　　② 정기검사
③ 수시검사　　④ 재검사

25

다음 중 초경량무인비행장치 무인멀티콥터의 자체 기체중량에 포함되지 않는 것은?

① 기체 무게　　② 로터 무게
③ 배터리 무게　　④ 탑재물

해설 ▼

탑재물을 포함하면 이륙중량이 된다.

26

초경량비행장치 무인멀티콥터의 무게가 25kg을 초과할 시 안전성 인증을 받아야 하는데 이때 25kg의 기준은 무엇인가?

① 자체 중량　　② 최대이륙중량
③ 최대착륙중량　　④ 적재물을 제외한 중량

정답 19 ② 20 ③ 21 ③ 22 ① 23 ③ 24 ① 25 ④ 26 ②

27 **다음 중 항공종사자 자격증명을 받을 수 없는 자는?**

① 파산자로 선고받은 후 복귀한 자

② 자격증명 취소 후 2년 이상 경과되지 않은 자

③ 금고 이상의 형을 받고 집행 종료 후 2년 이상 경과한 자

④ 집행유예가 종료된 자

해설 ▼

자격증명이 취소 된 후 2년이 경과해야 재시험을 볼 수 있다.

28 **다음 중 초경량비행장치 지도조종자 자격증명시험의 응시 기준으로 틀린 것은?**

① 나이가 만 14세 이상인 사람

② 나이가 만 20세 이상인 사람

③ 해당 비행장치의 비행경력이 100시간 이상인 사람

④ 단, 유인자유기구는 비행경력이 70시간 이상인 사람

해설 ▼

지도조종자 자격증명은 만 20세 이상인 사람이 응시 가능하다.

29 **다음 중 초경량비행장치 조종자 자격시험에 응시할 수 있는 최소연령은?**

① 만 12세 이상

② 만 13세 이상

③ 만 14세 이상

④ 만 18세 이상

해설 ▼

조종자 자격시험은 만 14세, 지도조종자는 만 20세 이상이 응시 가능하다.

30 다음 중 조종자격증명 취득에 대한 설명으로 맞는 것은?

① 자격증명 취득연령은 만 14세, 교관조종자격증명은 만 20세 이상이다.
② 자격증명과 교관자격증명 취득연령은 모두 만 14세 이상이다.
③ 자격증명과 교관자격증명 취득연령은 모두 만 20세 이상이다.
④ 자격증명 취득연령은 만 14세, 교관조종자격증명은 만 25세 이상이다.

31 다음 중 초경량비행장치 무인멀티콥터 조종자격시험 응시 기준으로 잘못된 것은?

① 무인헬리콥터 조종자 증명을 받은 사람이 무인멀티콥터 조종자증명시험에 응시하는 경우 학과시험 면제
② 나이는 만 14세 이상인 사람
③ 무인멀티콥터를 조종한 시간이 총 20시간 이상인 사람
④ 무인헬리콥터 조종자 증명을 받은 사람이 무인멀티콥터를 조종한 시간이 총 20시간 이상인 사람

해설 ▼

무인헬리콥터 조종자 증명을 받은 사람이 무인멀티콥터를 조종한 시간이 총 10시간 이상인 사람

32 다음 중 초경량비행장치 조종자 전문교육기관 지정 기준으로 가장 적절한 것은?

① 비행시간이 100시간 이상인 지도조종자 1명 이상 보유
② 비행시간이 150시간 이상인 지도조종자 2명 이상 보유
③ 비행시간이 100시간 이상인 실기평가조종자 1명 이상 보유
④ 비행시간이 150시간 이상인 실기평가조종자 2명 이상 보유

해설 ▼

다음의 전문교관이 있어야 한다.
가. 비행시간이 100시간 이상인 지도조종자 1명 이상
나. 비행시간이 150시간 이상인 실기평가조종자 1명 이상

정답 27 ② 28 ① 29 ③ 30 ① 31 ④ 32 ①

33 다음 중 초경량비행장치 멀티콥터 조종자 전문교육기관이 확보해야 할 실기평가조종자의 최소비행시간은?

① 50시간

② 100시간

③ 150시간

④ 200시간

해설 ▼

비행시간이 100시간 이상인 지도조종자 1명 이상, 비행시간이 150시간 이상인 실기평가조종자 1명 이상

34 다음 중 초경량비행장치 조종자 전문교육기관 지정을 위해 국토교통부장관에게 제출할 서류가 아닌 것은?

① 전문교관의 현황

② 교육시설 및 장비의 현황

③ 교육훈련 계획 및 교육훈련 규정

④ 보유한 비행장치의 제원

해설 ▼

제출서류: 전문교관 현황, 교육시설 및 장비의 현황, 교육훈련 계획 및 교육훈련 규정

35 다음 중 초경량비행장치 조종자 전문교육기관의 지정 시 시설 및 장비 보유 기준으로 틀린 것은?

① 강의실 및 사무실 각 1개 이상

② 이착륙 시설

③ 훈련용 비행장치 1대 이상

④ 훈련용 비행장치 최소 3대 이상

해설 ▼

훈련용 비행장치는 1대 이상만 보유하면 가능하다.

36 **다음 중 무인멀티콥터의 비행과 관련한 사항 중 틀린 것은?**

① 최대이륙중량 25kg 이하 기체는 비행금지구역 및 관제권을 제외한 공역에서 고도 150m 미만에서는 비행승인 없이 비행이 가능하다.
② 최대이륙중량 25kg 초과 기체는 전 공역에서 사전 비행승인 후 비행이 가능하다.
③ 초경량비행장치 전용공역에도 사전 비행계획을 제출한 후 승인을 받고 비행한다.
④ 최대이륙중량에 상관없이 비행금지구역 및 관제권에서는 사전 비행승인 없이는 비행이 불가하다.

37 **초경량비행장치를 이용하여 비행정보구역 내에서 비행할 시 비행계획을 제출하여야 하는데 포함사항이 아닌 것은?**

① 항공기의 식별부호　② 항공기 탑재 장비
③ 출발비행장 및 출발예정시간　④ 보안 준수사항

38 **다음 중 초경량비행장치 비행계획 승인신청 시 포함되지 않는 것은?**

① 비행경로 및 고도　② 동승자의 소지자격
③ 조종자의 비행경력　④ 비행장치의 종류 및 형식

해설 ▼

「항공안전법 시행규칙」 별지 제122호 서식 비행계획서 참조

39 **다음 중 초경량무인비행장치 비행허가 승인에 대한 설명으로 틀린 것은?**

① 비행금지구역(P-73, P-61 등)의 비행허가는 군에 받아야 한다.
② 공역이 두 개 이상 겹칠 때는 우선하는 기관에 허가를 받아야 한다.
③ 군 관제권 지역의 비행허가는 군에서 받아야 한다.
④ 민간 관제권 지역의 비행허가는 국토부의 비행승인을 받아야 한다.

해설 ▼

두 기관 모두 받아야 한다.

정답 33 ③ 34 ④ 35 ④ 36 ③ 37 ④ 38 ② 39 ②

40 다음 중 일반적인 비행금지 사항에 대한 설명으로 맞는 것은?

① 서울지역 P-73A/B 구역의 건물 내에서는 야간에도 비행이 가능하다.

② 한적한 시골지역 유원지 상고의 150m 이상 고도에서 비행이 가능하다.

③ 초경량비행장치 전용공역에서는 고도 150m 이상, 야간에도 비행이 가능하다.

④ 아파트 놀이터나 도로 상공에서는 비행이 가능하다.

해설 ▼

②, ③은 반드시 승인을 받아야 하고, ④번 지역에서 비행 시 조종자 준수사항 위반이 된다.

41 다음 중 초경량비행장치 멀티콥터의 일반적인 비행 시 비행고도의 제한 높이는?

① 50m

② 100m

③ 150m

④ 200m

해설 ▼

150m 이상 시 승인을 득하여야 한다.

42 다음 중 취미활동, 오락용 무인비행장치의 운용에 대한 설명으로 틀린 것은?

① 취미활동, 오락용 무인비행장치 조종자도 조종자 준수사항을 준수하여야 한다.

② 타 비행체와의 충돌방지와 제3자 피해를 막기 위한 안전장치를 강구하여야 한다.

③ 무게가 작고 소형인 취미, 오락용 비행장치도 비행금지구역이나 관제권에서 비행 시 허가를 받아야 한다.

④ 취미활동, 오락용 무인비행장치는 소형이라서 아파트나 도로 상공에서 비행이 가능하다.

해설 ▼

조종자 준수사항으로 규제하여 불가하다.

43 다음 중 초경량비행장치의 비행승인기관에 대한 설명으로 틀린 것은?

① 고도 150m 이상 비행이 필요한 경우 공역에 관계없이 국토부에 비행계획 승인 요청

② 민간관제권 지역은 국토부에 비행계획 승인 요청

③ 군 관제권 지역은 국방부에 비행계획 승인 요청

④ 비행금지구역 중 원자력 지역은 해당 지역관할 지방항공청에 비행계획 승인 요청

해설 ▼

원자력발전소와 연구소의 A구역은 국방부(합참)에, B구역은 각 지방항공청에 비행계획 승인 요청

44 모든 항공사진 촬영은 사전 승인을 득하고 촬영하여야 한다. 그러나 명백히 주요 국가 · 군사시설이 없는 곳은 허용이 된다. 이 중 명백한 주요 국가 · 군사시설이 아닌 곳은?

① 국가 및 군사보안목표 시설, 군사시설

② 군수산업시설 등 국가 보안상 중요한 시설 및 지역

③ 비행금지구역(공익 목적 등인 경우 제한적으로 허용 가능)

④ 국립공원

45 다음 중 초경량비행장치 조종자의 준수사항에 어긋나는 것은?

① 인명이나 재산에 위험을 초래할 우려가 있는 낙하물을 투하하는 행위

② 관제공역, 통제공역, 주의공역에서 비행하는 행위

③ 안개 등으로 인하여 지상목표물을 육안으로 식별할 수 없는 상태에서 비행하는 행위

④ 일몰 후부터 일출 전이라도 날씨가 맑고 밝은 상태에서는 비행할 수 있다.

해설 ▼

일몰 후부터 일출 전까지의 야간비행 금지

정답 40 ① 41 ③ 42 ④ 43 ④ 44 ④ 45 ④

46 다음 중 초경량비행장치 조종자의 준수사항에 어긋나는 것은?

① 항공기 또는 경량항공기를 육안으로 식별하여 미리 피하여야 한다.

② 해당 무인비행장치를 육안으로 확인할 수 있는 범위 내에서 조종해야 한다.

③ 모든 항공기, 경량항공기 및 동력을 이용하지 아니하는 초경량비행장치에 대하여 우선권을 가지고 비행하여야 한다.

④ 레포츠사업에 종사하는 초경량비행장치 조종자는 비행 전 비행안전사항을 동승자에게 충분히 설명하여야 한다.

해설 ▼

모든 항공기, 경량항공기 및 동력을 이용하지 아니하는 초경량비행장치에 대하여 진로를 양보하여야 한다.

47 다음 중 조종자 준수사항으로 틀린 것은?

① 야간에 비행은 금지되어 있다.

② 사람이 많은 아파트 놀이터 등에서 비행은 가능하다.

③ 음주, 마약을 복용한 상태에서 비행은 금지되어 있다.

④ 사고나 분실에 대비하여 비행장치에 소유자 이름과 연락처를 기재하여야 한다.

48 다음 중 항공종사자가 업무를 정상적으로 수행할 수 없는 경우가 아닌 것은?

① 음주는 무조건 금지이다.

② 혈중 알코올 농도 0.02% 이상

③ 마약류 관리에 관한 법률 제2조 제1호에 따른 마약류를 사용한 경우

④ 화학물질 관리법 제22조 제1항에 따른 환각물질을 사용한 경우

해설 ▼

「항공안전법」 제57조 제5항(주류 등의 섭취 · 사용 제한)에 의거하여 제한 기준 없이 무조건 금지가 아니고 혈중 알코올 농도 0.02% 이상인 경우로 규정하고 있다.

49 다음 중 주취 또는 약물복용 판단 기준이 아닌 것은?

① 육안판단
② 소변검사
③ 혈액검사
④ 알코올 측정검사

50 다음 중 초경량비행장치를 이용하여 비행할 시 유의사항이 아닌 것은?

① 군 방공비상사태 인지 시 즉시 비행을 중지하고 착륙하여야 한다.
② 항공기 부근에는 접근하지 말아야 한다.
③ 유사 초경량비행장치끼리는 가까이 접근이 가능하다.
④ 비행 중 사주경계를 철저히 하여야 한다.

해설 ▼

다른 초경량비행장치에 불필요하게 가깝게 접근하지 말아야 한다.

51 다음 중 가장 큰 금액의 벌금은 어느 것인가?

① 변경신고, 이전신고, 말소신고를 하지 않은 자
② 초경량비행장치를 신고하지 않은 자
③ 조종자 자격증명 없이 초경량비행장치를 비행한 자
④ 안전성 인증을 받지 않고 비행한 자

52 다음 중 신고를 필요로 하는 초경량비행장치는?

① 계류식 무인비행장치
② 길이가 7m 이하인 무인비행선
③ 초경량헬리콥터
④ 판매를 목적으로 만들었으나 사용하지 않고 보관해 놓은 무인비행기

정답 46 ③ 47 ② 48 ① 49 ① 50 ③ 51 ④ 52 ③

53 **다음 중 초경량비행장치 운용시간으로 가장 맞는 것은?**

① 일출부터 일몰 30분 전까지
② 일출 30분 전부터 일몰까지
③ 일출 후 30분부터 일몰 30분 전까지
④ 일출부터 일몰까지

54 **2017년 후반기 발의된 특별비행승인과 관련된 내용으로 맞지 않는 것은?**

① 조건은 야간에 비행하거나 육안으로 확인할 수 없는 범위에서 비행할 경우를 말한다.
② 승인 시 제출 포함 내용은 무인비행장치의 종류, 형식 및 제원에 관한 서류이다.
③ 승인 시 제출 포함 내용은 무인비행장치의 조작 방법에 관한 서류이다.
④ 특별비행승인이므로 모든 무인비행장치는 안정성인증서를 제출하여야 한다.

해설 ▼

안전성인증서는 대상에 해당하는 무인비행장치만 제출한다.

55 **다음 공역 중 통제공역이 아닌 것은?**

① 비행금지구역
② 비행제한구역
③ 초경량비행장치 비행제한구역
④ 군 작전구역

해설 ▼

통제공역: 비행금지구역, 비행제한구역, 초경량비행장치 비행제한구역

56 **다음 공역 중 통제공역은?**

① 초경량비행장치 비행제한구역
② 훈련구역
③ 군 작전구역
④ 위험구역

57 다음 중 통제공역에 해당하는 것은?

① 비행금지구역　② 위험구역
③ 경계구역　④ 훈련구역

해설 ▼

통제공역: 비행금지구역, 비행제한구역, 초경량비행장치 비행제한구역

58 다음 중 비관제공역에 대한 설명으로 맞는 것은?

① 항공교통 조언업무와 비행 정보업무가 제공되도록 지정된 공역
② 항공사격, 대공사격 등으로 인한 위험한 공역
③ 지표면 또는 수면으로부터 200m 이상 높이의 공역
④ 항공기 또는 지상시설물에 대한 위험이 예상되는 공역

59 다음 중 초경량비행장치의 비행이 가능한 지역은?

① CP-16　② R35
③ P-73A　④ UA-14

해설 ▼

CP-16: P-13 VFR Route Check point 16번 지역, P35는 공수 낙하훈련장, P-73A는 비행금지구역이다. UA-14는 공주 지역의 초경량비행장치 훈련공역이다.

60 다음 중 초경량비행장치의 비행이 가능한 지역은?

① (RK)R-14　② UFA
③ MOA　④ P65

정답 53 ④ 54 ④ 55 ④ 56 ① 57 ① 58 ① 59 ④ 60 ②

61 **다음 중 비행금지, 제한구역 등에 대한 설명으로 틀린 것은?**

① P-73, P-518, P-61~65 지역은 비행금지구역이다.
② 군 · 민간 비행장의 관제권은 주변 9.3km까지의 구역이다.
③ 원자력발전소, 연구소는 주변 19km까지의 구역이다.
④ 서울지역 R-75 내에서는 비행이 금지되어 있다.

62 **다음 중 R-75 제한구역의 설명으로 가장 적절한 것은?**

① 서울지역 비행제한구역
② 군 사격장, 공수낙하훈련장
③ 서울지역 비행금지구역
④ 초경량비행장치 전용공역

63 **다음 중 비행금지구역의 통제 관할기관으로 맞지 않는 것은?**

① P-73A/B 서울 지역: 수도방위사령부
② P-518 휴전선 지역: 합동참모본부
③ P-61~65 A구역: 합동참모본부
④ P-61~65 B구역: 각 군사령부

해설 ▼

P-61~65 B구역은 각 지방항공청에서 통제한다.

64 **다음 중 초경량비행장치의 비행안전을 확보하기 위하여 초경량비행장치의 비행활동에 대한 제한이 필요한 공역은?**

① 관제공역
② 주의공역
③ 훈련공역
④ 비행제한공역

65 다음 중 초경량비행장치 사용자의 준용규정에 대한 설명으로 맞지 않는 것은?

① 주류 섭취에 관하여 항공종사자와 동일하게 0.02% 이상 제한을 적용한다.

② 항공종사자가 아니므로 자동차 운전자 규정인 0.05% 이상을 적용한다.

③ 마약류 관리에 관한 법률 제2조 제1호에 따른 마약류 사용을 제한한다.

④ 화학물질관리법 제22조 제1항에 따른 환각물질의 사용을 제한한다.

해설 ▼

「항공안전법」 제131조 준용 규정에 의거 「항공안전법」 제57조를 준용하여야 한다.

66 다음 중 항공종사자가 아닌 사람은?

① 자가용 조종사 ② 부조종사

③ 항공교통 관제사 ④ 무인항공기 운항 관련 업무자

해설 ▼

「항공안전법」 제34조(항공종사자 자격증명): 항공업무에 종사하려는 사람은 국토교통부령으로 정하는 바에 따라 항공종사자 자격증명을 받아야 한다. 다만 "항공업무 중 무인항공기업무는 그러하지 아니하다"라고 규정하고 있다.

67 다음 중 초경량비행장치사고로 분류할 수 없는 것은?

① 초경량비행장치에 의한 사람의 사망, 중상 또는 행방불명

② 초경량비행장치의 덮개나 부분품의 고장

③ 초경량비행장치의 추락, 충돌 또는 화재 발생

④ 초경량비행장치의 위치를 확인할 수 없거나 초경량비행장치에 접근이 불가할 경우

68 다음 중 초경량비행장치의 사고 중 항공철도사고조사위원회가 사고조사를 하여야 하는 경우가 아닌 것은?

① 차량이 주기된 초경량비행장치를 파손시킨 사고

② 초경량비행장치로 인하여 사람이 중상 또는 사망한 사고

③ 비행 중 발생한 화재사고

④ 비행 중 추락, 충돌 사고

정답 61 ④ 62 ① 63 ④ 64 ④ 65 ② 66 ④ 67 ② 68 ①

69 **다음 중 초경량비행장치에 의하여 중사고가 발생한 경우 사고조사를 담당하는 기관은?**

① 관할 지방항공청
② 항공교통관제소
③ 교통안전공단
④ 항공철도사고조사위원회

해설 ▼

항공철도사고조사위원회는 항공기, 경량항공기, 초경량비행장치 등 항공사고조사를 모두 담당한다.

70 **다음 중 초경량비행장치의 사고 발생 시 최초보고 사항이 아닌 것은?**

① 조종자 및 그 초경량비행장치 소유자 등의 성명 또는 명칭
② 사고가 발생한 일 및 장소
③ 초경량비행장치의 종류 및 신고번호
④ 사고의 세부적인 원인

해설 ▼

최초보고 시에는 사고의 개략적인 경위만 보고한다.

71 **다음 중 초경량무인비행장치 비행 시 조종자 준수사항을 3차 위반할 경우 항공안전법에 따라 부과되는 과태료는 얼마인가?**

① 100만 원
② 200만 원
③ 300만 원
④ 500만 원

해설 ▼

1차 위반: 20만 원, 2차 위반: 100만 원, 3차 위반: 200만 원

72 **다음 중 초경량비행장치로 위규비행을 한 자가 지방항공청장이 고시한 과태료 처분에 이의를 제기할 수 있는 기간은?**

① 고지를 받은 날로부터 10일 이내
② 고지를 받은 날로부터 15일 이내
③ 고지를 받은 날로부터 30일 이내
④ 고지를 받은 날로부터 60일 이내

73 다음 중 초경량무인비행장치의 비행안전을 위한 기술상의 기준에 적합하다는 안전성 인증을 받지 아니하고 비행한 사람의 1차 과태료는 얼마인가?

① 50만 원　　② 100만 원
③ 250만 원　　④ 500만 원

74 다음 중 초경량무인비행장치의 비행안전을 위한 기술상의 기준에 적합하다는 안전성 인증을 받지 아니하고 비행한 사람의 1차 과태료는 얼마인가?

① 50만 원　　② 100만 원
③ 250만 원　　④ 500만 원

75 다음 중 위반행위에 대한 과태료 금액이 잘못된 것은?

① 신고번호를 표시하지 않았거나 거짓으로 표시한 경우 1차 위반은 10만 원이다.
② 말소신고를 하지 않은 경우 1차 위반은 5만 원이다.
③ 조종자 증명을 받지 아니하고 비행한 경우 1차 위반은 30만 원이다.
④ 조종자 준수사항을 위반한 경우 1차 위반은 50만 원이다.

76 다음 중 조종자 준수사항 위반 시 1차 과태료는?

① 5만 원　　② 10만 원
③ 20만 원　　④ 30만 원

해설 ▼

1차 위반: 20만 원, 2차 위반: 100만 원, 3차 위반: 200만 원

정답 69 ④ 70 ④ 71 ② 72 ③ 73 ① 74 ① 75 ④ 76 ③

77 **다음 중 말소신고를 하지 않았을 시 최대 과태료는?**

① 5만 원 ② 15만 원 ③ 30만 원 ④ 50만 원

해설 ▼

1차 위반: 5만 원, 2차 위반: 15만 원, 3차 위반: 30만 원

78 **다음 중 국토교통부령으로 정하는 보험 또는 공제에 가입하여야 하는 경우가 아닌 것은?**

① 항공기대여업에서의 사용
② 레저스포츠사업에의 사용
③ 초경량비행장치사용사업에의 사용
④ 개인 취미 목적에의 사용

해설 ▼

항공보험 등의 가입의무(항공사업법 제70조): 초경량비행장치를 초경량비행장치사용사업, 항공기대여업 및 항공레저스포츠사업에 사용하려는 자는 국토교통부령으로 정하는 보험 또는 공제에 가입하여야 한다.

79 **다음 중 초경량비행장치사용사업의 범위가 아닌 경우는?**

① 농약살포 ② 항공촬영
③ 산림조사 ④ 야간정찰

해설 ▼

초경량비행장치사용사업의 범위: 1. 비료 또는 농약살포, 씨앗뿌리기 등 농업지원, 2. 사진촬영, 육상 및 해상측량 또는 탐사, 3. 산림 또는 공원 등의 관측 및 탐사, 4. 조종교육

80 **다음 중 항공등대의 종류에 포함되지 않는 것은?**

① 비행장 등대 ② 항공로 등대
③ 위험항공 등대 ④ 신호항공 등대

해설 ▼

항공등대에는 등화(등대), 항공로 등대, 지표 등대, 위험항공 등대 등이 있다.

정답 77 ③ 78 ④ 79 ④ 80 ④

국토교통부(정책 Q&A), 〈무인비행장치의 질문_답변〉, 2018.

교통안전공단, 《무인헬리콥터 및 무인멀티콥터 실기시험 평가 기준》, 2017.

교통안전공단, 《초경량비행장치 조종자 증명 운영세칙》, 2017.

교통안전공단, 《초경량비행장치 조종자 증명 시험 종합 안내서》, 2017.

국토교통부, 《항공안전법/시행령/시행규칙》, 2017.

국토교통부, 《항공사업법/시행령/시행규칙》, 2017.

국토교통부, 《공항시설법/시행령/시행규칙》, 2017.

국토교통부, 《onestop manual(드론사용자 매뉴얼)》, 2017.

교통안전공단, 《2017 항공정보매뉴얼(제7호)》, 2017.

디지에코보고서, 《국내외 드론 산업 동향》, KT경제경영연구소, 2017.

DJI, 《Matrice 200 series Manual》, 2017.

김귀섭 · 백형식 · 안정호, 《항공기 기체》, 대영사, 2016.

김천용, 《항공인적요인과 정비안전》, 노드미디어, 2016.

류영기, 《무인항공 안전관리론》, 골든벨, 2016.

박장환 · 류영기, 《무인비행장치 운용》, 골든벨, 2016.

윤용현, 《비행역학》, 경문사, 2016.

국방부, 《국방부 초경량비행장치 비행승인업무 지침서》, 2015.

김종복, 《신국제항공법》, 한국학술정보, 2015.

나카무라 간지 저, 권재상 역, 《알기 쉬운 항공공학》, 북스힐, 2015.

애덤 주니퍼 저, 김정한 역, 《드론 사용 설명서》, 라이스메이커, 2015.

이강희, 《항공기상》, 비행연구원, 2015.

소선섭, 《대기과학》, 청문각, 2014.

엑스캅터, 《A2 Flight Control System Manual》, 2013.

한국항공우주학회, 《항공우주학개론》, 경문사, 2013.

후타바, 《8FG 취급설명서》, 2013.

공군 제73기상전대, 《기상총감》, 국군인쇄창, 2010.

www.anadronestarting.com/battery-storage

https://ko.wikipedia.org/wiki/무인항공기